AF888293

Maurizio Verri

# Probabilità & Statistica

## 600 esercizi d'esame risolti

Società Editrice
ESCULAPIO

ISBN 978-88-9385-009-4

© Copyright 2017, 2012, 2008.
Società Editrice Esculapio s.r.l.
Via Terracini, 30 – 40131 Bologna
www.editrice-esculapio.com – info@editrice-esculapio.it

Impaginazione: Giancarla Panigali e Carlotta Lenzi

Le fotocopie per uso personale (cioè privato e individuale, con esclusione quindi di strumenti di uso collettivo) possono essere effettuate, nei limiti del 15% di ciascun volume, dietro pagamento alla S.I.A.E del compenso previsto dall'art. 68, commi 4 e 5, della legge 22 aprile 1941 n. 633. Tali fotocopie possono essere effettuate negli esercizi commerciali convenzionati S.I.A.E. o con altre modalità indicate da S.I.A.E. Per le riproduzioni ad uso non personale (ad esempio: professionale, economico o commerciale, strumenti di studio collettivi, come dispense e simili) l'editore potrà concedere a pagamento l'autorizzazione a riprodurre un numero di pagine non superiore al 15% delle pagine del volume.

CLEARedi - Centro Licenze e Autorizzazioni per le Riproduzioni Editoriali Corso di Porta Romana, n. 108 - 20122 Milano

e-mail: autorizzazioni@clearedi.org - sito: http://www.clearedi.org.

Società Editrice
ESCULAPIO

# Indice

# Presentazione

Questo testo raccoglie gli esercizi d'esame del corso di calcolo delle probabilità e statistica che ho tenuto negli ultimi anni al Politecnico di Milano. Il corso si colloca al primo o secondo anno della Laurea Triennale in Ingegneria e quindi è rivolto ad allievi con conoscenze matematiche ancora relativamente scarse. Esso ha lo scopo principale di insegnare i primi rudimenti della modellizzazione in ambito probabilistico e le tecniche statistiche elementari per affrontare semplici problemi di decisione in condizioni d'incertezza. Ne segue che la prova d'esame alla fine del corso è orientata alla verifica dell'acquisizione di tali capacità, e lascia volutamente in secondo piano le complicazioni o sottigliezze matematiche che potranno essere acquisite in un secondo tempo in corsi di tipo più avanzato. Con ciò, tuttavia, non si vuole dire che l'allievo debba sottovalutare l'importanza dei risultati numerici degli esercizi. Anzi, un secondo obbiettivo del corso (che si riflette, spero, negli esercizi qui presentati) è che lo studente cominci anche a maturare una certa sensibilità verso i numeri: è ragionevole il valore che si ottiene alla fine? e qual è il suo significato pratico?

Per ragioni di chiarezza didattica gli esercizi sono stati classificati in argomenti (probabilità; distribuzioni univariate; ecc.). Ogni argomento è preceduto da una scheda che ha un duplice scopo: 1) descrivere sinteticamente le conoscenze necessarie per comprendere le soluzioni degli esercizi risolti e riuscire a svolgere gli esercizi proposti[1]; tali conoscenze vanno naturalmente acquisite sui libri di testo di Probabilità e Statistica; 2) fissare le definizioni, le convenzioni e i simboli usati in questo eserciziario. È anche indispensabile che l'allievo sappia come usare le Tavole numeriche alla fine del testo e quando usare le formule di approssimazione del calcolo delle probabilità, e poi che abbia con sé una calcolatrice. Non è naturalmente ... vietato usare mezzi di calcolo più avanzati, come i software dedicati alla statistica - e ne esistono alcuni di pubblico dominio, cioè scaricabili gratuitamente - oppure i fogli elettronici che sono ormai a disposizione di tutti. Tuttavia didatticamente sarebbe meglio usare il computer in un secondo tempo, magari per controllare i conti fatti con la calcolatrice oppure per ottenere risultati più precisi.

Nella seconda (2012) e nella terza (2016) edizione ho aggiunto numerosi nuovi esercizi, sia svolti sia proposti, lasciando inalterato l'impianto generale e lo stile del testo. E ho provveduto a correggere sviste e refusi che i più attenti fra gli studenti hanno avuto la gentilezza di segnalarmi.

Maurizio Verri

Milano, marzo 2008 / febbraio 2012 / luglio 2016

[1]Le soluzioni degli esercizi proposti sono riportate nel Cap. 6.

# Capitolo 1

# Probabilità

## 1.1 Notazioni e richiami

**Esperimento casuale** È un esperimento in cui osservazioni della stessa caratteristica (proprietà, grandezza) eseguite nelle medesime condizioni possono dar luogo a risultati diversi.

**Spazio campionario** È l'insieme $\Omega$ di tutti i possibili risultati (esiti, casi) dell'esperimento casuale. Lo spazio campionario è: **finito** se è formato da un numero finito di casi, **discreto** se contiene al più un'infinità numerabile di casi, **continuo** se è un intervallo di numeri reali o, più in generale, una regione di $\mathbb{R}^d$.

**Algebra degli eventi** Un **evento** è una parte (sottoinsieme) di $\Omega$. Si dice che **l'evento $A$ si verifica** se l'esito dell'esperimento è un punto di $A$. Lo spazio $\Omega$ è detto **evento certo** perché si verifica sempre (per definizione esso contiene tutti e soli gli esiti possibili), mentre l'insieme vuoto $\varnothing$ è detto **evento impossibile** perché, non contenendo alcun esito, non si verifica mai. La rappresentazione degli eventi come insiemi consente di manipolare gli eventi usando le tecniche della Teoria degli Insiemi. In particolare:

- $A$ è un **sottoevento** di $B$ se $A$ è un sottoinsieme di $B$, cioè $A \subset B$: *se si verifica $A$, allora si verifica anche $B$ (ma non viceversa)*;
- l'**evento contrario** di $A$ (indicato con $\overline{A}$) è il complementare di $A$ rispetto ad $\Omega$, cioè $\overline{A} = \Omega \setminus A$: *se si verifica $A$, allora non si verifica $\overline{A}$, e viceversa*;
- la **somma dei due eventi $A$ e $B$** è l'evento unione dei due, cioè $A \cup B$: *l'evento somma di $A$ e $B$ si verifica se si verifica almeno uno dei due*;
- il **prodotto dei due eventi $A$ e $B$** è l'evento intersezione dei due, cioè $A \cap B$: *l'evento prodotto di $A$ e $B$ si verifica se si verificano entrambi*;
- $A$ e $B$ sono **eventi incompatibili** se il loro prodotto è l'evento impossibile, cioè $A \cap B = \varnothing$: *se si verifica l'uno non può verificarsi l'altro*; gli eventi $A_1, A_2, A_3, \ldots$ si dicono **eventi mutuamente esclusivi** se sono a due a due incompatibili, cioè $A_i \cap A_j = \varnothing$ per $i \neq j$.

Le definizioni di somma e di prodotto si possono estendere al caso di un numero qualsiasi di eventi (anche un'infinità numerabile) e inoltre valgono tutte le regole formali di calcolo dell'insiemistica (leggi di De Morgan, ecc.).

**Probabilità** È il concetto che serve a quantificare le aspettative circa i possibili risultati dell'esperimento casuale. Precisamente, la **funzione di probabilità** è una corrispondenza che

assegna ad ogni evento $A$ un numero reale $P(A)$ (da leggersi "probabilità di $A$" o "probabilità che si verifichi $A$"); il valore $P(A)$ è compreso tra 0 ed 1 e quindi può essere espresso anche da una percentuale tra 0% e 100%. Nella cosiddetta **interpretazione frequentista**, la probabilità dell'evento $A$ è la proporzione di volte in cui l'evento si verifica in una serie di infinite prove dell'esperimento casuale. In pratica, se si ripete l'esperimento un numero $N$ molto grande di volte e si conta il numero $n(A)$ di volte in cui $A$ si verifica nelle $N$ prove, la proporzione (o *frequenza empirica*) $n(A)/N$ varrà all'incirca $P(A)$. Per questa ragione la probabilità di un evento viene talvolta chiamata la *frequenza teorica* con cui esso si verifica.
La probabilità soddisfa alle seguenti **proprietà**:

$$\begin{aligned}
\text{condizione di normalizzazione:}\quad & P(\Omega) = 1 \\
\text{regola del sottoevento:}\quad & A \subset B \Longrightarrow P(A) \leq P(B) \\
\text{regola dell'evento contrario:}\quad & P(\overline{A}) = 1 - P(A) \\
\text{regola della somma:}\quad & P(A \cup B) = P(A) + P(B) - P(A \cap B)
\end{aligned}$$

**Probabilità nel finito** Se il numero $N$ di esiti possibili dell'esperimento è finito, cioè $\Omega = \{\omega_1, ..., \omega_N\}$, ogni funzione di probabilità su $\Omega$ è completamente determinata dai valori (pesi) assunti sui singoli esiti $p_i = P(\omega_i)$; i numeri $p_i$ devono soddisfare alle proprietà

$$0 < p_i < 1, \qquad \sum_{i=1}^{N} p_i = 1$$

La probabilità di un evento $A$ si ottiene come somma dei pesi degli esiti che lo compongono

$$P(A) = \sum_{\omega \in A} P(\omega)$$

Quando a tutti gli esiti viene assegnato lo stesso peso

$$p_1 = p_2 = ... = p_N = \frac{1}{N}$$

si ha la cosiddetta **equiprobabilità nel finito**. In questa situazione $P(A)$ è data da

$$P(A) = \frac{1}{N} \times (\text{n}^\circ \text{ di esiti che compongono } A) = \frac{\text{n}^\circ \text{ di casi favorevoli ad } A}{\text{n}^\circ \text{ di casi possibili}}$$

quindi il calcolo delle probabilità si riduce a un problema di conteggi (di casi favorevoli e di casi possibili), per i quali è spesso utile ricorrere alle formule del Calcolo combinatorio.

**Calcolo combinatorio** Il problema fondamentale del Calcolo Combinatorio è il seguente:

Quante sono le "parole" di $n$ caratteri che si possono formare con $N$ simboli distinti?

La risposta dipende dalla **regola dell'ordinamento** (nella parola si tiene conto dell'ordine dei caratteri oppure no) e dalla **regola della ripetizione** (uno stesso simbolo può comparire più di una volta nella parola oppure no). Per formare una parola, si può pensare ad un meccanismo di estrazioni successive dall'alfabeto; l'estrazione è con reimmissione se sono consentite le ripetizioni oppure senza reimmissione in caso contrario.
Essendo le due regole indipendenti, si hanno in totale quattro possibili tipi di parole, usualmente indicati con i nomi seguenti:

| parola | con ordinamento | senza ordinamento |
|---|---|---|
| con ripetizioni | disposizione con ripetizioni | combinazione con ripetizioni |
| senza ripetizioni | disposizione semplice | combinazione semplice |

Il numero totale di parole di ciascun tipo è dato dalle seguenti **formule fondamentali**[1]

| n° di parole | con ordinamento | senza ordinamento |
|---|---|---|
| con ripetizioni | $N^n$ | $\binom{N+n-1}{n}$ |
| senza ripetizioni | $\frac{N!}{(N-n)!}$ | $\binom{N}{n}$ |

Infine, una disposizione semplice per cui $n = N$ è detta **permutazione**: si tratta di una parola ordinata che contiene una sola volta tutti i simboli dell'alfabeto. Il numero totale di permutazioni è $N!$.

**Probabilità condizionata** L'aspettativa $P(A)$ circa il verificarsi dell'evento $A$ in un esperimento casuale in generale cambia se si ha l'informazione che un altro evento $H$ (**evento condizionante**) si è verificato. La nuova aspettativa riguardo ad $A$ (**evento condizionato**) si indica con il simbolo $P(A|H)$ (da leggersi "probabilità di $A$ dato $H$") e viene detta **probabilità condizionata** (o a posteriori, mentre $P(A)$ è chiamata anche probabilità a priori). Le probabilità a priori e a posteriori sono legate dalla **regola della catena**

$$P(A \cap H) = P(A|H)\, P(H)$$

Se avviene che $P(A|H) = P(A)$, allora si dice che $A$ è **indipendente** da $H$ perché il fatto che si verifichi $H$ non influenza il verificarsi o meno di $A$. Se $A$ è indipendente da $H$, anche $H$ è indipendente da $A$ e l'indipendenza di $A$ ed $H$ è caratterizzata dalla **regola del prodotto**

$$P(A \cap H) = P(A)\, P(H)$$

La nozione di indipendenza si estende al caso di una famiglia arbitraria di eventi ed equivale alla proprietà che la probabilità del prodotto di un gruppo qualsiasi di eventi della famiglia sia uguale al prodotto delle probabilità dei singoli eventi.
La probabilità condizionata $P(\cdot|H)$ è un'altra funzione di probabilità su $\Omega$, diversa da quella non condizionata $P(\cdot)$; come tale, essa verifica tutte le **proprietà** di cui gode ogni funzione di probabilità

$$\begin{aligned}
&P(\Omega|H) = 1 \\
&A \subset B \Longrightarrow P(A|H) \leq P(B|H) \\
&P(\overline{A}|H) = 1 - P(A|H) \\
&P(A \cup B|H) = P(A|H) + P(B|H) - P(A \cap B|H)
\end{aligned}$$

Inoltre, valgono la **formula di Bayes**

$$P(H|A) = \frac{P(A|H)\, P(H)}{P(A)}$$

[1] Se non sono ammesse ripetizioni, la parola non può essere più lunga dell'alfabeto, cioè $1 \leq n \leq N$; se invece sono consentite le ripetizioni, $n$ può essere qualsiasi. Il simbolo $m!$ (**fattoriale di** $m$) indica il prodotto di tutti gli interi positivi fino ad $m$, cioè $m! = 1 \times 2 \times ... \times m$, con la convenzione che $0! = 1$. Il simbolo $\binom{m}{k}$ (da leggersi: **coefficiente binomiale** $m$ su $k$) significa $\binom{m}{k} = \frac{m!}{k!\,(m-k)!}$.

che lega le due probabilità condizionate in cui i ruoli degli eventi condizionante e condizionato sono scambiati, e la **formula delle probabilità totali**

$$P(A) = \sum_k P(A|H_k)\,P(H_k)$$

dove $H_1, H_2, \ldots$ sono una famiglia di eventi mutuamente esclusivi la cui somma è $\Omega$ (tali eventi prendono il nome di **alternative** perché nell'esperimento se ne verifica sempre uno e uno solo).

**Affidabilità** Spesso si incontrano nelle applicazioni sistemi complessi costituiti da due o più sottosistemi *indipendenti*, ognuno dei quali è caratterizzato da una certa **probabilità di guasto**, e si è interessati a calcolare l'**affidabilità del sistema**, cioè la sua probabilità $p$ di funzionamento. In generale l'affidabilità del sistema totale dipende, oltre che dalle probabilità di guasto $q_1, \ldots, q_n$ degli $n$ sottosistemi che lo compongono, anche dal tipo di **configurazione** con cui essi sono collegati. Le due configurazioni fondamentali sono la "serie" e il "parallelo".

- $n$ sottosistemi si dicono collegati in **serie** quando *il sistema totale funziona se e solo se funzionano tutti i sottosistemi*; l'affidabilità di una serie è[2]

$$p = \prod_{j=1}^{n} (1 - q_j)$$

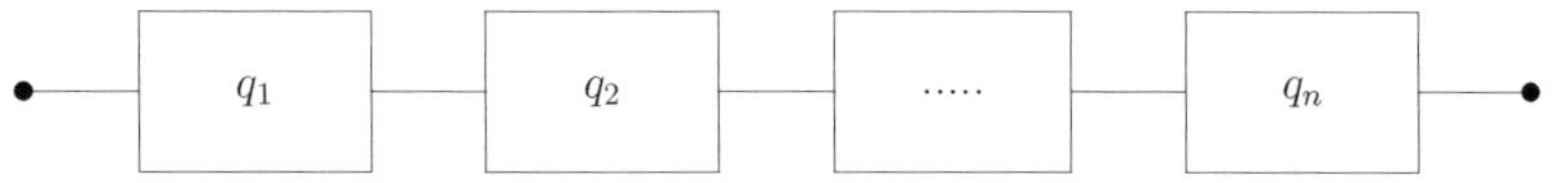


- $n$ sottosistemi si dicono collegati in **parallelo** quando *il sistema totale non funziona se e solo se non funzionano tutti i sottosistemi*; l'affidabilità di un parallelo è

$$p = 1 - \prod_{j=1}^{n} q_j$$

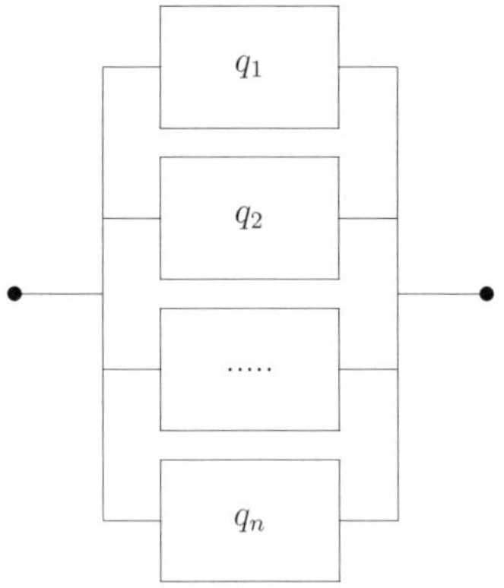


Sistemi con configurazioni più complicate possono sempre essere ricondotti a sistemi equivalenti dei due tipi precedenti pur di raggruppare opportunamente i sottosistemi in blocchi.

[2]Ricordiamo il significato del simbolo di **produttoria**: $\prod_{j=1}^{n} a_j = a_1 \times a_2 \times \ldots \times a_n$.

## 1.2 Esercizi svolti

1. Si eseguono due lanci di un dado regolare; siano $A =$ "il primo lancio dà 4" e $B =$ "il secondo lancio dà 4". Esprimere per mezzo di $A$ e di $B$ gli eventi seguenti e calcolarne le probabilità: $C =$ "entrambi i lanci danno 4"; $D =$ "almeno un lancio dà 4"; $E =$ "nessun lancio dà 4"; $F =$ "solo il primo lancio dà 4"; $G =$ "solo il secondo lancio dà 4"; $H =$ "solo un lancio dà 4".

*Eventi; regole della probabilità.*

---

Si ha

$$\begin{aligned} C &= A \cap B; \quad D = A \cup B; \quad E = \overline{D} \\ F &= A \cap \overline{B}; \quad G = \overline{A} \cap B; \quad H = F \cup G \end{aligned}$$

e $P(A) = P(B) = 1/6$. Inoltre $A$ e $B$ sono eventi indipendenti. Allora

| | |
|---|---|
| $P(C) = P(A)\,P(B) = 1/36$ | per l'indipendenza di $A$ e $B$ |
| $P(D) = P(A) + P(B) - P(C) = 11/36$ | per la regola della somma |
| $P(E) = 1 - P(D) = 25/36$ | per la regola dell'evento contrario |
| $P(F) = P(A)\,P(\overline{B}) = 5/36$ | per l'indipendenza di $A$ e $\overline{B}$ |
| $P(G) = P(\overline{A})\,P(B) = 5/36$ | per l'indipendenza di $\overline{A}$ e $B$ |
| $P(H) = P(F) + P(G) = 10/36$ | perché $F \cap G = \varnothing$ |

---

Se gli eventi $A$ e $B$ sono indipendenti, lo sono anche gli eventi $\overline{A}$ e $B$ (e gli eventi $A$ e $\overline{B}$).

---

2. Considerati i due eventi $A$ e $B$, si sa che $P(A \cup B) = 0.7$, $P(A \cap B) = 0.4$ e $P(A|B) = 0.6$. Calcolare $P(B)$, $P(A)$, $P(B|A)$ e $P(A|\overline{B})$.

*Eventi; regole della probabilità.*

---

Per la regola della catena si ha

$$P(B) = \frac{P(A \cap B)}{P(A|B)} = \frac{0.4}{0.6} = \frac{2}{3}$$

e per la regola della somma

$$P(A) = P(A \cup B) + P(A \cap B) - P(B) = 0.7 + 0.4 - \frac{2}{3} = \frac{13}{30}$$

Infine, ancora per la regola della catena,

$$P(B|A) = \frac{P(A \cap B)}{P(A)} = \frac{0.4}{13/30} = \frac{12}{13}$$

e

$$P\left(A|\overline{B}\right) = \frac{P\left(\overline{B}|A\right) P(A)}{P\left(\overline{B}\right)} = \frac{1 - P(B|A)}{1 - P(B)} \times P(A) = \frac{1 - 12/13}{1 - 2/3} \times \frac{13}{30} = \frac{1}{10}$$

---

☞ La probabilità condizionata è una funzione di probabilità rispetto all'evento condizionato (per cui soddisfa la proprietà dell'evento contrario $P\left(\overline{B}|A\right) = 1 - P(B|A)$ usata in uno dei calcoli), mentre non lo è rispetto all'evento condizionante (sicché l'uguaglianza $P\left(A|\overline{B}\right) = 1 - P(A|B)$ è in generale falsa).

---

3. Siano $A$ e $B$ due eventi tali che $P(A) = 0.3$ e $P(B) = 0.9$. Può essere $P(A \cap B) = 0.4$? e $P(A \cap B) = 0.3$? e $P(A \cap B) = 0.1$?

❐ *Eventi; regole della probabilità.*

---

✎ Non può essere $P(A \cap B) = 0.4$ perché $P(A \cap B) \leq P(A) = 0.3$.
Può essere $P(A \cap B) = 0.3$ (ad esempio se $A \subset B$).
Non può essere $P(A \cap B) = 0.1$ perché $P(A \cap B) = P(A) + P(B) - P(A \cup B) \geq 0.3 + 0.9 - 1 = 0.2$.

---

4. Considerati i due eventi $A$ e $B$, si sa che $P(A) = 0.1$ e $P(A \cup B) = 0.2$. Calcolare $P(B)$ se: *i)* $A$ e $B$ sono incompatibili; *ii)* $A$ e $B$ sono indipendenti; *iii)* $P(A|B) = 0.3$.

*Eventi; regole della probabilità.*

---

Per la regola della somma si ha

$$P(B) = P(A \cup B) - P(A) + P(A \cap B) = 0.1 + P(A \cap B)$$

quindi

$$\begin{array}{lll} i) & A \text{ e } B \text{ incompatibili} & \Longrightarrow \quad P(A \cap B) = 0 \quad \Longrightarrow \quad P(B) = 0.1 \\ ii) & A \text{ e } B \text{ indipendenti} & \Longrightarrow \quad P(A \cap B) = P(A)\,P(B) = 0.1 \times P(B) \\ & & \Longrightarrow \quad P(B) = 0.1 + 0.1 \times P(B) \\ & & \Longrightarrow \quad P(B) = \dfrac{1}{9} \\ iii) & P(A|B) = 0.3 & \Longrightarrow \quad P(A \cap B) = P(A|B)\,P(B) = 0.3 \times P(B) \\ & & \Longrightarrow \quad P(B) = 0.1 + 0.3 \times P(B) \\ & & \Longrightarrow \quad P(B) = \dfrac{1}{7} \end{array}$$

---

5. Due eventi $A$ e $B$ sono tali che $P(A) = 0.7$, $P(B) = 0.5$. Che cosa si può dire di $P(A \cup B)$? e di $P(A \cap B)$?

*Eventi; regole della probabilità.*

---

I valori di $P(A \cup B)$ e di $P(A \cap B)$ sono vincolati dalla formula $P(A \cup B) = P(A) + P(B) - P(A \cap B)$; inoltre, da $A \cup B \supset A$ segue $P(A \cup B) \geq P(A) = 0.7$, valendo il segno di uguaglianza quando è $A \cup B = A$, cioè per $B \subset A$. In conclusione si ha

$$P(A \cap B) = 1.2 - P(A \cup B) \qquad \text{con } 0.7 \leq P(A \cup B) \leq 1$$

---

Da $A \cup B \supset B$ segue $P(A \cup B) \geq P(B) = 0.5$, e anzi $P(A \cup B) > 0.5$ (perché non può essere $A \cup B = B$ in quanto l'inclusione $A \subset B$ è vietata dal fatto che $P(A) > P(B)$). Ma la disuguaglianza $P(A \cup B) > 0.5$ è meno stringente di $P(A \cup B) \geq 0.7$ e quindi va scartata a vantaggio della seconda.

---

6. Di due eventi $A$ e $B$ si sa che $P(A) = \alpha$, $P(B) = \beta$ e $P\left(A \cap \overline{B}\right) = \gamma$. Calcolare $P(A \cap B)$, $P\left(\overline{A} \cap B\right)$ e $P(A \cup B)$.

☐ *Eventi; regole della probabilità.*

---

✎ Dall'identità $A = (A \cap B) \cup \left(A \cap \overline{B}\right)$ ed essendo $A \cap B$ e $A \cap \overline{B}$ eventi incompatibili, si ha

$$P(A) = P(A \cap B) + P\left(A \cap \overline{B}\right) \quad \Longrightarrow \quad P(A \cap B) = \alpha - \gamma$$

Analogamente

$$P(B) = P(A \cap B) + P\left(\overline{A} \cap B\right) \quad \Longrightarrow \quad P\left(\overline{A} \cap B\right) = \beta - \alpha + \gamma$$

Infine per la regola della somma

$$P(A \cup B) = P(A) + P(B) - P(A \cap B) = \beta + \gamma$$

---

7. Due eventi indipendenti $A$ e $B$ sono tali che $P(A) = \alpha$ e $P(B) = \beta$. Calcolare $P(A \cup B)$ e $P(A|A \cup B)$.

☐ *Eventi indipendenti; regole della probabilità.*

---

✎ Per la regola della somma si ha

$$\begin{aligned} P(A \cup B) &= P(A) + P(B) - P(A \cap B) = (\text{per l'indipendenza di } A \text{ e } B) \\ &= P(A) + P(B) - P(A)\,P(B) = \alpha + \beta - \alpha\beta \end{aligned}$$

e per la regola della catena

$$P(A|A \cup B) = \frac{P(A \cap (A \cup B))}{P(A \cup B)} = \frac{P(A)}{P(A \cup B)} = \frac{\alpha}{\alpha + \beta - \alpha\beta}$$

---

8. Di due eventi $A$ e $B$ si sa che $P(A \cup B) = \alpha$ e che $P(A|B) = P(B|A) = p > 0$. Calcolare $P(A)$, $P(B)$, $P(A \cap B)$.

*Eventi; regole della probabilità.*

---

Anzitutto si ha

$$P(B|A)\,P(A) = P(A|B)\,P(B) \quad \Longrightarrow \quad pP(A) = pP(B) \quad \Longrightarrow \quad P(A) = P(B)$$

Quindi

$$\alpha = P(A \cup B) = P(A) + P(B) - P(A \cap B) = 2P(A) - P(B|A)\,P(A) = (2-p)\,P(A)$$

$$\Longrightarrow \quad P(A) = P(B) = \frac{\alpha}{2-p}$$

e

$$P(A \cap B) = P(B|A)\,P(A) = \frac{\alpha p}{2-p}$$

---

9. Di due eventi $A$ e $B$ si sa che $P(A|B) = \alpha$, $P(B|A) = \beta$ e $P(A \cup B) = \gamma$. Calcolare $P(A)$ e $P(B)$.

*Eventi; regole della probabilità.*

---

$$\begin{aligned} P(A) + P(B) &= P(A \cup B) + P(A \cap B) \\ &= \gamma + P(A \cap B) \end{aligned}$$

Ma si ha $P(A \cap B) = P(A|B)\,P(B) = \alpha P(B)$ e $P(A \cap B) = P(B|A)\,P(A) = \beta P(A)$. Sostituendo, si ottiene il sistema lineare nelle incognite $P(A)$ e $P(B)$

$$\begin{cases} P(A) + P(B) = \gamma + \alpha P(B) \\ P(A) + P(B) = \gamma + \beta P(A) \end{cases} \quad \Longrightarrow \quad \begin{cases} P(A) = \dfrac{\alpha\gamma}{\alpha + \beta - \alpha\beta} \\[2ex] P(B) = \dfrac{\beta\gamma}{\alpha + \beta - \alpha\beta} \end{cases}$$

---

10. Di due eventi $A$ e $B$ si sa che $P(A) = P(B) = \alpha$ e che $P(A \cup B) = \beta$. Stabilire se i due eventi $A$ e $B$ sono indipendenti. Calcolare $P(A \cap B \mid A \cup B)$.

*Eventi; regole della probabilità.*

---

$$P(A \cup B) = P(A) + P(B) - P(A \cap B) \quad \Longrightarrow \quad P(A \cap B) = 2\alpha - \beta$$

Quindi $A$ e $B$ sono indipendenti se e solo se $2\alpha - \beta = \alpha^2$, cioè quando $\beta = (2-\alpha)\,\alpha$ (ad es., lo sono se $\alpha = 1/2$ e $\beta = 3/4$). Inoltre

$$P(A \cap B \mid A \cup B) = \frac{P(A \cap B)}{P(A \cup B)} = \frac{2\alpha - \beta}{\beta}$$

---

Per $0 < \alpha < 1$ l'espressione $(2-\alpha)\,\alpha$ cresce dal valore 0 al valore 1, quindi per ogni $\alpha$ c'è un unico valore di $\beta$ tale che $A$ e $B$ sono indipendenti.

---

11. Di due eventi $A$ e $B$ si sa che sono indipendenti e che $P(A) = P(B) = 1/3$. Calcolare $P(\overline{A} \cup B)$ e $P((\overline{A} \cap B) \cup (A \cap \overline{B}))$.

*Eventi indipendenti; regole della probabilità.*

---

Si ha

$$\begin{aligned} P(\overline{A} \cup B) &= P(\overline{A}) + P(B) - P(\overline{A} \cap B) = \text{(per l'indipendenza di } A \text{ e } B) \\ &= P(\overline{A}) + P(B) - P(\overline{A})\,P(B) = \frac{2}{3} + \frac{1}{3} - \frac{2}{3} \times \frac{1}{3} = \frac{7}{9} \end{aligned}$$

$$\begin{aligned} P((\overline{A} \cap B) \cup (A \cap \overline{B})) &= \text{(poiché } \overline{A} \cap B \text{ e } A \cap \overline{B} \text{ sono incompatibili)} \\ &= P(\overline{A} \cap B) + P(A \cap \overline{B}) = P(\overline{A})\,P(B) + P(A)\,P(\overline{B}) \\ &= \frac{2}{3} \times \frac{1}{3} + \frac{2}{3} \times \frac{1}{3} = \frac{4}{9} \end{aligned}$$

---

12. Siano $B$ e $C$ eventi incompatibili con $P(B) > 0$. Provare che si ha $P\left(A \cap \overline{C} | B\right) = P(A|B)$ per ogni altro evento $A$.

*Eventi incompatibili; regole della probabilità.*

---

$$
\begin{aligned}
P\left(A \cap \overline{C} | B\right) &= \frac{P\left(\left(A \cap \overline{C}\right) \cap B\right)}{P(B)} \\
&= \frac{P\left(A \cap \left(\overline{C} \cap B\right)\right)}{P(B)} \\
&= (\text{poiché } C \cap B = \varnothing \text{ implica } \overline{C} \cap B = B) \\
&= \frac{P(A \cap B)}{P(B)} \\
&= P(A|B)
\end{aligned}
$$

---

13. Tre eventi $A$, $B$ e $C$ sono tali che $A \cup B \cup C = \Omega$, $B \cap C = \varnothing$, $P(A) = 0.4$, $P(B) = 0.7$, $P(C) = 0.2$. Che cosa si può dire di $P(A \cap B)$? e di $P(A \cup B)$? e di $P(A \cup C)$?

*Eventi; regole della probabilità.*

---

Le condizioni $A \cup B \cup C = \Omega$ e $B \cap C = \varnothing$ permettono di decomporre lo spazio campionario $\Omega$ nelle 5 alternative $H_i$ (vedi Fig.).

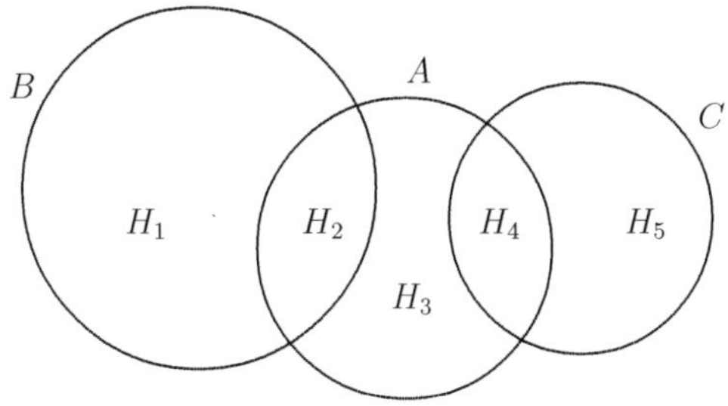

Imponendo poi i tre dati $P(A) = 0.4$, $P(B) = 0.7$, $P(C) = 0.2$ e la condizione di normalizzazione, si trova che le 5 probabilità $p_i = P(H_i)$ verificano il sistema lineare

$$\begin{cases} p_2 + p_3 + p_4 = 0.4 \\ p_1 + p_2 = 0.7 \\ p_4 + p_5 = 0.2 \\ p_1 + p_2 + p_3 + p_4 + p_5 = 1 \end{cases} \qquad \Longrightarrow \qquad \begin{cases} p_1 = 0.7 - x \\ p_2 = x \\ p_3 = 0.1 \\ p_4 = 0.3 - x \\ p_5 = x - 0.1 \end{cases}$$

dove il parametro $x$ è tale che $0.1 \leq x \leq 0.3$ perché dev'essere $p_i \geq 0$. Ma

$$P(A \cap B) = p_2, \qquad P(A \cup B) = 1 - p_5, \qquad P(A \cup C) = 1 - p_1$$

per cui si ha

$$\begin{cases} P(A \cap B) = x \\ P(A \cup B) = 1.1 - x \\ P(A \cup C) = 0.3 + x \end{cases} \qquad \text{con} \quad 0.1 \leq x \leq 0.3$$

---

14. Siano $A$, $B$ e $C$ una terna di eventi indipendenti. Provare che $A$ è indipendente da $B \cup C$.

*Eventi indipendenti.*

---

Posto $P(A) = \alpha$, $P(B) = \beta$, $P(C) = \gamma$ si ha

$$\begin{aligned} P(B \cup C) &= P(B) + P(C) - P(B \cap C) = (\text{per l'indipendenza di } B \text{ e } C) \\ &= \beta + \gamma - \beta\gamma \end{aligned}$$

e

$$\begin{aligned} P(A \cap (B \cup C)) &= P((A \cap B) \cup (A \cap C)) \\ &= P(A \cap B) + P(A \cap C) - P(A \cap B \cap C) \\ &= (\text{per l'indipendenza di } A, B \text{ e } C) \\ &= \alpha\beta + \alpha\gamma - \alpha\beta\gamma \\ &= \alpha(\beta + \gamma - \beta\gamma) \end{aligned}$$

Ma allora

$$P(A \cap (B \cup C)) = P(A)\, P(B \cup C)$$

e ciò prova che $A$ e $B \cup C$ sono una coppia di eventi indipendenti.

---

Poiché i ruoli di $A$, $B$ e $C$ sono scambiabili si è in realtà provato che ogni evento di una terna di eventi indipendenti è indipendente dalla somma degli altri due.

---

15. Un dado è truccato in modo che la probabilità di ogni faccia sia proporzionale al suo punteggio. Determinare se è maggiore la probabilità che in un lancio esca un numero primo o un numero non primo. Sapendo che è uscito un numero primo, calcolare la probabilità che sia uscito "2".

*Funzione di probabilità.* ❐

---

È $P(x) = Kx$ $(x = 1, ..., 6)$, e la costante di proporzionalità $K$ si determina con la condizione di normalizzazione

$$1 = \sum_{x=1}^{6} P(x) = \sum_{x=1}^{6} Kx = 21K \quad \Longrightarrow \quad K = \frac{1}{21}$$

Sia poi $A = \{1, 2, 3, 5\}$ ="esce un numero primo". Allora

$$P(A) = P(1) + P(2) + P(3) + P(5) = \frac{1+2+3+5}{21} = \frac{11}{21}$$

$$P(\overline{A}) = 1 - P(A) = \frac{10}{21} < P(A)$$

Infine

$$P(2|A) = \frac{P(\{2\} \cap A)}{P(A)} = \frac{P(2)}{P(A)} = \frac{2/21}{11/21} = \frac{2}{11}$$

---

16. Da una scatola contenente 4 palline (2 bianche, 1 nera e 1 verde) si pescano due palline senza rimessa e senza tenere conto dell'ordine di estrazione. Descrivere lo spazio campionario e la funzione di probabilità associati all'esperimento. Definiti gli eventi $B$ = "viene estratta almeno una pallina bianca", $N$ = "viene estratta la pallina nera" e $V$ = "viene estratta la pallina verde", calcolare $P(\overline{B})$, $P(B \cup \overline{N})$ e $P(B|V)$.

*Spazio campionario; funzione di probabilità.* ❐

---

| estrazioni | $b, b$ | $b, n$ | $b, v$ | $n, v$ |
|---|---|---|---|---|
| $\omega =$ | $\omega_1$ | $\omega_2$ | $\omega_3$ | $\omega_4$ |
| $P(\omega) =$ | $1/6$ | $2/6$ | $2/6$ | $1/6$ |

$$B = \{\omega_1, \omega_2, \omega_3\}, \qquad N = \{\omega_2, \omega_4\}, \qquad V = \{\omega_3, \omega_4\}$$

$$\begin{aligned} P\left(\overline{B}\right) &= P\left(\omega_4\right) = \frac{1}{6} \\ P\left(B \cup \overline{N}\right) &= P\left(B\right) = P\left(\omega_1\right) + P\left(\omega_2\right) + P\left(\omega_3\right) = \frac{5}{6} \\ P\left(B|V\right) &= \frac{P\left(B \cap V\right)}{P\left(V\right)} = \frac{P\left(\omega_3\right)}{P\left(\omega_3\right) + P\left(\omega_4\right)} = \frac{2}{3} \end{aligned}$$

---

☞ Ogni estrazione è un blocco di due palline di cui si registrano i colori ($b$ = bianco; $n$ = nero; $v$ = verde). Ci sono 2 modi per estrarre i colori bianco/nero perché le palline bianche sono 2 e quella nera è una sola; analogamente, ci sono 2 modi per estrarre i colori bianco/verde. In totale i blocchi possibili sono 6 e ciascuno di essi ha la stessa probabilità ($= 1/6$) di essere estratto.

---

17. Aldo ha una moneta di trucco $p$ (trucco = probabilità che in un lancio esca Testa). Aldo fa questo gioco: lancia la moneta e se esce Testa il gioco finisce; altrimenti, lancia la moneta una seconda volta e se esce Testa il gioco finisce; altrimenti, lancia la moneta per la terza e ultima volta. Descrivere lo spazio campionario e la funzione di probabilità associati all'esperimento. Calcolare la probabilità che Aldo lanci la moneta tre volte.

☐ *Spazio campionario; funzione di probabilità.*

---

✎ Posto $T_1$ = "esce Testa al primo lancio", $C_1$ = "esce Croce al primo lancio", ecc., si ha $P\left(T_i\right) = p$, $P\left(C_i\right) = 1 - p \equiv q$, con $i = 1, 2, 3$. Allora i possibili esiti dell'esperimento e le corrispondenti probabilità sono:

| $\omega =$ | $T_1$ | $C_1 \cap T_2$ | $C_1 \cap C_2 \cap T_3$ | $C_1 \cap C_2 \cap C_3$ |
|---|---|---|---|---|
| $P\left(\omega\right) =$ | $p$ | $qp$ | $q^2p$ | $q^3$ |

Si ha

$$P\left(\text{tre lanci}\right) = P\left(C_1 \cap C_2 \cap T_3\right) + P\left(C_1 \cap C_2 \cap C_3\right) = q^2p + q^3 = q^2$$

---

☞ Controlliamo la condizione di normalizzazione

$$\sum P\left(\omega\right) = p + qp + q^2p + q^3 = p + q\left(p + q\left(p + q\right)\right) = 1$$

perché $p + q = 1$.

---

18. Una scatola contiene 2 palline bianche e 3 palline nere. Si estrae a caso una pallina e poi se ne estrae una seconda tra le rimanenti, registrando nell'ordine i colori delle due palline estratte. Descrivere lo spazio campionario e la funzione di probabilità associati all'esperimento. Sapendo poi che una delle due palline estratte è bianca, calcolare la probabilità che anche l'altra sia bianca.

*Spazio campionario; funzione di probabilità.* ❐

---

Posto $b_1b_2$ = "il primo colore estratto è bianco e il secondo è bianco", ecc., si ha

| $\omega =$ | $b_1b_2$ | $b_1n_2$ | $n_1b_2$ | $n_1n_2$ |
|---|---|---|---|---|
| $P(\omega) =$ | $1/10$ | $3/10$ | $3/10$ | $3/10$ |

perché, per la regola della catena, $P(ij) = P(j|i)\,P(i)$. Ad esempio, si trova

$$P(b_1n_2) = P(n_2|b_1)\,P(b_1) = \frac{3}{4} \times \frac{2}{5} = \frac{3}{10}$$

e così via. La seconda domanda chiede

$$\begin{aligned} P(b_1b_2|\{b_1b_2, b_1n_2, n_1b_2\}) &= \frac{P(\{b_1b_2\} \cap \{b_1b_2, b_1n_2, n_1b_2\})}{P(\{bb, bn, nb\})} \\ &= \frac{P(b_1b_2)}{P(b_1b_2) + P(b_1n_2) + P(n_1b_2)} = \frac{1/10}{7/10} = \frac{1}{7} \end{aligned}$$

---

19. Un dado regolare ha una faccia rossa, due facce bianche e tre facce verdi. Si lancia due volte il dado e si osserva il colore della faccia uscita nel primo e nel secondo lancio. Descrivere spazio campionario e funzione di probabilità associati all'esperimento. Calcolare la probabilità che nei due lanci escano facce di colore uguale (= evento $A$) e la probabilità che in nessuno dei due lanci esca la faccia verde (= evento $B$).

*Spazio campionario; funzione di probabilità.* ❐

---

Nel singolo lancio si registra il colore della faccia uscita ($r$ = rosso; $b$ = bianco; $v$ = verde) e quindi è $\Omega_1 = \{r, b, v\}$ con $P(r) = 1/6$, $P(b) = 2/6$ e $P(v) = 3/6$. In due lanci si osservano i colori usciti (nell'ordine) e quindi lo spazio campionario è $\Omega = \Omega_1 \times \Omega_1 = \{\omega = (\omega_1, \omega_2) : \omega_1 \in \Omega_1, \omega_2 \in \Omega_1\}$; inoltre, l'indipendenza dei lanci si traduce in $P(\omega) = P(\omega_1)\,P(\omega_2)$. Allora, scritto per brevità $rr$ al posto della coppia ordinata $(r, r)$, ecc.,

| $\omega =$ | $rr$ | $rb$ | $rv$ | $br$ | $bb$ | $bv$ | $vr$ | $vb$ | $vv$ |
|---|---|---|---|---|---|---|---|---|---|
| $P(\omega) =$ | $1/36$ | $2/36$ | $3/36$ | $2/36$ | $4/36$ | $6/36$ | $3/36$ | $6/36$ | $9/36$ |

Si ha poi

$$A = \{rr, bb, vv\}, \qquad B = \{rr, rb, br, bb\}$$

e quindi

$$\begin{aligned} P(A) &= P(rr) + P(bb) + P(vv) = \frac{14}{36} \simeq 38.89\% \\ P(B) &= P(rr) + P(rb) + P(br) + P(bb) = \frac{9}{36} = 25\% \end{aligned}$$

---

20. Cinque scatole, numerate da 1 a 5, contengono palline bianche o nere con la seguente composizione

| scatola n° | 1 | 2 | 3 | 4 | 5 |
|---|---|---|---|---|---|
| composizione | ○○● | ○○●● | ●●●● | ○○○● | ○○○●● |

Si estraggono a sorte una scatola e poi una pallina dalla scatola prescelta. Descrivere lo spazio campionario dell'esperimento. Calcolare la probabilità di ottenere una pallina bianca (= evento $A$).

*Spazio campionario; funzione di probabilità; eventi indipendenti.*

---

Gli esiti possibili sono 9

$$\Omega = \{(1, \circ), (1, \bullet), (2, \circ), (2, \bullet), (3, \bullet), (4, \circ), (4, \bullet), (5, \circ), (5, \bullet)\}$$

ed è

$$A = \{(1, \circ), (2, \circ), (4, \circ), (5, \circ)\}$$

per cui

$$P(A) = P((1, \circ)) + P((2, \circ)) + P((4, \circ)) + P((5, \circ))$$

Calcoliamo, ad esempio, $P((1, \circ))$: siccome l'estrazione della scatola è casuale, il "peso" unitario totale a nostra disposizione si equiripartisce fra le 5 possibili scelte, per cui la prima scatola ha peso uguale a $1/5$. Tale peso a sua volta si equiripartisce fra tutte le palline in essa contenute, poiché anche l'estrazione della pallina dalla scatola avviene a caso: in conclusione, ogni pallina della prima scatola ha peso $1/15$ e si ottiene perciò $P((1, \circ)) = 2/15$. Ragionando in maniera analoga, si conclude che

$$P(A) = \frac{2}{15} + \frac{1}{10} + \frac{3}{20} + \frac{3}{25} = \frac{151}{300} \simeq 50.33\%$$

---

Nell'esperimento considerato le cinque scatole contengono in totale 10 palline bianche e 10 palline nere, ma la probabilità di $A$ (= "estrarre una pallina bianca") non è 50%, come invece sarebbe stato se le 20 palline fossero state contenute tutte in un'unica scatola.

---

21. Da una scatola contenente quattro palline numerate 1,2,2,3, si estraggono a caso e senza rimessa due palline, quindi se ne leggono i numeri senza tenere conto dell'ordine di estrazione. Descrivere spazio campionario e funzione di probabilità associati all'esperimento. Definiti gli eventi $A =$ "la somma dei numeri estratti è 4", $B =$ "si estrae la pallina 1" e $C =$ "si estrae la pallina 3", $A$ e $B$ sono indipendenti? $A$ e $C$ sono indipendenti? $B$ e $C$ sono indipendenti?

*Spazio campionario; funzione di probabilità; eventi indipendenti.* ❐

---

Scriviamo per brevità 12 al posto di $\{1,2\}$, ecc. Allora

| $\omega =$ | 12 | 13 | 22 | 23 |
|---|---|---|---|---|
| $P(\omega) =$ | 2/6 | 1/6 | 1/6 | 2/6 |

$$\begin{aligned} P(A) &= P(13) + P(22) = \frac{2}{6} \\ P(B) &= P(12) + P(13) = \frac{3}{6} \\ P(C) &= P(13) + P(23) = \frac{3}{6} \end{aligned}$$

$$P(A \cap B) = P(13) = \frac{1}{6} = P(A)\,P(B) \qquad \Longrightarrow A \text{ e } B \text{ indipendenti}$$

$$P(A \cap C) = P(13) = \frac{1}{6} = P(A)\,P(C) \qquad \Longrightarrow A \text{ e } C \text{ indipendenti}$$

$$P(B \cap C) = P(13) = \frac{1}{6} \neq \frac{1}{4} = P(B)\,P(C) \quad \Longrightarrow B \text{ e } C \text{ non indipendenti}$$

---

$B$ è indipendente da $A$ che, a sua volta, è indipendente da $C$. Tuttavia, $B$ non è indipendente da $C$: per l'indipendenza non vale la "proprietà transitiva"!

---

22. Nella classe di Aldo, composta in tutto da 25 studenti, il professore sceglie a caso 4 studenti per interrogarli. Qual è la probabilità che Aldo sia interrogato (= evento $A$)? e la probabilità che né Aldo né il suo compagno di banco, Bruno, siano interrogati (= evento $B$)?

*Equiprobabilità.* ❐

---

✎ I casi possibili (tutti equiprobabili) sono le combinazioni semplici di 4 studenti su 25; i casi favorevoli ad $A$ sono le combinazioni semplici di 3 studenti su 24 (tutti tranne Aldo)

$$P(A) = \frac{\binom{24}{3}}{\binom{25}{4}} = \frac{4}{25} = 16\%$$

e i casi favorevoli a $B$ sono le combinazioni semplici di 4 studenti su 23 (tutti tranne Aldo e Bruno)

$$P(B) = \frac{\binom{23}{4}}{\binom{25}{4}} = \frac{7}{10} = 70\%$$

---

☞ Ogni esito possibile dell'esperimento è una quaterna di nomi estratti a caso dalla lista dei 25; evidentemente non conta l'ordine di estrazione e un nome non può comparire più di una volta (= combinazione semplice). Ogni esito favorevole ad $A$ è una terna di nomi estratti da una lista di 24 (dai 25 va tolto Aldo, che è interrogato); ogni esito favorevole a $B$ è una quaterna di nomi estratti da una lista di 23 (dai 25 vanno tolti Aldo e Bruno, che non sono interrogati).

---

23. Si eseguono tre lanci di un dado regolare. Calcolare la probabilità che il "6" appaia: una volta (= evento $A_1$), due volte (= evento $A_2$), tre volte (= evento $A_3$), mai (= evento $B$).

□ *Equiprobabilità.*

---

✎ I casi possibili (tutti equiprobabili) sono le disposizioni con ripetizione delle sei facce $1, ..., 6$ prese tre volte, cioè $6^3 = 216$. I casi favorevoli ad $A_1$ sono $3 \times 5^2 = 75$ (se il "6" esce al primo lancio non può uscire né al secondo né al terzo, ecc.)

$$P(A_1) = \frac{75}{216} \simeq 34.72\%$$

I casi favorevoli ad $A_2$ sono $3 \times 5 = 15$ (se il "6" esce al primo e al secondo lancio non può uscire al terzo, ecc.)

$$P(A_2) = \frac{15}{216} \simeq 6.94\%$$

L'evento $A_3$ si verifica solo con l'uscita di tre "6"

$$P(A_3) = \frac{1}{216} \simeq 0.46\%$$

e infine i casi favorevoli a $B$ sono $5^3 = 125$ (il "6" non esce né al primo né al secondo né al terzo lancio)

$$P(B) = \frac{125}{216} \simeq 57.87\%$$

---

Ogni esito possibile dell'esperimento è una terna di cifre estratte a caso tra 1 e 6, in cui conta l'ordine e ogni cifra può comparire più di una volta (= disposizione con ripetizione).

---

24. Si estrae un numero da una roulette formata da 12 numeri, ciascuno dei quali è "Rosso" oppure "Nero" secondo la tabella seguente:

| | | | | | | | | | | | |
|---|---|---|---|---|---|---|---|---|---|---|---|
| 1 | 2 | 3 | 4 | 5 | 6 | 7 | 8 | 9 | 10 | 11 | 12 |
| R | N | R | N | N | N | N | N | N | R | N | R |

Gli eventi "esce un numero pari" ed "esce un numero Rosso" sono indipendenti? Gli eventi "esce un numero Nero" ed "esce un numero minore o uguale a 8" sono indipendenti?

*Equiprobabilità; eventi indipendenti.*

---

Ognuno dei 12 esiti possibili ha probabilità $1/12$. Quindi

$$\begin{aligned} P(\text{pari}) &= \frac{6}{12} = \frac{1}{2} \\ P(\text{Rosso}) &= \frac{4}{12} = \frac{1}{3} \\ P(\text{pari e Rosso}) &= \frac{2}{12} = \frac{1}{6} = P(\text{pari}) \times P(\text{Rosso}) \end{aligned}$$

sicché i due eventi sono indipendenti. Analogamente

$$\begin{aligned} P(\text{Nero}) &= \frac{8}{12} = \frac{2}{3} \\ P(\text{numero} \leq 8) &= \frac{8}{12} = \frac{2}{3} \\ P(\text{Nero e } \leq 8) &= \frac{6}{12} = \frac{1}{2} \neq P(\text{Nero}) \times P(\text{numero} \leq 8) \end{aligned}$$

e questi due eventi non sono indipendenti.

---

25. Si eseguono due lanci di un dado regolare e si considerano gli eventi $A =$ "il primo lancio dà 5", $B =$ "il totale dei due lanci è 7" e $C =$ "il secondo lancio dà 2". $A$ e $B$ sono indipendenti? $A$ e $C$ sono indipendenti? $B$ e $C$ sono indipendenti? $A$, $B$ e $C$ sono indipendenti?

*Equiprobabilità; eventi indipendenti.*

---

I casi possibili sono le 36 coppie ordinate $(i, j)$ dove $i = 1, ..., 6$ è la faccia uscita al primo lancio e $j = 1, ..., 6$ è la faccia uscita al secondo lancio. Per simmetria (il dado è regolare) si ha l'equiprobabilità: $P(i, j) = 1/36$. Allora

$$P(A) = P(B) = P(C) = \frac{6}{36}$$

perché i casi favorevoli ad $A$ sono le 6 coppie $(5, j)$, quelli favorevoli a $B$ sono le 6 coppie $(i, j)$ per cui $i + j = 7$ e infine i casi favorevoli a $C$ sono le 6 coppie $(i, 2)$. Ne segue

$$\begin{array}{lll} P(A \cap B) = P(5,2) = \frac{1}{36} = P(A)\, P(B) & \Longrightarrow & A \text{ e } B \text{ indipendenti} \\ P(A \cap C) = P(5,2) = \frac{1}{36} = P(A)\, P(C) & \Longrightarrow & A \text{ e } C \text{ indipendenti} \\ P(B \cap C) = P(5,2) = \frac{1}{36} = P(B)\, P(C) & \Longrightarrow & B \text{ e } C \text{ indipendenti} \\ P(A \cap B \cap C) = P(5,2) = \frac{1}{36} \neq P(A)\, P(B)\, P(C) & \Longrightarrow & A, B \text{ e } C \text{ non indipendenti} \end{array}$$

---

26. Due calcolatori eseguono, indipendentemente l'uno dall'altro, la medesima elaborazione. Le rispettive probabilità di errore sono $\alpha$ e $\beta$. Qual è la probabilità che entrambi forniscano un'elaborazione corretta (= evento $A$)? Qual è la probabilità che uno dei due sbagli e l'altro no (= evento $B$)? Qual è la probabilità che si abbia almeno un'elaborazione corretta (= evento $C$)?

*Prove indipendenti, ma non identiche.*

---

Posto $E_i =$ "il calcolatore $i$ sbaglia" $(i = 1, 2)$, gli eventi $E_1$ ed $E_2$ sono indipendenti e $P(E_1) = \alpha$, $P(E_2) = \beta$. Allora

$$\begin{aligned} P(A) &= P\left(\overline{E_1} \cap \overline{E_2}\right) = P\left(\overline{E_1}\right) P\left(\overline{E_2}\right) = (1-\alpha)(1-\beta) \\ P(B) &= P\left(E_1 \cap \overline{E_2}\right) + P\left(\overline{E_1} \cap E_2\right) = \alpha(1-\beta) + (1-\alpha)\beta \\ P(C) &= P\left(\overline{E_1} \cup \overline{E_2}\right) = 1 - P(E_1 \cap E_2) = 1 - \alpha\beta \end{aligned}$$

---

Interpretando "errore" per un calcolatore come "esce Testa" per una moneta, l'esperimento dell'esercizio equivale al lancio di due monete i cui trucchi ($\alpha$ e $\beta$) sono diversi. Allora l'evento $A$ significa che escono due Croci, ecc.

---

27. In due lanci successivi di un dado regolare, qual è la probabilità che escano facce uguali? Qual è la probabilità che la seconda faccia sia minore della prima?

*Prove identiche e indipendenti.*

---

$$P\,(1^{\mathrm{a}}\ \text{faccia} = 2^{\mathrm{a}}\ \text{faccia}) = \frac{6}{36}$$

Per simmetria è

$$P\,(1^{\mathrm{a}}\ \text{faccia} < 2^{\mathrm{a}}\ \text{faccia}) = P\,(1^{\mathrm{a}}\ \text{faccia} > 2^{\mathrm{a}}\ \text{faccia})$$

quindi

$$P\,(1^{\mathrm{a}}\ \text{faccia} > 2^{\mathrm{a}}\ \text{faccia}) = \frac{1}{2}\left(1 - \frac{6}{36}\right) = \frac{15}{36}$$

---

Ci si potrebbe chiedere se, nel caso di dado non regolare, l'argomento di simmetria che abbiamo usato risulta falso. La risposta è: no, l'argomento è ancora vero perché l'uguaglianza $P\,(1^{\mathrm{a}}\ \text{faccia} < 2^{\mathrm{a}}\ \text{faccia}) = P\,(1^{\mathrm{a}}\ \text{faccia} > 2^{\mathrm{a}}\ \text{faccia})$ discende dalla sola indipendenza dei lanci (mentre è il valore numerico che cambia a seconda del trucco del dado). Infatti l'esito di due lanci è una coppia $(i, j)$ con $P\,(i) = p_i$ ($= 1/6$ se il dado regolare) e la loro indipendenza significa che $P\,(i, j) = p_i p_j = P\,(j, i)$, quindi

$$P\,(1^{\mathrm{a}}\ \text{faccia} < 2^{\mathrm{a}}\ \text{faccia}) = \sum_{\substack{i,j=1 \\ i<j}}^{6} P\,(i, j) = P\,(1^{\mathrm{a}}\ \text{faccia} > 2^{\mathrm{a}}\ \text{faccia})$$

Inoltre si ha

$$P\,(1^{\mathrm{a}}\ \text{faccia} = 2^{\mathrm{a}}\ \text{faccia}) = \sum_{i=1}^{6} P\,(i, i) = \sum_{i=1}^{6} p_i^2$$

e quindi per un dado qualunque si ottiene

$$P\,(1^{\mathrm{a}}\ \text{faccia} > 2^{\mathrm{a}}\ \text{faccia}) = \frac{1}{2}\left(1 - \sum_{i=1}^{6} p_i^2\right)$$

---

28. Aldo, Bruno e Carlo devono sostenere un esame in cui ciascuno di essi ha il 70% di probabilità di essere promosso indipendentemente dall'esito degli esami degli altri. Qual è la probabilità che gli esiti di Aldo e di Bruno siano diversi (cioè uno dei due sia promosso e l'altro bocciato)? Se gli esiti di Aldo e di Bruno sono diversi, qual è la probabilità che il promosso sia Aldo? Se l'esito di Aldo è diverso sia da quello di Bruno sia da quello di Carlo, qual è la probabilità che Aldo sia promosso?

☐ *Probabilità condizionata.*

---

✎ Siano $A$ = "Aldo è promosso", ecc., $H$ = "gli esiti di Aldo e di Bruno sono diversi" $= \left(A \cap \overline{B}\right) \cup \left(\overline{A} \cap B\right)$, $K$ = "l'esito di Aldo è diverso da quello di Bruno e da quello di Carlo" $= \left(A \cap \overline{B} \cap \overline{C}\right) \cup \left(\overline{A} \cap B \cap C\right)$. Il testo chiede di calcolare $P(H)$, $P(A|H)$ e $P(A|K)$. Si ha, per l'indipendenza di $A$, $B$ e $C$,

$$\begin{aligned} P(H) &= P\left(A \cap \overline{B}\right) + P\left(\overline{A} \cap B\right) = P(A)\,P\left(\overline{B}\right) + P\left(\overline{A}\right)P(B) \\ &= 0.7 \times (1 - 0.7) + (1 - 0.7) \times 0.7 = 42\% \end{aligned}$$

$$P(A|H) = \frac{P(A \cap H)}{P(H)} = \frac{P\left(A \cap \overline{B}\right)}{P(H)} = \frac{0.7 \times (1 - 0.7)}{0.42} = 50\%$$

$$\begin{aligned} P(K) &= P\left(A \cap \overline{B} \cap \overline{C}\right) + P\left(\overline{A} \cap B \cap C\right) \\ &= 0.7 \times (1 - 0.7) \times (1 - 0.7) + (1 - 0.7) \times 0.7 \times 0.7 = 21\% \end{aligned}$$

$$P(A|K) = \frac{P(A \cap K)}{P(K)} = \frac{P\left(A \cap \overline{B} \cap \overline{C}\right)}{P(K)} = \frac{0.7 \times (1 - 0.7) \times (1 - 0.7)}{0.21} = 30\%$$

---

29. Aldo, Bruno e Carlo lanciano ciascuno una freccia contro un bersaglio: la probabilità che Aldo lo colpisca è 0.2, la probabilità che lo colpisca Bruno è 0.6, quella che lo colpisca Carlo è 0.5. Il bersaglio viene centrato da un solo colpo. Qual è la probabilità che il bersaglio sia stato colpito da Aldo? o da Bruno? o da Carlo?

☐ *Probabilità condizionata.*

---

✎ Siano $A$ ="Aldo colpisce il bersaglio", $B$ ="Bruno colpisce il bersaglio", $C$ ="Carlo colpisce il bersaglio" e $H$ ="il bersaglio viene centrato da un solo colpo". Allora

$$H = \left(A \cap \overline{B} \cap \overline{C}\right) \cup \left(\overline{A} \cap B \cap \overline{C}\right) \cup \left(\overline{A} \cap \overline{B} \cap C\right)$$

perché il bersaglio viene centrato da Aldo e non da Bruno né da Carlo, oppure da Bruno e non da Aldo né da Carlo, oppure da Carlo e non da Aldo né da Bruno. Le tre alternative sono fra loro incompatibili, quindi

$$P(H) = P\left(A \cap \overline{B} \cap \overline{C}\right) + P\left(\overline{A} \cap B \cap \overline{C}\right) + P\left(\overline{A} \cap \overline{B} \cap C\right)$$

Il testo chiede di calcolare $P(A|H)$, $P(B|H)$ e $P(C|H)$. Si ha

$$P(A|H) = \frac{P(A \cap H)}{P(H)} = \frac{P\left(A \cap \overline{B} \cap \overline{C}\right)}{P(H)}$$

e, per l'indipendenza degli eventi $A$, $B$ e $C$,

$$P(A|H) = \frac{P(A)\, P\left(\overline{B}\right) P\left(\overline{C}\right)}{P(H)}$$

Tenuto infine conto che $P(A) = 0.2$, $P(B) = 0.6$, e $P(C) = 0.5$, si ricava

$$P(A|H) = \frac{1}{11} \simeq 9.09\%$$

Analogamente si trova

$$P(B|H) = \frac{6}{11} \simeq 54.55\%, \quad P(C|H) = \frac{4}{11} \simeq 36.36\%$$

---

Si osservi che è $P(A|H) + P(B|H) + P(C|H) = 1$, come d'altronde è logico che sia, dato il significato degli eventi considerati.

---

30. Provare che per ogni terna $A$, $B$ e $C$ di eventi vale l'uguaglianza seguente: $P(A \cap B \mid C)\, P(C|B) = P(A \cap C \mid B)\, P(B|C)$.

*Probabilità condizionata.*

---

Si ha

$$P(A \cap B \mid C)\, P(C|B) = \frac{P(A \cap B \cap C)}{P(C)} \times \frac{P(C \cap B)}{P(B)}$$

Il secondo membro di questa uguaglianza non varia scambiando $B$ con $C$, e la tesi è dunque provata.

---

31. Una scatola contiene quattro carte numerate da 1 a 4 (① ② ③ ④). Si estraggono a caso 2 carte in blocco e si fa la somma dei loro punti. Descrivere lo spazio campionario e la funzione di probabilità associati all'esperimento. Qual è la probabilità che sia estratta la carta ① ? Qual è la probabilità che sia estratta la carta ① oppure la carta ③?

*Probabilità totali.*

---

| carte estratte | ① ② | ① ③ | ① ④ oppure ② ③ | ② ④ | ③ ④ |
|---|---|---|---|---|---|
| $\omega =$ | 3 | 4 | 5 | 6 | 7 |
| $P(\omega) =$ | 1/6 | 1/6 | 2/6 | 1/6 | 1/6 |

$$\begin{aligned} P(①) &= \sum_\omega P(①|\omega)\, P(\omega) \\ &= 1 \times P(3) + 1 \times P(4) + \frac{1}{2} \times P(5) + 0 \times P(6) + 0 \times P(7) = \frac{1}{2} \end{aligned}$$

$$P(① \text{ oppure } ③) = P(①) + P(③) - \underbrace{P(①\ ③)}_{=P(4)} = \frac{1}{2} + \frac{1}{2} - \frac{1}{6} = \frac{5}{6}$$

---

Le probabilità $P(①)$, $P(②)$, $P(③)$ e $P(④)$ sono tutte uguali per ragioni di simmetria.

---

32. Una fabbrica utilizza un lotto di pezzi di un certo tipo acquistati per metà dal fornitore A e per l'altra metà dal fornitore B. Si sa che la produzione di A è difettosa nel 5% dei casi e che, scelto a caso un pezzo difettoso da quel lotto, la probabilità che esso sia stato prodotto da A è del 20%. Si considerino gli eventi $B$ = "un pezzo del lotto è stato prodotto da B" e $D$ = "un pezzo del lotto è difettoso". Calcolare $P(D)$ e $P(D|B)$.

*Probabilità totali.*

---

Dati: $P(A) = P(B) = 0.5$; $P(D|A) = 0.05$; $P(A|D) = 0.2$.

$$P(D) = \frac{P(D|A)\, P(A)}{P(A|D)} = \frac{0.05 \times 0.5}{0.2} = 12.5\%$$

Da

$$P(D) = P(D|A)P(A) + P(D|B)P(B)$$

si ricava

$$P(D|B) = \frac{P(D) - P(D|A)P(A)}{P(B)} = \frac{0.125 - 0.05 \times 0.5}{0.5} = 20\%$$

---

33. Si lancia un dado regolare, dopodiché si lancia una moneta regolare tante volte quanto è il risultato del dado. Descrivere lo spazio campionario $\Omega$ dell'esperimento. Qual è la probabilità che alla fine escano due Teste e una Croce? oppure almeno cinque Teste?

*Esperimento a due fasi.* ❐

---

Si tratta di un esperimento a due fasi. I suoi esiti sono coppie del tipo $(j, x_1...x_j)$ dove $j = 1, ..., 6$ è il numero uscito sul dado e $x = T$ (Testa) oppure $x = C$ (Croce). È comodo scrivere $\Omega = A_1 \cup ... \cup A_6$, dove

$$\begin{aligned}
A_1 &= \{(1, T); (1, C)\} \\
A_2 &= \{(2, TT); (2, TC); (2, CT); (2, CC)\} \\
A_3 &= \{(3, TTT); (3, TTC); (3, TCT); ...; (3, CCT)\} \\
&\vdots \\
A_6 &= \{(6, TTTTTT); ...\}
\end{aligned}$$

Ognuna delle 6 alternative $A_j$ (= "sul dado esce la faccia $j$") ha probabilità $1/6$ di realizzarsi, e questo valore si equiripartisce sui $2^j$ esiti che la compongono. Si ha quindi

$$\begin{aligned}
P(\text{due } T \text{ e una } C) &= P((3, TTC) \cup (3, TCT) \cup (3, CTT)) \\
&= \frac{1}{6} \times \frac{3}{2^3} = \frac{1}{16} = 6.25\%
\end{aligned}$$

Applicando poi la formula delle probabilità totali, si ha

$$P(\text{almeno 5 Teste}) = P(\text{almeno 5 Teste}|A_5)P(A_5) + P(\text{almeno 5 Teste}|A_6)P(A_6)$$

Ma

$$P(\text{almeno 5 Teste}|A_5) = P(\text{5 Teste in 5 lanci}) = \left(\frac{1}{2}\right)^5$$

e

$$\begin{aligned}
P(\text{almeno 5 Teste}|A_6) &= P(\text{5 Teste in 6 lanci}) + P(\text{6 Teste in 6 lanci}) \\
&= 6\left(\frac{1}{2}\right)^6 + \left(\frac{1}{2}\right)^6 = 7\left(\frac{1}{2}\right)^6
\end{aligned}$$

quindi

$$P\,(\text{almeno 5 Teste}) = \left(\frac{1}{2}\right)^5 \frac{1}{6} + 7\left(\frac{1}{2}\right)^6 \frac{1}{6} = \frac{3}{128} \simeq 2.34\%$$

---

☞ Come in tutti gli esperimenti a due fasi (che qui sono il lancio del dado e il lancio della moneta), le alternative più comode da considerare fanno riferimento agli esiti parziali della prima fase (il numero uscito sul dado). Nel caso specifico, poi, la regolarità del dado comporta che tali alternative siano equiprobabili ($P(A_j) = 1/6$), e la regolarità della moneta che siano equiprobabili i $2^j$ esiti condizionati della seconda fase ($P(x_1...x_j \,|\, j) = 1/2^j$). Nel suo complesso però l'esperimento non dà luogo a uno spazio campionario con probabilità uniforme: infatti i vari esiti $(j, x_1...x_j)$ non sono tutti equiprobabili!

---

34. La scatola $\mathcal{A}$ contiene 12 palline bianche e 8 palline nere, la scatola $\mathcal{B}$ contiene 10 palline bianche e 14 nere. Si pesca da $\mathcal{A}$ una pallina e, senza guardarla, la si inserisce in $\mathcal{B}$; poi si estrae una pallina da $\mathcal{B}$. Qual è la probabilità che la seconda pallina estratta sia bianca?

☐ *Esperimento a due fasi.*

---

✎ Posto $B_1$ = "la prima pallina estratta è Nera", ecc., si ha

$$\begin{aligned} P(B_2) &= P(B_2|B_1)\,P(B_1) + P(B_2|N_1)\,P(N_1) \\ &= \frac{11}{25} \times \frac{12}{20} + \frac{10}{25} \times \frac{8}{20} = \frac{53}{125} = 42.4\% \end{aligned}$$

---

35. Ci sono 10 scatole indistinguibili, di cui 6 contengono ciascuna 3 palline bianche e 2 nere, e le rimanenti 4 contengono ciascuna 2 palline bianche e 4 nere. Scelta a caso una scatola, se ne estrae a caso una pallina. Qual è la probabilità che la pallina estratta sia bianca? Se la pallina estratta è bianca, qual è la probabilità che sia stata estratta da una delle scatole contenenti 3 palline bianche?

☐ *Esperimento a due fasi.*

---

Posto $B =$ "pallina bianca", $H_j =$ "urna $j$ con 3 bianche e 2 nere" $(j = 1, ..., 6)$, $K_j =$ "urna $j$ con 2 bianche e 4 nere" $(j = 1, ..., 4)$, si ha

$$\begin{aligned} P(B) &= \sum_{j=1}^{6} P(B|H_j) P(H_j) + \sum_{j=1}^{4} P(B|K_j) P(K_j) \\ &= 6 \times \frac{3}{5} \times \frac{1}{10} + 4 \times \frac{2}{6} \times \frac{1}{10} \\ &= \frac{37}{75} \simeq 49.33\% \end{aligned}$$

La seconda domanda chiede di calcolare $P(H_1 \cup ... \cup H_6 \mid B)$. Per la regola della somma (essendo gli $H_j$ fra loro incompatibili) segue

$$\begin{aligned} P(H_1 \cup ... \cup H_6 \mid B) &= \sum_{j=1}^{6} P(H_j|B) = \sum_{j=1}^{6} \frac{P(B|H_j) P(H_j)}{P(B)} \\ &= 6 \times \frac{3/5 \times 1/10}{37/75} \\ &= \frac{27}{37} \simeq 72.97\% \end{aligned}$$

---

36. Una scatola contiene $b$ palline bianche ed $n$ palline nere. Si estrae una pallina, se ne osserva il colore e poi la si rimette nella scatola insieme ad altre $k$ palline del suo stesso colore. Infine si estrae un'altra pallina. Qual è la probabilità che la prima pallina estratta sia bianca (= evento $A$)? Qual è la probabilità che la seconda pallina estratta sia bianca (= evento $B$)? Qual è la probabilità che entrambe le palline estratte siano bianche (= evento $A \cap B$)?

*Esperimento a due fasi.*

---

$$\begin{aligned} P(A) &= \frac{b}{b+n} \\ P(B) &= P(B|A) P(A) + P(B|\overline{A}) P(\overline{A}) \\ &= \frac{b+k}{b+n+k} \frac{b}{b+n} + \frac{b}{b+n+k} \frac{n}{b+n} = \frac{b}{b+n} \\ P(A \cap B) &= P(B|A) P(A) = \frac{b+k}{b+n+k} \frac{b}{b+n} \end{aligned}$$

---

Notare che è $P(B) = P(A)$ qualunque sia il valore di $k$.

---

37. Una scatola contiene 8 palline bianche e 8 palline nere. Si lancia una moneta regolare e poi si estraggono in blocco dalla scatola 2 palline (se è uscita Testa) oppure 3 palline (se è uscita Croce). Qual è la probabilità che le palline estratte siano tutte bianche? È più probabile che tutte le palline estratte siano dello stesso colore oppure no?

*Esperimento a due fasi.*

---

Moneta regolare significa $P(T) = P(C) = 1/2$. Posto poi $B =$ "tutte bianche", si ha

$$P(B|T) = \frac{\binom{8}{2}}{\binom{16}{2}} = \frac{7}{30}, \qquad P(B|C) = \frac{\binom{8}{3}}{\binom{16}{3}} = \frac{1}{10}$$

perché si estraggono 2 o 3 palline in blocco a seconda che sia uscita Testa o Croce, rispettivamente. In conclusione

$$P(B) = P(B|T)\,P(T) + P(B|C)\,P(C) = \frac{1}{6}$$

Data la simmetria dei dati, si ha anche $P(\text{tutte nere}) = 1/6$ e quindi la probabilità che tutte le palline estratte siano di ugual colore vale $1/3$, mentre quella che siano di colori diversi è $2/3$.

---

38. Agli studenti di una classe viene sottoposto un quesito che ha 5 risposte, una sola delle quali è corretta. Se uno studente è preparato (= evento $H$), è certo che risponderà esattamente; se invece uno studente è impreparato, la scelta della risposta sarà del tutto casuale. La frazione di studenti preparati nella classe è 60%. Qual è la probabilità che lo studente Aldo risponda esattamente (= evento $A$)? Qual è la probabilità che Aldo sia preparato se risponde esattamente?

*Formula di Bayes.*

---

Dati: $P(H) = 0.60$, $P(A|H) = 1$, $P\left(A|\overline{H}\right) = 1/5$. Allora

$$P(A) = P(A|H)\,P(H) + P\left(A|\overline{H}\right)P\left(\overline{H}\right) = \frac{17}{25} = 68\%$$

e

$$P(H|A) = \frac{P(A|H)\,P(H)}{P(A)} = \frac{15}{17} \simeq 88.24\%$$

---

Notare che $P(H|A)$ è maggiore di 60% (la frazione di studenti preparati) ma comunque minore di 100% (tra chi risponde esattamente ci sono anche gli impreparati che indovinano la risposta esatta).

---

39. Aldo ha due monete, una equa e l'altra con un trucco (= probabilità che esca Testa) $p$. Egli prende a caso una moneta, la lancia ed esce Testa: qual è la probabilità che si tratti della moneta equa? La lancia un'altra volta ed esce di nuovo Testa: quanto vale ora la probabilità che si tratti della moneta equa?

*Formula di Bayes.*

---

All'inizio del gioco Aldo sceglie la moneta a caso, quindi

$$P(\text{moneta equa}) = P(\text{moneta truccata}) = \frac{1}{2}$$

Il primo lancio dà Testa: Aldo si chiede come questo risultato modifichi la sua aspettativa di avere scelto la moneta equa, cioè se $P(\text{moneta equa} \,|\, T)$ è diversa da $P(\text{moneta equa})$. Si ha

$$P(T \,|\, \text{moneta equa}) = \frac{1}{2}, \qquad P(T \,|\, \text{moneta truccata}) = p$$

quindi

$$\begin{aligned} P(T) &= P(T \,|\, \text{moneta equa}) \times P(\text{moneta equa}) + \\ &\quad + P(T \,|\, \text{moneta truccata}) \times P(\text{moneta truccata}) = \frac{1+2p}{4} \end{aligned}$$

e infine

$$P(\text{moneta equa} \,|\, T) = \frac{P(T \,|\, \text{moneta equa}) \times P(\text{moneta equa})}{P(T)} = \frac{1}{1+2p}$$

Anche il secondo lancio dà Testa: quanto vale ora $P(\text{moneta equa} \,|\, TT)$? Si ha

$$P(TT \,|\, \text{moneta equa}) = 1/4, \qquad P(TT \,|\, \text{moneta truccata}) = p^2$$

per cui

$$\begin{aligned} P(TT) &= P(TT \,|\, \text{moneta equa}) \times P(\text{moneta equa}) + \\ &\quad + P(TT \,|\, \text{moneta truccata}) \times P(\text{moneta truccata}) = \frac{1+4p^2}{8} \end{aligned}$$

e quindi

$$P(\text{moneta equa} \,|\, TT) = \frac{P(TT \,|\, \text{moneta equa}) \times P(\text{moneta equa})}{P(TT)} = \frac{1}{1+4p^2}$$

☞ Se la moneta truccata è sbilanciata a favore di Testa (cioè $p > 1/2$), allora è

$$\frac{1}{2} > \frac{1}{1+2p} > \frac{1}{1+4p^2}$$

quindi i risultati dei due lanci diminuiscono l'aspettativa che Aldo abbia scelto la moneta equa. La conclusione è invece quella opposta nel caso $p < 1/2$.

---

40. All'esame del corso di "Programmazione" il 70% degli studenti ha scritto il programma in *Fortran* e i restanti in *C+*. Per esperienza il professore sa che se un programma è in *Fortran* allora è corretto nel 73% dei casi, mentre se è in *C+* allora è corretto solo nel 46% dei casi. Il professore sceglie a caso uno dei programmi compilati dagli studenti. Qual è la probabilità che il programma scelto sia compilato correttamente (= evento $A$)? Se il programma scelto è compilato correttamente, qual è la probabilità che esso sia in *Fortran*?

*Formula di Bayes.*

---

✎ I dati sono $P(Fortran) = 0.7$, $P(C+) = 0.3$, $P(A \mid Fortran) = 0.73$, $P(A \mid C+) = 0.46$. Quindi

$$\begin{aligned} P(A) &= P(A \mid Fortran)\, P(Fortran) + P(A \mid C+)\, P(C+) \\ &= 0.73 \times 0.7 + 0.46 \times 0.3 = 64.9\% \end{aligned}$$

e

$$P(Fortran \mid A) = \frac{P(A \mid Fortran)\, P(Fortran)}{P(A)} = \frac{0.73 \times 0.7}{0.73 \times 0.7 + 0.46 \times 0.3} \simeq 78.74\%$$

---

41. Una fabbrica produce valvole di sicurezza per caldaie a gas; la produzione giornaliera è di 10000 valvole. Si sa che una valvola, se in perfette condizioni, supera sempre il collaudo finale, mentre se è difettosa supera tale collaudo nel 5% dei casi. Si supponga che l' 1% delle valvole prodotte sia difettoso. In teoria, quante valvole di un lotto giornaliero supereranno il collaudo? e, tra le valvole di un lotto giornaliero che superano il collaudo, qual è la percentuale di quelle difettose?

*Formula di Bayes.*

---

Posto $D$ = "valvola difettosa" e $S$ = "collaudo superato", i dati del problema sono $P(S|D) = 0.05$, $P(S|\overline{D}) = 1$ e $P(D) = 0.01$. Quindi

$$P(S) = P(S|D)\,P(D) + P(S|\overline{D})\,P(\overline{D}) = 0.05 \times 0.01 + 0.99 = 99.05\%$$

sicché teoricamente superano il collaudo 9905 valvole sulle 10000 di un lotto giornaliero. Se ci si limita poi alle valvole che superano il collaudo, la percentuale di quelle difettose è

$$P(D|S) = \frac{P(S|D)\,P(D)}{P(S)} = \frac{0.05 \times 0.01}{0.9905} = \frac{1}{1981} \simeq 0.05\%$$

---

Non bisogna confondere il concetto di valvola che supera il collaudo con quello di valvola non difettosa. Il test di collaudo è in grado di identificare con certezza le valvole non difettose (perché $P(\overline{S}|\overline{D}) = 0$), ma sbaglia nel 5% dei casi nel rilevare le valvole difettose (perché $P(S|D) = 0.05$) ovvero sulle $10000 \times 0.01 = 100$ valvole difettose nel lotto mediamente 5 superano il collaudo. In conclusione ci si aspetta che il collaudo sia superato dalle 9900 valvole buone più le 5 difettose per un totale di 9905. Tra queste, quindi, la proporzione di difettose sarà di 5 su 9905, cioè 1/1981.

---

42. Due gemelli possono essere *veri gemelli*, e in tal caso sono sempre dello stesso sesso, oppure *pseudogemelli*, e in questo caso la probabilità che abbiano lo stesso sesso è del 50%. Le coppie dello stesso sesso rappresentano i 2/3 di tutte le coppie di gemelli. Qual è la probabilità che due gemelli siano veri gemelli? Qual è la probabilità che due gemelli, se sono dello stesso sesso, siano veri gemelli?

*Formula di Bayes.*

---

Posto $V$ = "veri gemelli" e $S$ = "gemelli dello stesso sesso", i dati del problema sono $P(S|V) = 1$, $P(S|\overline{V}) = 1/2$ e $P(S) = 2/3$. Per il calcolo di $P(V)$ usiamo

$$\frac{2}{3} = P(S) = P(S|V)\,P(V) + P(S|\overline{V})\,P(\overline{V}) = P(V) + \frac{1}{2}(1 - P(V))$$

e si ricava $P(V) = 1/3$. La seconda domanda chiede di calcolare $P(V|S)$, e si ha

$$P(V|S) = \frac{P(S|V)\,P(V)}{P(S)} = \frac{1/3}{2/3} = \frac{1}{2}$$

---

43. Una sbarra semilavorata di ferro, prima di essere immessa nel ciclo produttivo, viene sottoposta a due controlli indipendenti per verificarne la resistenza sia alla trazione che alla compressione. Un pezzo viene scartato se trovato difettoso anche ad uno solo dei controlli e immesso nel ciclo se trovato buono ad entrambi i controlli. Calcolare la probabilità di corretta diagnosi sapendo che
1) il test sulla trazione scarta un pezzo buono con probabilità 1% e accetta un pezzo difettoso con probabilità 5%;
2) il test sulla compressione scarta un pezzo buono con probabilità 2% e accetta un pezzo difettoso con probabilità 8%;
3) il 90% delle sbarre è effettivamente buono.

□ *Formula di Bayes.*

---

✎ "Corretta diagnosi" significa "accettare un pezzo buono e scartare un pezzo difettoso". In un lotto di $N$ pezzi ci si aspetta che $0.90 \times N$ pezzi siano buoni e $0.10 \times N$ siano difettosi. Ora, per fissare le idee, supponiamo che venga eseguito prima il test di trazione e poi quello di compressione: mediamente, i pezzi buoni accettati dal test di trazione sono $0.99 \times (0.90 \times N)$ e, di questi, superano anche il test di compressione $0.98 \times (0.99 \times (0.90 \times N))$. Quindi la probabilità di corretta diagnosi di un pezzo buono è $0.98 \times 0.99 \times 0.90 = 0.87318$. Consideriamo ora i $0.10 \times N$ pezzi difettosi: in media quelli scartati al test di trazione sono $0.95 \times (0.10 \times N)$, mentre i rimanenti $0.05 \times (0.10 \times N)$ lo superano erroneamente; tuttavia, fra questi verranno scartati dal test di compressione $0.92 \times (0.05 \times (0.10 \times N))$ pezzi. Pertanto la probabilità di corretta diagnosi di un pezzo difettoso è $0.95 \times 0.10 + 0.92 \times 0.05 \times 0.10 = 0.0996$. In conclusione

$$P\,(\text{corretta diagnosi}) = 0.87318 + 0.0996 = 97.278\%$$

---

☞ Il risultato finale rimane invariato se si scambia l'ordine dei test (prima compressione e poi trazione). Infatti in questo caso sono correttamente diagnosticati $0.99 \times (0.98 \times (0.90 \times N))$ pezzi buoni e $0.92 \times (0.10 \times N) + 0.95 \times (0.08 \times (0.10 \times N))$ pezzi difettosi per una probabilità complessiva pari a

$$0.99 \times 0.98 \times 0.90 + 0.92 \times 0.10 + 0.95 \times 0.08 \times 0.10 = 97.278\%$$

---

44. Carlo acquista utensili da Aldo e da Bruno nel rapporto 2 : 3, rispettivamente. In media, gli utensili di Aldo sono difettosi in un caso su 20, mentre quelli di Bruno in un caso su 25. Qual è la probabilità che un utensile di Carlo sia difettoso? Se un utensile di Carlo è difettoso, qual è la probabilità che a fabbricarlo sia stato Aldo?

□ *Formula di Bayes.*

---

Siano $A$ = "utensile acquistato da Aldo", $B$ = "utensile acquistato da Bruno", $C$ = "utensile difettoso". Allora i dati sono: $P(A) = 2/5$, $P(B) = 3/5$, $P(C|A) = 1/20$, $P(C|B) = 1/25$.

$$P(C) = P(C|A)\,P(A) + P(C|B)\,P(B) = \frac{11}{250} = 4.4\%$$

$$P(A|C) = \frac{P(C|A)\,P(A)}{P(C)} = \frac{5}{11} \simeq 45.45\%$$

---

Dire che Carlo acquista utensili da Aldo e da Bruno nel rapporto 2 : 3 significa che in media, su 5 utensili acquistati, 2 sono prodotti da Aldo e 3 da Bruno, ovvero $P(A) = 2/5$ e $P(B) = 3/5$.

---

45. Un pezzo viene costruito assemblando due componenti (A e B), ciascuno dei quali è scelto a caso da un lotto numeroso. Il 5% dei componenti del lotto A e il 6% dei componenti del lotto B è difettoso. Il pezzo assemblato risulterà difettoso se lo è almeno uno dei suoi due componenti. Qual è la probabilità che un pezzo sia difettoso? Se un pezzo è difettoso, qual è la probabilità che sia difettoso il suo componente A?

*Formula di Bayes.*

---

$$\begin{aligned} P(\text{pezzo difettoso}) &= 1 - P(\text{pezzo buono}) = 1 - P(\text{A buono } \cap \text{ B buono}) \\ &= 1 - P(\text{A buono})\,P(\text{B buono}) \\ &= 1 - (1 - 0.05) \times (1 - 0.06) = 10.7\% \end{aligned}$$

$$\begin{aligned} P(\text{A difettoso} \,|\, \text{pezzo difettoso}) &= \frac{P(\text{pezzo difettoso} \,|\, \text{A difettoso})\,P(\text{A difettoso})}{P(\text{pezzo difettoso})} \\ &= \frac{1 \times 0.05}{0.107} \simeq 46.73\% \end{aligned}$$

---

Lotto "numeroso" significa che, ai fini pratici, può essere considerato infinito. Dalla Legge dei Grandi Numeri segue che la percentuale di componenti difettosi del lotto A (= 5%) è anche la probabilità $P(\text{A difettoso})$ che un componente scelto a caso dal lotto A sia difettoso (e lo stesso dicasi per il lotto B). Inoltre, nella risoluzione si è assunto che le produzioni dei componenti A e B siano indipendenti fra loro in modo che $P(\text{A buono } \cap \text{ B buono}) = P(\text{A buono}) \times P(\text{B buono})$.

---

46. Quando esce di casa al mattino Aldo non prende mai l'ombrello se il cielo è sereno, lo prende sempre se il cielo è nuvoloso e infine, quando il tempo è incerto, decide se prendere o no l'ombrello lanciando una moneta regolare. Secondo i dati storici, nella città dove vive Aldo il tempo è sereno (= evento $H_1$), nuvoloso (= evento $H_2$) o incerto (= evento $H_3$) nelle proporzioni 10 : 3 : 2, rispettivamente. Nell'arco di un anno (= 365 giorni) quante volte all'incirca Aldo esce con l'ombrello? Se il 30 marzo Aldo è uscito con l'ombrello, qual è la probabilità che quel giorno fosse nuvoloso?

*Formula di Bayes.*

---

Definito l'evento $A$ = "Aldo esce con l'ombrello", i dati sono $P(H_1) = 10/15$, $P(H_2) = 3/15$, $P(H_3) = 2/15$, $P(A|H_1) = 0$, $P(A|H_2) = 1$, $P(A|H_3) = 1/2$. Allora

$$P(A) = \sum P(A|H_i)\,P(H_i) = \frac{4}{15}$$

e quindi Aldo esce con l'ombrello mediamente $365 \times 4/15 \simeq 97$ giorni all'anno. Infine, se un certo giorno (ad es. lo scorso 30 marzo) Aldo è uscito con l'ombrello, la probabilità che quel giorno fosse nuvoloso vale

$$P(H_2|A) = \frac{P(A|H_2)\,P(H_2)}{P(A)} = \frac{3/15}{4/15} = \frac{3}{4}$$

---

47. Nel riferire se un certo avvenimento è accaduto oppure no, Aldo dice la verità nel 90% dei casi e Bruno nel 95% dei casi. Un giorno, prima Aldo e poi Bruno (indipendentemente l'uno dall'altro) riferiscono a Carlo che si è verificato un certo evento $E$. Da parte sua Carlo sa che quell'evento si verifica molto raramente, diciamo una volta su mille. Dopo aver parlato con Aldo, come si modifica l'aspettativa di Carlo che quel giorno l'evento $E$ sia veramente accaduto? e dopo aver parlato anche con Bruno?

*Formula di Bayes.*

---

Poniamo $A$ = "Aldo dice che $E$ è accaduto". Allora $P(A|E) = P(\overline{A}|\overline{E}) = 0.90$ (perché Aldo dice la verità quando afferma che $E$ è accaduto se $E$ è veramente accaduto, oppure che $E$ è non accaduto se $E$ è veramente non accaduto). L'aspettativa di Carlo che $E$ si verifichi è inizialmente $P(E) = 10^{-3}$; dopo aver parlato con Aldo la nuova aspettativa di Carlo che $E$ si verifichi è $P(E|A)$. Ma

$$\begin{aligned} P(A) &= P(A|E)\,P(E) + P(A|\overline{E})\,P(\overline{E}) \\ &= 0.90 \times 10^{-3} + (1 - 0.90)\left(1 - 10^{-3}\right) = 0.1008 \end{aligned}$$

per cui

$$\begin{aligned} P(E|A) &= \frac{P(A|E)\,P(E)}{P(A)} = \frac{0.90\times10^{-3}}{0.90\times10^{-3}+(1-0.90)\,(1-10^{-3})} \\ &\simeq 8.9\times10^{-3} = 0.89\% \end{aligned}$$

Sia ora $B =$ "Bruno dice che $E$ è accaduto". Si può ripetere il ragionamento precedente con $B$ al posto di $A$, tenendo conto che $P(B|E) = P\left(\overline{B}|\overline{E}\right) = 0.95$ e che ora è $P(E) = 0.89\%$. Si trova

$$\begin{aligned} P(E|B) &= \frac{P(B|E)\,P(E)}{P(B)} = \frac{0.95\times0.0089}{0.95\times0.0089+(1-0.95)\,(1-0.0089)} \\ &\simeq 0.1462 = 14.62\% \end{aligned}$$

---

Quale sarebbe stata l'aspettativa finale di Carlo se egli avesse parlato prima con Bruno e poi con Aldo? Lo studente faccia i conti e verifichi che essa non sarebbe cambiata! ☜

---

48. Un sistema è formato da $n$ componenti identici e indipendenti collegati in parallelo. Sia $p$ l'affidabilità di ogni singolo componente. Qual è l'affidabilità $p_{tot}$ del sistema totale? Se $p = 0.82$, da quanti componenti dovrebbe essere composto il sistema per avere $p_{tot} > 0.99$?

*Affidabilità.* ❐

---

✎

$$p_{tot} = 1-(1-p)^n$$

$$1-(1-p)^n > 0.99 \quad\Longrightarrow\quad n > \frac{\ln 0.01}{\ln(1-p)}$$

Per $p = 0.82$ si trova $n \geq 3$.

---

49. Due componenti indipendenti, se posti in serie, formano un sistema la cui affidabilità (= probabilità di funzionamento) è $\alpha$. Gli stessi due componenti, se posti in parallelo, formano un sistema la cui affidabilità è $\beta$. Calcolare le probabilità di guasto $q_1$ e $q_2$ dei due componenti.

*Affidabilità.*

---

$$\begin{cases} \alpha = (1-q_1)(1-q_2) \\ \beta = 1 - q_1 q_2 \end{cases} \qquad \Longrightarrow \qquad \begin{cases} q_1 + q_2 = 2 - \alpha - \beta \\ q_1 q_2 = 1 - \beta \end{cases}$$

Quindi $q_1$e $q_2$ sono le radici dell'equazione di secondo grado

$$q^2 - (2 - \alpha - \beta)\, q + (1 - \beta) = 0$$

cioè

$$q_1, q_2 = 1 - \frac{\alpha + \beta}{2} \pm \sqrt{\left(\frac{\alpha+\beta}{2}\right)^2 - \alpha}$$

---

50. Determinare l'affidabilità del sistema in Figura, dove i valori indicati sono le probabilità che i singoli componenti hanno di guastarsi e i componenti sono indipendenti.

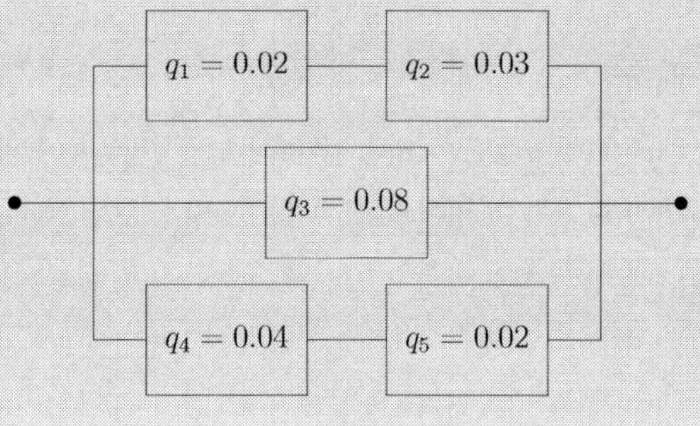


*Affidabilità.*

---

Il primo e il secondo componente sono in serie ed equivalgono ad un unico sottosistema la cui probabilità di guasto è

$$q_1' = 1 - (1 - q_1)(1 - q_2) \simeq 0.0494$$

Analogamente, la serie composta dal quarto e dal quinto componente ha probabilità di guasto

$$q'_2 = 1 - (1 - q_4)(1 - q_5) \simeq 0.0592$$

Pertanto il sistema iniziale equivale alla seguente configurazione di 3 sottosistemi in parallelo

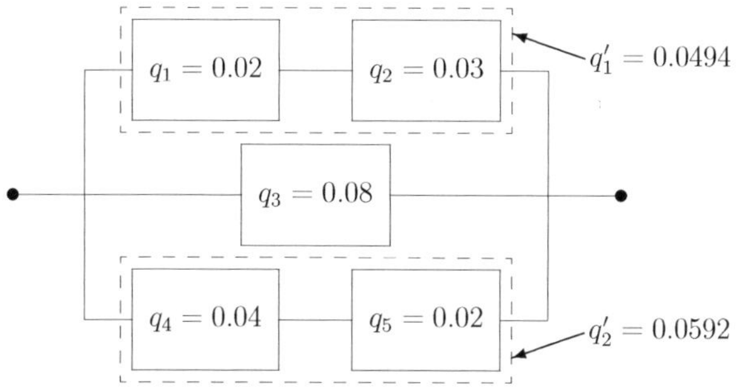


e la sua affidabilità $p$ è

$$p = 1 - q'_1 q_3 q'_2 \simeq 99.98\%$$

---

51. Determinare l'affidabilità del sistema in Figura, dove i valori indicati sono le probabilità di guasto di ciascun componente e i componenti sono indipendenti.

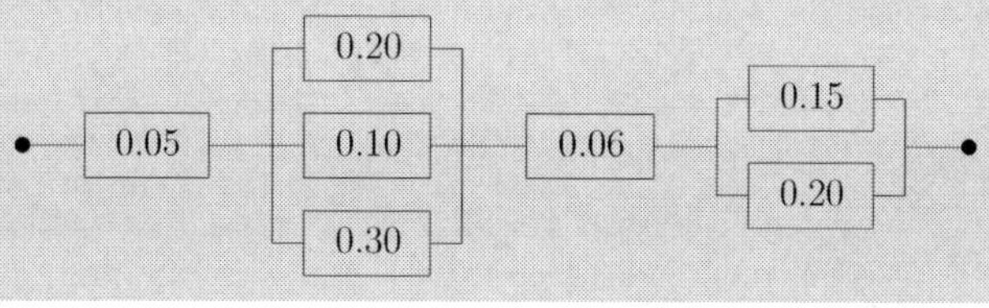


*Affidabilità.*

---

Serie di 4 sottosistemi. Indicate con $p_1, p_2, p_3, p_4$ le affidabilità dei sottosistemi (numerati da sinistra verso destra), il primo e il terzo sono costituiti da un unico componente per cui $p_1 = 0.95$ e $p_3 = 0.94$. Il secondo sottosistema è il parallelo di 3 componenti, quindi la sua probabilità di guasto vale $q_2 = 0.20 \times 0.10 \times 0.30 = 0.006$ e $p_2 = 1 - q_2 = 0.994$. Analogamente, per il quarto sottosistema si ha $q_4 = 0.15 \times 0.20 = 0.03$ e $p_4 = 1 - q_4 = 0.97$. In conclusione l'affidabilità $p$ del sistema totale è data da

$$p = p_1 p_2 p_3 p_4 = 0.95 \times 0.994 \times 0.94 \times 0.97 \simeq 86.10\%$$

52. Determinare l'affidabilità $p$ del sistema in Figura, dove i valori indicati sono le probabilità che i singoli componenti hanno di funzionare ininterrottamente per un anno e i componenti sono indipendenti.

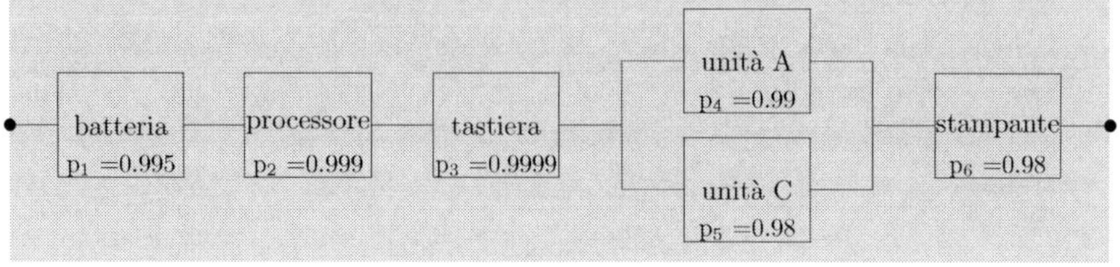


*Affidabilità.*

---

Il sottosistema costituito dal parallelo tra quarto e quinto componente ha probabilità di guasto pari a $(1-p_4)(1-p_5)$; tale sottosistema è in serie con gli altri 4 componenti per cui l'affidabilità $p$ del sistema totale è

$$p = p_1 p_2 p_3 \{1-(1-p_4)(1-p_5)\} p_6 \simeq 97.38\%$$

---

53. Si consideri il sistema mostrato in Figura, dove è indicata la probabilità di guasto dei suoi quattro componenti indipendenti. Calcolare l'affidabilità $p$ (= probabilità di funzionamento) del sistema.

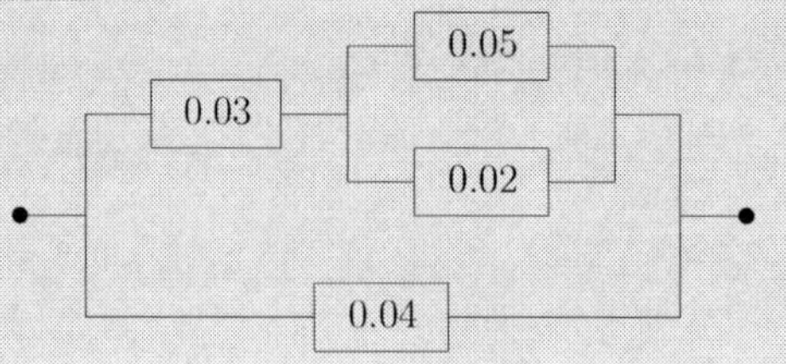


*Affidabilità.*

---

$$p = 1-(1-(1-0.03)\times(1-0.05\times 0.02))\times 0.04 \simeq 99.88\%$$

---

54. Calcolare l'affidabilità $p$ (= probabilità di funzionamento) del sistema in Figura, sapendo che i suoi 4 componenti sono fra loro identici e indipendenti e che l'affidabilità di ciascuno di essi è 98%.

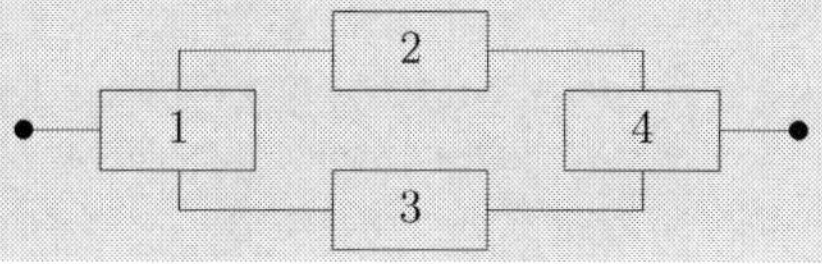


*Affidabilità.*

---

Il sistema assegnato funziona se e solo se funzionano i componenti 1-2-4 oppure 1-3-4, e quindi esso risulta equivalente al seguente, costituito dal componente 1 in serie con il parallelo di 2 e 3, che a sua volta è in serie con il componente 4:

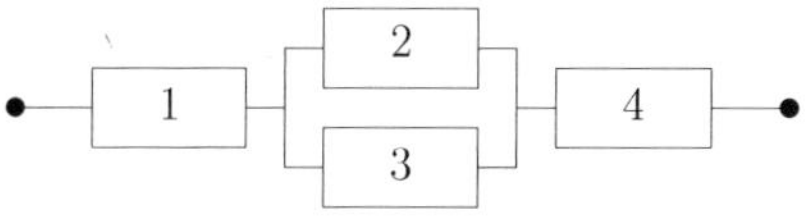


L'affidabilità del sistema totale è perciò

$$\begin{aligned} p &= p_1 \{1 - (1 - p_2)(1 - p_3)\} p_4 \\ &= (\text{dato che } p_1 = p_2 = p_3 = p_4 = 0.98) \\ &= (0.98)^2 \left(1 - (1 - 0.98)^2\right) \simeq 96.00\% \end{aligned}$$

---

55. Nel sistema in Figura i componenti sono indipendenti e i valori indicati sono le probabilità che i singoli componenti hanno di funzionare. Calcolare $p_3$ sapendo che l'affidabilità del sistema totale è uguale a 98%.

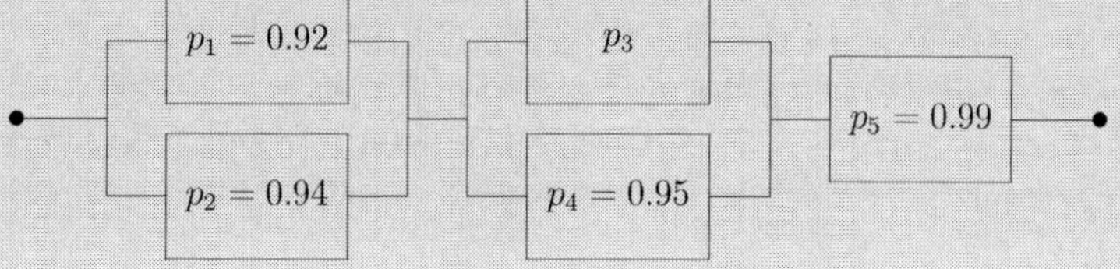


*Affidabilità.*

---

✎

$$
\begin{aligned}
0.98 &= \{1-(1-p_1)(1-p_2)\}\{1-(1-p_3)(1-p_4)\}\,p_5 \\
&= \{1-0.08\times 0.06\}\times\{1-(1-p_3)\times 0.05\}\times 0.99 \\
&= 0.0492624\,p_3+0.9359856 \\
&\Downarrow \\
p_3 &= 0.8934684\simeq 89.35\%
\end{aligned}
$$

## 1.3 Esercizi proposti

56. Siano $A$, $B$, $C$ tre eventi assegnati. Esprimere ciascuno dei seguenti eventi in termini di $A$, $B$, $C$:
$D$ = "si verifica almeno uno degli eventi $A$, $B$, $C$"
$E$ = "si verificano tutti gli eventi $A$, $B$, $C$"
$F$ = "non si verifica nessuno degli eventi $A$, $B$, $C$"
$G$ = "si verifica solo l'evento $A$"
$H$ = "si verifica al più uno degli eventi $A$, $B$, $C$"

57. La scatola I contiene 2 palline bianche e 1 pallina nera, la scatola II contiene 1 pallina bianca e 2 palline nere. Si estrae a caso una pallina da ciascuna scatola e se ne registra sia il colore sia la scatola a cui apparteneva. Descrivere spazio campionario e funzione di probabilità associati all'esperimento. Definiti gli eventi $A$ = "almeno una pallina estratta è bianca", $B$ = "esattamente una pallina estratta è bianca" e $C$ = "la pallina estratta dalla scatola I è bianca", calcolare $P(A)$, $P(B)$, $P(C)$, $P(C|A)$, $P(C|B)$.

58. Una scatola contiene cinque palline numerate da 1 a 5. Si estrae a caso una pallina: se esce un numero dispari il gioco termina; se invece esce un numero pari, si rimette la pallina nella scatola e si estrae a caso un'altra pallina. Infine si prende nota del primo e del secondo numero estratto (con la convenzione che il secondo sia 0 se non si è estratta la seconda pallina). Descrivere spazio campionario e funzione di probabilità associati all'esperimento. Qual è la probabilità di estrarre due numeri pari? Qual è la probabilità di estrarre la pallina n° 3?

59. Si lancia 3 volte una moneta regolare. Descrivere lo spazio campionario e la funzione di probabilità associati all'esperimento. Stabilire se gli eventi $A$ = "esce al più una Testa" e $B$ = "facce consecutive non sono mai uguali" sono indipendenti.

60. Tre eventi $A$, $B$ e $C$ sono tali che $P(A \cap B) = P(A)P(B)$, $P(A \cap C) = P(B \cap C) = 0$, $P(A \cup B \cup C) = 1$, $P(A) = P(B) = 0.3$. Calcolare $P(C)$.

61. Di tre eventi $A$, $B$ e $C$ si sa che $P(A) = 0.4$, $P(B) = 0.2$ e $P(C) = 0.3$. Gli eventi $A$, $B$ e $C$ sono a due a due incompatibili. Calcolare: $P(A \cup B)$, $P(A \cup B \cup C)$, $P(A \cup B \cup \overline{C})$.

62. Di due eventi $A$ e $B$ si sa che $P(B|A) = \alpha$, $P(A) = \beta$ e $P(\overline{A} \cap B) = \gamma$. Calcolare $P(A \cap B)$, $P(B)$ e $P(A \cup B)$.

63. Di due eventi $A$ e $B$ si sa che $P(A) = \alpha$, $P(B) = \beta$ e $P(A \cup B) = \gamma$. Calcolare $P(A \cap B)$, $P(A \cap \overline{B})$ e $P(\overline{A}|B)$.

64. Di due eventi $A$ e $B$ si sa che $P(A) = \alpha$, $P(B) = \beta$ e $P(A \cap B) = \gamma$. Calcolare $P(A \cup B)$, $P(A \cap \overline{B})$ e $P(A|\overline{B})$.

65. Di due eventi $A$ e $B$ si sa che $P(A) = \alpha$, $P(B) = \beta$ e $P(A \cap B) = \gamma$. Calcolare $P(A \cap \overline{B})$, $P(A \cup \overline{B})$ e $P((A \cap \overline{B}) \cup (\overline{A} \cap B))$.

66. Di due eventi $A$ e $B$ si sa che $P(A \cap \overline{B}) = \alpha$ e $P(A \cup B) = \beta$. Calcolare $P(\overline{A} \cap \overline{B})$, $P(B)$ e $P(A|\overline{B})$.

67. Di tre eventi $A$, $B$ e $C$ si sa che $P(A) = \alpha$, $P(B) = \beta$ e $P(C) = \gamma$. Inoltre, $A$ e $B$ sono indipendenti, mentre $B$ è incompatibile con $C$. Calcolare $P(A \cup B)$, $P(B \cup C)$ e $P((A \cap B) \cup C)$.

68. Gli eventi $A$ e $B$ sono indipendenti e tali che $P(A \cup B) = 0.43$ e $P(A \cap B) = 0.06$. Calcolare $P(A)$ e $P(B)$.

69. Di due eventi $A$ e $B$ si sa che $P(A) = 0.6$, $P(A \cap B) = 0.2$ e $P(A|B) = 0.4$. Calcolare $P(B)$, $P(A \cup B)$, $P(B|A)$.

70. Siano $A$ e $B$ due eventi indipendenti con $P(A) = \alpha$ e $P(B) = \beta$. Calcolare la probabilità che *i)* nessuno dei 2 eventi si verifichi, e *ii)* uno solo dei 2 eventi si verifichi.

71. $A$ e $B$ sono eventi indipendenti con $P(A) = \alpha$ e $P(B) = \beta$. Calcolare $P(A \cap B \mid B)$ e $P(A \mid A \cup B)$.

72. Siano $A$ e $B$ due eventi incompatibili. Provare che $P(A) + P(B) \leq 1$. Calcolare $P(A|A \cup B)$ sapendo che $P(A) = \alpha$ e $P(B) = \beta$.

73. Siano $B$ e $C$ eventi incompatibili con $P(B) > 0$. Provare che si ha $P(A \cup C|B) = P(A|B)$ per ogni altro evento $A$.

74. Si sceglie a caso un intero compreso fra 1 e 100, estremi inclusi. I tre eventi $A$ = "il numero estratto è divisibile per 5", $B$ = "il numero estratto è pari" e $C$ = "il numero estratto è un quadrato perfetto" sono indipendenti?

75. Ci sono 10 scatole: una scatola contiene 3 palline nere, mentre ognuna delle altre 9 scatole contiene 1 pallina nera e 2 palline bianche. Si sceglie a caso una scatola e poi si estrae una pallina dalla scatola scelta. Qual è la probabilità che la pallina estratta sia nera? Se la pallina estratta è nera, qual è la probabilità che sia stata scelta la scatola contenente solo palline nere?

76. Da una scatola, contenente 3 palline bianche e 5 palline nere, si estraggono a caso e senza rimessa due palline. Calcolare: la probabilità che la prima pallina estratta sia bianca (evento $B_1$); la probabilità che la seconda pallina estratta sia bianca (evento $B_2$); la probabilità di estrarre almeno una pallina bianca (evento $C$); la probabilità di estrarre esattamente una pallina bianca (evento $D$).

77. Un dado regolare ha una faccia numerata 3, due facce numerate 2 e tre facce numerate 1. Se si lancia il dado due volte, qual è la probabilità che esca due volte l'1 (= evento $A$)? Sapendo che nei due lanci sono uscite due facce dispari (= evento $B$), qual è la probabilità che sia uscito due volte l'1?

78. Si pescano 4 carte da un mazzo formato da 2 carte di cuori ($\heartsuit$), 2 di quadri ($\diamondsuit$), 2 di fiori ($\clubsuit$) e 2 di picche ($\spadesuit$). Calcolare la probabilità $P(\heartsuit\diamondsuit\clubsuit\spadesuit)$ di estrarre 4 carte di semi diversi e la probabilità $P(\heartsuit\diamondsuit|\clubsuit\spadesuit)$ che, se le prime due carte estratte sono una di fiori e l'altra di picche, le altre due siano una di cuori e l'altra di quadri.

79. Un mazzo di 40 carte è composto da 10 carte numerate da 1 a 10 per ciascuno dei 4 semi (cuori, quadri, fiori, picche). Si estraggono a caso e senza reimmissione 4 carte dal mazzo. Calcolare la probabilità di estrarre: *i)* tutte carte di cuori; *ii)* tutte carte dello stesso seme; *iii)* una carta per ciascun seme; *iv)* tutte carte pari.

80. Da un mazzo di 52 carte, contenente 12 figure, si pesca una carta e poi se ne pesca un'altra dalle rimanenti. Se la prima carta estratta è una figura, qual è la probabilità che anche la seconda lo sia? Se non si guarda la prima carta estratta, qual è la probabilità che la seconda sia una figura?

81. Una scatola contiene 5 palline bianche e 7 nere. Si estrae una pallina, se ne osserva il colore e poi la si ripone nella scatola assieme ad altre 3 palline del suo stesso colore. Si estrae quindi un'altra pallina. Qual è la probabilità che la seconda pallina estratta sia nera? Qual è la probabilità che entrambe le palline estratte siano nere?

82. Un'urna contiene 7 gettoni; due di essi hanno entrambe le facce bianche, mentre i rimanenti hanno una faccia bianca e l'altra nera. Si estrae a caso un gettone dall'urna, poi lo si lancia e si osserva il colore della faccia uscita. Qual è la probabilità che esca una faccia bianca? Se è uscita una faccia bianca, qual è la probabilità di aver estratto un gettone con entrambe le facce bianche?

83. Si lancia una moneta regolare: se esce Testa lanciamo una volta un dado regolare, se esce Croce lo lanciamo due volte. Calcolare la probabilità che il punteggio finale sia 4.

84. Aldo, Bruno e Carlo giocano al tiro a segno. La probabilità di fare centro è del 75% per Aldo, del 50% per Bruno e del 25% per Carlo. Inoltre i risultati dei tre tiratori sono indipendenti. Calcolare la probabilità che: *i)* nessuno di loro faccia centro (= evento $E$); *ii)* almeno uno di loro faccia centro; *iii)* Aldo faccia centro sapendo che almeno uno di loro ha fatto centro.

85. Ci sono due monete eque e una terza avente Testa su entrambe le facce. Aldo sceglie a caso una moneta e la tira. Qual è la probabilità che esca Testa? Se è uscita Testa, qual è la probabilità che Aldo abbia scelto la moneta truccata?

86. Si lanciano prima una moneta e poi un dado, entrambi regolari. Se esce Testa si vincono tanti euro quanti sono i punti del dado; se invece esce Croce si vincono 2 € oppure 3 € a seconda che il punteggio del dado sia pari o dispari, rispettivamente. Qual è la probabilità di vincere 2 €? Se si sono vinti 2 €, qual è la probabilità che sia uscita Testa?

87. Una scatola contiene 9 monete le cui facce sono entrambe "Testa", 6 monete le cui facce sono entrambe "Croce" e 5 monete regolari. Aldo sceglie una moneta a caso e la lancia. Qual è la probabilità che esca Testa? Se è uscita Testa, qual è la probabilità che Aldo abbia estratto una moneta regolare?

88. Ogni domenica Aldo e Bruno giocano a carte: il 20% delle volte a Ramino, il 30% delle volte a Tressette e il 50% delle volte a Canasta. Nei tre casi la probabilità che Aldo vinca è 60%, 25% e 40%, rispettivamente. Qual è la probabilità che domenica prossima vinca Aldo? Se domenica scorsa ha vinto Bruno, qual è la probabilità che abbiano giocato a Ramino?

89. Aldo va a sostenere un esame e ha le stesse possibilità di essere interrogato da uno fra i tre professori Tizio, Caio e Sempronio. Tra gli studenti corre voce che la probabilità di superare l'esame sia 2/3, 1/2 o 1/3 a seconda che l'esaminatore sia Tizio, Caio o Sempronio, rispettivamente. Qual è la probabilità che Aldo sia promosso? Se Aldo viene promosso, qual è la probabilità che a esaminarlo sia stato Tizio?

90. Un sistema di produzione è formato dai 3 macchinari M1, M2 e M3: M1 produce 10 pezzi/ora di cui mediamente l'1% è difettoso, M2 fa 20 pezzi/ora di cui in media è difettoso il 2% e M3 fa 30 pezzi/ora di cui è difettoso in media il 3%. Qual è la probabilità che, preso a caso un pezzo della produzione, esso sia difettoso? Se il pezzo scelto è difettoso, qual è la probabilità che esso sia stato prodotto dalla macchina M1?

91. Ogni mattina, per andare a scuola, Aldo sale sul primo tram che passa sotto casa sua. La probabilità di arrivare tardi a scuola è 5% se Aldo sale su un tram della linea 1 e 3% se

sale su un tram della linea 2. La frequenza di passaggio dei tram della linea 1 è doppia di quella dei tram della linea 2. Qual è la probabilità che lunedì prossimo Aldo arrivi tardi a scuola (= evento $A$)? Se lunedì Aldo è arrivato tardi a scuola, qual è la probabilità che sia salito su un tram della linea 1?

92. Siano $A$ l'evento "Aldo ha sconfitto Bruno a tennis" e $B$ l'evento "Bruno ha detto a Carlo che Aldo l'ha sconfitto a tennis". Si sa che Aldo vince mediamente il 60% delle partite che gioca con Bruno e che, quando riferisce una notizia a Carlo, Bruno dice la verità il 70% delle volte e mente il restante 30%. Calcolare la probabilità che Aldo abbia sconfitto davvero Bruno a tennis se Bruno ha riferito a Carlo di avere perso la partita con Aldo.

93. Ad una pesca di beneficenza sono venduti due tipi di biglietti, bianchi e neri. I biglietti neri sono il doppio di quelli bianchi; la probabilità di vincere è 25% se il biglietto è bianco e 20% se il biglietto è nero. Aldo acquista un biglietto: qual è la probabilità che vinca? Se Aldo vince, qual è la probabilità che il biglietto fosse bianco?

94. Nelle partite a biliardo Carlo vince il 30% delle volte contro Aldo e il 70% delle volte contro Bruno. Inoltre, Carlo gioca contro Aldo il doppio di volte che contro Bruno. Ieri Carlo ha giocato a biliardo con uno dei suoi due amici. Qual è la probabilità che ieri Carlo abbia vinto? Se ieri Carlo ha vinto, qual è la probabilità che abbia giocato contro Aldo?

95. Aldo possiede due dadi apparentemente identici, ma uno di essi è regolare, mentre l'altro è sbilanciato perché la faccia "6" ha una probabilità doppia di uscire rispetto alle altre cinque facce (che invece sono equiprobabili). Aldo sceglie a caso un dado e lo lancia. Qual è la probabilità che esca "6"? Se esce "6", qual è la probabilità che Aldo abbia lanciato il dado regolare?

96. Una scatola contiene $b$ biglie bianche e $n$ biglie nere. Si estrae a caso una biglia e poi se ne estrae una seconda dalle rimanenti. Qual è la probabilità che la seconda biglia estratta sia bianca (= evento $B_2$)? Qual è la probabilità che la prima biglia estratta sia bianca (= evento $B_1$), sapendo che la seconda è bianca?

97. Carlo ha $n$ pagliuzze, di cui una corta e le rimanenti lunghe. Aldo sceglie a caso una pagliuzza e poi Bruno ne sceglie un'altra tra le restanti. Qual è la probabilità che Aldo abbia estratto la pagliuzza corta (= evento $A$)? Qual è la probabilità che Bruno abbia estratto la pagliuzza corta (= evento $B$)? Se dopo le due estrazioni Carlo sa che la pagliuzza corta è stata estratta (= evento $C$), qual è la probabilità che l'abbia presa Aldo?

98. Determinare l'affidabilità $p$ del sistema in Figura, dove i valori indicati sono le probabilità che i singoli componenti hanno di funzionare e i componenti sono indipendenti.

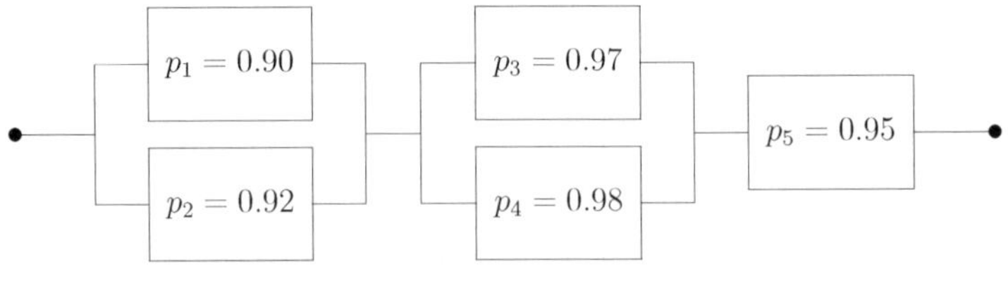


99. Nel sistema in Figura i componenti sono identici e indipendenti. Quanto può valere, al massimo, la probabilità $q$ di guasto di un componente affinché l'affidabilità totale del sistema sia almeno 96%?

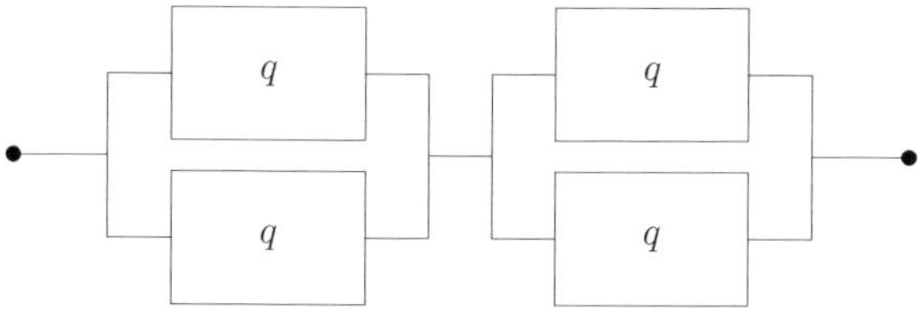


100. Determinare l'affidabilità del sistema in Figura, dove i valori indicati sono le probabilità che i singoli componenti hanno di funzionare e i componenti sono indipendenti.

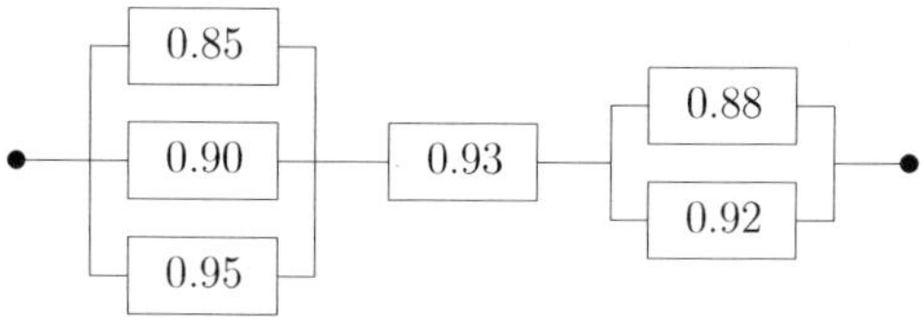


101. Nel sistema in Figura i componenti sono indipendenti e i valori indicati sono le probabilità che i singoli componenti hanno di guastarsi. Calcolare $q$ sapendo che l'affidabilità del sistema totale è uguale a 99.9%.

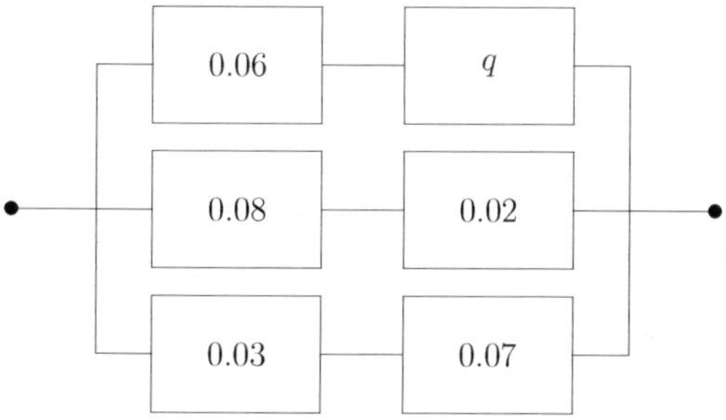


102. Un sistema è formato da 4 componenti identici e indipendenti disposti come mostrato in Figura. Quanto deve valere l'affidabilità $p$ del singolo componente perché l'affidabilità totale del sistema sia come minimo 99% ?

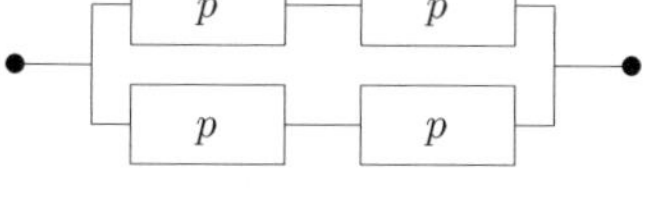


103. Un sistema è complessivamente formato da 3 sottosistemi in parallelo, ciascuno dei quali a sua volta è costituito da 2 componenti in serie. Tutti i singoli componenti sono identici e indipendenti e l'affidabilità di ciascun componente è $p = 95\%$. Disegnare lo schema a blocchi del sistema complessivo e calcolarne l'affidabilità $p_{tot}$.

104. Il sistema mostrato in Figura è formato da 4 componenti indipendenti, e i valori indicati sono le rispettive probabilità di guasto in un anno. Calcolare l'affidabilità $p$ (= probabilità di funzionamento ininterrotto per un anno) del sistema.

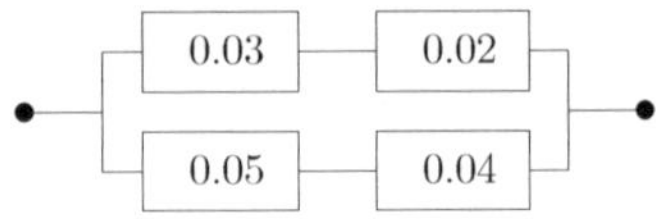


105. Un sistema è formato da due componenti indipendenti in parallelo le cui probabilità di guasto valgono 0.08 e 0.04, rispettivamente. A sua volta, quel sistema è in serie con un terzo componente indipendente dai precedenti e la cui probabilità di guasto è 0.02. Disegnare lo schema a blocchi del sistema totale e calcolarne la probabilità $q$ di guasto.

106. Un sistema è formato da due sottosistemi in serie. A loro volta, ogni sottosistema è costituito da 2 componenti in parallelo. I singoli componenti sono identici e indipendenti, e la probabilità di guasto di ciascun componente è $q$. Disegnare lo schema a blocchi del sistema totale e calcolarne la probabilità di guasto $q_{tot}$.

107. Un sistema è formato da due sottosistemi in serie. Il primo sottosistema è costituito da due componenti identici e indipendenti posti in parallelo, ciascuno con probabilità 0.94 di funzionare; il secondo sottosistema, invece, è formato da tre componenti identici e indipendenti posti in parallelo, ciascuno con probabilità 0.92 di funzionare. Calcolare la probabilità di guasto $q$ del sistema totale.

108. Un sistema è formato da due sottosistemi in parallelo. Il primo sottosistema è costituito da due componenti identici e indipendenti posti in serie, ciascuno con probabilità 0.02 di guastarsi; il secondo sottosistema, invece, è formato da tre componenti identici e indipendenti posti in serie, ciascuno con probabilità 0.06 di guastarsi. Calcolare la probabilità di funzionamento $p$ del sistema totale.

109. Un sistema è costituito da tre componenti identici e indipendenti, uno dei quali è in parallelo con la serie degli altri due. Disegnare lo schema a blocchi del sistema e calcolare la probabilità $q$ che il sistema si guasti sapendo che l'affidabilità di ciascuno dei 3 componenti è pari a 96%.

110. Un sistema è costituito dai tre componenti identici e indipendenti, uno dei quali è in serie con il parallelo degli altri due. Disegnare lo schema a blocchi del sistema e calcolare l'affidabilità $p$ del sistema (= probabilità di funzionare senza guastarsi) sapendo che la probabilità di guastarsi di ciascuno dei 3 componenti è pari a 2%.

# Capitolo 2

# Distribuzioni univariate

## 2.1 Notazioni e richiami

**Variabile aleatoria univariata** È una corrispondenza $X$ (che d'ora in avanti chiameremo semplicemente "variabile") che associa ad ogni esito dell'esperimento casuale un numero appartenente ad un insieme di possibili valori, detto **supporto**. *Prima* di eseguire l'esperimento la variabile può assumere uno qualsiasi dei valori del supporto; *dopo* che l'esperimento è stato condotto, il valore della variabile risulta determinato. Mediante l'uso delle variabili aleatorie è possibile descrivere gli eventi in termini numerici anziché insiemistici e ricondurre il calcolo della probabilità di un evento alla probabilità con cui una variabile assume un determinato valore o, più in generale, un valore appartenente a una determinata regione numerica. In particolare, la probabilità che nell'esperimento la variabile assuma un valore non più grande di un fissato numero $x$ definisce la funzione ($\geq 0$, non decrescente, tendente a 0 per $x \to -\infty$ e ad 1 per $x \to \infty$)

$$F(x) = P(X \leq x)$$

che è detta **funzione di ripartizione** di $X$. Per ogni $a, b \in \mathbb{R}$ valgono le formule

$$\begin{aligned}
P(a < X \leq b) &= P(X \leq b) - P(X \leq a) = F(b) - F(a) \\
P(a \leq X \leq b) &= F(b) - F(a) + P(X = a) \\
P(a \leq X < b) &= F(b) - F(a) + P(X = a) - P(X = b) \\
P(a < X < b) &= F(b) - F(a) - P(X = b)
\end{aligned}$$

Per significare che $F(x)$ è la funzione di ripartizione della variabile $X$, si usa dire che $X$ segue la **distribuzione** $F(x)$.

**Variabile discreta** Una variabile $X$ è discreta se i suoi possibili valori $x_1, x_2, ...$ sono in numero finito o numerabili. Si chiama **densità discreta** (oppure funzione di massa di probabilità) di $X$ la "funzione" $f(x)$ che descrive le probabilità associate ai singoli valori del supporto di $X$, cioè le probabilità degli eventi $\{X = x_i\}$

$$f(x_i) = P(X = x_i), \qquad i = 1, 2, ...$$

con la convenzione che sia $f(x) = P(X = x) = 0$ per $x \neq x_i$. La densità discreta è positiva e normalizzata ad 1

$$f(x_i) > 0, \qquad \sum_i f(x_i) = 1$$

e ad essa si può dare un'interpretazione meccanica: immaginando un sistema di particelle collocate sulla retta nelle posizioni $x_1, x_2, ...$ e aventi masse $f(x_1), f(x_2), ...$, rispettivamente, la densità descrive come si distribuisce la massa totale unitaria del sistema tra le varie particelle. La probabilità che $X$ assuma un valore appartenente all'insieme numerico $I$ è interpretabile come la massa complessiva della particelle contenute in $I$ e si calcola con la formula

$$P(X \in I) = \sum_{x_i \in I} f(x_i)$$

intendendo che la somma a secondo membro va estesa a quei punti del supporto che appartengono ad $I$. La funzione di ripartizione è data da

$$F(x) = P(X \leq x) = \sum_{x_i \leq x} f(x_i)$$

ed ha un grafico a gradini con salti verso l'alto uguali a $f(x_1), f(x_2), ...$ in corrispondenza dei valori $x_1, x_2, ...$, rispettivamente. Una tabella di distribuzioni discrete notevoli è riportata a pag. 287.

**Variabile continua** Una variabile $X$ è continua se i suoi possibili valori $x$ costituiscono un intervallo $I$ di numeri reali e se, in più, esiste una funzione $f(x)$ (positiva e integrabile in $I$, nulla per $x \notin I$) tale che per ogni $a, b \in \mathbb{R}$ valga la **formula dell'area**

$$P(a \leq X \leq b) = \int_a^b f(x)\, dx$$

La funzione $f(x)$ è detta la **densità continua** di $X$ e risulta normalizzata ad 1

$$\int_{-\infty}^{\infty} f(x)\, dx = 1$$

Ogni funzione integrabile e positiva in un intervallo, nulla all'esterno di tale intervallo e normalizzata definisce una distribuzione continua di probabilità tramite la precedente formula dell'area.

Il concetto di densità continua è analogo a quello, noto in Meccanica, di densità lineare (= massa per unità di lunghezza) di un filo rettilineo: essa descrive una massa unitaria di probabilità diffusa lungo l'intervallo $I$, mentre una densità discreta corrispondeva ad un sistema di particelle (masse concentrate) collocate sulla retta. In questa analogia, la probabilità che $X$ assuma valori in un intervallo corrisponde alla massa del tratto di filo che occupa tale l'intervallo. In particolare si ha per ogni numero $x$

$$P(X = x) = 0$$

cioè la probabilità che una variabile continua assuma un ben determinato valore è sempre nulla. La funzione di ripartizione di $X$ è data da

$$F(x) = P(X \leq x) = \int_{-\infty}^{x} f(x)\, dx$$

e, se $f(x)$ è continua in $I$, $F(x)$ è ivi una primitiva di $f(x)$ perché $F'(x) = f(x)$. Una tabella di distribuzioni continue notevoli è riportata a pag. 288.

**Indici** Ad ogni variabile vengono associati degli *indici*, cioè dei numeri che ne sintetizzano alcune proprietà, quali la posizione dei valori e la loro dispersione.

- La **media** (o valore atteso) di $X$, indicata con il simbolo $E(X)$ o brevemente con la lettera $\mu$, è la media dei possibili valori di $X$ pesati con la distribuzione di $X$

$$\mu = E(X) = \begin{cases} \sum_i x_i f(x_i) & \text{caso discreto} \\ \int_{-\infty}^{\infty} x f(x)\, dx & \text{caso continuo} \end{cases}$$

La media descrive il "centro" della distribuzione di probabilità di $X$ allo stesso modo in cui in meccanica il baricentro di un sistema rappresenta la posizione del punto di equilibrio del sistema stesso. La media di una **funzione deterministica** $g(X)$ di $X$ è la media dei valori di $g(X)$ pesati con la distribuzione di $X$, cioè

$$E(g(X)) = \begin{cases} \sum_i g(x_i) f(x_i) & \text{caso discreto} \\ \int_{-\infty}^{\infty} g(x) f(x)\, dx & \text{caso continuo} \end{cases}$$

In particolare si ha ($a$ e $b$ sono costanti numeriche)

$$E(aX + b) = aE(X) + b$$

- La **moda** di $X$ è il valore (non necessariamente unico) che $X$ può assumere con più alta probabilità.

- Il **quantile di ordine** $\alpha$ (con $0 < \alpha < 1$, detto talvolta percentile se $\alpha$ è espresso in percentuale) è un numero $x_\alpha$ per cui

$$P(X < x_\alpha) \leq \alpha \leq P(X \leq x_\alpha) \tag{2.1}$$

In particolare:

  - (caso discreto) se la retta orizzontale di equazione $y = \alpha$ passa tra due gradini del grafico della funzione di ripartizione $y = F(x)$, allora è $x_\alpha =$ punto $x_i$ del salto fra i due gradini; se invece la retta passa esattamente sul gradino compreso fra i punti di salto $x_i$ e $x_{i+1}$, allora $x_\alpha = (x_i + x_{i+1})/2$;
  - (caso continuo) $x_\alpha$ è quel valore di $X$ a sinistra del quale l'area sotto la curva della densità vale $\alpha$, cioè

$$F(x_\alpha) = P(X \leq x_\alpha) = \alpha$$

I quantili $x_{0.25}$, $x_{0.50}$ e $x_{0.75}$ sono detti, rispettivamente, **primo, secondo e terzo quartile** di $X$. Il secondo quartile $x_{0.50}$ è anche chiamato **mediana** di $X$.

- La **varianza** di $X$, indicata con uno dei simboli $\mathrm{Var}(X)$, $V(X)$ o $\sigma^2$, è la media pesata degli scarti quadratici dei valori di $X$ rispetto alla media

$$\sigma^2 = V(X) = \begin{cases} \sum_i (x_i - \mu)^2 f(x_i) & \text{caso discreto} \\ \int_{-\infty}^{\infty} (x - \mu)^2 f(x)\, dx & \text{caso continuo} \end{cases}$$

ovvero (tenuto conto che gli scarti quadratici sono i possibili valori della funzione deterministica $g(X) = (X - \mu)^2$)

$$\sigma^2 = V(X) = E\left((X - \mu)^2\right)$$

La varianza misura la dispersione dei possibili valori di $X$ intorno alla media perché quanto più $V(X)$ è piccola, tanto più è piccola la probabilità che $X$ assuma valori lontani dalla sua media. Questa interpretazione della varianza è giustificata dalla proprietà (detta **disuguaglianza di Cebicev**)

$$P\left(|X-\mu| \geq \varepsilon\right) \leq \frac{\sigma^2}{\varepsilon^2}, \qquad \varepsilon > \sigma$$

dove $\sigma = \sqrt{V(X)}$. Valgono inoltre le proprietà seguenti

$$V(X) = E\left(X^2\right) - \mu^2$$

$$V(aX+b) = a^2 V(X)$$

- Si chiama **deviazione standard** di $X$ la radice quadrata positiva della varianza di $X$

$$\sigma = \sqrt{V(X)}$$

Essa si misura nelle stesse unità di $X$ (e di $\mu$), a differenza della varianza le cui dimensioni sono il quadrato di quelle di $X$. La trasformazione affine

$$X^* = \frac{X-\mu}{\sigma}$$

si chiama **standardizzazione** della variabile $X$. La **variabile standardizzata** $X^*$ è adimensionata, ha media nulla e varianza unitaria

$$E(X^*) = 0, \qquad V(X^*) = E\left(X^{*2}\right) = 1$$

In pratica la standardizzata di $X$ rappresenta lo scarto di $X$ dalla sua media misurato in termini di deviazioni standard.

- **Metodo di standardizzazione per il calcolo delle probabilità normali**: la standardizzata $X^*$ della variabile normale $X \sim \mathcal{N}(\mu;\sigma^2)$ segue la distribuzione $\mathcal{N}(0;1)$

$$P(X \leq x) = P\left(X^* \leq \frac{x-\mu}{\sigma}\right) = \Phi\left(\frac{x-\mu}{\sigma}\right)$$

## Modelli univariati

- **Schema di Bernoulli**: descrive il campionamento con reimmissione da un insieme di unità di 2 tipi (dette convenzionalmente *successo/insuccesso*). Si estrae a caso un'unità, la si rimette nell'insieme, si esegue una seconda estrazione, ecc. In tale schema rientrano gli esperimenti casuali costituiti da una serie di prove identiche e indipendenti, con ciò intendendo che tutte le prove si svolgono nelle stesse condizioni (e quindi l'aspettativa, o probabilità, che si verifichi il successo non cambia da prova a prova) ed inoltre che il risultato di una prova non sia influenzato né influenzi i risultati delle altre. L'esempio tipico sono i lanci ripetuti di una moneta. Il modello dipende dal parametro $p$ $(0 < p < 1)$ che rappresenta la frazione di unità di tipo "successo" presenti nell'insieme.

In Tabella sono descritte alcune variabili di interesse dello schema di Bernoulli.

| VARIABILE | VALORI | DISTRIBUZIONE |
|---|---|---|
| numero di successi in n estrazioni consecutive | $0, 1, 2, ..., n$ | binomiale |
| numero di estrazioni per ottenere il primo successo | $1, 2, ...$ | geometrica |
| numero di insuccessi prima di ottenere il primo successo | $0, 1, 2, ...$ | geometrica traslata |
| numero di estrazioni per ottenere il successo n-esimo | $n, n+1, ...$ | binomiale negativa |
| numero di insuccessi prima di ottenere il successo n-esimo | $0, 1, 2, ...$ | binomiale negativa traslata |

- **Schema ipergeometrico**: descrive il campionamento in blocco (cioè estrazioni successive senza rimessa e senza tener conto dell'ordinamento) da un insieme di $N$ unità di 2 tipi (successo/insuccesso). Il modello dipende da 3 parametri: il numero totale $N$ di unità, il numero $M$ di unità di tipo "successo" e il numero $n$ di unità del blocco estratto.

| VARIABILE | VALORI | DISTRIBUZIONE |
|---|---|---|
| numero di successi nel blocco | $0, 1, 2, ..., n$ | ipergeometrica |

- **Schema di Poisson**: descrive la situazione in cui accadimenti di un dato tipo si manifestano in modo casuale nel tempo (o nello spazio) indipendentemente l'uno dall'altro, senza sovrapporsi e con intensità (= numero medio di accadimenti nell'unità di tempo o di lunghezza) costante. Il modello dipende dai parametri $\nu > 0$ (intensità) e $T > 0$ (intervallo di tempo o di lunghezza). Due tipici casi che rientrano nella situazione descritta sono le disintegrazioni che avvengono in una sostanza radioattiva nel corso del tempo o le impurità presenti lungo un cavo materiale.

| VARIABILE | VALORI | DISTRIBUZIONE |
|---|---|---|
| numero di accadimenti in un intervallo di tempo | $0, 1, 2, ...$ | Poisson |
| tempo che intercorre tra due accadimenti successivi | $> 0$ | esponenziale |
| tempo che occorre per ottenere n accadimenti | $> 0$ | Erlang |

- **Modello uniforme continuo**: descrive l'esperimento ideale che consiste nello scegliere a caso un punto di un segmento (cioè un numero in un intervallo limitato di numeri reali).

| VARIABILE | VALORI | DISTRIBUZIONE |
|---|---|---|
| numero estratto nell'intervallo $[a, b]$ | $a \leq x \leq b$ | uniforme continua |

- **Modello gaussiano**: descrive una variabile aleatoria i cui possibili valori: *a)* variano senza salti in un intervallo centrato intorno a una media $\mu$, e *b)* se ne discostano a causa di effetti casuali di tipo additivo (cioè dati dalla sovrapposizione di numerosi fattori aleatori indipendenti che, singolarmente presi, hanno poca influenza sul totale). Il modello gaussiano assume[1] che la variabile in questione segua la distribuzione normale $\mathcal{N}(\mu; \sigma^2)$. Esempi tipici di variabili cui si applica comunemente il modello gaussiano sono:

[1]Matematicamente il modello gaussiano si fonda sul Teorema del Limite Centrale.

- la *misura* di una grandezza con uno strumento ($\mu$ è il "vero valore" della grandezza e la misura ne differisce per effetto della presenza di tanti piccoli errori casuali[2] che si sovrappongono concorrendo a formare l'*errore di misura*; $1/\sigma$ è la "precisione" della misura);
- il *valore effettivo* di una caratteristica di un pezzo prodotto da una macchina utensile ($\mu$ è il "valore nominale" della caratteristica e il valore effettivo ne differisce a causa di tanti piccoli errori casuali[3] che concorrono a formare l'*errore di dimensionamento*; $\sigma$ è legato alla "tolleranza" del dimensionamento)

[2]come minime variazioni di temperatura, di pressione, di umidità; disomogeneità dei materiali; fluttuazioni di campi esterni; ecc.

[3]come minime variazioni di montaggio e fissaggio; vibrazioni; variazioni dell'angolo di taglio; usura degli strumenti di taglio e dei supporti; ecc.

## 2.2 Esercizi svolti

111. Una variabile $X$ è tale che $P(X \leq 10) = \alpha$, $P(10 < X \leq 20) = \beta$, $P(X > 15) = \gamma$. Calcolare $P(X > 10)$, $P(X \leq 20)$, $P(10 < X \leq 15)$ e $P(X \leq 15 \,|\, X \leq 20)$.

*Variabile aleatoria.*

---

Poiché l'evento $\{X > 10\}$ è il contrario di $\{X \leq 10\}$, si ha

$$P(X > 10) = 1 - P(X \leq 10) = 1 - \alpha$$

L'evento $\{X \leq 20\}$ è la somma degli eventi incompatibili $\{X \leq 10\}$ e $\{10 < X \leq 20\}$, per cui

$$P(X \leq 20) = P(X \leq 10) + P(10 < X \leq 20) = \alpha + \beta$$

La somma di $\{X \leq 10\}$, $\{10 < X \leq 15\}$ e $\{X > 15\}$ è l'evento certo, quindi

$$P(10 < X \leq 15) = 1 - P(X \leq 10) - P(X > 15) = 1 - \alpha - \gamma$$

Infine, essendo $\{X \leq 15\}$ un sottoevento di $\{X \leq 20\}$, si ha

$$P(X \leq 15 \,|\, X \leq 20) = \frac{P(X \leq 15)}{P(X \leq 20)} = \frac{1 - \gamma}{\alpha + \beta}$$

---

I risultati trovati valgono per *qualunque* variabile aleatoria.

---

112. Si chiama "raddrizzatore a doppia onda" il dispositivo elettronico che prende in ingresso il segnale $X$ e restituisce in uscita il segnale $Y = |X|$. Siano $F_X(x)$ e $F_Y(y)$ le funzioni di ripartizione di $X$ ed $Y$, rispettivamente. Provare che, se $X$ è una variabile continua, allora vale la formula $F_Y(y) = F_X(y) - F_X(-y)$ per ogni $y \geq 0$. Tale formula vale anche se $X$ è discreta?

*Variabile aleatoria.*

---

Per $y \geq 0$ si ha

$$\begin{aligned} F_Y(y) &= P(|X| \leq y) \\ &= P(X \leq y) - P(X \leq -y) + P(X = -y) \\ &= F_X(y) - F_X(-y) + P(X = -y) \end{aligned}$$

quindi $F_Y(y) = F_X(y) - F_X(-y)$ se e solo se $P(X = -y) = 0$, il che è vero se $X$ è continua ma non è detto che sia vero se $X$ è discreta.

---

113. $X$ è una variabile con funzione di ripartizione

| | $x < -1$ | $-1 \leq x < 1$ | $1 \leq x < 3$ | $3 \leq x < 4$ | $4 \leq x$ |
|---|---|---|---|---|---|
| $F(x) =$ | 0 | 1/3 | 1/2 | 3/4 | 1 |

Calcolare la densità di $X$. Calcolare $P(X > 0)$, $P(2 < X \leq 4)$ e $P(X < 3)$.

☐ *Variabile discreta.*

---

✎ Poiché la funzione di ripartizione è a gradini, $X$ è una variabile discreta. La densità $f(x) = P(X = x)$ di $X$ è diversa da zero solo nei punti di salto di $F(x)$: quindi

| $x =$ | $-1$ | 1 | 3 | 4 |
|---|---|---|---|---|
| $f(x) =$ | 1/3 | 1/6 | 1/4 | 1/4 |

Inoltre

$$P(X > 0) = 1 - P(X \leq 0) = 1 - F(0) = 1 - \frac{1}{3} = \frac{2}{3}$$

$$P(2 < X \leq 4) = P(X \leq 4) - P(X \leq 2) = F(4) - F(2) = 1 - \frac{1}{2} = \frac{1}{2}$$

$$P(X < 3) = P(X \leq 3) - P(X = 3) = F(3) - f(3) = \frac{3}{4} - \frac{1}{4} = \frac{1}{2}$$

---

114. Sia $X$ una variabile discreta che può assumere i valori $x = 1, 2, 3, 5$ con probabilità $P(X = x) = Kx$. Determinare il valore della costante $K$. Calcolare la distribuzione di $Y = (X - 2)^2$, la sua media e la sua varianza.

☐ *Variabile discreta.*

---

✎ $K$ si trova con la condizione di normalizzazione

$$1 = \sum_x Kx = K(1 + 2 + 3 + 5) = 11K \qquad \Longrightarrow \qquad K = \frac{1}{11}$$

La tabella

| $x =$ | 1 | 2 | 3 | 5 |
|---|---|---|---|---|
| $(x-2)^2 =$ | 1 | 0 | 1 | 9 |

fornisce i possibili valori di $Y$, e pertanto la densità di $Y$ risulta

| $y =$ | 0 | 1 | 9 |
|---|---|---|---|
| $P(Y = y) =$ | 2/11 | 4/11 | 5/11 |

Infine

$$\mu_Y = 0 \times \frac{2}{11} + 1 \times \frac{4}{11} + 9 \times \frac{5}{11} = \frac{49}{11};$$

$$\sigma_Y^2 = E\left(Y^2\right) - \mu_Y^2 = 0^2 \times \frac{2}{11} + 1^2 \times \frac{4}{11} + 9^2 \times \frac{5}{11} - \left(\frac{49}{11}\right)^2 = \frac{2098}{121}$$

---

115. La tabella seguente fornisce la densità discreta della variabile $X$

| $x =$ | $-1$ | $0$ | $1$ | $2$ |
|---|---|---|---|---|
| $P(X = x) =$ | $1/2$ | $1/4$ | $1/5$ | $1/20$ |

Calcolare funzione di ripartizione e mediana di $X$. Calcolare la densità di $Y = X^2$ e la probabilità $P(X = 1 \mid Y = 1)$.

*Variabile discreta.* ❐

---

La funzione di ripartizione di $X$ è la funzione a gradini data da

| | $x < -1$ | $-1 \leq x < 0$ | $0 \leq x < 1$ | $1 \leq x < 2$ | $2 \leq x$ |
|---|---|---|---|---|---|
| $P(X \leq x) =$ | $0$ | $1/2$ | $3/4$ | $19/20$ | $1$ |

La mediana di $X$ vale $x_{0.50} = -0.5$ perché $P(X \leq x) = 0.50$ sul gradino $-1 \leq x < 0$.
La densità di $Y = X^2$ è

| $y =$ | $0$ | $1$ | $4$ |
|---|---|---|---|
| $P(Y = y) =$ | $1/4$ | $7/10$ | $1/20$ |

e infine

$$P(X = 1 \mid Y = 1) = \frac{P(X = 1, Y = 1)}{P(Y = 1)} = \frac{P(X = 1)}{P(Y = 1)} = \frac{1/5}{7/10} = \frac{2}{7}$$

---

Se $X$ è una variabile discreta con supporto nei punti $x_i$ e $y = g(x)$ è una funzione numerica, allora $Y = g(X)$ è a sua volta una variabile discreta con possibili valori $g(x_i)$ non necessariamente distinti. Pertanto, se $y_j$ è un punto del supporto di $Y$, si ha

$$P(Y = y_j) = \sum_{i:\, g(x_i) = y_j} P(X = x_i)$$

cioè il peso di $y_j$ è la somma dei pesi di tutti gli $x_i$ tali che $g(x_i) = y_j$. Nell'esercizio questo capita per il valore $y = 1$ e si ha $P(Y = 1) = P(X = -1) + P(X = 1)$ perché $y = x^2 = 1$ per $x = \pm 1$.

---

116. È data una variabile discreta $X$ con possibili valori $x = 1, 3, 5$ e tale che $P(X = 1) = ab$, $P(X = 3) = 1 - a$, $P(X = 5) = a(1 - b)$. Indicare la regione del piano dei parametri $a, b$ per cui quella indicata è una densità discreta di probabilità.

*Variabile discreta.*

---

Basta imporre che la densità discreta sia positiva, perché la condizione di normalizzazione è già soddisfatta. Si ha

$$\begin{array}{lcl} P(X = 1) = ab \geq 0 & \Longrightarrow & \text{primo e terzo quadrante (assi compresi)} \\ P(X = 3) = 1 - a \geq 0 & \Longrightarrow & \text{semipiano } a \leq 1 \\ P(X = 5) = a(1 - b) \geq 0 & \Longrightarrow & \{a \geq 0, b \leq 1\} \cup \{a \leq 0, b \geq 1\} \end{array}$$

e la regione cercata si ottiene dall'intersezione delle soluzioni delle tre disequazioni. Il risultato è l'unione della retta $a = 0$ con il quadrato $\{0 \leq a \leq 1, 0 \leq b \leq 1\}$.

---

117. La variabile $X$ può assumere solo i valori $x = 1, 2, 3$. Calcolare la densità discreta di $X$ sapendo che $E(X) = 1.5$ e $V(X) = 0.5$.

*Variabile discreta.*

---

La densità discreta di $X$ ha la forma

| $x =$ | 1 | 2 | 3 |
|---|---|---|---|
| $P(X = x) =$ | $a$ | $b$ | $c$ |

Le tre costanti $a$, $b$ e $c$ si determinano imponendo i valori assegnati di media e varianza e la condizione di normalizzazione. Poiché $E(X) = a + 2b + 3c$ e $E(X^2) = a + 4b + 9c$ si trova il sistema lineare

$$\begin{cases} a + 2b + 3c & = 1.5 \\ a + 4b + 9c - (1.5)^2 & = 0.5 \\ a + b + c & = 1 \end{cases}$$

la cui soluzione è

$$a = 0.625 = \frac{5}{8}, \qquad b = 0.250 = \frac{2}{8}, \qquad c = 0.125 = \frac{1}{8}$$

---

118. È data una variabile discreta $X$ con possibili valori $x = -9, 1, 2$ e tale che $P(X = -9) = \alpha$, $P(X = 1) = 5\alpha$, $P(X = 2) = 1 - 6\alpha$. Quali sono i valori ammissibili del parametro $\alpha$? Per il valore di $\alpha$ per cui la media di $X$ è nulla, calcolare: varianza, funzione di ripartizione e quartili di $X$.

*Variabile discreta.*

---

La media

$$\mu = -9\alpha + 5\alpha + 2(1 - 6\alpha) = 2 - 16\alpha$$

è nulla per $\alpha = 1/8$, valore accettabile perché la condizione di positività della densità discreta impone che sia $0 < \alpha < 1/6$ (e la normalizzazione è già soddisfatta). Per $\alpha = 1/8$ la varianza vale

$$\sigma^2 = E\left(X^2\right) = 81\alpha + 5\alpha + 4(1 - 6\alpha) = \frac{94}{8}$$

e densità discreta e funzione di ripartizione sono le seguenti

| $x =$ | $-9$ | $1$ | $2$ |
|---|---|---|---|
| $P(X = x) =$ | 0.125 | 0.625 | 0.25 |
| $P(X \leq x) =$ | 0.125 | 0.75 | 1 |

In corrispondenza del punto $x = 1$ la funzione di ripartizione salta dal valore 0.125 al valore 0.75, per cui 1 è sia primo che secondo quartile ($x_{0.25} = x_{0.50} = 1$); invece, la funzione di ripartizione vale 0.75 in tutto il gradino $1 \leq x < 2$, sicché il terzo quartile è il punto medio del gradino, cioè $x_{0.75} = 1.5$.

---

119. Si lancia due volte un dado regolare e sia $X$ la somma dei punteggi usciti nei due lanci. Determinare supporto e densità discreta di $X$. Calcolare il quantile di ordine 0.40.

*Variabile discreta.*

---

| $x =$ | 2 | 3 | 4 | 5 | 6 | 7 | 8 | 9 | 10 | 11 | 12 |
|---|---|---|---|---|---|---|---|---|---|---|---|
| $P(X = x) =$ | 1/36 | 2/36 | 3/36 | 4/36 | 5/36 | 6/36 | 5/36 | 4/36 | 3/36 | 2/36 | 1/36 |

Il quantile $x_{0.40}$ è il valore in corrispondenza al quale la funzione di ripartizione salta da un valore inferiore a un valore superiore a 0.40. Si constata che $P(X \leq 5) = 10/36 \simeq 0.28$ e $P(X \leq 6) = 15/36 \simeq 0.42$, per cui è $x_{0.40} = 6$.

---

120. Sia $X$ una variabile discreta la cui densità di probabilità vale $P(X=n)=\frac{1}{n}-\frac{1}{n+1}$ $(n=1,2,3,...)$. Determinare il più piccolo intero $n$ per cui $P(X \geq n) \leq \alpha$, $0<\alpha<1$. Calcolare il valore atteso di $X$.

☐ *Variabile discreta.*

✎

$$\begin{aligned} P(X \geq n) &= \sum_{x=n}^{\infty}\left(\frac{1}{x}-\frac{1}{x+1}\right)=1-\sum_{x=1}^{n-1}\left(\frac{1}{x}-\frac{1}{x+1}\right) \\ &= 1-\left(1-\frac{1}{2}\right)-\left(\frac{1}{2}-\frac{1}{3}\right)-...-\left(\frac{1}{n-1}-\frac{1}{n}\right)=\frac{1}{n} \\ &\Longrightarrow \quad n \geq \frac{1}{\alpha} \end{aligned}$$

$$E(X)=\sum_{n=1}^{\infty} n\left(\frac{1}{n}-\frac{1}{n+1}\right)=\sum_{n=1}^{\infty}\frac{1}{n+1}=+\infty$$

☞ Esempio di variabile discreta con valore atteso infinito.

121. Un gioco consiste nell'estrarre a caso e senza reimmissione due carte da un mazzo di dieci (numerate 1, 2, ..., 10). Si vince se la somma dei due numeri estratti è minore o uguale a 10. Supponiamo che la prima carta estratta sia "4". Qual è la probabilità di vittoria dopo la prima estrazione? Se dopo la prima estrazione si punta 1 €, quanti euro bisognerebbe ricevere in caso di vittoria perché il gioco sia equo?

☐ *Variabile discreta.*

✎ La prima estrazione elimina la carta "4". Quindi, dopo la prima estrazione, il problema posto equivale al seguente: pescando un elemento dall'insieme $\Omega=\{1,2,3,5,6,7,8,9,10\}$, qual è la probabilità dell'evento (= vittoria) $V=\{1,2,3,5,6\}$? Applicando l'equiprobabilità nel finito, si ha

$$P(V)=\frac{5}{9}$$

perché 5 sono i casi favorevoli a $V$ e 9 i casi possibili. Definita poi la variabile $X$ = "vincita (in €)", si ha $P(X=-1)=4/9$, $P(X=a)=5/9$ con $a$ da determinarsi imponendo la condizione di media nulla

$$0=\mu=-\frac{4}{9}+\frac{5}{9}a \qquad \Longrightarrow \qquad a=\frac{4}{5}=0.80 \text{ €}$$

122. Aldo e Bruno hanno tre carte numerate 1, 3 e 5. Aldo pesca a caso una carta: se estrae il 5 dà 5 € a Bruno, se invece estrae l'1 oppure il 3 riceve da Bruno 1 € oppure 3 €, rispettivamente. Calcolare la distribuzione della variabile $X$ = "vincita di Bruno (in €)" (la vincita è positiva o negativa a seconda che Bruno riceva o dia denaro). Calcolare la vincita media e la vincita mediana. Il gioco è equo?

*Variabile discreta.*

---

Bruno può ricevere 5 € oppure dare 1 € o 3 €; questi tre casi sono equiprobabili perché la carta è estratta a caso. Quindi la distribuzione (densità e funzione di ripartizione) di $X$ è la seguente

| $x =$ | $-3$ | $-1$ | $5$ |
|---|---|---|---|
| $P(X = x) =$ | $1/3$ | $1/3$ | $1/3$ |
| $P(X \leq x) =$ | $1/3$ | $2/3$ | $1$ |

La vincita media risulta

$$\mu = \frac{1}{3} \times (-3 - 1 + 5) = \frac{1}{3}$$

e la vincita mediana è $x_{0.50} = -1$ perché la funzione di ripartizione salta da $1/3$ a $2/3$ in corrispondenza di tale valore. Infine, il gioco è favorevole a Bruno perché $\mu > 0$.

---

Un gioco è detto "equo" se la vincita media $\mu$ nella singola giocata è nulla.

---

123. Il ritardo $X$ con cui un dato treno arriva in stazione non supera mai i 15 minuti e ha una distribuzione la cui densità continua $f(x)$ è rappresentata in Figura. Calcolare il valore di $K$ e il ritardo atteso. Calcolare la funzione di ripartizione $F(x)$ di $X$ e la probabilità di un ritardo superiore a 5 minuti.

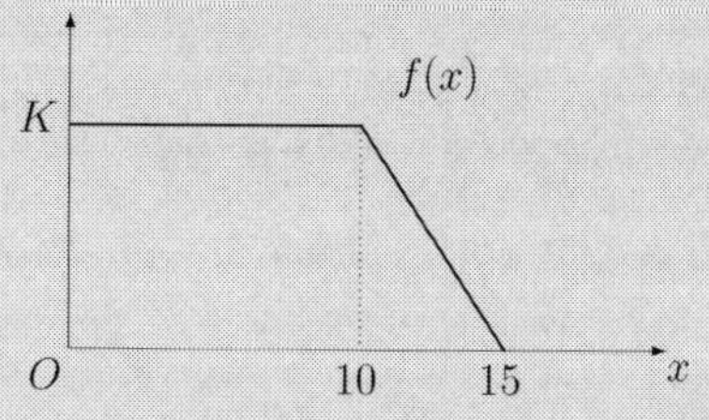


*Variabile continua.*

---

✎ Per la condizione di normalizzazione l'area del trapezio in Figura deve essere uguale ad 1

$$\frac{K}{2}(10+15)=1 \qquad \Longrightarrow \qquad K=\frac{2}{25}$$

Essendo $f(x)=2/25$ se $0\le x\le 10$, $f(x)=2(15-x)/125$ se $10<x\le 15$ e $f(x)=0$ altrove, il ritardo atteso vale

$$E(X)=\int_{-\infty}^{\infty} xf(x)\,dx=\int_0^{10}\frac{2}{25}x\,dx+\int_{10}^{15}\frac{2}{125}(15-x)\,x\,dx=\frac{19}{3}\simeq 6.3 \text{ min}$$

e la funzione di ripartizione è

$$F(x)=\int_{-\infty}^{x} f(x)\,dx=\begin{cases} 0 & \text{se} \quad x<0 \\ \frac{2}{25}x & \text{se} \quad 0\le x\le 10 \\ 1-\frac{1}{125}(15-x)^2 & \text{se} \quad 10<x\le 15 \\ 1 & \text{se} \quad 15<x \end{cases}$$

Infine

$$P(X>5)=1-F(5)=\frac{15}{25}=60\%$$

---

124. La variabile $X$ ha densità continua $f(x)=\frac{1}{2}e^{-|x|}$ con $-\infty<x<\infty$. Calcolare media e quartili di $X$.

☐ *Variabile continua.*

---

✎ La densità è una funzione pari, quindi si ha $\mu=x_{0.50}=0$ per simmetria. Inoltre il primo quartile è certamente negativo, per cui

$$0.25=P(X\le x)=\int_{-\infty}^{x}\frac{1}{2}e^{y}dy=\frac{1}{2}e^{x} \qquad \Longrightarrow \qquad x_{0.25}=-\ln 2$$

e, sempre per simmetria, si ha $x_{0.75}=-x_{0.25}=\ln 2$.

---

125. Determinare per quale valore della costante $K$ la funzione $f(x) = x - Kx^3$ è la densità di una variabile continua $X$ con supporto $0 \leq x \leq 1$. Quindi calcolare: media, varianza e quantili di $X$.

*Variabile continua.*

---

$$\int_0^1 \left(x - Kx^3\right) dx = \frac{1}{2} - \frac{1}{4}K = 1 \qquad \Longrightarrow \qquad K = -2$$

$$E(X) = \int_0^1 x\left(x + 2x^3\right) dx = \frac{11}{15}$$

$$E\left(X^2\right) = \int_0^1 x^2\left(x + 2x^3\right) dx = \frac{7}{12} \qquad \Longrightarrow \qquad V(X) = \frac{7}{12} - \left(\frac{11}{15}\right)^2 = \frac{41}{900}$$

$$\int_0^x \left(x + 2x^3\right) dx = \frac{1}{2}x^2 + \frac{1}{2}x^4 = \alpha$$

$$\Longrightarrow \qquad x^2 = -\frac{1}{2} \pm \frac{1}{2}\sqrt{1 + 8\alpha}$$

$$\Longrightarrow \qquad x_\alpha = \sqrt{\frac{1}{2}\sqrt{1 + 8\alpha} - \frac{1}{2}}$$

---

126. Sia $f(x) = 2x^{-3}$ se $x \geq 1$, $f(x) = 0$ se $x < 1$, la densità continua di una variabile $X$. Calcolare media e mediana di $Y = \ln X$.

*Variabile continua.*

---

La media della funzione deterministica $Y = \ln X$ è data da

$$\mu_Y = \int_1^\infty 2x^{-3} \ln x \, dx = -x^{-2} \ln x\Big|_1^\infty + \int_1^\infty x^{-3} \, dx = \frac{1}{2}$$

La mediana è quel numero $y > 0$ tale che

$$0.50 = P(Y \leq y) = P(X \leq e^y) = \int_1^{e^y} 2x^{-3} \, dx = -\frac{1}{x^2}\Bigg|_{x=1}^{x=e^y} = 1 - e^{-2y}$$

da cui

$$y_{0.50} = \ln \sqrt{2}$$

---

127. Sia $f(x) = (\sin x)/2$ la densità continua di una variabile $X$ con supporto $0 \le x \le \pi$. Verificare che $f(x)$ è davvero una densità continua. Calcolare media, moda, mediana e varianza di $X$. Calcolare $P(-\pi/6 \le X \le \pi/3)$.

☐ *Variabile continua.*

---

✎ Nell'intervallo $0 \le x \le \pi$ la funzione $f(x) = (\sin x)/2$ è $\ge 0$ e normalizzata ad 1

$$\int_0^{\pi} \frac{1}{2} \sin x \, dx = -\frac{1}{2} \cos x \Big|_{x=0}^{x=\pi} = 1$$

quindi è una densità. Tale densità è massima nel punto $x = \pi/2$ e simmetrica (funzione pari) rispetto ad esso, quindi $x = \pi/2$ è moda, media e mediana. Inoltre

$$\begin{aligned} \sigma^2 &= E(X^2) - \mu^2 = \int_0^{\pi} \frac{1}{2} x^2 \sin x \, dx - \left(\frac{\pi}{2}\right)^2 = \text{(integrando due volte per parti)} \\ &= \cos x + x \sin x - \frac{1}{2} x^2 \cos x \Big|_{x=0}^{x=\pi} - \frac{\pi^2}{4} = \frac{\pi^2}{4} - 2 \end{aligned}$$

Infine, tenuto conto che la densità è nulla fuori dal supporto,

$$P\left(-\frac{\pi}{6} \le X \le \frac{\pi}{3}\right) = \int_0^{\pi/3} \frac{1}{2} \sin x \, dx = -\frac{1}{2} \cos x \Big|_{x=0}^{x=\pi/3} = \frac{1}{4}$$

---

128. $X$ è una variabile continua con funzione di ripartizione ($\lambda > 0$ è un parametro)

$$F(x) = \begin{cases} 0 & \text{se } x < 1 \\ 1 - x^{-\lambda} & \text{se } x \ge 1 \end{cases}$$

Calcolare la densità continua di $X$, i quantili $x_\alpha$ ($0 < \alpha < 1$) e la media $\mu$.

☐ *Variabile continua.*

---

✎ La densità si ottiene derivando la funzione di ripartizione

$$f(x) = F'(x) = \begin{cases} 0 & \text{se } x < 1 \\ \lambda x^{-\lambda-1} & \text{se } x > 1 \end{cases}$$

Il quantile $x_\alpha$ è la radice dell'equazione $F(x) = \alpha$, quindi

$$1 - x^{-\lambda} = \alpha \qquad \Longrightarrow \qquad x_\alpha = (1-\alpha)^{-1/\lambda}$$

Infine

$$\mu = \int_{-\infty}^{\infty} xf(x)\,dx = \int_{1}^{\infty} \lambda x^{-\lambda} dx$$

e per $0 < \lambda \leq 1$ l'integrale improprio non converge ($X$ ha media infinita), mentre per $\lambda > 1$ si ha

$$\mu = \int_{1}^{\infty} \lambda x^{-\lambda} dx = \frac{\lambda}{1-\lambda} x^{1-\lambda}\Big|_{x=1}^{x\to\infty} = \frac{\lambda}{\lambda - 1}$$

---

Più in generale, la distribuzione continua con supporto $x \geq a > 0$ e la cui funzione di ripartizione vale

$$F(x) = 1 - \left(\frac{a}{x}\right)^{\lambda}$$

(essendo $\lambda > 0$ un parametro) è chiamata **distribuzione di Pareto**. La densità, la media e la varianza di tale distribuzione sono rispettivamente date da

$$f(x) = \frac{\lambda a^{\lambda}}{x^{\lambda+1}}, \qquad \mu = \frac{\lambda a}{\lambda - 1} \quad (\text{se } \lambda > 1), \qquad \sigma^2 = \frac{\lambda a^2}{(\lambda-1)^2(\lambda-2)} \quad (\text{se } \lambda > 2)$$

---

129. Determinare la costante $K$ in modo che la funzione $f(x) = Kx^2$ sia la densità continua di una variabile $X$ con supporto $1 \leq x \leq 2$. Calcolare quindi media, moda e mediana di $X$.

*Variabile continua.*

---

La funzione $f(x)$ è positiva se $K > 0$ ed è normalizzata se

$$1 = \int_{-\infty}^{\infty} f(x)\,dx = \int_{1}^{2} Kx^2 dx = \frac{K}{3}\, x^3\Big|_{x=1}^{x=2} = \frac{7}{3}K \qquad \Longrightarrow \qquad K = \frac{3}{7}$$

La densità è massima per $x = 2$ (= moda). Inoltre la media vale

$$\mu = \int_{-\infty}^{\infty} xf(x)\,dx = \int_{1}^{2} \frac{3}{7} x^3 dx = \frac{3}{28}\, x^4\Big|_{x=1}^{x=2} = \frac{45}{28} \simeq 1.61$$

e la mediana è

$$0.50 = P(X \leq x) = \int_{-\infty}^{x} f(x)\,dx = \int_{1}^{x} \frac{3}{7} x^2 dx = \frac{x^3}{7}\Big|_{x=1}^{x=x} = \frac{1}{7}(x^3 - 1)$$

$$\Longrightarrow \quad x_{0.50} = \sqrt[3]{4.5} \simeq 1.65$$

---

130. Di una variabile $X \sim \mathcal{G}(p)$ si sa che $P(X \geq 3) = \alpha$, $0 < \alpha < 1$. Determinare $p$. Calcolare $P(X \leq 4 \,|\, X \geq 3)$.

□ *Distribuzione geometrica.*

---

✎ È $P(X = x) = (1-p)^{x-1}\, p$ con $x = 1, 2, \ldots$ . Allora

$$P(X \geq 3) = 1 - P(X = 1) - P(X = 2) = 1 - p - (1-p)\,p = (1-p)^2$$

e quindi la condizione $P(X \geq 3) = \alpha$ dà

$$p = 1 - \sqrt{\alpha}$$

Si ha poi

$$\begin{aligned} P(X \leq 4 \,|\, X \geq 3) &= \frac{P(3 \leq X \leq 4)}{P(X \geq 3)} = \frac{P(X = 3) + P(X = 4)}{P(X \geq 3)} \\ &= \frac{(1-p)^2\, p + (1-p)^3\, p}{(1-p)^2} = p + (1-p)\,p \\ &= 1 - \alpha \end{aligned}$$

Equivalentemente, si può procedere così

$$\begin{aligned} P(X \leq 4 \,|\, X \geq 3) &= \text{(per l'assenza di memoria)} \\ &= P(X \leq 2) = P(X = 1) + P(X = 2) = p + (1-p)\,p \\ &= 1 - \alpha \end{aligned}$$

---

☞ Ogni variabile geometrica $X \sim \mathcal{G}(p)$ soddisfa alla proprietà ($x = 1, 2, \ldots$)

$$P(X \geq x) = (1-p)^{x-1}$$

Infatti, ricordando che $X$ conta il numero di estrazioni per ottenere il primo successo in uno schema di Bernoulli, l'evento $\{X \geq x\}$ significa che occorrono almeno $x$ estrazioni per ottenere il primo successo e quindi che nelle prime $x-1$ estrazioni si hanno solo insuccessi. Ma ogni insuccesso è indipendente dagli altri e si verifica con probabilità $1-p$, da cui la tesi in virtù della regola del prodotto.

---

☞ L'assenza di memoria che caratterizza la distribuzione geometrica comporta che si abbia $P(X \leq 4 \,|\, X \geq 3) = P(X \leq 2)$ perché, se nelle prime due estrazioni si sono verificati altrettanti insuccessi ($= \{X \geq 3\}$ = evento condizionante), la probabilità condizionata che il primo successo si verifichi entro le prime quattro estrazioni ($= \{X \leq 4\}$) è uguale alla probabilità assoluta che il primo successo si verifichi entro le prime due estrazioni ($= \{X \leq 2\}$).

---

131. Sia $X \sim \mathcal{G}(0.2)$. Calcolare i tre quartili di $X$.

*Distribuzione geometrica.* ❐

Si ha $P(X = x) = (0.8)^{x-1}(0.2)$ per $x = 1, 2, \ldots$. I primi valori della densità e della funzione di ripartizione di $X$ sono riportati in tabella

| $x =$ | 1 | 2 | 3 | 4 | 5 | 6 | 7 |
|---|---|---|---|---|---|---|---|
| $P(X = x) =$ | 0.2 | 0.16 | 0.128 | 0.1024 | 0.08192 | 0.065536 | 0.052429 |
| $P(X \leq x) =$ | 0.2 | 0.36 | 0.488 | 0.5904 | 0.67232 | 0.737856 | 0.790285 |

Dall'esame della tabella si ottiene $x_{0.25} = 2$, $x_{0.50} = 4$ e $x_{0.75} = 7$.

132. Aldo ha in tasca 10 monete, di cui sei da 1 € e quattro da 2 €. Egli estrae a caso 5 monete senza reimmissione. Sia $Y = X + 5$, dove $X =$ "n° di monete da 2 € estratte". Riconoscere la distribuzione (notevole!) della variabile $X$. Dire qual è il significato pratico della variabile $Y$ e calcolare la probabilità $P(Y \geq 8)$.

*Distribuzione ipergeometrica.* ❐

L'esperimento consiste nell'estrarre un blocco di $n = 5$ unità da un insieme di $N = 10$ unità in cui $M = 4$ sono il "successo" (le monete da 2 €). Quindi $X \sim \mathcal{I}(10; 4; 5)$ con supporto $x = 0, 1, 2, 3, 4$. Delle 5 monete estratte $X$ sono da 2 € (per un valore totale pari a $2X$ €) e le rimanenti $5 - X$ da 1 € (per un valore totale pari a $5 - X$ €) sicché $Y$ rappresenta il valore complessivo delle monete estratte da Aldo

$$2X + (5 - X) = X + 5 = Y$$

Infine si ha

$$\begin{aligned} P(Y \geq 8) &= P(X \geq 3) = P(X = 3) + P(X = 4) \\ &= \frac{\binom{4}{3}\binom{6}{2}}{\binom{10}{5}} + \frac{\binom{4}{4}\binom{6}{1}}{\binom{10}{5}} = \frac{11}{42} \simeq 26.19\% \end{aligned}$$

133. Di una variabile $X \sim \mathcal{P}(\lambda)$ si sa che $P(X = 2) = P(X = 3)$. Determinare il valore di $\lambda$. Calcolare moda e mediana di $X$.

*Distribuzione di Poisson.*

---

Poiché $P(X = x) = \lambda^x e^{-\lambda}/x!$, la condizione $P(X = 2) = P(X = 3)$ dà

$$\frac{\lambda^2}{2!} e^{-\lambda} = \frac{\lambda^3}{3!} e^{-\lambda}$$

da cui si ricava $\lambda = 3$. I primi valori della densità e della funzione di ripartizione di X sono riportati in tabella

| $x =$ | 0 | 1 | 2 | 3 | 4 | $\cdots$ |
|---|---|---|---|---|---|---|
| $P(X = x) \simeq$ | 4.98% | 14.94% | 22.40% | 22.40% | 16.80% | $\cdots$ |
| $P(X \leq x) \simeq$ | 4.98% | 19.92% | 42.32% | 64.72% | 81.52% | $\cdots$ |

Dall'esame della tabella si ricava che $x = 2$ e $x = 3$ sono mode e che $x = 3$ è la mediana (oltre che la media).

---

134. Sia $X \sim \mathcal{E}(\lambda)$. Calcolare e riconoscere la distribuzione della variabile $Y = aX$ dove $a$ è una costante positiva.

*Distribuzione esponenziale.*

---

Per $y \geq 0$ (il supporto di $Y$) si ha

$$P(Y \leq y) = P\left(X \leq \frac{y}{a}\right) = 1 - e^{-\lambda y/a}$$

e si riconosce la distribuzione $\mathcal{E}\left(\dfrac{\lambda}{a}\right)$.

---

135. Siano $X \sim \mathcal{E}(\lambda)$ e $Y = \sqrt{X}$. Provare che per ogni $y, h > 0$ si ha

$$P(Y > h + y \mid Y > h) < P(Y > y)$$

*Distribuzione esponenziale.*

---

Anzitutto si ha $P(X \leq x) = 1 - e^{-\lambda x}$ $(x \geq 0)$ per cui

$$P(Y > y) = P\left(X > y^2\right) = e^{-\lambda y^2}$$

Quindi

$$\begin{aligned} P(Y > h + y \mid Y > h) &= \frac{P(Y > h + y, Y > h)}{P(Y > h)} = \frac{P(Y > h + y)}{P(Y > h)} \\ &= \frac{e^{-\lambda(h+y)^2}}{e^{-\lambda h^2}} = e^{-2\lambda hy} e^{-\lambda y^2} \\ &\quad (\text{poiché } e^{-2\lambda hy} < 1) \\ &< e^{-\lambda y^2} = P(Y > y) \end{aligned}$$

---

Se $Y$ modellizza la durata di funzionamento ininterrotto (= tempo d'attesa del guasto) di un'apparecchiatura, allora in Teoria dell'Affidabilità la funzione $S_Y(y) = P(Y > y)$ è detta "sopravvivenza" perché è la probabilità che un'apparecchiatura nuova raggiunga l'età $y$. La funzione $S_Y(y|h) = P(Y > h + y \mid Y > h)$ dà quindi la probabilità che un'apparecchiatura di età $h$ duri ancora per un periodo $y$, cioè rappresenta la sopravvivenza di un'apparecchiatura usata. Se avviene che $S_Y(y|h) < S_Y(y)$, si dice che la distribuzione di $Y$ ha la **proprietà NBU** (*new better than used*), e questo è il caso delle apparecchiature che sono soggette ad usura.

---

136. Siano $X \sim \mathcal{E}(\lambda)$ e $Y = X^2$. Provare che per ogni $y, h > 0$ si ha

$$P(Y > h + y \,|\, Y > h) > P(Y > y)$$

❐ *Distribuzione esponenziale.*

---

✎ Anzitutto si ha $P(X \leq x) = 1 - e^{-\lambda x}$ $(x \geq 0)$ per cui

$$P(Y > y) = P(X > \sqrt{y}) = e^{-\lambda\sqrt{y}}$$

Quindi

$$\begin{aligned} P(Y > h + y \,|\, Y > h) &= \frac{P(Y > h + y, Y > h)}{P(Y > h)} = \frac{P(Y > h + y)}{P(Y > h)} \\ &= \frac{e^{-\lambda\sqrt{h+y}}}{e^{-\lambda\sqrt{h}}} \\ &\quad \text{(poiché } \sqrt{h+y} < \sqrt{h} + \sqrt{y}\text{)} \\ &> e^{-\lambda\sqrt{y}} = P(Y > y) \end{aligned}$$

---

☞ Se $Y$ modellizza la durata di funzionamento ininterrotto di un'apparecchiatura e $S_Y(y)$ e $S_Y(y|h)$ sono definite come nel Commento dell'esercizio precedente, la condizione $S_Y(y|h) > S_Y(y)$ si esprime dicendo che la distribuzione di $Y$ ha la **proprietà NWU** (*new worse than used*), e questo è il caso delle apparecchiature che sono soggette a rodaggio.

---

137. Siano $X \sim \mathcal{U}(a, b)$ e $X^*$ la standardizzata di $X$. Determinare il supporto di $X^*$ e riconoscere la distribuzione di $X^*$.

❐ *Distribuzione uniforme continua.*

---

✎ Si sa che $\mu = E(X) = (a + b)/2$ e $\sigma = (b - a)/\sqrt{12}$, quindi

$$a \leq x \leq b \qquad \Longrightarrow \qquad -\sqrt{3} \leq \frac{x - \mu}{\sigma} \leq \sqrt{3}$$

Dunque il supporto di $X^* = \dfrac{X - \mu}{\sigma}$ è l'intervallo $-\sqrt{3} \leq x^* \leq \sqrt{3}$ e si ha $X^* \sim \mathcal{U}\left(-\sqrt{3}, \sqrt{3}\right)$ perché $P(X^* \leq x^*) = P\left(\dfrac{X - \mu}{\sigma} \leq x^*\right) = P(X \leq \mu + \sigma x^*)$.

---

138. Sia $Y = X^2$ con $X \sim \mathcal{U}(-1,1)$. Calcolare densità continua, media e mediana di $Y$.

*Distribuzione uniforme continua.*

---

Per $0 \le y \le 1$ si ha

$$P(Y \le y) = P(|X| \le \sqrt{y}) = \sqrt{y}$$

sicché la densità continua di $Y$ risulta

$$f_Y(y) = \frac{d}{dy}(\sqrt{y}) = \frac{1}{2\sqrt{y}}, \qquad 0 < y < 1$$

Ne segue

$$E(Y) = \int_{-\infty}^{\infty} y f_Y(y)\, dy = \int_0^1 \frac{\sqrt{y}}{2} dy = \frac{1}{3}$$

e

$$P(Y \le y_{0.50}) = \sqrt{y_{0.50}} = \frac{1}{2} \qquad \Longrightarrow \qquad y_{0.50} = \frac{1}{4}$$

---

139. Sia $X \sim \mathcal{U}(0,1)$. Calcolare la distribuzione di $Y = -\ln(1-X)$ e riconoscerla.

*Distribuzione uniforme continua; distribuzione esponenziale.*

---

I possibili valori di $Y$ sono i numeri $y > 0$. Per tali $y$ si ha

$$P(Y \le y) = P(-\ln(1-X) \le y) = P\left(X \le 1 - e^{-y}\right) = 1 - e^{-y}$$

e si riconosce in questa la distribuzione esponenziale di parametro unitario, cioè $Y \sim \mathcal{E}(1)$.

---

Vale la seguente proprietà generale: se $X \sim \mathcal{U}(0,1)$ e se $Y$ è una variabile con funzione di ripartizione $F(y)$ continua e crescente nel supporto di $Y$ (e perciò invertibile con inversa $F^{-1}$), allora la variabile $F^{-1}(X)$ ha la stessa distribuzione di $Y$. Questa proprietà viene sfruttata per generare dati con una determinata distribuzione continua avendo a disposizione un generatore casuale di numeri tra 0 ed 1.

L'esercizio presentato rientra in questa situazione: infatti la funzione di ripartizione di una variabile $\mathcal{E}(1)$ è data da $x = F(y) = 1 - e^{-y}$ $(y > 0)$; essendo l'inversa uguale a $y = F^{-1}(x) = -\ln(1-x)$, si può concludere che $-\ln(1-X) \sim \mathcal{E}(1)$.

---

140. Sia $X \sim \mathcal{N}(4;6)$. Calcolare $P(2 < X < 8)$, $P(X > 7)$, $P(X < 3)$, $P(|X| > 1)$.

❐ *Distribuzione normale.*

---

✎ Si ha

$$\begin{aligned} P(2 < X < 8) &= \text{(metodo di standardizzazione)} \\ &= \Phi\left(\frac{8-4}{\sqrt{6}}\right) - \Phi\left(\frac{2-4}{\sqrt{6}}\right) = \text{(poiché } \Phi(-z) = 1 - \Phi(z)\text{)} \\ &= \Phi\left(4/\sqrt{6}\right) + \Phi\left(2/\sqrt{6}\right) - 1 \simeq 74.17\% \end{aligned}$$

Analogamente,

$$P(X > 7) = 1 - \Phi\left(\frac{7-4}{\sqrt{6}}\right) \simeq 11.03\%$$

$$P(X < 3) = \Phi\left(\frac{3-4}{\sqrt{6}}\right) \simeq 34.15\%$$

$$P(|X| > 1) = P(X < -1) + P(X > 1) = \Phi\left(\frac{-1-4}{\sqrt{6}}\right) + 1 - \Phi\left(\frac{1-4}{\sqrt{6}}\right) \simeq 91.03\%$$

---

☞ I risultati numerici sono stati ottenuti con un computer (e poi arrotondati), quindi sono da considerarsi "esatti", ma se si eseguissero i conti usando una comune calcolatrice e le Tavole dei quantili della normale, alla fine si troverebbero risultati leggermente diversi (più imprecisi). Ad es., con l'uso di calcolatrice e Tavole il valore di $\Phi\left(3/\sqrt{6}\right)$ si determina così:

$$\Phi\left(\frac{3}{\sqrt{6}}\right) = \Phi(1.22474\cdots) \simeq \Phi(1.22) = \text{(Tavole)} = 0.88877 \simeq 88.88\%$$

mentre il valore esatto è

$$\Phi\left(\frac{3}{\sqrt{6}}\right) = 0.889664\cdots = 88.9664\cdots\%$$

---

141. Siano $X \sim \mathcal{N}(1; 2^2)$ e $Y = X^2 - 3X$. Calcolare la media di $Y$ e la probabilità $P(Y > 0)$.

*Distribuzione normale.*

---

Per il calcolo della media si ha

$$\begin{aligned} \mu_Y &= E\left(X^2 - 3X\right) = \text{(per la linearità della media)} \\ &= E\left(X^2\right) - 3\mu_X = \text{(per l'identità } \sigma_X^2 = E\left(X^2\right) - \mu_X^2\text{)} \\ &= \sigma_X^2 + \mu_X^2 - 3\mu_X = 4 + 1 - 3 = 2 \end{aligned}$$

Inoltre

$$Y = X^2 - 3X > 0 \qquad \Longleftrightarrow \qquad X < 0 \quad \text{oppure} \quad X > 3$$

quindi

$$P(Y > 0) = P(X < 0) + P(X > 3) = \Phi\left(\frac{0-1}{2}\right) + 1 - \Phi\left(\frac{3-1}{2}\right) \simeq 46.72\%$$

---

142. Siano $X \sim \mathcal{N}(3; 2^2)$ e $Y = aX$ con $a$ costante positiva. Determinare per quale valore di $a$ risulta $P(Y > 1) = 60\%$.

*Distribuzione normale.*

---

È

$$\begin{aligned} 0.60 &= P(Y > 1) = P(aX > 1) = \text{(essendo } a > 0\text{)} \\ &= P\left(X > \frac{1}{a}\right) = 1 - \Phi\left(\frac{\frac{1}{a} - 3}{2}\right) \end{aligned}$$

da cui

$$\frac{\frac{1}{a} - 3}{2} = z_{0.40}$$

e infine

$$a = \frac{1}{3 + 2z_{0.40}} \simeq 0.4011$$

---

143. Sia $X \sim \mathcal{N}(5; 2^2)$. Calcolare il quantile $x_{0.15}$. Trovare poi un numero $c$ tale che $P(|X-5| > c) = 0.60$.

❐ *Distribuzione normale.*

---

✎ Il quantile richiesto vale

$$x_{0.15} = 5 + 2z_{0.15} = 5 - 2z_{0.85} \simeq 2.9271$$

Inoltre, ricordando la formula $P\left(|\mathcal{N}(0;1)| > z_{1-\alpha/2}\right) = \alpha$, si ha

$$0.60 = P(|X-5| > c) = P\left(|\mathcal{N}(0;1)| > \frac{c}{2}\right) \qquad \Longrightarrow \qquad c = 2z_{0.70} \simeq 1.0488$$

---

☞ Il quantile $x_\alpha$ di una variabile normale $X \sim \mathcal{N}(\mu; \sigma^2)$ è legato al quantile $z_\alpha$ della normale standard dalla relazione

$$x_\alpha = \mu + \sigma z_\alpha$$

perché

$$P(X \leq x_\alpha) = \Phi\left(\frac{x_\alpha - \mu}{\sigma}\right) = \Phi(z_\alpha) = \alpha$$

---

☞ Nella risoluzione si è utilizzata la formula

$$P\left(|\mathcal{N}(0;1)| > z_{1-\alpha/2}\right) = \alpha$$

che dà l'area ($= \alpha$) delle due code simmetriche sotto la curva della densità normale.

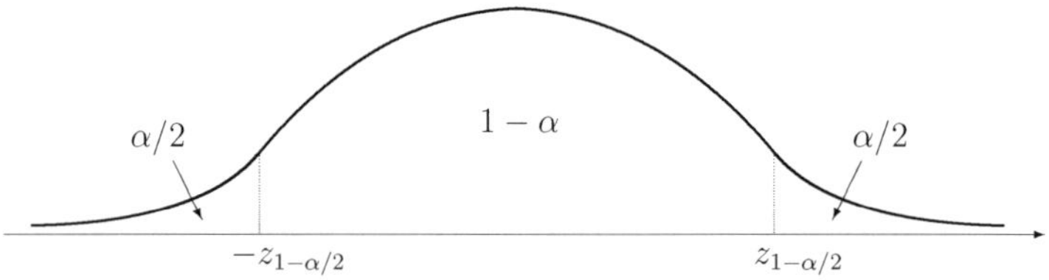


densità $\mathcal{N}(0;1)$

---

144. Sia $X \sim \mathcal{N}(3; 2^2)$. Determinare le costanti $a$ e $b$ in modo che $P(X > a) = 0.90$ e $P(1 < X < b) = 0.70$.

*Distribuzione normale.*

---

Si ha

$$0.90 = P(X > a) = 1 - P(X \leq a) = 1 - \Phi\left(\frac{a-3}{2}\right) = \Phi\left(\frac{3-a}{2}\right)$$

da cui

$$\frac{3-a}{2} = z_{0.90} \qquad \Longrightarrow \qquad a = 3 - 2z_{0.90} \simeq 0.4369$$

Inoltre

$$0.70 = P(1 < X < b) = \Phi\left(\frac{b-3}{2}\right) - \Phi(-1)$$

da cui, usando la Tavola dei quantili della normale standard per il calcolo di $\Phi(1)$,

$$\Phi\left(\frac{b-3}{2}\right) = 0.70 + 1 - \Phi(1) \simeq 0.85866$$

Sempre dalla Tavola si ricava che è $0.85866 \simeq \Phi(1.075)$ e quindi

$$\frac{b-3}{2} \simeq 1.075 \qquad \Longrightarrow \qquad b \simeq 5.15$$

(Il risultato esatto è $b = 5.148594\cdots$).

---

145. Sia $X \sim \mathcal{N}(\mu; \sigma^2)$. Determinare $\mu$ e $\sigma$ in modo che $P(X \leq 0) = 0.02$ e $P(X \geq 20) = 0.06$.

*Distribuzione normale.*

---

La prima condizione dà

$$0 = x_{0.02} = \mu + \sigma z_{0.02}$$

La seconda condizione equivale a $P(X < 20) = 0.94$, da cui si ricava

$$20 = x_{0.94} = \mu + \sigma z_{0.94}$$

Si tratta di un sistema lineare di due equazioni nelle incognite $\mu$ e $\sigma$, la cui soluzione è

$$\begin{cases} \mu \simeq 11.38 \\ \sigma \simeq 5.542 \end{cases}$$

---

146. Sia $X \sim \mathcal{N}(0;1)$. Calcolare la distribuzione di $Y = X^2$ e riconoscerla.

□ *Distribuzioni normale e chi-quadrato.*

---

✎ La densità $f_Y(y)$ di $Y$ è nulla per $y < 0$. Per $y \geq 0$ si ha

$$f_Y(y) = \frac{d}{dy}P(Y \leq y) = \frac{d}{dy}P(|X| \leq \sqrt{y}) = \frac{d}{dy}(2\Phi(\sqrt{y}) - 1) = \frac{1}{\sqrt{y}}\varphi(\sqrt{y})$$

dove $\varphi(z) = (2\pi)^{-1} e^{-z^2/2}$ è la densità della $\mathcal{N}(0;1)$. Pertanto

$$f_Y(y) = \frac{1}{\sqrt{2\pi y}}e^{-y/2} \qquad \text{per } y \geq 0$$

e questa è la densità della distribuzione chi-quadrato a un grado di libertà, cioè $Y \sim \chi^2(1)$.

---

147. Supponiamo che il tempo di lettura $X$ (in secondi) che un visitatore dedica a una data pagina WEB abbia una distribuzione log-normale con $E(\ln X) = \mu$. Quanto vale il tempo di lettura al di sotto del quale si colloca la metà dei visitatori?

□ *Distribuzione log-normale.*

---

✎ Si chiede di calcolare la mediana $x_{0.50}$ di $X$. Poiché $\ln X \sim \mathcal{N}(\mu;\sigma^2)$, si ha

$$P(X \leq x) = P(\ln X \leq \ln x) = \Phi\left(\frac{\ln x - \mu}{\sigma}\right)$$

e la condizione $P(X \leq x) = 0.50 = \Phi(0)$ dà

$$\frac{\ln m - \mu}{\sigma} = 0 \qquad \Longrightarrow \qquad x_{0.50} = e^{\mu}$$

---

148. Sapendo che l'energia $X$ (espressa in Teraerg) di un terremoto e la sua magnitudo $M$ sono legati dalla relazione $X = 10^{1.5M}$, calcolare l'energia attesa $E(X)$ rilasciata durante un terremoto nell'ipotesi che sia $M \sim \mathcal{N}\left(4; (0.5)^2\right)$.

*Distribuzione log-normale.*

---

Si ha

$$X = 10^{1.5M} = e^{(1.5 \times \ln 10)M}$$

e $(1.5 \times \ln 10)\, M \sim \mathcal{N}\left(4 \times 1.5 \times \ln 10; (1.5 \times \ln 10 \times 0.5)^2\right)$. Quindi $X$ è log-normale con parametri

$$\mu = 4 \times 1.5 \times \ln 10 \simeq 13.82, \qquad \sigma = 1.5 \times \ln 10 \times 0.5 \simeq 2.414$$

In conclusione

$$E(X) = e^{13.82+(2.414)^2/2} \simeq 1.8 \times 10^7 \text{ (in Teraerg)}$$

---

La "magnitudo" $M$ di un terremoto che rilascia un'energia $X$ è definita dalla funzione $M = \frac{2}{3}\log_{10}\left(\frac{X}{k}\right)$, dove $k = 10^{12}$ se $X$ è espressa in erg, $k = 1$ se $X$ è espressa in Terg (= Teraerg), $k = 10^5$ se $X$ è espressa in Joule. Ad esempio, ad un'energia di $10^{19}$ erg (pari a quella liberata nell'esperimento nucleare compiuto dagli Stati Uniti nell'atollo di Bikini il 1 luglio 1946) corrisponde un terremoto di magnitudo $m = \frac{2}{3}\log_{10}(10^7) = \frac{14}{3} \simeq 4.7$.

---

149. Usando le Tavole dei quantili della $t$ di Student e il metodo dell'interpolazione lineare, calcolare il valore $x$ per cui

$$P(t(10) \leq x) = 0.92$$

e il valore $\alpha$ per cui

$$P(t(20) \leq 2.30) = \alpha$$

*Distribuzione di Student; interpolazione lineare.*

---

Il valore $x$ della prima domanda è il quantile $x_{0.92}$ della $t(10)$. La Tavola di pag. 292 riporta i quantili di ordine 0.90 e 0.95

$$P(t(10) \leq 1.3722) = 0.90, \qquad P(t(10) \leq 1.8125) = 0.95$$

Per interpolare linearmente è utile riscrivere questi valori in una tabella

| 0.90 | 0.92 | 0.95 |
|---|---|---|
| 1.3722 | $x$ | 1.8125 |

Allora $x$ si ottiene con la proporzione

$$\frac{x - 1.3722}{0.92 - 0.90} = \frac{1.8125 - 1.3722}{0.95 - 0.90}$$

da cui si ricava

$$x_{0.92} \simeq 1.5483$$

Il valore esatto è $x_{0.92} = 1.51789\cdots$.

La seconda domanda chiede di calcolare l'ordine $\alpha$ del quantile 2.30 della $t\,(20)$. Si ha dalle Tavole

| 0.975 | $\alpha$ | 0.99 |
|---|---|---|
| 2.0860 | 2.30 | 2.5280 |

quindi

$$\frac{\alpha - 0.975}{2.30 - 2.0860} = \frac{0.99 - 0.975}{2.5280 - 2.0860}$$

da cui

$$\alpha \simeq 0.9823$$

Il valore esatto è $\alpha = 0.983826\cdots$.

---

☞ (**Metodo dell'interpolazione lineare**) Assegnati i punti $(a, \alpha)$ e $(c, \gamma)$ e il valore $\beta$ con $\alpha < \beta < \gamma$:

| $\alpha$ | $\beta$ | $\gamma$ |
|---|---|---|
| $a$ | $x$ | $c$ |

il punto $(x, \beta)$ appartiene al segmento di estremi $(a, \alpha)$ e $(c, \gamma)$ se e solo se $x$ risolve la proporzione

$$\frac{x - a}{\beta - \alpha} = \frac{c - a}{\gamma - \alpha}$$

Analogamente, se

| $\alpha$ | $y$ | $\gamma$ |
|---|---|---|
| $a$ | $b$ | $c$ |

con $\alpha < \gamma$ e $a < b < c$ assegnati, l'incognita $y$ deve risolvere la proporzione

$$\frac{y - \alpha}{b - a} = \frac{\gamma - \alpha}{c - a}$$

---

150. Calcolare i quantili $\chi^2_{0.75}(40)$ e $\chi^2_{0.90}(150)$.

*Distribuzione chi-quadrato e sue approssimazioni.*

---

Alcuni quantili della distribuzione $\chi^2(40)$ sono tabulati (vedi pag. 293), ma non quello di ordine 0.75. Per il calcolo di questo quantile si può usare l'approssimazione normale $\chi^2(n) \approx \mathcal{N}(n; 2n)$, ottenendo

$$\frac{\chi^2_{0.75}(40) - 40}{\sqrt{80}} \simeq z_{0.75} \simeq 0.6745$$

da cui

$$\chi^2_{0.75}(40) \simeq 46.033$$

Il valore esatto è $\chi^2_{0.75}(40) = 45.616\cdots$ e l'errore relativo commesso risulta

$$\frac{46.033 - 45.616}{45.616} \simeq 0.91\%$$

Analogamente, nessun quantile della $\chi^2_{0.90}(150)$ è tabulato e l'approssimazione normale dà

$$\frac{\chi^2_{0.90}(150) - 150}{\sqrt{300}} \simeq z_{0.90} \simeq 1.2816$$

da cui

$$\chi^2_{0.90}(150) \simeq 172.198$$

Il valore esatto è $\chi^2_{0.90}(150) = 172.581\cdots$ e l'errore relativo commesso è

$$\frac{172.581 - 172.198}{172.581} \simeq 0.22\%$$

---

L'usuale approssimazione normale $\chi^2(n) \approx \mathcal{N}(n; 2n)$ equivale alla seguente espressione approssimata dei quantili

$$\chi^2_\beta(n) \simeq n + z_\beta\sqrt{2n}$$

Un'approssimazione migliore è però data dalla formula seguente

$$\chi^2_\beta(n) \simeq \frac{1}{2}\left(z_\beta + \sqrt{2n-1}\right)^2$$

Ad es., si ha

$$\chi^2_{0.75}(40) \simeq \frac{1}{2}\left(z_{0.75} + \sqrt{79}\right)^2 \simeq 45.722$$

e ora l'errore relativo rispetto al valore esatto è pari a 0.23%, cioè circa quattro volte più piccolo di quello di prima.

---

151. Sia $X \sim \mathcal{B}(200; 0.10)$. Calcolare $P(X > 15)$.

*Approssimazione di distribuzioni.*

---

Si vuole calcolare

$$P(X > 15) = \sum_{x=16}^{200} \binom{200}{x} (0.1)^x (0.9)^{200-x}$$

Essendo $X \sim \mathcal{B}(n; p)$ con $np = 20 > 5$ e $n(1-p) = 180 > 5$, si può usare l'approssimazione normale $\mathcal{B}(200; 0.10) \approx \mathcal{N}(20; 18)$. Senza la correzione di continuità si ottiene

$$P(X > 15) = 1 - P(X \leq 15) \simeq 1 - \Phi\left(\frac{15-20}{\sqrt{18}}\right) = \Phi\left(\frac{5}{\sqrt{18}}\right) \simeq 88.07\%$$

e con la correzione di continuità (evidenziata nel riquadro)

$$P(X > 15) \simeq 1 - \Phi\left(\frac{15 + \boxed{0.5} - 20}{\sqrt{18}}\right) = \Phi\left(\frac{4.5}{\sqrt{18}}\right) \simeq 85.56\%$$

Il valore esatto è $P(X > 15) = 85.692\cdots\%$.

---

152. Sia $X \sim \mathcal{P}(10)$. Calcolare $P(3 \leq X \leq 15)$.

*Approssimazione di distribuzioni.*

---

Si vuole calcolare

$$P(3 \leq X \leq 15) = \sum_{x=3}^{15} \frac{10^x}{x!} e^{-10}$$

Essendo $X \sim \mathcal{P}(\lambda)$ con $\lambda = 10 > 5$, si può usare l'approssimazione normale $\mathcal{P}(10) \approx \mathcal{N}(10; 10)$. Senza la correzione di continuità si trova

$$P(3 \leq X \leq 15) = P(X \leq 15) - P(X \leq 2) \simeq \Phi\left(\frac{15-10}{\sqrt{10}}\right) - \Phi\left(\frac{2-10}{\sqrt{10}}\right) \simeq 93.74\%$$

e con la correzione di continuità

$$P(3 \leq X \leq 15) \simeq \Phi\left(\frac{15 + \boxed{0.5} - 10}{\sqrt{10}}\right) - \Phi\left(\frac{2 + \boxed{0.5} - 10}{\sqrt{10}}\right) \simeq 95.02\%$$

Il valore esatto è $P(3 \leq X \leq 15) = 94.849\cdots\%$.

---

153. Sia $X^*$ una variabile aleatoria standardizzata. Provare che $P(X^* \leq -2) \leq 0.25$ e che $P(X^* < 2) \geq 0.75$.

*Disuguaglianza di Cebicev.*

---

Dalla disuguaglianza di Cebicev per variabili standardizzate si ricava $P(|X^*| \geq 2) \leq 0.25$ e quindi, essendo $\{X^* \leq -2\}$ un sottoevento di $\{|X^*| \geq 2\}$,

$$P(X^* \leq -2) \leq P\left(|X^*| \geq 2\right) \leq 0.25$$

Analogamente, $\{|X^*| < 2\}$ è sia un sottoevento di $\{X^* < 2\}$ sia il contrario di $\{|X^*| \geq 2\}$, per cui

$$P(X^* < 2) \geq P(|X^*| < 2) = 1 - P(|X^*| \geq 2) \geq 1 - 0.25 = 0.75$$

---

La disuguaglianza di Cebicev per variabili standardizzate $X^*$ è la seguente

$$P\left(|X^*| \geq \eta\right) \leq \frac{1}{\eta^2}, \qquad \eta > 1$$

---

154. Calcolare quanto vale al massimo la probabilità che lo scarto di una variabile $X$ dalla propria media valga almeno 2 deviazioni standard. Calcolare la stessa probabilità assumendo in più che $X$ sia normale.

*Disuguaglianza di Cebicev; distribuzione normale.*

---

Poiché lo scarto di $X$ dalla sua media è la quantità $|X - \mu|$, si chiede una stima superiore di $P\left(|X - \mu| \geq 2\sigma\right)$. Se $X$ è una variabile qualunque, si può ricorrere alla disuguaglianza di Cebicev

$$P\left(|X - \mu| \geq 2\sigma\right) \leq \frac{\sigma^2}{(2\sigma)^2} = \frac{1}{4} = 25\%$$

Se $X$ è normale si può eseguire il calcolo "esatto"

$$P\left(|X - \mu| \geq 2\sigma\right) = P\left(|Z| \geq 2\right) = 2P\left(Z \geq 2\right) = 2\left(1 - \Phi\left(2\right)\right) \simeq 4.55\%$$

---

155. Sia $X$ una variabile di media $\mu$ e varianza $\sigma^2$. Usando la disuguaglianza di Cebicev, determinare i valori $x$ tali che $P(X < x) \geq 0.99$. Ripetere il calcolo senza usare la disuguaglianza di Cebicev, ma assumendo che $X$ sia geometrica.

□ *Disuguaglianza di Cebicev; distribuzione geometrica.*

---

✎ Da

$$P(X < x) \geq P(X < \mu + \varepsilon) \geq P(|X - \mu| < \varepsilon) \geq 1 - \frac{\sigma^2}{\varepsilon^2} \geq 0.99$$

si ottiene il sistema

$$\begin{cases} x \geq \mu + \varepsilon \\ 1 - \dfrac{\sigma^2}{\varepsilon^2} \geq 0.99 \end{cases}$$

La seconda disequazione ha soluzione $\varepsilon \geq 10\sigma$ che, sostituita nella prima, dà

$$x \geq \mu + 10\sigma \equiv x_{ceb}$$

Assumendo $X$ geometrica, cioè $P(X \leq x) = 1-(1-p)^x$ (con $x = 1, 2, ...$), si può eseguire il conto esatto: infatti

$$P(X < x) = 1 - (1-p)^{x-1} \geq 0.99 \qquad \Longrightarrow \qquad x \geq 1 + \frac{\ln 0.01}{\ln(1-p)} \equiv x_{geom}(p)$$

---

☞ Nel caso $X \sim \mathcal{G}(p)$ si ha $\mu = 1/p$ e $\sigma = \sqrt{1-p}/p$, quindi la stima di Cebicev ha la forma

$$x_{ceb}(p) = \frac{1 + 10\sqrt{1-p}}{p}$$

Questa stima è (ovviamente) sempre peggiore di $x_{geom}(p)$, nel senso che per ogni valore di $p$ si ha $x_{ceb}(p) > x_{geom}(p)$. Un confronto più preciso si può fare studiando il rapporto $r(p) = x_{geom}(p)/x_{ceb}(p)$: tale rapporto è una funzione crescente di $0 < p < 1$ e risulta $r(0) \simeq 0.42$, $r(1) = 1$. Di conseguenza, la stima di Cebicev è circa 2.5 volte più grande del valore esatto per piccoli valori di $p$, e si avvicina tanto più al valore esatto quanto più grande diventa $p$.

---

156. È noto che il 6% della popolazione è allergico a un determinato polline. In un gruppo di 100 soggetti scelti a caso, qual è la probabilità che esattamente 6 siano allergici? e che meno di 6 siano allergici?

*Schema di Bernoulli; distribuzione binomiale.*

---

Assumendo uno schema di Bernoulli, si può affermare che il numero $X$ di allergici nel gruppo segue la distribuzione $\mathcal{B}(100; 0.06)$. Allora

$$P(X=6) = \binom{100}{6} (0.06)^6 (0.94)^{94} \simeq 16.57\%$$

$$P(X<6) = \sum_{x=0}^{5} \binom{100}{x} (0.06)^x (0.94)^{100-x} \simeq 44.07\%$$

---

Per assumere lo schema di Bernoulli occorre che i 100 soggetti estratti siano assimilabili ad altrettante prove di Bernoulli identiche e indipendenti. In pratica ciò avviene se la popolazione è molto numerosa rispetto al campione e se i soggetti estratti sono fra loro indipendenti (cioè non imparentati né legati da fattori particolari quali lavoro, stile di vita, ecc.).

---

157. Alcune protesi per l'anca, estratte a caso da un lotto numeroso, vengono sottoposte a un test di resistenza. Si supponga che una protesi abbia il 95% di probabilità di superare il test. Qual è la probabilità che esattamente una protesi su 20 esaminate non superi il test (= evento $A$)? Qual è la probabilità che al massimo 3 protesi su 100 esaminate non superino il test (= evento $B$)?

*Schema di Bernoulli; distribuzione binomiale.*

---

Si può assumere uno schema di Bernoulli. Allora il numero $X_n$ di protesi che non superano il test su $n$ esaminate segue la distribuzione $\mathcal{B}(n; 0.05)$ e si ha

$$P(A) = P(X_{20}=1) = \binom{20}{1} (0.05)(0.95)^{19} \simeq 37.74\%$$

$$P(B) = P(X_{100} \le 3) = \sum_{x=0}^{3} \binom{100}{x} (0.05)^x (0.95)^{100-x} \simeq 25.78\%$$

---

158. In un esame con $n$ quesiti a risposta *vero/falso* uno studente sceglie a caso la risposta di ciascun quesito. Per passare l'esame egli deve rispondere correttamente ad almeno il 75% dei quesiti. Qual è la probabilità che lo studente passi l'esame se è $n = 8$? e se è $n = 20$?

*Schema di Bernoulli; distribuzione binomiale.*

---

Ogni quesito ha due possibili risposte (vero/falso) tra cui lo studente sceglie a caso, quindi ogni risposta è una prova di Bernoulli con probabilità di successo (= "risposta corretta") uguale ad 1/2. Assumendo che le $n$ risposte siano fra loro indipendenti, segue che il numero $X_n$ di risposte corrette ha la distribuzione $\mathcal{B}(n; 0.5)$. La condizione affinché l'esame sia superato è $X_n \geq 0.75n$, quindi per $n = 8$ la probabilità richiesta vale

$$P(X_8 \geq 6) = \sum_{x=6}^{8} \binom{8}{x} \left(\frac{1}{2}\right)^8 \simeq 14.45\%$$

mentre per $n = 20$ si ha

$$P(X_{20} \geq 15) = \sum_{x=15}^{20} \binom{20}{x} \left(\frac{1}{2}\right)^{20} \simeq 2.07\%$$

---

159. In un videogioco Aldo ha a disposizione 6 tiri, ognuno dei quali colpisce a caso uno di due bersagli (A e B). Si vince se il bersaglio A è colpito almeno 4 volte su 6. Qual è la probabilità che Aldo vinca? Se la partita costa 1 € e in caso di vittoria si ricevono 3 €, il gioco è equo?

*Schema di Bernoulli; distribuzione binomiale.*

---

Ogni tiro ha successo (cioè colpisce il bersaglio) con probabilità 1/2. Quindi è come se si chiedesse: qual è la probabilità di fare almeno 4 volte Testa in 6 lanci di una moneta regolare? Usando il modello binomiale si ha

$$P(\text{vittoria}) = \sum_{x=4}^{6} \binom{6}{x} \left(\frac{1}{2}\right)^6 = \frac{11}{32} \simeq 34.37\%$$

La variabile $Y$ = "guadagno di Aldo (in €)" ha la distribuzione $P(Y = 2) = 11/32$, $P(Y = -1) = 21/32$, quindi il gioco è favorevole ad Aldo perché

$$E(Y) = 2 \times \frac{11}{32} - 1 \times \frac{21}{32} = \frac{1}{32} > 0$$

---

160. Calcolare la probabilità che nel corso di un anno (= 52 estrazioni) il numero 47 esca almeno due volte sulla ruota di Milano del Lotto.

*Schema di Bernoulli; distribuzioni binomiale e ipergeometrica.*

---

Ogni settimana sulla ruota di Milano vengono estratti in blocco 5 numeri tra i 90 a disposizione; si verifica il "successo" quando tra di essi esce il 47. Ne segue che la variabile $X$ che conta il numero di successi nel corso di un anno segue la distribuzione $\mathcal{B}(52;p)$ e che la probabilità $p$ di successo nell'estrazione settimanale si calcola con la distribuzione ipergeometrica

$$p = \frac{\binom{89}{4}\binom{1}{1}}{\binom{90}{5}} = \frac{1}{18}$$

In conclusione

$$P(X \geq 2) = 1 - P(X \leq 1) = 1 - \sum_{x=0}^{1} \binom{52}{x} \left(\frac{1}{18}\right)^{x} \left(\frac{17}{18}\right)^{52-x} \simeq 79.22\%$$

---

161. Sparando a un bersaglio ho il 20% di probabilità di fare centro. Se sparo due volte, che probabilità ho di fare almeno un centro (= evento $A$)? Che numero minimo di colpi devo sparare per aver più del 50% di probabilità di fare almeno un centro?

*Schema di Bernoulli; distribuzione binomiale.*

---

Il numero $X_n$ di centri fatti con $n$ colpi è una variabile $\mathcal{B}(n;0.2)$. Quindi

$$P(A) = P(X_2 \geq 1) = 1 - P(X_2 = 0) = 1 - (0.8)^2 = 36\%$$

La seconda domanda chiede di calcolare il minimo valore di $n$ per cui si ha

$$P(X_n \geq 1) > 0.5$$

Ma, ragionando come prima, è $P(X_n \geq 1) = 1 - (0.8)^n$, per cui

$$1 - (0.8)^n > 0.5 \qquad \Longrightarrow \qquad (0.8)^n < 0.5 \qquad \Longrightarrow \qquad n > \frac{\ln 0.5}{\ln 0.8} \simeq 3.1$$

e la risposta cercata è dunque $n = 4$.

---

162. Sia $X$ la variabile che conta il numero di volte in cui si ottiene una doppia Testa in 100 lanci di una coppia di moneta regolari. Calcolare la probabilità di ottenere una doppia Testa almeno 20 volte.

*Schema di Bernoulli; distribuzione binomiale e approssimazione normale.*

---

Una doppia Testa (= "successo") nel lancio di due monete regolari si ottiene con probabilità $1/4$. Il numero $X$ di successi in 100 lanci segue la distribuzione binomiale $\mathcal{B}(100; 0.25)$, approssimabile con la normale $\mathcal{N}(25; 18.75)$. Perciò

$$P(X \geq 20) \simeq 1 - \Phi\left(\frac{19.5 - 25}{\sqrt{18.75}}\right) \simeq 89.80\%$$

---

Il valore esatto, ottenuto con un computer, è

$$P(X \geq 20) = 1 - \sum_{x=0}^{19} \binom{100}{x} \left(\frac{1}{4}\right)^x \left(\frac{3}{4}\right)^{100-x} = 90.0469 \cdots \%$$

---

163. Una linea di produzione per l'imbottigliamento dell'acqua minerale viene fermata e ritarata quando si verifica il quinto caso di imbottigliamento non conforme alle specifiche. Le anomalie nell'imbottigliamento si presentano in media una volta su 1000 e la produzione totale è di 10000 bottiglie al giorno. Qual è la probabilità che la linea funzioni ininterrottamente per un'intera giornata (= evento $A$)? Qual è la probabilità che in un giorno la linea subisca più di un'interruzione (= evento $B$)?

*Schema di Bernoulli; distribuzione binomiale; approssimazione normale.*

---

Ogni imbottigliamento è una prova di Bernoulli che ha "successo" (= "imbottigliamento non conforme") con probabilità $p = 10^{-3}$. Assumendo l'indipendenza delle prove, il numero $X$ di imbottigliamenti non conformi che avvengono in una giornata segue la distribuzione $\mathcal{B}(10^4; 10^{-3})$. Durante la giornata la linea non viene interrotta se gli imbottigliamenti non conformi sono meno di 5, quindi $P(A) = P(X \leq 4)$. Per il calcolo si può usare l'approssimazione normale con $\mu = 10^4 \times 10^{-3} = 10$ e $\sigma^2 = 10^4 \times 10^{-3} \times (1 - 10^{-3}) = 9.99$ e con la correzione del continuo

$$P(A) \simeq \Phi\left(\frac{4.5 - 10}{\sqrt{9.99}}\right) \simeq 4.09\%$$

Analogamente, la linea verrà interrotta più di una volta se gli imbottigliamenti non conformi sono 10 o più

$$P(B) = P(X \geq 10) = 1 - P(X \leq 9) \simeq 1 - \Phi\left(\frac{9.5 - 10}{\sqrt{9.99}}\right) \simeq 56.28\%$$

---

I valori esatti sono $P(A) = 2.919\cdots\%$ e $P(B) = 54.213\cdots\%$. Si nota che l'approssimazione normale di $P(A)$ è piuttosto cattiva perché l'errore relativo è del 40%

$$\left|\frac{4.09 - 2.92}{2.92}\right| \simeq 0.4007$$

mentre è soddisfacente per $P(B)$ perché l'errore relativo è solo del 4%

$$\left|\frac{56.28 - 54.21}{54.21}\right| \simeq 0.0382$$

---

164. Un macchinario produce pezzi con una difettosità del 2%. Quale numerosità minima $n$ deve avere un lotto di produzione affinché, con probabilità maggiore di 90%, al massimo il 5% dei pezzi del lotto sia difettoso?

*Schema di Bernoulli; distribuzione binomiale e approssimazione normale.*

---

La condizione da imporre è la seguente

$$P\left(\frac{X_n}{n} \leq 0.05\right) > 0.90$$

dove la variabile $X_n$ conta i pezzi difettosi in un lotto di numerosità $n$ (non nota). La situazione descritta è uno schema di Bernoulli, per cui si ha $X_n \sim \mathcal{B}(n; 0.02)$. Facendo ora l'ipotesi di lotto "numeroso", per il calcolo della probabilità usiamo l'approssimazione $\mathcal{B}(n; 0.02) \approx \mathcal{N}(0.02n; 0.0196n)$

$$P\left(\frac{X_n}{n} \leq 0.05\right) \simeq \Phi\left(\frac{0.05n - 0.02n}{\sqrt{0.0196n}}\right) = \Phi\left(\frac{3\sqrt{n}}{14}\right)$$

e dunque è

$$n > \left(\frac{14}{3} z_{0.90}\right)^2 \simeq 35.8$$

In conclusione, il minimo lotto richiesto è formato da $n = 36$ pezzi.

---

165. Quanti lanci $n$ di una moneta regolare occorrono per essere certi al 90% (almeno) che lo scarto fra numero di Teste e numero di Croci uscite sia compreso nell'intervallo $\pm 0.05n$ ?

☐ *Schema di Bernoulli; distribuzione binomiale e approssimazione normale.*

---

✎

$X =$ "n° di Teste in $n$ lanci" $\sim \mathcal{B}(n; 1/2) \approx \mathcal{N}(n/2; n/4)$, $Y = n - X =$ "n° di Croci in $n$ lanci". Si cerca $n$ per cui

$$P(|X - Y| \leq 0.05n) \geq 0.90$$

$$\begin{aligned} P(|X - Y| \leq 0.05n) &= P(|X - (n - X)| \leq 0.05n) = P\left(\left|\frac{X - n/2}{\sqrt{n/4}}\right| \leq 0.05\sqrt{n}\right) \\ &\simeq 2\Phi\left(0.05\sqrt{n}\right) - 1 \\ \Longrightarrow &\quad n \geq \left(\frac{z_{0.95}}{0.05}\right)^2 \simeq 1082.2 \end{aligned}$$

---

166. Un sistema $S$ è costituito da 4 componenti $C_1$, $C_2$, $C_3$ e $C_4$. $C_1$ è in serie con $C_2$ e con il parallelo di $C_3$ e $C_4$. I quattro componenti funzionano indipendentemente l'uno dall'altro e la loro affidabilità (= probabilità di funzionare senza guastarsi) è $P(C_1) = P(C_2) = 0.95$ e $P(C_3) = P(C_4) = 0.90$. Qual è l'affidabilità $p$ del sistema $S$? Se ci sono 250 copie indipendenti di $S$, qual è la probabilità che al massimo il 16% di esse non funzioni?

☐ *Schema di Bernoulli; distribuzione binomiale e approssimazione normale.*

---

✎ Posto per brevità $P(C_i) = p_i$ e $P\left(\overline{C_i}\right) = q_i$, $q = 1 - p$, si ha

$$p = p_1 p_2 (1 - q_3 q_4) = 0.95^2 \times \left(1 - 0.10^2\right) \simeq 0.8935$$

Detto $X =$ "n° di sistemi guasti" $\sim \mathcal{B}(250; q)$, vale l'approssimazione normale $\mathcal{N}(250q; 250pq)$ perché $250p > 250q \simeq 26.6 > 5$. Usando la correzione di continuità si trova

$$P(X \leq 250 \times 0.16) = P(X \leq 40) \simeq \Phi\left(\frac{40.5 - 250q}{\sqrt{250pq}}\right) \simeq 99.78\%$$

---

167. Supponiamo che il 10% dei semi di una certa varietà di pianta siano sterili. Qual è la probabilità che germini almeno il 95% dei semi contenuti in una confezione da 20 semi (= evento $A$)? Qual è la probabilità che germini almeno il 95% dei semi contenuti in una confezione da 100 semi (= evento $B$)?

*Schema di Bernoulli; distribuzione binomiale, approssimazioni di Poisson e normale.* ❐

---

Detto $X_n$ il numero di semi sterili in una confezione di $n$ semi, si può assumere che sia $X_n \sim \mathcal{B}(n; 0.1)$. La prima domanda chiede la probabilità che una confezione di 20 semi contenga al massimo $20 \times 5\% = 1$ seme sterile

$$P(A) = P(X_{20} \leq 1) = \sum_{x=0}^{1} \binom{20}{x} (0.1)^x (0.9)^{20-x} \simeq 39.17\%$$

Analogamente, la seconda domanda chiede $(100 \times 5\% = 5)$

$$P(B) = P(X_{100} \leq 5) = \sum_{x=0}^{5} \binom{100}{x} (0.1)^x (0.9)^{100-x} \simeq 5.76\%$$

(valore calcolato con un computer). Se si esegue il calcolo con una comune calcolatrice si può usare l'approssimazione di Poisson $\mathcal{B}(100; 0.1) \approx \mathcal{P}(10)$

$$P(B) = P(X_{100} \leq 5) \simeq \sum_{x=0}^{5} \frac{10^x}{x!} e^{-10} \simeq 6.71\%$$

oppure l'approssimazione normale $\mathcal{B}(100; 0.1) \approx \mathcal{N}(10; 3^2)$ con correzione di continuità

$$P(B) = P(X_{100} \leq 5) \simeq \Phi\left(\frac{5.5 - 10}{3}\right) \simeq 6.68\%$$

---

168. Si lancia un dado regolare finché esce "6". Sia $X$ il numero dei lanci fatti prima che il "6" sia uscito. Determinare la densità di probabilità di $X$. Calcolare la probabilità che "6" esca al quarto lancio, la probabilità che "6" esca in uno dei primi tre lanci e la probabilità che "6" esca dopo il sesto lancio.

*Schema di Bernoulli; distribuzione geometrica traslata.* ❐

---

Ogni lancio del dado è una prova di Bernoulli e il successo è l'uscita del "6". Non viene fissato il numero di lanci, bensì l'uscita del successo, quindi la distribuzione da adottare è quella geometrica. Precisamente, essendo il dado regolare, il parametro del modello è

$p = 1/6$; inoltre, il numero $X$ dei lanci fatti prima che il "6" sia uscito conta gli insuccessi, quindi $X$ segue la distribuzione geometrica traslata

$$P(X = x) = \left(\frac{5}{6}\right)^x \frac{1}{6}, \quad x = 0, 1, 2, \ldots$$

La probabilità che "6" esca al quarto lancio vale

$$P(X = 3) = \left(\frac{5}{6}\right)^3 \frac{1}{6} \simeq 9.65\%;$$

la probabilità che "6" esca in uno dei primi tre lanci è

$$P(X \le 2) = \sum_{x=0}^{2} \left(\frac{5}{6}\right)^x \frac{1}{6} \simeq 42.13\%$$

e infine la probabilità che "6" esca dopo il sesto lancio è data da

$$P(X \ge 6) = 1 - P(X \le 5) = 1 - \sum_{x=0}^{5} \left(\frac{5}{6}\right)^x \frac{1}{6} \simeq 33.49\%$$

---

169. Sapendo che il 10% delle persone che acquistano un biglietto aereo poi non si presenta all'imbarco, una compagnia aerea vende 11 biglietti per aerei da 10 posti e 22 biglietti per aerei da 20 posti. Con quale tipo di aereo è maggiore la probabilità di lasciare a terra qualcuno che abbia regolarmente comperato il biglietto (= evento $A$)?

*Schema di Bernoulli; distribuzione binomiale.*

---

Si assuma che i biglietti siano acquistati indipendentemente l'uno dall'altro. Allora ogni biglietto è una prova di Bernoulli in cui "successo" significa presentarsi all'imbarco. Se $X_n$ è la variabile che conta i successi in $n$ prove, si ha $X_n \sim \mathcal{B}(n; 0.90)$. Nel caso dell'aereo da 10 posti, lasciare a terra qualcuno significa che si presentano tutte le 11 persone che hanno acquistato il biglietto, per cui

$$P(A) = P(X_{11} = 11) = (0.90)^{11} \simeq 31.38\%$$

Con l'aereo da 20 posti, invece, si lascerà qualcuno a terra se si presentano 21 o 22 possessori del biglietto, quindi

$$P(A) = P(X_{22} \ge 21) = \sum_{x=21}^{22} \binom{22}{x} (0.90)^x (0.10)^{22-x} \simeq 33.92\%$$

---

170. Supponiamo che il numero medio di tentativi consecutivi per avere la connessione con un dato sito Internet sia 5. Qual è la probabilità che la connessione riesca al secondo tentativo? Qual è il numero minimo di tentativi consecutivi perché ci sia più del 50% di probabilità di riuscire a connettersi?

*Schema di Bernoulli; distribuzione geometrica.*

---

Ogni tentativo può essere visto come una prova di Bernoulli in cui avere successo significa riuscire a connettersi. È inoltre ragionevole presumere che gli insuccessi passati non influenzino l'esito dei tentativi futuri (assenza di memoria), quindi il numero $X$ di tentativi per avere la connessione segue la distribuzione geometrica, cioè $P(X = x) = (1-p)^{x-1} p$, $x = 1, 2, \ldots$ . Il parametro $p$ si determina con la condizione assegnata

$$\frac{1}{p} = E(X) = 5 \qquad \Longrightarrow \qquad p = \frac{1}{5}$$

Si ha allora

$$P(X = 2) = \frac{4}{5} \times \frac{1}{5} = \frac{4}{25} = 16\%$$

La seconda domanda chiede di determinare la mediana $x_{0.50}$ di $X$. Con l'ausilio di una tabella come la seguente

| $x =$ | 1 | 2 | 3 | 4 | $\cdots$ |
|---|---|---|---|---|---|
| $P(X = x) =$ | 0.20 | 0.16 | 0.128 | 0.1024 | $\cdots$ |
| $P(X \leq x) =$ | 0.20 | 0.36 | 0.488 | 0.5904 | $\cdots$ |

si trova che il primo intero in corrispondenza al quale la probabilità cumulata supera 0.50 è $x_{0.50} = 4$.

---

Per capire come mai la seconda domanda chieda la mediana, conviene formalizzarne così la risposta: con meno di $x$ tentativi la probabilità di connessione è inferiore o uguale al 50%, mentre con $x$ o più tentativi essa è superiore al 50%. Quindi si cerca l'intero $x$ per cui $P(X < x) \leq 0.50 < P(X \leq x)$, che è appunto la mediana di $X$.

---

171. Il 15% delle uova di cioccolato contiene una sorpresa. Aldo decide di aprire un uovo al giorno fino a quando troverò la sorpresa. Qual è il numero minimo di uova che Aldo deve aprire per avere più del 60% di probabilità di trovare la sorpresa?

*Schema di Bernoulli; distribuzioni geometrica.*

---

✎ Trovare la sorpresa nell'uovo è il successo in una prova di Bernoulli per cui la variabile $X$ che conta il numero di uova aperte per trovare la sorpresa segue la distribuzione $\mathcal{G}(0.15)$. Si cerca l'intero positivo $x$ per cui $P(X \leq x-1) \leq 0.60 < P(X \leq x)$, cioè il sesto decile. Per calcolarlo si può costruire la tabella di valori cumulati come nell'esercizio precedente oppure, alternativamente, ricordare che ogni $X \sim \mathcal{G}(0.15)$ soddisfa alla proprietà $1 - P(X \leq x-1) = P(X \geq x) = (1-p)^{x-1}$ (vedi commento all'Ex. 130) sicché $x$ è l'intero soluzione del sistema

$$1 - 0.85^{x-1} \leq 0.60 < 1 - 0.85^{x}$$

Ne segue

$$\begin{gathered} 0.85^{x} < 0.40 \leq 0.85^{x-1} \\ x - 1 \leq \frac{\ln 0.40}{\ln 0.85} < x \\ \frac{\ln 0.40}{\ln 0.85} < x \leq 1 + \frac{\ln 0.40}{\ln 0.85} \\ 5.6\cdots < x \leq 6.6\cdots \end{gathered}$$

cioè $x = 6$.

---

172. (*Il topolino intelligente.*) In un esperimento di laboratorio un topolino deve scegliere tra 4 porte identiche, una sola delle quali nasconde un pezzetto di formaggio. Sia $X$ la variabile aleatoria che conta il numero di tentativi del topolino per individuare la porta corretta; dunque, $X$ assume valori interi positivi. Determinare i possibili valori assunti da $X$, la sua densità discreta e il numero medio di tentativi *nell'ipotesi che ad ogni tentativo il topolino sceglie a caso una porta tra quelle che non ha mai scelto in precedenza.*

☐ *Distribuzione uniforme discreta.*

---

✎ $X$ può assumere solo i valori 1, 2, 3 e 4. L'evento $\{X = 1\}$ significa che al primo tentativo il topolino trova il formaggio: ciò avviene con probabilità

$$P(X = 1) = \frac{1}{4}$$

L'evento $\{X = 2\}$ significa che il topolino non ha trovato il formaggio al primo tentativo (ciò avviene con probabilità $3/4$) e lo trova al secondo (ciò avviene con probabilità $1/3$):

$$P(X = 2) = \frac{3}{4} \times \frac{1}{3} = \frac{1}{4}$$

L'evento $\{X = 3\}$ significa che il topolino non ha trovato il formaggio né al primo tentativo (probabilità $3/4$) né al secondo (probabilità $2/3$), ma al terzo (probabilità $1/2$):

$$P(X = 3) = \frac{3}{4} \times \frac{2}{3} \times \frac{1}{2} = \frac{1}{4}$$

Infine, usando la condizione di normalizzazione, si ha

$$P(X=4)=\frac{1}{4}$$

sicché $X$ ha la distribuzione uniforme sugli interi 1, 2, 3 e 4. Inoltre

$$E(X)=\frac{1}{4}(1+2+3+4)=\frac{10}{4}=2.5$$

---

173. (*Il topolino smemorato.*) In un esperimento di laboratorio un topolino deve scegliere tra 4 porte identiche, una sola delle quali nasconde un pezzetto di formaggio. Sia $X$ la variabile aleatoria che conta il numero di tentativi del topolino per individuare la porta corretta. Determinare i possibili valori assunti da $X$, la sua densità discreta e il numero medio di tentativi *nell'ipotesi che ad ogni tentativo il topolino sceglie una porta a caso.*

*Schema di Bernoulli; distribuzioni geometrica.* ❐

---

I vari tentativi sono prove di Bernoulli identiche e indipendenti con probabilità $p=1/4$ di successo ( = il topolino trova il formaggio). Quindi $X$ può assumere tutti i valori da 1 in poi ed è una variabile geometrica, precisamente $X\sim\mathcal{G}(1/4)$:

$$P(X=x)=(1-p)^{x-1}p=\left(\frac{3}{4}\right)^{x-1}\frac{1}{4},\qquad x=1,2,\ldots$$

$$E(X)=\frac{1}{p}=4$$

---

174. (*Il topolino con memoria corta.*) In un esperimento di laboratorio un topolino deve scegliere tra quattro porte identiche, una sola delle quali nasconde un pezzetto di formaggio. Sia $X$ la variabile aleatoria che conta il numero di tentativi del topolino per individuare la porta corretta; dunque, $X$ assume valori interi positivi. Determinare i possibili valori assunti da $X$, la sua densità discreta e il numero medio di tentativi *nell'ipotesi che ad ogni tentativo il topolino sceglie a caso una porta tra quelle che non ha scelto nel tentativo immediatamente precedente.*

*Schema di Bernoulli; distribuzioni geometrica.* ❐

---

✎ $X$ può assumere tutti i valori interi positivi. L'evento $\{X = 1\}$ significa che al primo tentativo il topolino trova il formaggio: ciò avviene con probabilità

$$P(X = 1) = \frac{1}{4}$$

I tentativi dal secondo in poi sono prove di Bernoulli identiche e indipendenti con probabilità di successo $p = 1/3$ perché il topolino sceglie a caso fra tre porte. Precisamente, la distribuzione di $X - 1$ condizionata all'evento $\{X \geq 2\}$ = "il primo tentativo è fallito" è geometrica di parametro $p = 1/3$, cioè

$$P(X = x \mid X \geq 2) = (1-p)^{x-2} p = \left(\frac{2}{3}\right)^{x-2} \frac{1}{3}, \qquad x = 2, 3, \ldots$$

Inoltre $P(X \geq 2) = 1 - P(X = 1) = 3/4$. Perciò

$$\begin{aligned} P(X = x) &= P(\{X = x\} \cap \{X \geq 2\}) = P(X = x \mid X \geq 2)\, P(X \geq 2) \\ &= \frac{1}{4}\left(\frac{2}{3}\right)^{x-2}, \qquad x = 2, 3, \ldots \end{aligned}$$

Il calcolo di $E(X)$ comporta la sommazione di una serie riconducibile alla serie geometrica con un artificio

$$\begin{aligned} E(X) &= \sum_{x=1}^{\infty} x P(X = x) = \frac{1}{4} \times 1 + \sum_{x=2}^{\infty} x \frac{1}{4}\left(\frac{2}{3}\right)^{x-2} \\ &= \frac{1}{4} + \frac{3}{4}\sum_{x=2}^{\infty}(x-1)\frac{1}{3}\left(\frac{2}{3}\right)^{x-2} + \frac{1}{4}\sum_{x=2}^{\infty}\left(\frac{2}{3}\right)^{x-2} \\ &= \frac{1}{4} + \frac{3}{4} E\left(\mathcal{G}\left(\frac{1}{3}\right)\right) + \frac{1}{4} \times \frac{1}{1 - \frac{2}{3}} \\ &= \frac{1}{4} + \frac{3}{4} \times 3 + \frac{1}{4} \times 3 = \frac{13}{4} = 3.25 \end{aligned}$$

---

☞ Per calcolare $E(X)$ si può anche sfruttare l'analogia meccanica tra valore atteso e baricentro di un sistema di particelle: la distribuzione di $X$ corrisponde a una massa totale unitaria ripartita in due sottosistemi, il primo costituito da una singola particella di massa $1/4$ posta nel punto $x = 1$ e il secondo da un insieme di particelle collocate nei punti $x = 2, 3, \ldots$ e la cui massa totale è pari a $3/4$ ed è distribuita con legge geometrica. Il baricentro della massa unitaria è allora la media pesata delle posizioni $\overline{x}_1$ e $\overline{x}_2$ dei baricentri dei due sottosistemi, rispettivamente, cioè

$$E(X) = \frac{1}{4}\overline{x}_1 + \frac{3}{4}\overline{x}_2$$

Si ha $\overline{x}_1 = 1$ (ovviamente) e $\overline{x}_2 = 4$ (perché, se le posizioni occupate dalle particelle del secondo sottosistema fossero $1, 2, \ldots$, la posizione del loro baricentro sarebbe data da $E(\mathcal{G}(1/3)) = 3$, ma tutte le particelle sono traslate di $+1$ e quindi lo è anche il loro baricentro). Perciò

$$E(X) = \frac{1}{4} \times 1 + \frac{3}{4} \times 4 = \frac{13}{4} = 3.25$$

---

175. Aldo gioca alla Roulette puntando sul Nero. La probabilità di vincere con questa giocata è 18/37. Qual è la probabilità che Aldo vinca la prima volta alla quarta giocata (= evento $A$)? Se all'inizio Aldo decide di giocare 4 volte, qual è la probabilità che vinca esattamente una volta (= evento $B$)? In una giocata Aldo vince 1 € se esce Nero e perde 1 € in caso contrario. Qual è la probabilità che dopo 4 giocate Aldo sia in attivo (= evento $C$)?

*Schema di Bernoulli; distribuzioni geometrica e binomiale.* ❐

---

Si può formalizzare l'esperimento con uno schema di Bernoulli: ogni giocata sul Nero è una prova con probabilità di successo $p = 18/37$. Le variabili d'interesse sono due: $X =$ "n° di giocate per vincere la prima volta" $\sim \mathcal{G}(p)$, $Y =$ "n° di vittorie in 4 giocate" $\sim \mathcal{B}(4;p)$. Quindi

$$P(A) = P(X = 4) = \left(1 - \frac{18}{37}\right)^3 \frac{18}{37} \simeq 6.59\%$$

$$P(B) = P(Y = 1) = \binom{4}{1} \frac{18}{37} \left(1 - \frac{18}{37}\right)^3 = 4 \times P(A) \simeq 26.35\%$$

Aldo è in attivo se i successi sono più degli insuccessi, ovvero se il Nero esce almeno 3 volte su 4

$$P(C) = P(Y \geq 3) = \sum_{x=3}^{4} \binom{4}{x} \left(\frac{18}{37}\right)^x \left(1 - \frac{18}{37}\right)^{4-x} \simeq 29.25\%$$

---

176. Aldo e Bruno giocano 7 partite a ping-pong. Si sa che la probabilità che Aldo vinca una partita vale 0.3. Se Aldo ha vinto in tutto 4 partite, qual è la probabilità che abbia vinto l'ultima (cioè la settima)?

*Schema di Bernoulli; distribuzione binomiale, distribuzione binomiale negativa.* ❐

---

Si assume l'indipendenza delle partite: ogni partita è una prova di Bernoulli in cui il successo è la vittoria di Aldo. Il testo chiede di calcolare $P(A|B)$, dove $A =$ "Aldo vince la settima partita" e $B =$ "Aldo vince 4 partite su 7". Per la regola della catena si ha

$$P(A|B) = \frac{P(A \cap B)}{P(B)}$$

Ma $B = \{X = 4\}$, dove la variabile $X \sim \mathcal{B}(7; 0.3)$ conta le partite vinte da Aldo, e $A \cap B =$ "Aldo vince 4 partite su 7, tra cui l'ultima" $= \{Y = 7\}$, dove la variabile $Y \sim \overline{\mathcal{B}}(4; 0.3)$ conta il numero di partite affinché Aldo ottenga la quarta vittoria. Quindi

$$P(A|B) = \frac{P(Y = 7)}{P(X = 4)} = \frac{\binom{6}{3}(0.7)^3(0.3)^4}{\binom{7}{4}(0.3)^4(0.7)^3} = \frac{4}{7} \simeq 57.14\%$$

---

Il conto precedente ha mostrato che è

$$P(A|B) = \frac{\binom{6}{3}}{\binom{7}{4}}$$

Tale risultato si può ottenere anche ragionando nell'ambito della probabilità classica. Infatti, poiché *si sa* che Aldo ha vinto 4 partite sulle 7 disputate, siamo in presenza di un esperimento in cui i casi possibili (ed equiprobabili) sono le combinazioni semplici di 4 vittorie su 7, e i casi favorevoli sono le combinazioni semplici di 3 vittorie nelle prime 6 partite (la settima è vinta).

---

177. Al Tiro a Segno del Luna Park Aldo paga per sparare un colpo; se fa centro vince un altro colpo gratuito, se fa nuovamente centro ne vince un altro ancora, ecc. Con un singolo colpo Aldo centra il bersaglio mediamente 1 volta su 3. Qual è la probabilità che Aldo spari in totale almeno 5 colpi? Se ripete il gioco 3 volte, qual è la probabilità che Aldo spari in totale almeno 5 colpi?

*Schema di Bernoulli; distribuzioni geometrica e binomiale negativa.*

---

Il gioco finisce quando Aldo sbaglia (= "successo"). Ogni sparo è una prova di Bernoulli con probabilità $p = 2/3$ di successo. Detta allora $X$ (con possibili valori $1, 2, \ldots$) la variabile che conta il numero di colpi sparati, si ha $X \sim \mathcal{G}(2/3)$ e la prima domanda chiede

$$P(X \geq 5) = 1 - P(X \leq 4) = 1 - \sum_{x=1}^{4} \left(\frac{1}{3}\right)^{x-1} \frac{2}{3} = \frac{1}{81} \simeq 1.23\%$$

Detta poi $Y$ (con possibili valori $3, 4, \ldots$) la variabile che conta il numero di colpi sparati in 3 giochi, si ha $X \sim \overline{\mathcal{B}}(3; 2/3)$ e la seconda domanda chiede

$$P(Y \geq 5) = 1 - P(Y \leq 4) = 1 - \sum_{x=3}^{4} \binom{x-1}{2} \left(\frac{1}{3}\right)^{x-3} \left(\frac{2}{3}\right)^3 = \frac{11}{27} \simeq 40.74\%$$

---

178. Voglio lanciare una moneta regolare fino a quando uscirà Testa. Qual è il numero minimo di lanci per cui ho più del 90% di probabilità che il gioco abbia successo?

*Schema di Bernoulli; distribuzioni geometrica.*

---

Il successo si verifica nel primo lancio in cui esce Testa, quindi il numero $X$ di lanci necessari segue la distribuzione geometrica $\mathcal{G}(1/2)$, cioè $P(X = x) = 2^{-x}$ per $x = 1, 2, \ldots$. Si chiede il più piccolo $n$ per cui si ha $P(X \leq n) \geq 0.9$. Ma, usando la formula della progressione geometrica di ragione $1/2$,

$$P(X \leq n) = \sum_{x=1}^{n} P(X = x) = \sum_{x=1}^{n} 2^{-x} = 1 - \frac{1}{2^n}$$

sicché

$$1 - \frac{1}{2^n} \geq 0.9 \qquad \Longrightarrow \qquad n \geq \log_2 10 \simeq 3.3$$

cioè $n = 4$.

---

La **formula della progressione geometrica** di ragione $\alpha \neq 1$ è

$$\sum_{x=0}^{n} \alpha^x = \frac{1 - \alpha^{n+1}}{1 - \alpha}$$

---

179. Aldo gioca a freccette e fa centro mediamente 7 volte su 10. Qual è la probabilità che Aldo faccia almeno 4 errori consecutivi (= evento $A$)? Qual è la probabilità che Aldo debba tirare più di 7 volte per fare 5 centri (= evento $B$)?

*Schema di Bernoulli; distribuzioni geometrica traslata e binomiale negativa.*

---

Ogni lancio è una prova di Bernoulli. Per calcolare la probabilità di $A$ conviene definire la variabile $X$ che conta il numero di errori (= insuccessi) che precedono il primo centro (= successo). Tale variabile ha come possibili valori $x = 0, 1, 2, \ldots$ e segue la distribuzione geometrica traslata di parametro $p = 0.7$ (la probabilità di fare centro in un lancio), quindi

$$P(A) = P(X \geq 4) = (0.3)^4 = 0.81\%$$

Per calcolare la probabilità di $B$ è invece opportuno considerare la variabile $Y$ che conta il numero di lanci per ottenere 5 centri: la distribuzione di $Y$ è $\overline{\mathcal{B}}(5; 0.7)$ e quindi

$$P(Y > 7) = 1 - P(Y \leq 7) = 1 - \sum_{y=5}^{7} \binom{y-1}{4} (0.3)^{y-5} (0.7)^5 \simeq 35.29\%$$

---

180. Aldo e Bruno sono soliti sfidarsi al gioco della Dama. Mediamente Aldo riesce a vincere il 60% delle partite. Una sera decidono di fare una lunga serie di partite. Qual è la probabilità che Aldo collezioni la terza vittoria *esattamente* alla quinta partita (= evento $A$)? Qual è la probabilità che Aldo collezioni la terza vittoria *al massimo* alla quinta partita (= evento $B$)? Se all'inizio Aldo scommette sull'evento $B$, per ogni euro puntato da Aldo quanto deve puntare Bruno affinché la scommessa sia equa?

*Schema di Bernoulli; distribuzione binomiale negativa.*

---

La situazione descritta rientra in uno schema di Bernoulli in cui il successo è la vittoria di Aldo, quindi il numero $X$ di partite (con possibili valori $3, 4, ...$) affinché Aldo ottenga la terza vittoria segue la distribuzione $\overline{\mathcal{B}}(3; 0.6)$. Le prime due domande chiedono

$$P(A) = P(X = 5) = \binom{4}{2} (0.4)^2 (0.6)^3 \simeq 20.74\%$$

e

$$P(B) = P(X \leq 5) = \sum_{x=3}^{5} \binom{x-1}{2} (0.4)^{x-3} (0.6)^3 \simeq 68.26\%$$

All'inizio del gioco Aldo punta 1 € e Bruno $k$ €. Detta allora $Y$ la vincita finale di Aldo, si ha $P(Y = k) = P(B)$ e $P(Y = -1) = 1 - P(B)$ e quindi

$$E(Y) = k \times P(B) - (1 - P(B))$$

La condizione di gioco equo, $E(Y) = 0$, dà

$$k = \frac{1}{P(B)} - 1 \simeq 0.46 \text{ €}$$

---

181. Un lampadario è formato da 6 lampadine dello stesso tipo. La durata di ciascuna lampadina è una variabile distribuita esponenzialmente e una lampadina dura in media 10 mesi. Qual è la probabilità che in un anno non occorra sostituire nessuna lampadina (= evento $A$)? Qual è la probabilità che in un anno si guastino al massimo due lampadine (= evento $B$)?

*Distribuzione esponenziale; schema di Bernoulli; distribuzione binomiale.*

---

La durata $X$ (in mesi) di una lampadina ha la distribuzione $\mathcal{E}(\lambda)$; si sa che $\mu = 10$ ed essendo $\mu = 1/\lambda$ segue $\lambda = 0.1$. La probabilità $p$ che una singola lampadina funzioni ininterrottamente per almeno un anno (detta probabilità di sopravvivenza oltre l'anno) vale

$$p = P(X \geq 12) = e^{-1.2}$$

Assumendo che il funzionamento di ogni lampadina sia indipendente da quello delle altre, la variabile $Y$ che conta il numero di lampadine funzionanti dopo un anno segue la distribuzione $\mathcal{B}(6; p)$. Allora il verificarsi dell'evento $A$ significa che ognuna delle 6 lampadine deve funzionare ininterrottamente per un anno

$$P(A) = P(Y = 6) = p^6 = e^{-7.2} \simeq 0.07\%$$

mentre il verificarsi dell'evento $B$ significa che almeno 4 delle 6 lampadine devono funzionare ininterrottamente per un anno

$$P(B) = P(Y \geq 4) = \sum_{y=4}^{6} \binom{6}{y} p^y (1-p)^{6-y} \simeq 7.14\%$$

---

Se $X \sim \mathcal{E}(\lambda)$, allora la funzione di ripartizione è data da $P(X \leq x) = 1 - e^{-\lambda x}$ e la **probabilità di sopravvivenza** oltre l'età $x$ vale perciò $P(X \geq x) = e^{-\lambda x}$.

---

182. Una scatola contiene 1000 palline, di cui 120 bianche. Se ne estraggono 10 con reimmissione. Calcolare la probabilità che almeno 2 di esse siano bianche (= evento $A$). E se l'estrazione fosse avvenuta in blocco?

*Schemi di Bernoulli e ipergeometrico; distribuzioni binomiale e ipergeometrica.*

---

Se le estrazioni sono con reimmissione si può usare il modello binomiale e quindi il numero $X$ di palline bianche estratte segue la distribuzione $\mathcal{B}(10; 0.12)$ (la proporzione di palline bianche nell'urna è $120/1000 = 12\%$). Perciò

$$P(A) = P(X \geq 2) = 1 - P(X \leq 1) = 1 - \sum_{x=0}^{1} \binom{10}{x} (0.12)^x (0.88)^{10-x} \simeq 34.17\%$$

Nel caso di estrazione in blocco occorrerebbe usare lo schema ipergeometrico per cui $X \sim \mathcal{I}(1000; 120; 10)$, ma in questo caso vale l'approssimazione binomiale $\mathcal{I}(1000; 120; 10) \approx \mathcal{B}(10; 0.12)$ ...

☞ Il risultato esatto nel caso ipergeometrico è

$$P(X \geq 2) = 1 - \sum_{x=0}^{1} \frac{\binom{880}{10-x}\binom{120}{x}}{\binom{1000}{10}} \simeq 34.19\%$$

---

183. Un rivenditore di computer adotta la seguente politica commerciale per l'acquisto di un lotto di merce: egli controlla un campione di 5 pezzi estratti in blocco e decide di comperare il lotto se nessuno dei pezzi esaminati risulta difettoso o di rifiutarlo in caso contrario. Calcolare la probabilità che il rivenditore: *i)* acquisti un lotto di 50 pezzi di cui 10 difettosi; *ii)* rifiuti un lotto di 100 pezzi di cui 8 difettosi.

☐ *Schema ipergeometrico.*

---

✎ Indicato con $X$ il numero di pezzi trovati difettosi nel campione esaminato, "acquistare il lotto" è l'evento $\{X = 0\}$ e "rifiutare il lotto" è il suo contrario. Inoltre, il campionamento avviene in blocco, quindi si ha $X \sim \mathcal{I}(N; M; 5)$ dove $N$ è il numero totale di pezzi del lotto ed $M$ il numero di quelli difettosi. Allora

$$P(X = 0) = \frac{\binom{M}{0}\binom{N-M}{5}}{\binom{N}{5}} = \frac{\binom{N-M}{5}}{\binom{N}{5}}$$

Per $N = 50$ e $M = 10$ si trova

$$P(\text{acquistare il lotto}) = \frac{\binom{40}{5}}{\binom{50}{5}} = \frac{40 \times \cdots \times 36}{50 \times \cdots \times 46} \simeq 31.06\%$$

e per $N = 100$ e $M = 8$

$$P(\text{rifiutare il lotto}) = 1 - \frac{\binom{92}{5}}{\binom{100}{5}} = 1 - \frac{92 \times \cdots \times 88}{100 \times \cdots \times 96} \simeq 34.68\%$$

---

184. Al termine di una gara sportiva la giuria sottopone a controllo antidoping 10 atleti scelti a caso tra i 120 partecipanti. Si sospetta che il 5% dei partecipanti abbia assunto sostanze proibite. Qual è la probabilità che nessuno dei 10 atleti risulti positivo? Siccome nessuno dei 10 atleti esaminati è risultato positivo, la giuria decide di controllare altri 20 tra gli atleti rimanenti. Qual è la probabilità che anche nessuno di questi 20 risulti positivo?

*Schema ipergeometrico.* ❐

---

Si ha $X =$ "n° di atleti risultati positivi al controllo antidoping" $\sim \mathcal{I}(N; M; n)$ dove $N$ è la popolazione degli atleti, $M$ il numero di atleti "dopati" ed $n$ il campione esaminato. La situazione iniziale è $N = 120$, $M = 6$ (il 5% di 120), $n = 10$, e si chiede di calcolare $P(X = 0)$.

$$P(X=0) = \frac{\binom{6}{0}\binom{114}{10}}{\binom{120}{10}} = \frac{110 \times 109 \times \cdots \times 105}{120 \times 119 \times \cdots \times 115} \simeq 58.64\%$$

Dopo il primo controllo si ha $N = 110$ (perché dagli atleti iniziali vanno tolti i 10 già controllati), $M = 6$ (perché i 10 controllati prima erano tutti negativi), $n = 20$, e si chiede sempre di calcolare $P(X = 0)$

$$P(X=0) = \frac{\binom{6}{0}\binom{104}{20}}{\binom{110}{20}} = \frac{90 \times 89 \times \cdots \times 85}{110 \times 109 \times \cdots \times 105} \simeq 29.07\%$$

---

185. Dei 20 atleti a sua disposizione l'allenatore di una squadra di pallavolo ritiene che la metà sia in forma e l'altra metà non lo sia. All'inizio di una partita l'allenatore manda in campo 6 atleti scelti a caso tra i 20 e lascia i rimanenti in panchina. Qual è la probabilità che almeno 4 dei giocatori scesi in campo siano in forma?
A metà partita l'allenatore giudica che 2 dei giocatori in campo non siano in forma e pertanto li sostituisce con altri 2 scelti a caso tra quelli in panchina. Qual è la probabilità che il rendimento della squadra migliori?

*Schema ipergeometrico.* ❐

---

✎ Se $X$ indica il numero di giocatori in forma fra i 6 presenti in campo all'inizio della partita, il testo chiede di calcolare $P(X \geq 4)$. Poiché $X \sim \mathcal{I}(20; 10; 6)$ (solo metà dei 20 atleti è in forma) si ha

$$P(X \geq 4) = \sum_{x=4}^{6} \frac{\binom{10}{x}\binom{10}{6-x}}{\binom{20}{6}} \simeq 31.42\%$$

A metà partita l'allenatore sostituisce i 2 giocatori non in forma presenti in campo (gli altri 4 sono in forma!) con 2 scelti a caso tra i 14 a disposizione in panchina (di cui $10 - 4 = 6$ sono in forma). Il rendimento migliorerà se almeno uno dei sostituti è in forma. Detto allora $Y$ il numero di sostituti in forma messi in campo, sarà $Y \sim \mathcal{I}(14; 6; 2)$ per cui

$$P(Y \geq 1) = 1 - P(Y = 0) = 1 - \frac{\binom{6}{0}\binom{8}{6}}{\binom{14}{2}} \simeq 69.23\%$$

---

186. In un magazzino sono raccolti in egual numero lotti di lampadine prodotti da tre diversi stabilimenti. Il 10% delle lampadine prodotte dallo stabilimento A sono difettose, così pure il 7% di quelle dello stabilimento B ed il 6% di quelle dello stabilimento C. Da un lotto di 100 lampadine, scelto a caso tra quelli in magazzino, l'addetto al controllo di qualità estrae 2 lampadine e scopre che una è difettosa e l'altra è funzionante. Da quale dei tre stabilimenti è più probabile che provenga il lotto esaminato?

☐ *Formula di Bayes; schema ipergeometrico.*

---

✎ Definiamo gli eventi $A =$ "il lotto proviene dallo stabilimento A", $B =$ "il lotto proviene dallo stabilimento B" e $C =$ "il lotto proviene dallo stabilimento C". Sia inoltre $H =$ "le 2 lampadine estratte dal lotto sono una funzionante e l'altra difettosa". Il testo chiede di calcolare i tre valori $P(A|H)$, $P(B|H)$ e $P(C|H)$ e di confrontarli. Per la formula di Bayes si ha

$$P(A|H) = \frac{P(H|A)\,P(A)}{P(H)}, \quad P(B|H) = \frac{P(H|B)\,P(B)}{P(H)}, \quad P(C|H) = \frac{P(H|C)\,P(C)}{P(H)}$$

Inoltre, per la formula delle probabilità totali, si ha

$$P(H) = P(H|A)\,P(A) + P(H|B)\,P(B) + P(H|C)\,P(C)$$

Essendo $P(A) = P(B) = P(C) = 1/3$ per ipotesi, si ricava

$$\begin{aligned} P(A|H) &= \frac{P(H|A)}{P(H|A) + P(H|B) + P(H|C)} \\ P(B|H) &= \frac{P(H|B)}{P(H|A) + P(H|B) + P(H|C)} \\ P(C|H) &= \frac{P(H|C)}{P(H|A) + P(H|B) + P(H|C)} \end{aligned}$$

Per il calcolo di $P(H|A)$ si può applicare lo schema ipergeometrico: il numero di lampadine difettose presenti nel campione di 2 lampadine estratte dal lotto di 100 lampadine (di cui 10 sono difettose) segue la distribuzione $\mathcal{I}(100; 10; 2)$, quindi

$$P(H|A) = \frac{\binom{10}{1}\binom{90}{1}}{\binom{100}{2}} \simeq 18.18\%$$

Analogamente si ha

$$P(H|B) = \frac{\binom{7}{1}\binom{93}{1}}{\binom{100}{2}} \simeq 13.15\%$$

e

$$P(H|C) = \frac{\binom{6}{1}\binom{94}{1}}{\binom{100}{2}} \simeq 11.39\%$$

In definitiva si trova

$$P(A|H) \simeq 42.55\%, \quad P(B|H) \simeq 30.78\%, \quad P(C|H) \simeq 26.67\%$$

---

187. Una scatola contiene 6 palline verdi, 5 bianche e 4 rosse. Si estraggono 3 palline in blocco. Qual è la probabilità $p$ che esattamente 2 delle 3 palline estratte siano dello stesso colore (= evento $A$)? Se si ripete l'esperimento 30 volte, qual è la probabilità che $A$ si verifichi almeno 15 volte?

*Schemi ipergeometrico e binomiale; approssimazione normale.* ❐

---

Siano $V$, $B$ ed $R$ i numeri di palline verdi, bianche e rosse estratte, rispettivamente. Allora ✎

$V \sim \mathcal{I}(15;6;3)$, $B \sim \mathcal{I}(15;5;3)$ e $R \sim \mathcal{I}(15;4;3)$. Quindi

$$\begin{aligned} p &= P(V=2)+P(B=2)+P(R=2) \\ &= \frac{\binom{6}{2}\binom{9}{1}}{\binom{15}{3}}+\frac{\binom{5}{2}\binom{10}{1}}{\binom{15}{3}}+\frac{\binom{4}{2}\binom{11}{1}}{\binom{15}{3}} \\ &= \frac{135+100+66}{455}=\frac{43}{65}\simeq 66.15\% \end{aligned}$$

Ogni ripetizione dell'esperimento è una prova di Bernoulli con probabilità $p$ di successo. In $n=30$ prove il numero $X$ di successi segue la distribuzione $\mathcal{B}(n;p) \approx \mathcal{N}(np;np(1-p))$. Pertanto

$$P(X \geq 15) \simeq 1-\Phi\left(\frac{14.5-np}{\sqrt{np(1-p)}}\right) \simeq 1-\Phi(-2.0628) \simeq 98.04\%$$

---

188. In una rete di telecomunicazioni una linea di trasmissione subisce mediamente un'interruzione al giorno. Calcolare la probabilità che si verifichi: nessuna interruzione in 3 giorni; esattamente 2 interruzioni in 2 giorni; almeno un'interruzione in 5 giorni; al massimo 2 interruzioni in 7 giorni.

*Schema di Poisson; distribuzione di Poisson.*

---

Si può assumere che le interruzioni si verifichino secondo uno schema di Poisson con intensità $\nu = 1$ interruzioni/giorno. Allora la variabile $X_n$ che conta il numero di interruzioni in $n$ giorni segue la distribuzione di Poisson $\mathcal{P}(n)$, cioè $P(X_n = x) = \frac{n^x}{x!}e^{-n}$. Dunque

$$\begin{aligned} P(\text{nessuna interruzione in 3 g.}) &= P(X_3=0)=e^{-3}\simeq 4.98\% \\ P(\text{2 interruzioni in 2 g.}) &= P(X_2=2)=2e^{-2}\simeq 27.01\% \\ P(\text{almeno 1 interruzione in 5 g.}) &= P(X_5\geq 1)=1-P(X_5=0)=1-e^{-5}\simeq 99.33\% \\ P(\text{al più 2 interruzioni in 7 g.}) &= P(X_7\leq 2)=\left(1+7+\frac{49}{2}\right)e^{-7}\simeq 2.96\% \end{aligned}$$

---

189. Nell'arco di una giornata (= tra le 8:00 del mattino e mezzanotte) Aldo riceve in media 10 sms. Qual è la probabilità che Aldo riceva 3 sms tra le 12:00 e le 13:30 (= evento $A$)? Qual è la probabilità che Aldo non riceva alcun sms prima di mezzogiorno (= evento $B$)?

*Schema di Poisson; distribuzione di Poisson.*

---

Il numero $X_T$ di sms ricevuti da Aldo in un periodo di $T$ ore segue la distribuzione $\mathcal{P}(\nu T)$ dove l'intensità $\nu$ rappresenta il numero medio di sms ricevuti in un'ora. Dai dati risulta che è $\nu = 10/16 = 0.625$ perché tra le 8:00 del mattino e mezzanotte trascorrono 16 ore. Tra le le 12:00 e le 13:30 passa un periodo di $T = 1.5$ ore, quindi

$$P(A) = P(X_{1.5} = 3) = \frac{(0.625 \times 1.5)^3}{3!} e^{-(0.625 \times 1.5)} \simeq 5.38\%$$

Prima di mezzogiorno significa tra le 8:00 e mezzogiorno, quindi è $T = 4$ ore e si ha

$$P(B) = P(X_4 = 0) = e^{-2.5} \simeq 8.21\%$$

---

190. In un incrocio pericoloso si verificano mediamente 2 incidenti alla settimana. Qual è la probabilità che domani non si verifichi nessun incidente (= evento $A$)? Qual è il periodo minimo durante il quale c'è più del 95% di probabilità che si verifichi almeno un incidente?

*Schema di Poisson; distribuzione di Poisson.*

---

Gli incidenti si verificano secondo uno schema di Poisson di intensità $\nu = 2/7$ incidenti/settimana. Allora il numero $X_T$ di incidenti che si verificano in $T$ giorni segue la distribuzione $\mathcal{P}(2T/7)$ ed è

$$P(A) = P(X_1 = 0) = e^{-2/7} \simeq 75.15\%$$

Si chiede poi il minimo $T$ per cui è

$$P(X_T \geq 1) > 0.95$$

Ma $P(X_T \geq 1) = 1 - P(X_T = 0) = 1 - e^{-2T/7}$, quindi

$$T > -\frac{7}{2} \ln 0.05 \simeq 10.5 \text{ giorni}$$

---

191. Per il controllo del traffico ad un semaforo è necessario determinare la lunghezza della corsia per la svolta a sinistra. Si assuma che le auto che devono svoltare a sinistra arrivino seguendo un modello di Poisson di intensità 160 auto/ora e che la luce rossa stia accesa per 50 secondi. Qual è il numero medio di auto che si mettono in coda per svoltare a sinistra durante un periodo di luce rossa? Se il criterio di progetto è che la corsia debba essere sufficiente il 95% o più delle volte, quale deve essere la lunghezza minima della corsia come multiplo della lunghezza media di un'auto?

*Schema di Poisson; distribuzione di Poisson.*

---

Sia $N$ la variabile che conta il numero di auto che si mettono in coda per svoltare a sinistra durante i 50 secondi di luce rossa: allora $N \sim \mathcal{P}(\nu T)$ con $T = 50$ s $= 50/3600$ ore e $\nu = 160$ auto/ora. Il primo quesito chiede di calcolare la media di $N$: si ha $E(N) = 160 \times 50/3600 = 20/9 \simeq 2.2$ auto. Il secondo quesito chiede invece di determinare il minimo $n$ per cui

$$P(N \leq n) = \sum_{x=0}^{n} \frac{(20/9)^x}{x!} e^{-20/9} \geq 0.95$$

Calcoliamo i primi valori della funzione di ripartizione di $N$:

| $n =$ | 0 | 1 | 2 | 3 | 4 | 5 |
|---|---|---|---|---|---|---|
| $P(N = n) =$ | 0.1084 | 0.2408 | 0.2676 | 0.1982 | 0.1101 | 0.0489 |
| $P(N \leq n) =$ | 0.1084 | 0.3492 | 0.6168 | 0.8150 | 0.9251 | 0.9740 |

Dalla tabella si deduce che è $n \geq 5$, cioè la corsia deve essere lunga almeno quanto 5 auto.

---

192. I conteggi di particelle radioattive con un contatore Geiger seguono uno schema di Poisson. In media il contatore registra 37 conteggi al minuto. Qual è la probabilità che in un dato secondo il contatore registri più di un conteggio? Qual è il più piccolo intervallo di tempo in cui c'è più del 90% di probabilità che siano registrati in totale almeno 1000 conteggi?

*Schema di Poisson; distribuzione di Poisson e approssimazione normale.*

---

Si ha $X_T =$ "n° di conteggi in $T$ minuti" $\sim \mathcal{P}(37T)$, quindi

$$P\left(X_{1/60} > 1\right) = 1 - P\left(X_{1/60} = 0\right) - P\left(X_{1/60} = 1\right) \simeq 12.74\%$$

Si cerca poi il più piccolo valore di $T$ per cui è $P(X_T \geq 1000) > 0.90$. Usando l'approssimazione normale $\mathcal{P}(37T) \approx \mathcal{N}(37T; 37T)$ si ha

$$P(X_T \geq 1000) \simeq 1 - \Phi\left(\frac{999.5 - 37T}{\sqrt{37T}}\right) > 0.90$$

da cui

$$\frac{999.5 - 37T}{\sqrt{37T}} < z_{0.10} \simeq -1.28$$

Questa è una disequazione di secondo grado

$$37T - 1.28\sqrt{37T} - 999.5 > 0$$

di cui interessa la soluzione $\sqrt{T} > 5.1$, ovvero $T > 26.01$. Quindi il più piccolo intervallo di tempo richiesto è di circa 26 min.

---

193. Assumiamo che il numero di chiamate di soccorso che giungono alla centrale operativa dei Vigili del Fuoco segua uno schema di Poisson e che il numero medio di chiamate all'ora sia 4. Se in questo istante è arrivata una chiamata, qual è la probabilità che la prossima arrivi entro 10 minuti? Qual è la mediana del tempo d'attesa tra 2 chiamate successive?

*Schema di Poisson; distribuzione esponenziale.* ❐

---

Lo schema di Poisson ha intensità $\nu = 4$ chiamate/ora e perciò il tempo d'attesa $X$ (in ore) tra due chiamate successive segue la distribuzione $\mathcal{E}(4)$. Poiché 10 min = 1/6 ora, la probabilità che la prossima chiamata arrivi entro 10 min è

$$P\left(X \leq \frac{1}{6}\right) = 1 - e^{-4/6} \simeq 48.66\%$$

La mediana è il valore di $x$ per cui

$$0.5 = P(X \leq x) = 1 - e^{-4x} \qquad \Longrightarrow \qquad x_{0.50} = \frac{\ln 2}{4} \simeq 0.173 \text{ ore } = 10.4 \text{ min}$$

---

194. Ad un centralino arriva in media una telefonata al minuto. Calcolare la probabilità che la centesima telefonata arrivi oltre la prima ora e mezza dall'inizio del servizio.

*Schema di Poisson; distribuzione di Erlang e approssimazione normale.* ❐

---

✎ Assumiamo che le telefonate arrivino, in ogni intervallo prefissato a partire dall'inizio del servizio, secondo uno schema di Poisson. Allora l'intensità è $\nu = 1$ telefonate/min e la variabile $X =$ "tempo d'arrivo (in min) della centesima telefonata" segue la distribuzione di Erlang $\Gamma(100;1)$. Il testo chiede di calcolare $P(X > 90)$ (si ricordi che il tempo è misurato in min). Usando l'approssimazione normale $\Gamma(100;1) \approx \mathcal{N}(100;10^2)$ si trova

$$P(X > 90) \simeq 1 - \Phi\left(\frac{90-100}{10}\right) = \Phi(1) \simeq 84.13\%$$

---

☞ La densità continua di $X$ è, per $x > 0$,

$$f(x) = \frac{1}{99!}x^{99}e^{-x}$$

per cui il valore esatto di $P(X > 90)$ è dato dall'integrale

$$P(X > 90) = \frac{1}{99!}\int_{90}^{\infty} x^{99}e^{-x}dx \simeq 84.18\%$$

(l'integrale è stato calcolato numericamente con un computer).

---

195. In un viale della mia città sono installati 20 lampioni al neon identici e che funzionano indipendentemente l'uno dall'altro. In media un neon si guasta e va sostituito una volta ogni due anni. Qual è la probabilità che durante un anno non si guasti alcun neon (= evento $A$)? e la probabilità che in un anno non se ne guastino più di 5 (= evento $B$)?

☐ *Schema di Poisson e distribuzione esponenziale; schema di Bernoulli e distribuzione binomiale.*

---

✎ Si può assumere che i guasti si manifestino secondo uno schema di Poisson, per cui il tempo di funzionamento $X$ (in anni) di un neon ha la distribuzione esponenziale $\mathcal{E}(\nu)$ dove $\nu = 0.5$ è il numero medio di guasti all'anno. Allora la probabilità $p$ che un neon si guasti entro un anno dall'installazione vale

$$p = P(X \leq 1) = 1 - e^{-0.5} \simeq 39.35\%$$

Per l'identità e l'indipendenza di funzionamento è come se ogni neon fosse una prova di Bernoulli in cui il successo è il guasto, quindi il numero $Y$ di neon tra i 20 installati che si guastano in un anno segue la distribuzione binomiale $\mathcal{B}(20;p)$. Pertanto

$$P(A) = P(Y = 0) = (1-p)^{20} \simeq 0.005\%$$

$$P(B) = P(Y \le 5) = \sum_{x=0}^{5} \binom{20}{x} p^x (1-p)^{20-x} \simeq 13.82\%$$

(quest'ultimo valore è stato ottenuto con un computer). Usando l'approssimazione normale $\mathcal{B}(20; p) \approx \mathcal{N}(20p; 20p(1-p))$ si trova

$$P(B) \simeq \Phi\left(\frac{5.5 - 20p}{\sqrt{20p(1-p)}}\right) \simeq 13.91\%$$

---

196. Un transistore ha una vita media nominale di 1000 giorni. Se in un test di durata il transistore ha già funzionato ininterrottamente per 500 giorni, qual è la probabilità che si guasti nei successivi 200 giorni? Se 5 transistori sono sottoposti al test di durata, qual è la probabilità che almeno uno di essi funzioni più di 2000 giorni? (Si assuma che i transistori si guastino indipendentemente.)

*Schema di Poisson; distribuzione esponenziale.*

---

Per il funzionamento ininterrotto dei transistori si può assumere il modello esponenziale, cioè la durata $X$ (in giorni) di un transistore segue la distribuzione $\mathcal{E}(10^{-3})$. Per l'assenza di memoria che caratterizza tale distribuzione, la probabilità che un transistore vecchio di 500 giorni duri ancora al massimo 200 giorni è uguale alla probabilità che un transistore nuovo duri al massimo 200 giorni, e quest'ultima probabilità vale

$$P(X \le 200) = 1 - e^{-200/1000} \simeq 18.13\%$$

Indichiamo poi con $p$ la probabilità che un transistore funzioni al massimo 2000 giorni

$$p = P(X \le 2000) = 1 - e^{-2000/1000} = 1 - e^{-2}$$

Per l'indipendenza, la probabilità che tutti i 5 transistori funzionino al massimo 2000 giorni è uguale a $p^5$, e quindi la probabilità dell'evento contrario (cioè che almeno un transistore funzioni più di 2000 giorni), che è la probabilità richiesta, vale

$$1 - p^5 \simeq 51.67\%$$

---

197. Per ciascuno dei tre circuiti disegnati in Figura, calcolare la probabilità che il tempo di funzionamento superi l'anno (si intende che tutti i componenti raffigurati sono resistori identici il cui tempo medio di vita è di 2 anni e che ogni circuito funziona se "passa corrente").

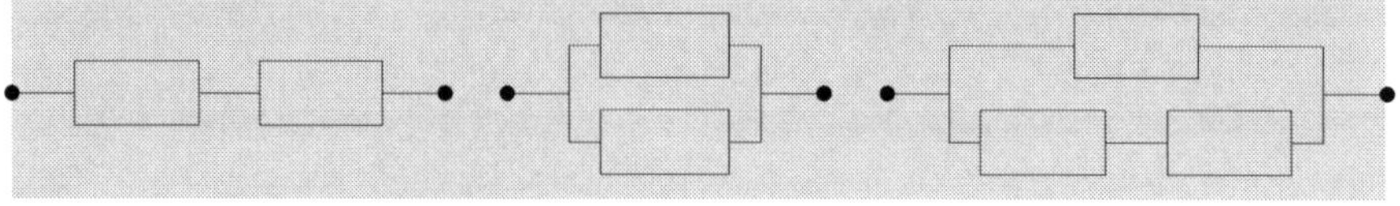

*Schema di Poisson; distribuzione esponenziale; affidabilità.*

---

Si può assumere che la durata $X$ (in anni) di un resistore abbia distribuzione esponenziale; quindi, essendo la vita media di 2 anni, si ha $X \sim \mathcal{E}(0.5)$ e la probabilità che un singolo componente (resistore) funzioni più di un anno risulta

$$p = P(X > 1) = \int_1^\infty \frac{1}{2} e^{-x/2} dx \simeq 60.65\%$$

Nel primo circuito si hanno due componenti in serie, quindi la probabilità $p_1$ che il tempo di funzionamento superi l'anno è

$$p_1 = p^2 \simeq 36.79\%$$

Nel secondo circuito i due componenti sono in parallelo per cui l'analoga probabilità è

$$p_2 = 1 - (1-p)^2 \simeq 84.52\%$$

Infine nel terzo circuito c'è il parallelo di un componente con un sottosistema formato da due componenti in serie, quindi si ha

$$p_3 = 1 - (1-p)(1-p^2) \simeq 75.12\%$$

---

198. In una fabbrica c'è un macchinario formato da due linee in parallelo, ciascuna costituita da un tornio e da una fresa poste in serie. In media, un tornio si guasta una volta ogni 10 giorni e una fresa una volta ogni 20 giorni. Qual è la probabilità che il macchinario funzioni per un'intera giornata senza guastarsi (= evento $A$)?

*Schema di Poisson; distribuzione di Poisson; affidabilità.*

---

Il macchinario è schematizzato in Figura.

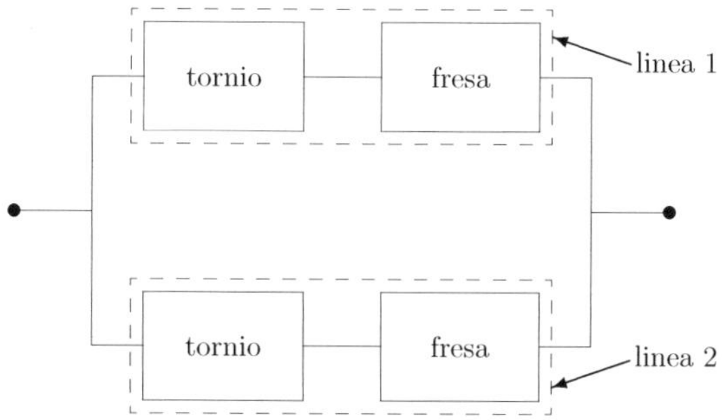


Definiti gli eventi $T =$ "il tornio funziona per tutto un giorno senza guastarsi", $F =$ "la fresa funziona per tutto un giorno senza guastarsi" e $L =$ "la linea funziona per tutto un giorno senza guastarsi", si ha anzitutto

$$P(L) = P(T) \times P(F)$$

perché la linea è costituita dalla serie di tornio e fresa. A sua volta il macchinario è costituito da due linee identiche in parallelo, quindi

$$P(\overline{A}) = P(\overline{L})^2 = 1 - P(T)^2 \times P(F)^2$$

Le affidabilità $P(T)$ e $P(F)$ dei componenti di una linea si calcolano con lo schema di Poisson: il numero giornaliero $X$ di guasti segue la distribuzione $\mathcal{P}(\nu)$ con $\nu = 1/10$ per il tornio e $\nu = 1/20$ per la fresa, quindi l'affidabilità giornaliera di un componente è $P(X = 0) = e^{-\nu}$ ovvero

$$P(T) = e^{-1/10} \simeq 0.9048, \qquad P(F) = e^{-1/20} \simeq 0.9512$$

In conclusione si ottiene

$$P(A) = 1 - \left(1 - e^{-1/10}e^{-1/20}\right)^2 \simeq 98.06\%$$

---

199. Si sceglie a caso un numero reale nell'intervallo $0 \leq x \leq 1$. Qual è la probabilità che il suo quadrato sia maggiore di 0.4? Qual è la probabilità che la prima cifra decimale del suo quadrato sia 1?

*Modello uniforme continuo.* ❒

---

Nell'esperimento (ideale) in cui si sceglie a caso un numero $X$ in un intervallo, si applica il modello uniforme continuo per cui si ha $X \sim \mathcal{U}(0, 1)$. La prima domanda chiede

$$P(X^2 > 0.4) = P\left(X > \sqrt{0.4}\right) = 1 - \sqrt{0.4} \simeq 36.75\%$$

Per rispondere alla seconda domanda, osserviamo che la prima cifra decimale di un numero positivo è 1 se e solo se tale numero è compreso fra 0.1 e 0.2 (escluso), quindi

$$P\left(0.1 \leq X^2 < 0.2\right) = P\left(\sqrt{0.1} \leq X < \sqrt{0.2}\right) = \sqrt{0.2} - \sqrt{0.1} \simeq 13.10\%$$

---

200. Sia $X$ la lunghezza (in cm) di una delle due parti in cui Aldo ha suddiviso a caso un segmento di 10 cm. Calcolare la media dell'area $Y$ del rettangolo avente per lati le due parti del segmento.

□ *Modello uniforme continuo.*

---

✎ Si ha $X \sim \mathcal{U}(0, 10)$ e $Y = X(10 - X)$. Quindi

$$E(Y) = \int_0^{10} \frac{1}{10} x(10 - x)\, dx = \frac{x^2}{2} - \frac{x^3}{30}\bigg|_0^{10} = \frac{50}{3} \text{ cm}^2$$

---

☞ Alternativamente, sfruttando la linearità della media e sapendo che $E(X) = 5$ e $E(X^2) = V(X) + E(X)^2 = 100/12 + 25 = 100/3$, si ha

$$E(Y) = 10E(X) - E\left(X^2\right) = 50 - \frac{100}{3} = \frac{50}{3} \text{ cm}^2$$

---

201. Si estrae a caso un numero reale $X$ dall'intervallo $0 \leq x \leq 3$. Calcolare la media del volume del cubo di lato $X$. Calcolare la probabilità che il volume del cubo sia maggiore della media.

□ *Modello uniforme continuo.*

---

Il volume del cubo vale $X^3$ con $X \sim \mathcal{U}(0,3)$, quindi la sua media è

$$E\left(X^3\right) = \int_0^3 \frac{x^3}{3} dx = \frac{27}{4} = 6.75$$

La probabilità richiesta è

$$P\left(X^3 \geq \frac{27}{4}\right) = P\left(X \geq \frac{3}{\sqrt[3]{4}}\right) = 1 - \frac{1}{\sqrt[3]{4}} \simeq 37.00\%$$

---

Vale il seguente risultato generale: il volume medio del cubo di lato $X \sim \mathcal{U}(0,a)$ è il doppio del volume del cubo che ha per lato la media di $X$. In formula

$$E\left(X^3\right) = \frac{a^3}{4} = 2\left(\frac{a}{2}\right)^3 = 2E(X)^3$$

Ne segue allora che la probabilità $P\left(X^3 \geq E\left(X^3\right)\right)$ è indipendente da $a$. Infatti

$$P\left(X^3 \geq E\left(X^3\right)\right) = P\left(X \geq \sqrt[3]{2}E(X)\right) = P\left(X \geq \frac{a}{\sqrt[3]{4}}\right) = 1 - \frac{1}{\sqrt[3]{4}}$$

---

202. Si sceglie a caso un angolo $X$ tra $-\pi$ e $\pi$. Calcolare la probabilità che il seno di tale angolo sia minore di $1/2$. Calcolare la probabilità che l'angolo scelto sia positivo se il suo seno è minore di $1/2$.

*Modello uniforme continuo.*

---

Essendo $X \sim \mathcal{U}(-\pi, \pi)$, si ha

$$\begin{aligned} P\left(\sin X < \frac{1}{2}\right) &= 1 - P\left(\sin X \geq \frac{1}{2}\right) = 1 - P\left(\frac{\pi}{6} \leq X \leq \frac{5\pi}{6}\right) \\ &= 1 - \frac{\frac{5\pi}{6} - \frac{\pi}{6}}{2\pi} = \frac{2}{3} \end{aligned}$$

La seconda domanda chiede la probabilità condizionata

$$P\left(0 < X \leq \pi \mid \sin X < \frac{1}{2}\right) = \frac{P\left(0 < X \leq \pi,\ \sin X < \frac{1}{2}\right)}{P\left(\sin X < \frac{1}{2}\right)}$$

Il denominatore di questa frazione è appena stato calcolato; per quanto riguarda il numeratore, notiamo che nell'intervallo $0 < x \leq \pi$ la disequazione $\sin x < 1/2$ ha come soluzione la coppia di intervalli $0 < x < \pi/6$ e $5\pi/6 < x \leq \pi$, ciascuno dei quali è lungo $\pi/6$, quindi è

$$P\left(0 < X \leq \pi, \ \sin X < \frac{1}{2}\right) = \frac{2 \times \frac{\pi}{6}}{2\pi} = \frac{1}{6}$$

In definitiva, la probabilità condizionata richiesta vale

$$P\left(0 < X \leq \pi \mid \sin X < \frac{1}{2}\right) = \frac{1/6}{2/3} = \frac{1}{4}$$

---

203. Sia $X$ = "tempo d'attesa di un automobilista al semaforo". Supponiamo che il semaforo sia "Rosso" (evento $R$) per un periodo $T$, "Verde" (evento $V$) per un altro periodo $T$, e così via. Se un automobilista arriva al semaforo, può trovare "Verde" (e allora passa senza aspettare) oppure "Rosso" (e allora attende fino a quando scatta il "Verde"). Inoltre, l'istante d'arrivo dell'automobilista al semaforo è del tutto casuale. Calcolare la distribuzione di probabilità di $X$. Qual è il tempo medio d'attesa dell'automobilista al semaforo?

*Modello uniforme continuo; variabile mista.*

---

Il supporto di $X$ è l'intervallo $0 \leq x \leq T$. Calcoliamo la funzione di ripartizione di $X$. Si ha

$$P(X \leq x) = P(\varnothing) = 0 \quad \text{per } x < 0$$

perché è impossibile che $X$ assuma valori negativi, e

$$P(X \leq x) = P(\Omega) = 1 \quad \text{per } x > T$$

perché è certo che l'automobilista aspetti meno di un tempo $x$ se $x$ è maggiore del periodo $T$. Inoltre si ha

$$P(X \leq 0) = P(X = 0) = P(V)$$

perché quando il semaforo è "Verde" l'automobilista non aspetta. Infine, applicando la formula delle probabilità totali, si ha per $0 < x \leq T$

$$\begin{aligned} P(X \leq x) &= P(X \leq x|V)\, P(V) + P(X \leq x|R)\, P(R) = \\ &= P(V) + P(X \leq x|R)\, P(R) \end{aligned}$$

perché $P(X \leq x|V) = 1$, essendo certo che l'automobilista aspetterà meno di un tempo $x > 0$ se arriva durante il "Verde". Essendo uguali le durate del "Verde" e del "Rosso", ne segue $P(V) = P(R) = 1/2$; inoltre, la casualità dell'arrivo dell'automobilista al semaforo comporta che la distribuzione di $X$ condizionata all'evento $R$ segua il modello uniforme nel continuo, cioè che

$$P(X \leq x|R) = \frac{x}{T} \quad \text{per } 0 \leq x \leq T$$

In definitiva si ottiene

$$P(X \leq x) = \begin{cases} 0 & \text{se } x < 0 \\ \frac{1}{2} + \frac{x}{2T} & \text{se } 0 \leq x \leq T \\ 1 & \text{se } x > T \end{cases}$$

---

La variabile $X$ non è né discreta (perché il suo supporto è un intervallo) né continua (perché $P(X = 0) = 1/2 \neq 0$). Essa è una **variabile mista** che nell'analogia meccanica corrisponde ad un sistema composto dalla sovrapposizione di una particella di massa $1/2$, concentrata nell'origine, e di un filo di massa $1/2$ uniformemente diffusa nell'intervallo $0 \leq x \leq T$ (un filo "omogeneo"). Questa interpretazione meccanica permette anche di calcolare il tempo medio d'attesa al semaforo: esso coincide con il baricentro del sistema misto "particella + filo", che è dato dalla media pesata dei baricentri della particella ($= 0$) e del filo ($= T/2$), dove i pesi sono rispettivamente le masse della particella ($= 1/2$) e del filo ($= 1/2$)

$$E(X) = \frac{1}{2} \times 0 + \frac{1}{2} \times \frac{T}{2} = \frac{T}{4}$$

Per un altro esempio di variabile mista si veda l'Ex. 333.

---

204. Una fabbrica produce sbarre d'acciaio cilindriche, il cui diametro nominale è di 4 cm, ma che tuttavia sono accettabili se hanno un diametro compreso fra 3.95 cm e 4.05 cm. Un controllo ha mostrato che il 5% delle sbarre prodotte sono di diametro inferiore al minimo tollerato ed il 12% di diametro superiore al massimo tollerato.
*i)* Determinare media e deviazione standard della lunghezza del diametro delle sbarre prodotte.
*ii)* Mantenendo la media precedentemente calcolata, determinare per quali valori della deviazione standard la probabilità che le sbarre abbiano un diametro superiore al massimo tollerato è minore del 5%.

*Modello gaussiano.*

---

Si può assumere il modello gaussiano e quindi che la lunghezza $X$ (in cm) del diametro segua la distribuzione normale. I dati del problema si traducono nelle due condizioni

$$P(X < 3.95) = 0.05, \qquad P(X > 4.05) = 0.12$$

ovvero, standardizzando,

$$\Phi\left(\frac{3.95 - \mu}{\sigma}\right) = 0.05 = \Phi(-1.645), \qquad \Phi\left(\frac{4.05 - \mu}{\sigma}\right) = 0.88 = \Phi(1.175)$$

Risolvendo il sistema

$$\begin{cases} \dfrac{3.95-\mu}{\sigma} = -1.645 \\[2ex] \dfrac{4.05-\mu}{\sigma} = 1.175 \end{cases}$$

si ricava

$$\mu \simeq 4.01, \qquad \sigma \simeq 0.035$$

*ii)* Qui è $X \sim \mathcal{N}(4.01; \sigma^2)$ con $\sigma$ determinato dalla condizione

$$P(X > 4.05) < 0.05$$

Standardizzando si ha

$$1 - \Phi\left(\frac{4.05-4.01}{\sigma}\right) < 0.05$$

da cui

$$\Phi\left(\frac{0.04}{\sigma}\right) > 0.95 = \Phi(1.645)$$

e infine

$$\sigma < \frac{0.04}{1.645} = 0.024$$

---

205. Sul display di un barometro appaiono sia la misura $X$ della pressione espressa in atmosfere sia la misura $Y$ espressa in millibar [1 atm = 1013 mbar]. Se la precisione dello strumento è di 20 mbar (cioè $\sigma_Y = 20$), qual è la probabilità che il barometro misuri un dato valore di pressione con uno scarto massimo di 0.005 atm?

*Modello gaussiano.*

---

Essendo misure di una grandezza fisica, si può assumere il modello gaussiano e quindi che $X$ (in atm) ed $Y$ (in mbar) seguano la distribuzione normale. Dai dati del problema si ricava che

$$Y = 1013X, \qquad \sigma_Y = 20$$

Il testo chiede di calcolare $P(|X-\mu_X| \leq 0.005)$, essendo $\mu_X$ un dato valore di pressione espresso in atm. Ma è

$$\sigma_X = \frac{\sigma_Y}{1013} = \frac{20}{1013}$$

quindi

$$P(|X-\mu_X| \leq 0.005) = P\left(\left|\frac{X-\mu_X}{\sigma_X}\right| \leq \frac{0.005}{20/1013}\right) = 2\Phi(0.25325) - 1 \simeq 19.99\%$$

---

206. I pezzi meccanici prodotti da un certo macchinario devono avere una lunghezza nominale di 20 cm; sono accettabili pezzi entro i limiti di tolleranza da 19.5 a 20.5 cm. Le lunghezze dei pezzi prodotti sono in realtà distribuite attorno alla media di 20 cm con una deviazione standard di 0.25 cm. Quale percentuale dei pezzi prodotti non rispetta i limiti di tolleranza dati? Potendo ricalibrare il macchinario, a quale valore dobbiamo ridurre la deviazione standard se vogliamo che il 99% dei pezzi rispettino i limiti di tolleranza?

*Modello gaussiano.* ❐

---

Sia $X$ la lunghezza (in cm) dei pezzi prodotti; si ha $X \sim \mathcal{N}(\mu;\sigma^2)$ (modello gaussiano dell'errore di dimensionamento di un pezzo). La prima domanda chiede di calcolare $P(\{X < 19.5\} \cup \{X > 20.5\})$ con $X \sim \mathcal{N}(20;(0.25)^2)$:

$$\begin{aligned} P(\{X < 19.5\} \cup \{X > 20.5\}) &= P(X < 19.5) + P(X > 20.5) \\ &= \Phi\left(\frac{19.5-20}{0.25}\right) + 1 - \Phi\left(\frac{20.5-20}{0.25}\right) \\ &= \Phi(-2) + 1 - \Phi(2) = 2(1-\Phi(2)) \\ &\simeq 2 \times 0.02275 = 4.55\% \end{aligned}$$

Nella seconda domanda, invece, è $X \sim \mathcal{N}(20;\sigma^2)$ con $\sigma$ incognita. Allora

$$0.99 = P(19.5 \le X \le 20.5) = \Phi\left(\frac{0.5}{\sigma}\right) - \Phi\left(-\frac{0.5}{\sigma}\right) = 2\Phi\left(\frac{0.5}{\sigma}\right) - 1$$

da cui

$$\Phi\left(\frac{0.5}{\sigma}\right) = 0.995 \Longrightarrow \frac{0.5}{\sigma} = z_{0.995} \simeq 2.576 \Longrightarrow \sigma \simeq \frac{0.5}{2.576} \simeq 0.194\,\text{cm}$$

---

207. Supponiamo che l'altezza $X$ degli individui di una data popolazione sia normalmente distribuita con media $\mu = 170$ cm e deviazione standard $\sigma = 10$ cm. Qual è la percentuale di individui di quella popolazione che sono più alti di 175 cm? Scelto a caso un individuo, si viene a sapere che egli è più alto di 175 cm: qual è la probabilità che la sua altezza sia in realtà superiore a 180 cm?

❒ *Modello gaussiano.*

---

✎ In virtù dell'interpretazione frequentista la percentuale richiesta è (all'incirca) uguale alla probabilità $P(X > 175)$. Quindi

$$P(X > 175) = 1 - \Phi\left(\frac{175 - 170}{10}\right) = 1 - \Phi(0.5) \simeq 30.85\%$$

La seconda domanda chiede di calcolare la probabilità condizionata $P(X > 180 \mid X > 175)$ e si ha

$$P(X > 180 \mid X > 175) = \frac{P(X > 180)}{P(X > 175)} = \frac{1 - \Phi(1)}{1 - \Phi(0.5)} \simeq 51.42\%$$

---

☞ L'altezza delle persone tende a distribuirsi intorno a un "valore medio" perché essa è il risultato della somma delle lunghezze delle varie parti dello scheletro, e siccome la variabilità di ciascuna parte dello scheletro è assai piccola rispetto allo scostamento totale dell'altezza dalla media, il modello gaussiano dell'altezza è da ritenersi giustificato.

---

## 2.3 Esercizi proposti

208. La variabile discreta $X$ è tale che $P(X=-1)=P(X=1)=1/6$, $P(X=0)=2/3$. Determinare la densità discreta di $Y=2X^2$. Calcolare media, moda e mediana di $Y$.

209. Sia $X$ una variabile discreta con densità $f(x)=Kx$, $x=1,2,3$. Determinare il valore della costante $K$. Calcolare la densità discreta di $Y=X^2$. Calcolare media, moda, quartili e varianza di $Y$.

210. La variabile discreta $X$ può assumere solo i valori $-1,0,1$. Posto $P(X=-1)=a$, $P(X=0)=b$, $P(X=1)=c$, determinare i valori di $a,b,c$ in modo che sia $\mu=1/2$ e $\sigma^2=3/10$.

211. Si estrae a caso una cifra tra 0 e 9 e sia $X$ la variabile aleatoria "cifra estratta". Calcolare densità, media e varianza di $X$ e di $U=\cos(\pi X)$.

212. Un tetraedro regolare ha le facce numerate 1, 2, 3 e 4. Si lancia due volte il tetraedro e sia $X$ la differenza tra il punteggio più alto e il punteggio più basso. Determinare supporto e densità discreta di $X$. Calcolare media, moda e mediana di $X$.

213. In un gioco si lancia due volte un dado regolare: se la somma delle facce è minore o uguale a 4 si perde 1 €; se la somma delle facce è maggiore o uguale a 11 si vincono 2 €; in tutti gli altri casi non si vince né si perde. Scrivere la densità discreta della variabile $X$ che rappresenta la vincita o perdita nel gioco e calcolarne media e quartili.

214. $X$ è una variabile discreta con densità $P(X=-2)=0.2$, $P(X=-1)=0.3$, $P(X=0)=0.1$ e $P(X=2)=0.4$. Determinare la distribuzione (supporto e densità) della variabile $Y=4-X^2$. Calcolare $P(Y\leq 2X+1)$.

215. La tabella seguente fornisce la densità discreta di una variabile $X$

| $x=$ | $-2$ | $-1$ | $1$ | $3$ |
|---|---|---|---|---|
| $P(X=x)=$ | $0.1$ | $a$ | $0.2$ | $b$ |

Calcolare i valori di $a$ e di $b$ sapendo che la media di $X$ è 1.3 e per tali valori di $a$ e di $b$ calcolare la varianza di $X$.

216. Nell'esperimento che consiste in due lanci successivi di un dado regolare, sia $X$ la variabile che rappresenta la differenza tra il punteggio più alto e il punteggio più basso nei due lanci. Calcolare densità discreta, media, moda, mediana e varianza di $X$.

217. Da un'urna contenente sei palline numerate da 1 a 6 ne vengono estratte due con reimmissione. Determinare densità discreta, media e varianza delle seguenti variabili aleatorie: $M=$ "massimo tra i due valori ottenuti", $Z=$ "minimo tra i due valori ottenuti".

218. Aldo e Bruno effettuano il seguente gioco: Aldo lancia 4 volte una moneta regolare; se escono 2 Teste e 2 Croci, Aldo dà 1 € a Bruno; se escono 1 Testa e 3 Croci oppure 1 Croce e 3 Teste Aldo dà 2 € a Bruno; se escono tutte Croci o tutte Teste, Bruno dà 5 € ad Aldo. Sia $X$ la variabile "euro ricevuti da Aldo" ($X$ assumerà valori negativi se Aldo dà euro a Bruno). Determinare la densità discreta di $X$ e calcolare i quantili di ordine 0.10, 0.50, 0.90. Calcolare la media di $X$: il gioco è favorevole ad Aldo o a Bruno? Quanti euro dovrebbe dare Bruno ad Aldo nel caso "tutte Croci o tutte Teste" affinché il gioco sia equo?

219. In un canale di trasmissione binario il segnale trasmesso $X$ e il segnale ricevuto $Y$ sono entrambi variabili aleatorie che possono assumere solamente i valori "1" e "0". Si sa che: $a$) il segnale trasmesso è "1" nel 70% dei casi e "0" nei rimanenti; $b$) a causa di disturbi il segnale trasmesso è ricevuto correttamente nel 95% dei casi se è stato trasmesso "1" e nel 98% dei casi se è stato trasmesso "0". Calcolare: *i)* la probabilità $P(Y = 1)$ di ricevere "1"; *ii)* la probabilità $P(X = 1 \mid Y = 1)$ che sia stato trasmesso "1" se viene ricevuto "1".

220. La variabile $X$ ha densità continua $f(x) = |x|$ con supporto $-1 \le x \le 1$. Calcolare media, moda, quartili e varianza di $X$.

221. Si consideri la funzione $f(x) = 1 - |x - 1|$, $0 \le x \le 2$. Verificare che essa è la densità continua di una variabile $X$ il cui supporto è l'intervallo $0 \le x \le 2$. Calcolare media, moda, mediana e varianza di $X$. Calcolare $P(-0.5 < X < 1.5)$.

222. Sia $f(x) = 2x$ se $0 \le x \le 1$, $f(x) = 0$ altrimenti, la densità di una variabile continua $X$. Calcolare la funzione di ripartizione $F(x)$ e i quantili di $X$.

223. Si consideri la funzione $f(x) = Kxe^{-x^2}$ se $x \ge 0$, $f(x) = 0$ se $x < 0$. Determinare il valore della costante $K$ per cui $f(x)$ è la densità continua di una variabile $X$. Calcolare la funzione di ripartizione $F(x)$ e i quantili di $X$.

224. Si consideri la funzione $f(x) = K - x$. Determinare la costante $K$ in modo che $f(x)$ sia la densità continua di una variabile $X$ con supporto $0 \le x \le K$. Calcolare media e varianza di $X$.

225. Determinare per quale valore della costante $K$ la funzione $f(x) = x^3 + Kx$ è la densità di una variabile continua $X$ con supporto $0 \le x \le 1$. Quindi calcolare: media, varianza e quantili di $X$.

226. La variabile continua $X$ ha supporto $-\pi/2 \le x \le \pi/2$ e densità $f(x) = K \cos x$. Determinare il valore della costante $K$. Calcolare la funzione di ripartizione di $X$. Calcolare i tre quartili di $X$.

227. La variabile continua $X$ ha supporto $-1 \le x \le 1$ e densità $f(x) = |x|$. Posto $Y = X^2$, determinare supporto e funzione di ripartizione di $Y$. Di quale distribuzione notevole si tratta?

228. Determinare per quale valore della costante $K$ la funzione $f(x) = Ke^x$ se $x \le 2$, $f(x) = 0$ se $x > 2$, è la densità continua di una variabile $X$. Quindi calcolare media e mediana di $X$.

229. Sia $f(x) = 2x/15$ la densità continua di una variabile $X$ con supporto $1 \le x \le 4$. Calcolare la funzione di ripartizione $F(x)$ e disegnarne il grafico. Calcolare la media di $X$ e la probabilità $P(2 \le X \le 3)$.

230. Sia $F(x) = e^{2x-2}$ se $x \le 1$, $F(x) = 1$ se $x > 1$, la funzione di ripartizione di una variabile continua $X$. Calcolare la densità continua $f(x)$, la media e la mediana di $X$.

231. Sia $X$ una variabile continua con funzione di ripartizione $F_X(x) = \frac{1}{2} + x - \frac{1}{2}x|x|$ nel supporto $-1 < x < 1$. Calcolare: la densità di probabilità di $X$; valore atteso e varianza della variabile $Y = |X|$; la funzione di ripartizione di $Y$.

232. Sia $\lambda > 0$ un parametro e $X$ la variabile con densità continua $f(x) = \frac{\lambda}{2}\left(\frac{x}{2}\right)^{\lambda-1}$ nel supporto $0 \le x \le 2$. Calcolare: la funzione di ripartizione $F(x)$; i quantili di $X$; la probabilità $P(X \ge 1)$.

233. $X$ è una variabile continua con funzione di ripartizione ($\lambda > 0$ è un parametro)

$$F(x) = \begin{cases} 0 & \text{se} \quad x < 0 \\ \left(1 - e^{-\lambda x}\right)^2 & \text{se} \quad x \geq 0 \end{cases}$$

Calcolare la densità continua di $X$, i quantili $x_\alpha$ $(0 < \alpha < 1)$ e la media $\mu$.

234. La variabile $X$ assume i valori $x = 0, 1, 2, 3$ ed è $P(X = x) = P(Y = x)$ per $x = 0, 1, 2$, dove $Y \sim \mathcal{P}(2)$. Calcolare la densità discreta e la media di $X$.

235. Per esperienza Aldo sa che, tra le 21:00 e le 22:00 di sera, la probabilità $p$ di non ricevere alcuna telefonata è il quadruplo della probabilità di ricevere 4 telefonate. Calcolare il valore di $p$, assumendo che il numero $X$ di telefonate ricevute da Aldo durante quell'ora segua una distribuzione di Poisson.

236. Un negoziante di elettrodomestici sa che, in media, vende 30 scaldabagni all'anno. Qual è il numero minimo di scaldabagni che il negoziante deve tenere in magazzino all'inizio del mese per avere più del 70% di probabilità di soddisfare la domanda di scaldabagni di quel mese? [Si supponga che la domanda mensile di scaldabagni segua una distribuzione di Poisson.]

237. Sia $X$ una variabile $\mathcal{U}(a, b)$ con media $\mu = 2$ e varianza $\sigma^2 = 0.12$. Calcolare $a$ e $b$.

238. Sia $Y = 2X - 1$ con $X \sim \mathcal{U}(-1, 1)$. Calcolare la media $\mu$ e la varianza $\sigma^2$ di $Y$ e quindi il valore di $P(|Y - \mu| < \sigma)$.

239. Sia $X \sim \mathcal{U}(-1, 1)$. Calcolare e riconoscere la distribuzione di $Y = a|X|$ dove $a$ è una costante positiva.

240. Sia $Y = \sqrt{X}$ con $X \sim \mathcal{U}(0, 4)$. Calcolare densità continua, media e mediana di $Y$.

241. Sia $Y = aX^2$ con $X \sim \mathcal{U}(-1, 1)$ e $a > 0$. Calcolare valore atteso $\mu_Y$ e quantili $y_\lambda$ $(0 < \lambda < 1)$ di $Y$.

242. In un resistore di resistenza $X$ (in ohm) passa una corrente $Y = 10/X$ (in ampere). Calcolare valore atteso e varianza di $Y$ sapendo che $X \sim \mathcal{U}(4, 5)$.

243. La durata $X$ di un apparecchio segue la distribuzione $\mathcal{U}(0, a)$. Stabilire se l'apparecchio è soggetto ad usura oppure se è in rodaggio.

244. Il peso netto $X$ (in g) di un barattolo di marmellata è uniformemente distribuito nell'intervallo $395 \leq x \leq 405$. Determinare la densità di probabilità di $X$. Calcolare $P(X > 397)$ e $P(X > 400 \mid X > 397)$.

245. Una batteria ha un tempo di vita (in anni) $X \sim \mathcal{E}(0.25)$. Calcolare la probabilità che la batteria funzioni per almeno 4 anni (= evento $A$). Calcolare la probabilità che un sistema di due batterie di quel tipo messe in serie funzioni per almeno 4 anni (= evento $B$).

246. Due apparecchi, A e B, hanno entrambi un tempo di vita che segue una distribuzione esponenziale. Per esperienza si sa che A ha una probabilità doppia di B di funzionare ininterrottamente per almeno 10 ore. Se la vita media di A è 12 ore, quanto vale la vita media di B?

247. Un produttore sa che il 40% delle batterie di un certo tipo ha una durata massima di un anno. Qual è la durata media di tali batterie? (Si assuma che la durata di una batteria segua la distribuzione esponenziale.)

248. Sia $X$ una variabile con distribuzione $\mathcal{N}(5; 2^2)$. Trovare due numeri $a$ e $b$ tali che $P(X > a) = 0.60$ e $P(0 < X < b) = 0.20$.

249. Sia $X \sim \mathcal{N}(2; \sigma^2)$. Determinare $\sigma$ in modo che $P(|X| > 2) = 62\%$.

250. Sia $X \sim \mathcal{N}(\mu; \sigma^2)$. Calcolare $\mu$ e $\sigma$ sapendo che $x_{0.60} = 1.25$ e $x_{0.70} = 2.85$.

251. Sia $X$ una variabile normale. Calcolarne media e varianza sapendo che $P(X \leq 1.60) = 0.2$ e che $P(X \leq 2.26) = 0.7$.

252. Sia $X \sim \mathcal{N}(\mu; \sigma^2)$. Determinare $\mu$ e $\sigma$ in modo che il primo quartile di $X$ valga 1 e il terzo quartile valga 2.

253. Di due variabili normali $X$ ed $Y$ si sa che la mediana di $X$ vale 4, che $\sigma_X = 2\sigma_Y$ e infine che $P(X > 3) = P(Y > 1) = 0.80$. Calcolare medie e varianze delle due normali.

254. Il peso di un dato tipo di confezioni di pasta è normalmente distribuito con una media di mezzo kg e una deviazione standard di 20 g. Qual è la distribuzione del peso $Y$ in libbre dello stesso tipo di confezioni? [1 lb = 0.4536 kg]

255. La durata di un certo apparecchio è una variabile $X$ distribuita normalmente con media $\mu = 160$ ore e varianza $\sigma^2$. Calcolare il valore di $\sigma$ per cui c'è almeno l'80% di probabilità che l'apparecchio funzioni come minimo 140 ore.

256. Usando le Tavole dei quantili della distribuzione Chi-quadrato e il metodo dell'interpolazione lineare, calcolare il valore $x$ per cui $P(\chi^2(16) \leq x) = 0.96$ e il valore $\alpha$ per cui $P(\chi^2(20) \leq 10) = \alpha$.

257. Calcolare i quantili $t_{0.80}(40)$ e $t_{0.95}(130)$.

258. Di una variabile $X$ si sa che $\mu = 12$ e $E(X^2) = 169$. Usando la disuguaglianza di Cebicev, calcolare quanto vale come minimo $P(-1 < X < 25)$.

259. Un ispettore esamina pezzi estratti a caso da un lotto fino a trovarne 3 difettosi. Il lotto è supposto infinito e la sua difettosità è 10%. Determinare la distribuzione del numero $X$ di pezzi esaminati dall'ispettore. Usando la disuguaglianza di Cebicev, fornire una stima superiore della probabilità che l'ispettore debba esaminare come minimo 60 pezzi.

260. Un gioco consiste nel lanciare due palline in tre scatole. Le palline sono lanciate una alla volta e ogni pallina ha le stesse possibilità di cadere nella prima, nella seconda, nella terza scatola oppure per terra. Calcolare la densità discreta della variabile $X$ = "numero di palline che cadono per terra". Calcolare media, moda e mediana di $X$.

261. Si lancia 8 volte una moneta regolare. Calcolare la probabilità che il numero di Teste uscite sia superiore al numero di Croci.

262. Aldo e Bruno giocano 5 partite a poker. Sapendo che la probabilità che in una partita qualsiasi vinca Aldo vale 0.4 e che l'esito di ogni partita è indipendente da quello delle altre partite, calcolare la probabilità che Aldo vinca più partite di Bruno.

263. Un componente elettronico viene prodotto con una difettosità accertata del 3%. Qual è la probabilità che tutti i componenti presenti in una confezione da 5 pezzi siano funzionanti? Qual è la probabilità che in una confezione da 50 pezzi un componente al massimo sia guasto?

264. I semi di una certa varietà di pianta hanno il 60% di probabilità di germinare. Calcolare la probabilità che, su 9 semi piantati, almeno 6 germineranno (= evento $A$) e la probabilità che, su 90 semi piantati, almeno 60 germineranno (= evento $B$).

265. Supponiamo che lo 0.1% delle banconote presenti qualche lieve difetto di stampa. Qual è la probabilità che in un pacco di 100 banconote nessuna sia difettosa? Qual è la probabilità che in un pacco di 10000 banconote 10 siano difettose?

266. Quando gioca a tennis con Bruno, Aldo ha il 30% di possibilità di vincere una partita. *i)* Qual è la probabilià $p$ che Aldo vinca al massimo 3 delle prossime 10 partite (= evento $A$)? *ii)* Se Bruno darà 5 euro a Aldo nel caso che si verifichi $A$ e ne riceverà 7 in caso contrario, a chi è favorevole la scommessa?

267. Supponiamo che una particella radioattiva venga assorbita da un particolare tipo di schermo con probabilità $p = 10\%$. Se 10 particelle colpiscono lo schermo, qual è la probabilità che ne venga assorbita esattamente una? Quante particelle devono incidere sullo schermo affinché la probabilità che almeno una di esse venga assorbita sia maggiore di 80%?

268. Bruno acquista per 55 settimane consecutive un biglietto della Lotteria Istantanea. Qual è la probabilità che Bruno vinca almeno 5 volte se la probabilità che un biglietto sia vincente è pari al 10%?

269. Mediamente, dei pacchi smistati dall'ufficio postale del mio paese, uno su 30 è respinto al mittente. Sia $X$ il numero di pacchi che saranno respinti su un quantitativo di $n = 312$ pacchi da smistare. Calcolare $P(X \leq 5)$.

270. Una moneta regolare viene lanciata 3 volte e l'esperimento è ripetuto 50 volte. Qual è la distribuzione della variabile $X$ che conta quante volte si è ottenuta una tripla Testa nelle 50 prove? Qual è la probabilità di ottenere almeno 5 volte una tripla Testa nelle 50 prove?

271. Supponiamo che la probabilità di produrre un pezzo difettoso sia 3%. Quanti pezzi vanno prodotti in totale perché al massimo il 5% dei pezzi prodotti sia difettoso con una probabilità minima del 90%?

272. Si lancia un dado regolare finché esce per la prima volta una faccia minore o uguale a 2. Sia $X$ la variabile che conta il numero di lanci necessari. Scrivere la distribuzione di probabilità di $X$ e calcolarne la mediana.

273. In una lotteria tipo "Gratta & Vinci" ogni biglietto ha una probabilità di vittoria pari al 25%. Qual è il numero minimo di biglietti che bisogna grattare per avere almeno l'80% di probabilità di vincere?

274. Qual è la difettosità minima di un lotto numeroso di pezzi se si vuole che al più il 25% delle volte si debbano esaminare almeno 13 pezzi per trovare il primo pezzo difettoso?

275. Si eseguono due lanci di un dado regolare e sia $A$ l'evento "la somma delle due facce uscite è 8". Si ripete l'esperimento $n$ volte. Calcolare: *i)* la probabilità che $A$ si verifichi almeno 2 volte se $n = 5$; *ii)* la probabilità che $A$ si verifichi almeno 5 volte se $n = 40$; *iii)* la probabilità che si debba ripetere l'esperimento più di 8 volte prima che si verifichi $A$.

276. Come è noto, in ciascuna ruota del gioco del Lotto si estraggono cinque numeri scelti a caso (senza rimpiazzo) tra gli interi da 1 a 90. Aldo punta sul terno 11, 45, 68 sulla ruota di Milano (quindi Aldo vince se e solo se escono sulla ruota di Milano tutti e tre i numeri giocati). Qual è la probabilità che Aldo vinca (= evento $A$)?

277. Il professore di Statistica ha una classe di 142 allievi di cui 96 sono regolari e gli altri ripetenti. Per saggiarne la preparazione dopo un mese di lezioni, egli ne sceglie 12 a caso e li sottopone a un test di valutazione. Qual è la probabilità che almeno 8 degli allievi scelti siano regolari (= evento $A$)?

278. Aldo possiede 11 dadi, di cui 8 regolari e 3 truccati, e ne prende 4 a caso. Calcolare la probabilità che ne abbia pescati almeno 2 truccati: *i)* se l'estrazione è avvenuta senza reimmissione; *ii)* se l'estrazione è avvenuta con reimmissione.

279. Da un lotto di 400 lampadine (di cui 30 difettose) se ne estrae un campione di 8 con reimmissione. Calcolare la probabilità che nel campione non ci sia alcuna lampadina difettosa. Ricalcolare tale probabilità se l'estrazione avviene in blocco.

280. Da un lotto di 50 fusibili (di cui 4 sono difettosi) se ne estraggono 5 con reimmissione. Calcolare la probabilità che almeno uno dei fusibili estratti sia difettoso. Ricalcolare tale probabilità se l'estrazione avviene in blocco.

281. Un motore a sei cilindri ha due candele guaste. Si scelgono a caso due cilindri e si sostituisce la candela di ciascuno di essi con una funzionante. Qual è la probabilità che il motore torni a funzionare perfettamente (= evento $A$)? Qual è la probabilità che il funzionamento del motore migliori (= evento $B$)?

282. Una scatola contiene 24 lampadine di cui 4 difettose. Aldo sceglie a caso 10 lampadine e Bruno prende le rimanenti. Con quale probabilità le lampadine difettose capiteranno tutte ad Aldo (= evento $A$)? Con quale probabilità le lampadine difettose capiteranno tutte alla stessa persona (= evento $B$)?

283. Nel gioco del Lotto una *cinquina* è un insieme di 5 numeri estratti a caso dagli interi tra 1 e 90, senza tenere conto dell'ordine e senza reimmissione. Qual è la probabilità che una cinquina sia tutta formata da numeri pari? Qual è la probabilità che una cinquina contenga esattamente un multiplo di 10?

284. Un commerciante ha acquistato un lotto di 200 schede di rete per PC. Per esperienza egli sa che il 4% delle schede di quel tipo risulta difettoso. Qual è la probabilità che una confezione di 10 schede, prelevate a caso dal lotto, non ne contenga alcuna difettosa? ed è più probabile che ci sia almeno una scheda difettosa in una confezione da 10 oppure nessuna difettosa in una confezione da 15?

285. Un ispettore addetto al controllo di qualità dichiara *conforme* un lotto di 50 pezzi se, esaminatone un campione di 5 pezzi estratti a caso e senza rimessa, nessuno di essi risulta difettoso. Qual è la probabilità che un lotto sia dichiarato conforme se la sua difettosità è del 20% (= evento $A$)? Qual è la probabilità che un lotto sia dichiarato non conforme se la sua difettosità è del 4% (= evento $B$)?

286. In un gioco ci sono 10 buste, di cui 3 contengono un premio e le altre sono vuote. Il concorrente sceglie a caso 5 buste. Calcolare la distribuzione (supporto e densità) della variabile che conta il numero di buste scelte contenenti un premio.

287. Gli iscritti ad un corso universitario sono in totale 167, di cui 96 sono ragazze. Si estraggono a caso 4 nominativi dalla lista degli iscritti. Determinare la distribuzione della variabile $X$ che conta il numero di ragazze nel campione estratto. Calcolare poi la probabilità che siano state estratte esattamente 3 ragazze (= evento $A$), almeno 3 ragazze (= evento $B$), al più 3 ragazze (= evento $C$).

288. In un lungo cavo elettrico sono presenti mediamente 0.3 impurità al cm. Calcolare la probabilità che in un tratto di cavo lungo 10 cm siano presenti al massimo 2 impurità (= evento $A$) e la probabilità che in un tratto di cavo lungo 5 cm siano presenti almeno 3 impurità (= evento $B$).

289. Sia $X \sim \mathcal{P}(3)$ il numero di cataloghi pubblicitari che Aldo riceve ogni 2 giorni. Calcolare: *i)* la distribuzione del numero $Y$ di cataloghi che Aldo riceve in un giorno; *ii)* la probabilità che Aldo riceva in un dato giorno più di un catalogo, dato che in quel giorno ne riceve almeno 1.

290. In un portale WEB si verificano in media 1.5 malfunzionamenti al giorno. Il gestore del portale perde 2000 /giorno se in un giorno si ha un solo malfunzionamento e 4000 /giorno se in un giorno si hanno 2 o più malfunzionamenti. Qual è la perdita giornaliera attesa? Qual è la perdita mensile attesa? [1 mese = 30 giorni]

291. Durante il turno pomeridiano la stazione di servizio di un'area di sosta autostradale rifornisce di carburante mediamente 10 autoveicoli/ora. Calcolare la probabilità di 2 rifornimenti tra le 15:00 e le 15:15 (= evento $A$) e la probabilità di 25 o più rifornimenti tra le 16:00 e le 18:00 (= evento $B$).

292. Supponiamo che in una data linea elettrica si verifichino in media 3 guasti a settimana. Qual è la probabilità che domani si verifichi esattamente un guasto (= evento $A$)? Qual è la probabilità che nei prossimi 10 giorni si verifichino al massimo 3 guasti (= evento $B$)?

293. Un processo produttivo è soggetto a malfunzionamenti casuali. Si assuma che, a partire dall'avvio del processo, i malfunzionamenti si verifichino secondo una distribuzione di Poisson con intensità oraria uguale a 4 (cioè al ritmo medio di 4 malfunzionamenti all'ora). Calcolare: *i)* la probabilità che nella prima ora avvengano esattamente 4 malfunzionamenti; *ii)* la probabilità che il primo malfunzionamento avvenga entro la prima ora; *iii)* la probabilità che il primo malfunzionamento avvenga dopo 15 minuti.

294. In un filo di rame lungo e sottile è mediamente presente un'impurità ogni 2 cm. Calcolare la probabilità che in 10 cm di filo siano presenti: *i)* esattamente 2 impurità; *ii)* almeno 2 impurità; *iii)* al massimo 2 impurità.

295. A causa di inconvenienti di varia natura (accidentali e fra loro indipendenti) Aldo arriva in ufficio in ritardo mediamente due volte al mese. Qual è la probabilità che Aldo arrivi in ufficio sempre in orario durante la settimana prossima (= evento $A$)? Qual è la probabilità che nel corso di un anno Aldo arrivi in ritardo non più di 15 volte (= evento $B$)?
[1 anno = 11 mesi; 1 mese = 4 settimane]

296. Un commerciante vende mediamente due televisori al giorno. Assumendo che le vendite seguano uno schema di Poisson, in quanti giorni si può prevedere che egli abbia più del 90% di probabilità di esaurire la scorta di 30 televisori che ha in magazzino?

297. Un controllore sottopone a verifica un processo di fabbricazione. È noto che tra la scoperta di un errore e quella del successivo passano mediamente 2 ore. Calcolare: *i)* la probabilità che nelle prime 3 ore si scoprano esattamente 4 errori; *ii)* la probabilità che il secondo errore venga scoperto dopo 2 ore; *iii)* la probabilità che tra la scoperta di un errore e e quella del successivo passino più di 2 ore.

298. Assumendo che tra due telefonate consecutive a un centralino trascorra un tempo medio di 1 min, calcolare la probabilità che tra due telefonate consecutive: *i)* trascorrano almeno 30 s; *ii)* trascorra un tempo compreso fra 30 s e 40 s; *iii)* se sono già trascorsi 30 s, trascorrano al massimo altri 20 s.

299. Un transistore ha un tempo medio di vita di 2 anni. Calcolare la probabilità che il transistore duri meno di un anno, la probabilità che duri almeno un anno e mezzo, e la probabilità che duri tra un anno e due. Calcolare infine la probabilità che un transistore, che è attivo già da due anni, funzioni ancora per altri tre.

300. Aldo vende schede di rete prodotte dalle ditte X e Y. Le schede della ditta X hanno una durata di vita media di 36 mesi e quelle della ditta Y di 48 mesi. In magazzino Aldo ha una scorta di schede di X doppia di quelle di Y. Bruno acquista da Aldo una scheda. *i)* Specificare i modelli adottati per la durata di vita di una scheda di X e per la durata di vita di una scheda di Y. *ii)* Se la scheda acquistata da Bruno fosse della ditta X, qual è la probabilità $\alpha$ che essa si guasti dopo 40 mesi? *iii)* Non sapendo se la scheda acquistata da Bruno è di X o di Y, qual è la probabilità $\beta$ che essa si guasti dopo 40 mesi? *iv)* Se la scheda si guastasse dopo 40 mesi, qual è la probabilità $\gamma$ che essa sia della ditta X?

301. Sulla confezione di un dato tipo di lampadine il produttore dichiara una durata media di 4 anni. Qual è la probabilità che una di quelle lampadine funzioni più di 18 mesi (= evento $A$)? e la probabilità che un collegamento in serie di 2 di quelle lampadine funzioni più di 18 mesi (= evento $B$)?

302. Le durate medie di funzionamento ininterrotto di due transistori sono 4 anni e 5 anni, rispettivamente. Qual è la probabilità $p_1$ che il primo transistore funzioni per più di un anno senza guastarsi? e l'analoga probabilità $p_2$ per il secondo transistore? Qual è la probabilità $p$ che il sistema formato dai due transistori in serie funzioni per più di un anno senza guastarsi?

303. In un Call Center arrivano mediamente 100 telefonate all'ora. Calcolare la probabilità che le prime 90 telefonate arrivino entro la prima ora del servizio.

304. Un certo tipo di nastro magnetico contiene in media 2 difetti al metro lineare (m). Il nastro è confezionato in bobine da 1.5 m ciascuna. *i)* Qual è la probabilità che una bobina non contenga alcun difetto? *ii)* Qual è la probabilità che, in un lotto di 5 bobine, almeno una di esse non contenga alcun difetto?

305. Si sceglie a caso un numero reale nell'intervallo $0 \leq x \leq 1$. Qual è la probabilità che la prima cifra decimale della sua radice quadrata sia 3?

306. Calcolare media e deviazione standard dell'area del rettangolo che ha per lati i due segmenti ottenuti dividendo a caso l'intervallo $0 \leq x \leq 1$.

307. Si consideri la semicirconferenza avente per diametro il segmento congiungente i punti $A$ e $B$ del piano. Si sceglie a caso un angolo $X$ compreso fra 0 e $\pi$ e sia $C$ il punto sulla semicirconferenza per cui la corda $AC$ forma un angolo al centro uguale a $X$. Qual è la probabilità che la lunghezza del segmento $AC$ sia superiore al raggio della semicirconferenza?

308. Un macchinario è tarato in modo da tagliare un cavo in pezzi di lunghezza nominale $\mu$ e deviazione standard $\sigma$ note. I pezzi di lunghezza inferiore a $\mu - 1.5\sigma$ o superiore a $\mu + 1.5\sigma$ sono scartati. Alla lunga, qual è la percentuale degli scarti di produzione?

# Capitolo 3

# Distribuzioni multivariate

## 3.1 Notazioni e richiami

**Correlazione** È la proprietà che lega due variabili $X$ ed $Y$, riferite allo stesso esperimento casuale, in base a cui il valore che l'una assume influenza il valore che assume l'altra. La correlazione è detta **dipendenza deterministica** se la relazione fra le due variabili è di tipo funzionale, cioè $Y = g(X)$, e **dipendenza stocastica** se la relazione può essere espressa solo in termini probabilistici. L'assenza di correlazione è chiamata **indipendenza**.

**Variabile aleatoria bivariata** Per descrivere la correlazione tra due variabili $X$ ed $Y$ si usa la **variabile bivariata** $(X, Y)$, che è il vettore le cui componenti sono $X$ ed $Y$. Osservare il valore assunto da $(X, Y)$ in una prova dell'esperimento significa osservare congiuntamente (e non singolarmente) i valori di $X$ e di $Y$, cioè considerare il verificarsi di eventi prodotto del tipo $\{X \in I\} \cap \{Y \in J\} \equiv \{X \in I, Y \in J\}$ con $I$ e $J$ insiemi numerici. In particolare, avverrà che $X$ ed $Y$ siano due variabili indipendenti se gli eventi $\{X \in I\}$ e $\{Y \in J\}$ sono indipendenti per ogni scelta possibile degli insiemi $I$ e $J$, cioè se

$$P(X \in I, Y \in J) = P(X \in I) \times P(Y \in J)$$
$$\text{per ogni scelta di } I \text{ e di } J$$

Basta trovare una coppia di insiemi per cui tale uguaglianza è falsa per concludere che le due variabili non sono indipendenti.

**Covarianza** Si indica con il simbolo $C(X, Y)$ la **covarianza di** $X$ **ed** $Y$

$$C(X, Y) = E(XY) - E(X)E(Y)$$

Alcune proprietà utili sono

$$\begin{aligned} C(X, X) &= V(X) \\ C(X, Y) &= C(Y, X) \\ C(aX + b, Y) &= aC(X, Y) \\ C(X + Y, Z) &= C(X, Z) + C(Y, Z) \end{aligned}$$

Le variabili $X$ ed $Y$ si dicono **incorrelate** se la loro covarianza è nulla, $C(X, Y) = 0$. L'incorrelazione è necessaria (ma non sufficiente) all'indipendenza, cioè

$$X \text{ ed } Y \text{ indipendenti} \qquad \Longrightarrow \qquad X \text{ ed } Y \text{ incorrelate}$$

**Variabile bivariata discreta** Una variabile bivariata $(X,Y)$ è discreta quando lo sono le sue componenti $X$ ed $Y$. Detti $x_1, x_2, \ldots$ e $y_1, y_2, \ldots$ i possibili valori di $X$ e di $Y$, rispettivamente, si chiama **densità bivariata** (o **congiunta**) **discreta** di $(X,Y)$ l'insieme delle probabilità associate ai valori di $(X,Y)$, cioè le probabilità degli eventi $\{X = x_i\} \cap \{Y = y_j\}$

$$f(x_i, y_j) = P(X = x_i, Y = y_j), \qquad i, j = 1, 2, \ldots$$

La densità bivariata è positiva e normalizzata ad 1

$$f(x_i, y_j) \geq 0, \qquad \sum_{i,j} f(x_i, y_j) = 1$$

e ad essa si può dare un'interpretazione meccanica: immaginando un sistema di particelle collocate sul piano nelle posizioni $(x_i, y_j)$ e aventi rispettivamente masse $f(x_i, y_j)$, la densità descrive come si distribuisce la massa totale unitaria tra le varie particelle del sistema. Ne segue che la probabilità che la variabile $(X,Y)$ assuma un valore appartenente alla regione piana $A$ si calcola con la formula

$$P\Big((X,Y) \in A\Big) = \sum_{(x_i, y_j) \in A} f(x_i, y_j)$$

perché la probabilità dell'evento $\{(X,Y) \in A\}$ è interpretabile come la massa complessiva della particelle contenute in $A$.

Una densità bivariata discreta è spesso assegnata mediante una tabella a doppia entrata (o matrice) della forma

| | $\cdots$ | $y_j$ | $\cdots$ | $P(X = x_i) =$ |
|---|---|---|---|---|
| $\vdots$ | | $\vdots$ | | |
| $x_i$ | $\cdots$ | $P(X = x_i, Y = y_j)$ | $\cdots$ | $\sum_j P(X = x_i, Y = y_j)$ |
| $\vdots$ | | $\vdots$ | | |
| $P(Y = y_j) =$ | | $\sum_i P(X = x_i, Y = y_j)$ | | |

Le densità discrete delle componenti $X$ ed $Y$ si ottengono dalla densità bivariata di $(X,Y)$ tramite le formule

$$\begin{aligned} f_X(x_i) &= P(X = x_i) = \sum_j P(X = x_i, Y = y_j) \\ f_Y(y_j) &= P(Y = y_j) = \sum_i P(X = x_i, Y = y_j) \end{aligned}$$

e sono anche dette le **densità marginali** di $(X,Y)$ perché vengono scritte "ai margini" della tabella della densità bivariata, calcolando la somma dei valori di ogni riga o colonna. Infine, l'**indipendenza** di $X$ e di $Y$ è equivalente alla seguente fattorizzazione

$$\underbrace{P(X = x_i, Y = y_j)}_{f(x_i, y_j)} = \underbrace{P(X = x_i)}_{f_X(x_i)} \times \underbrace{P(Y = y_j)}_{f_Y(y_j)} \qquad \text{per ogni scelta di } x_i \text{ e di } y_j$$

mentre la dipendenza si ha se la precedente uguaglianza è violata anche solo per una coppia di valori $x_i$ e $y_j$.

La media di una **funzione deterministica** $g(X,Y)$ di $(X,Y)$ è la media dei valori di $g(X,Y)$ pesati con la distribuzione di $(X,Y)$, cioè

$$E\Big(g(X,Y)\Big) = \sum_{i,j} g(x_i, y_j)\, f(x_i, y_j)$$

In particolare si ha

$$E(XY) = \sum_{i,j} x_i y_j f(x_i, y_j)$$

**Variabile bivariata continua** Una variabile bivariata $(X, Y)$ è continua se il suo supporto è un dominio dello spazio bidimensionale (il piano $Oxy$) e se, in più, esiste una funzione $f(x, y)$ integrabile e positiva in $R$, nulla per $(x, y) \notin R$ e tale che per ogni sottodominio $A \subset R$ vale la **formula del volume**

$$P\Big((X, Y) \in A\Big) = \iint_A f(x, y)\, dxdy$$

La funzione $f(x, y)$ è chiamata **densità bivariata** (o **congiunta**) **continua** di $(X, Y)$. Poiché in un esperimento $(X, Y)$ assume senz'altro uno dei suoi possibili valori, vale la proprietà di normalizzazione

$$\int_{-\infty}^{\infty} \int_{-\infty}^{\infty} f(x, y)\, dxdy = 1$$

cioè il volume totale sotto la superficie della densità bivariata continua è uguale ad uno. Ogni funzione integrabile e positiva in un dominio, nulla all'esterno di tale dominio e normalizzata definisce una distribuzione continua di probabilità tramite la precedente formula del volume.

Il concetto di densità bivariata continua è analogo a quello, noto in Meccanica, di densità di superficie (= massa per unità di area) di una lamina piana. Quindi una distribuzione bivariata continua descrive una massa unitaria di probabilità diffusa nel dominio piano $R$, mentre una distribuzione discreta corrispondeva ad un sistema di particelle (masse concentrate) collocate sul piano. Con questa analogia la probabilità che $(X, Y)$ assuma valori in $A \subset R$ corrisponde alla massa della porzione di lamina che occupa $A$.

Le **densità marginali** di $(X, Y)$ si ottengono dalla densità bivariata tramite le formule

$$\begin{aligned} f_X(x) &= \int_{-\infty}^{\infty} f(x, y)\, dy, \qquad x \in \mathbb{R} \\ f_Y(y) &= \int_{-\infty}^{\infty} f(x, y)\, dx, \qquad y \in \mathbb{R} \end{aligned}$$

Esse sono le densità continue delle due componenti $X$ ed $Y$ (che perciò sono variabili univariate continue). L'**indipendenza** di $X$ e di $Y$ è equivalente alla seguente fattorizzazione

$$f(x, y) = f_X(x)\, f_Y(y) \qquad \text{per ogni scelta di } x \text{ e di } y$$

mentre la dipendenza si ha se tale uguaglianza è violata anche solo per una coppia di valori di $x$ e $y$.

La media di una **funzione deterministica** $g(X, Y)$ di $(X, Y)$ è la media dei valori di $g(X, Y)$ pesati con la distribuzione di $(X, Y)$, cioè

$$E\Big(g(X, Y)\Big) = \int_{-\infty}^{\infty} \int_{-\infty}^{\infty} g(x, y)\, f(x, y)\, dxdy$$

In particolare si ha

$$E(XY) = \int_{-\infty}^{\infty} \int_{-\infty}^{\infty} xy f(x, y)\, dxdy$$

**Variabili multivariate** Le generalizzazioni dei concetti precedenti al caso di tre o più variabili sono immediate. Ad esempio, se la variabile trivariata $(X, Y, Z)$ è discreta, l'indipendenza delle tre variabili discrete $X, Y$ e $Z$ significa

$$\begin{aligned} P(X = x_i, Y = y_j) &= P(X = x_i) \times P(Y = y_j) \\ P(X = x_i, Z = z_k) &= P(X = x_i) \times P(Z = z_k) \\ P(Y = y_j, Z = z_k) &= P(Y = y_j) \times P(Z = z_k) \\ P(X = x_i, Y = y_j, Z = z_k) &= P(X = x_i) \times P(Y = y_j) \times P(Z = z_k) \end{aligned}$$
$$\text{per ogni scelta di } x_i,\ y_j \text{ e } z_k$$

mentre se $(X, Y, Z)$ ammette densità continua $f(x, y, z)$, l'indipendenza equivale a

$$f(x, y, z) = f_X(x) f_Y(y) f_Z(z) \qquad \text{per ogni scelta di } x,\ y \text{ e } z$$

**Modelli multivariati**

- **Schema multinomiale**: si considera un esperimento casuale costituito da un numero prefissato $n$ di prove identiche e indipendenti per ciascuna delle quali i possibili risultati sono $m$ (per questo motivo si parla anche di prove di Bernoulli a $m$ alternative). Per $m = 2$ si ha lo schema binomiale, già descritto; per $m = 3$ lo schema si dice trinomiale, ecc. Come esempio di $m = 3$, si pensi ad un controllo di qualità in cui i pezzi sono classificati in buoni, difettosi o recuperabili.
  In uno schema multinomiale la variabile interessante è quella che conta quante volte si verifica ciascuna alternativa. Per fissare le idee, consideriamo il caso trinomiale e sia $(X, Y, Z)$ la variabile trivariata le cui componenti contano quante volte si verificano le tre alternative, rispettivamente, sul totale delle $n$ prove. Allora, dette $p$, $q$ ed $r$ le probabilità di verificarsi di ciascuna alternativa nella singola prova ($0 < p, q, r < 1$ con $p + q + r = 1$), si ha

  $$P(X = x, Y = y, Z = z) = \frac{n!}{x!y!z!} p^x q^y r^z$$

  dove $x, y, z = 0, 1, ..., n$ con $x + y + z = n$. Singolarmente prese, le tre variabili $X$, $Y$ e $Z$ sono binomiali

  $$X \sim \mathcal{B}(n; p), \qquad Y \sim \mathcal{B}(n; q), \qquad Z \sim \mathcal{B}(n; r)$$

  ed inoltre è chiaro che esse sono correlate, valendo il vincolo deterministico $X + Y + Z = n$.

- **Schema ipergeometrico**: descrive il campionamento in blocco da un insieme formato da unità di $m$ tipi diversi. Il modello dipende da $m + 1$ parametri, i numeri $N_1, ..., N_m$ di unità di ciascun tipo e il numero $n$ di unità del blocco estratto. La variabile che interessa è quella che conta quante unità di ogni tipo ci sono nel blocco estratto. Ad es., nel caso $m = 3$, la variabile trivariata $(X, Y, Z)$ le cui componenti contano, rispettivamente, le unità dei tre tipi ha la seguente densità

  $$P(X = x, Y = y, Z = z) = \frac{\binom{N_1}{x}\binom{N_2}{y}\binom{N_3}{z}}{\binom{N_1 + N_2 + N_3}{n}}$$

  dove $x, y, z = 0, 1, ..., n$ con $x + y + z = n$.

- **Modello uniforme continuo in 2-D**: descrive l'esperimento in cui si sceglie a caso un punto $(X,Y)$ in un dominio limitato del piano. La variabile $(X,Y)$ è continua con densità costante e la probabilità che il punto estratto capiti in una parte $A$ del dominio è uguale al rapporto tra l'area di $A$ e l'area del dominio.

**Somma di variabili** La somma di due variabili $X$ ed $Y$ ha media e varianza date da

$$\begin{aligned} E(X+Y) &= E(X)+E(Y) \\ V(X+Y) &= V(X)+V(Y)+2C(X,Y) \end{aligned}$$

Quindi la media di una somma è la somma delle medie, mentre la varianza di una somma è la somma delle varianze solo se le due variabili sono incorrelate (e, in particolare, indipendenti). Generalizzando a $n$ variabili $X_1,...,X_n$, si ha

$$E(X_1+...+X_n) = E(X_1)+...+E(X_n)$$

e

$$X_1,...,X_n \text{ incorrelate} \quad \Longrightarrow \quad V(X_1+...+X_n) = V(X_1)+...+V(X_n)$$

In taluni casi (vedi Tabella seguente), la somma di variabili indipendenti ha una distribuzione dello stesso tipo di quella degli addendi (proprietà di **riproducibilità**). In particolare, la riproducibilità della distribuzione normale comporta che si abbia

$$X_1,...,X_n \text{ indipendenti e tutte } \mathcal{N}(\mu;\sigma^2) \quad \Longrightarrow \quad \sum_{i=1}^{n} X_i \sim \mathcal{N}(n\mu; n\sigma^2)$$

Il Teorema del Limite Centrale[1] (**TLC**) afferma che la somma di "tante" variabili indipendenti e identicamente distribuite (**variabili iid**) tende sempre a distribuirsi normalmente anche se le variabili non sono normali

$$X_1,...,X_n \text{ iid [con } \mu = E(X_i) \text{ e } \sigma^2 = V(X_i)\text{] e } n \gg 1 \quad \Longrightarrow \quad \sum_{i=1}^{n} X_i \approx \mathcal{N}(n\mu; n\sigma^2)$$

| $X$ | $Y$ | $\Longrightarrow X+Y$ |
|---|---|---|
| $\mathcal{B}(n_1;p)$ | $\mathcal{B}(n_2;p)$ | $\mathcal{B}(n_1+n_2;p)$ |
| $\overline{\mathcal{B}}(n_1;p)$ | $\overline{\mathcal{B}}(n_2;p)$ | $\overline{\mathcal{B}}(n_1+n_2;p)$ |
| $\mathcal{P}(\lambda_1)$ | $\mathcal{P}(\lambda_2)$ | $\mathcal{P}(\lambda_1+\lambda_2)$ |
| $\mathcal{N}(\mu_1;\sigma_1^2)$ | $\mathcal{N}(\mu_2;\sigma_2^2)$ | $\mathcal{N}(\mu_1+\mu_2;\sigma_1^2+\sigma_2^2)$ |
| $\Gamma(n_1;\lambda)$ | $\Gamma(n_2;\lambda)$ | $\Gamma(n_1+n_2;\lambda)$ |

[1] detto anche Teorema Limite Centrale o Teorema Centrale Limite o Teorema Centrale di convergenza.

## 3.2 Esercizi svolti

309. Lanciamo due dadi di cui il primo è regolare e il secondo è truccato in modo che il "6" abbia una probabilità doppia rispetto alle altre 5 facce, le quali invece sono tutte equiprobabili. Siano $X$ il punteggio ottenuto nel lancio del dado regolare e $Y$ quello nel lancio del dado truccato. Calcolare la densità bivariata di $(X, Y)$. Qual è la probabilità che il punteggio totale sia 8?

☐ *Variabile bivariata discreta.*

---

✎ Per l'indipendenza dei lanci si ha

$$P(X = x, Y = y) = P(X = x) \times P(Y = y)$$

ed è $P(X = x) = 1/6$ $(x = 1, ..., 6)$ per il dado regolare e $P(Y = y) = 1/7$ $(y = 1, ..., 5)$, $P(Y = 6) = 2/7$ per il dado truccato. Di conseguenza la densità bivariata risulta

$$P(X = x, Y = y) = \begin{cases} 1/42 & \text{se} \quad x = 1, ..., 6; \quad y = 1, ..., 5 \\ 2/42 & \text{se} \quad x = 1, ..., 6; \quad y = 6 \end{cases}$$

La probabilità che il punteggio totale sia 8 è data da

$$P(X + Y = 8) = \sum_{x+y=8} P(X = x, Y = y) = \frac{1}{7}$$

Il risultato è stato calcolato considerando la tabella delle probabilità congiunte e sommando i valori che si trovano nelle caselle indicate in Figura.

| | $y = 1$ | $y = 2$ | $y = 3$ | $y = 4$ | $y = 5$ | $y = 6$ |
|---|---|---|---|---|---|---|
| $x = 1$ | | | | | | |
| $x = 2$ | | | | | | ★ |
| $x = 3$ | | | | | ★ | |
| $x = 4$ | | | | ★ | | |
| $x = 5$ | | | ★ | | | |
| $x = 6$ | | ★ | | | | |

---

310. Una scatola contiene un dado bianco e un dado nero. Il dado bianco è regolare, mentre quello nero è truccato in modo che le facce dispari abbiano probabilità doppia di uscire rispetto a quelle pari. Si estrae a caso un dado e poi lo si lancia. Definite le variabili $X$ = "dado estratto" e $Y$ = "punteggio ottenuto", ricavare la tabella delle probabilità congiunte e delle probabilità marginali della variabile bivariata $(X, Y)$. Calcolare poi il punteggio medio atteso.

☐ *Variabile bivariata discreta.*

---

Per la regola della catena le probabilità congiunte sono date da

$$P(X = x, Y = y) = P(Y = y \mid X = x)\, P(X = x)$$

con $x =$ "bianco" oppure $x =$ "nero" e $y = 1, ..., 6$. Poiché il dado è scelto a caso si ha

$$P(X = \text{"bianco"}) = P(X = \text{"nero"}) = \frac{1}{2}$$

Calcoliamo ora le probabilità condizionate. Essendo regolare, il dado bianco ha le facce equiprobabili, cioè

$$P(Y = y \mid X = \text{"bianco"}) = \frac{1}{6} \qquad (y = 1, ..., 6)$$

e quindi

$$P(X = \text{"bianco"}, Y = y) = \frac{1}{6} \times \frac{1}{2} = \frac{1}{12}$$

Il dado nero, invece, non è regolare. Posto per brevità $P(Y = y \mid X = \text{"nero"}) = p_y$, si ha

$$p_2 = p_4 = p_6 \equiv p, \qquad p_1 = p_3 = p_5 \equiv 2p$$

(la probabilità di un punteggio dispari è doppia rispetto a quella di un punteggio pari) e la condizione di normalizzazione $\sum p_y = 1$ implica che sia $p = 1/9$. Quindi

$$P(X = \text{"nero"}, Y = y) = \frac{1}{9} \times \frac{1}{2} = \frac{1}{18} \qquad (y = 2, 4, 6)$$

e

$$P(X = \text{"nero"}, Y = y) = \frac{2}{9} \times \frac{1}{2} = \frac{2}{18} \qquad (y = 1, 3, 5)$$

Le probabilità congiunte si possono riassumere nella tabella seguente, dove sono anche riportate le probabilità marginali di $X$ (somme per righe ) e di $Y$ (somme per colonne).

| | $y = 1$ | $y = 2$ | $y = 3$ | $y = 4$ | $y = 5$ | $y = 6$ | $P(X = x)$ |
|---|---|---|---|---|---|---|---|
| $x =$ "bianco" | 1/12 | 1/12 | 1/12 | 1/12 | 1/12 | 1/12 | 1/2 |
| $x =$ "nero" | 2/18 | 1/18 | 2/18 | 1/18 | 2/18 | 1/18 | 1/2 |
| $P(Y = y)$ | 7/36 | 5/36 | 7/36 | 5/36 | 7/36 | 5/36 | |

Infine, il punteggio medio è

$$E(Y) = \sum yP(Y = y) = \frac{1 \times 7 + 2 \times 5 + 3 \times 7 + 4 \times 5 + 5 \times 7 + 6 \times 5}{36} = \frac{41}{12} \simeq 3.4$$

---

311. La seguente tabella rappresenta la densità congiunta e le densità marginali di una variabile bivariata discreta $(X, Y)$.

| | $y = -1$ | $y = 0$ | $y = 1$ | $P(X = x)$ |
|---|---|---|---|---|
| $x = 1$ | | | | 0.4 |
| $x = 2$ | | 0.3 | 0.2 | |
| $P(Y = y)$ | 0.2 | | | |

Completare la tabella, sapendo che $E(Y) = 0.1$.

☐ *Variabile bivariata discreta.*

---

✎ Indichiamo con lettere i valori nelle caselle da riempire.

| | $y=-1$ | $y=0$ | $y=1$ | $P(X=x)$ |
|---|---|---|---|---|
| $x=1$ | $a$ | $b$ | $c$ | 0.4 |
| $x=2$ | $d$ | 0.3 | 0.2 | $e$ |
| $P(Y=y)$ | 0.2 | $f$ | $g$ | |

Allora si ha: $e=0.6$ per la condizione di normalizzazione della distribuzione marginale di $X$; $d=0.1$ perché la somma delle probabilità congiunte nella riga $x=2$ deve dare $e=0.6$; $a=0.1$ perché la somma delle probabilità congiunte nella colonna $y=-1$ deve dare 0.2; $b+c=0.3$ perché la somma delle probabilità congiunte nella riga $x=1$ deve dare 0.4. Quindi

| | $y=-1$ | $y=0$ | $y=1$ | $P(X=x)$ |
|---|---|---|---|---|
| $x=1$ | 0.1 | $b$ | $0.3-b$ | 0.4 |
| $x=2$ | 0.1 | 0.3 | 0.2 | 0.6 |
| $P(Y=y)$ | 0.2 | $b+0.3$ | $0.5-b$ | |

Infine la condizione $E(Y)=0.1$ determina il valore $b=0.2$.

---

312. La densità discreta congiunta delle variabili $X$ ed $Y$ è data dalla seguente tabella:

| | $y=-2$ | $y=-1$ | $y=0$ | $y=1$ | $y=2$ | $P(X=x)$ |
|---|---|---|---|---|---|---|
| $x=0$ | | 1/8 | 0 | 1/8 | 1/8 | 1/2 |
| $x=1$ | 0 | 1/16 | 0 | | 0 | |
| $x=2$ | 1/8 | | 1/8 | 0 | 1/8 | |
| $P(Y=y)$ | | 3/16 | | | | |

Completare la tabella e poi calcolare $C(X,Y)=0$. Trovare una densità discreta congiunta diversa da quella in tabella, ma avente le medesime densità marginali.

☐ *Variabile bivariata discreta.*

---

✎ Indicati con lettere i valori da inserire:

| | $y=-2$ | $y=-1$ | $y=0$ | $y=1$ | $y=2$ | $P(X=x)$ |
|---|---|---|---|---|---|---|
| $x=0$ | $a$ | 1/8 | 0 | 1/8 | 1/8 | 1/2 |
| $x=1$ | 0 | 1/16 | 0 | $b$ | 0 | |
| $x=2$ | 1/8 | $c$ | 1/8 | 0 | 1/8 | |
| $P(Y=y)$ | | 3/16 | | | | |

si trova: $a = 1/8$ perché la somma delle probabilità congiunte della riga $x = 0$ deve fare $1/2$; $c = 0$ perché la somma delle probabilità congiunte della colonna $y = -1$ deve fare $3/16$; $b = 1/16$ per la condizione di normalizzazione. In conclusione

| | $y=-2$ | $y=-1$ | $y=0$ | $y=1$ | $y=2$ | $P(X=x)$ |
|---|---|---|---|---|---|---|
| $x=0$ | $1/8$ | $1/8$ | $0$ | $1/8$ | $1/8$ | $1/2$ |
| $x=1$ | $0$ | $1/16$ | $0$ | $1/16$ | $0$ | $1/8$ |
| $x=2$ | $1/8$ | $0$ | $1/8$ | $0$ | $1/8$ | $3/8$ |
| $P(Y=y)$ | $1/4$ | $3/16$ | $1/8$ | $3/16$ | $1/4$ | |

Inoltre: $E(Y) = 0$ (per simmetria); $C(X,Y) = E(XY) = -1/4$. Una densità congiunta che ha le stesse marginali è la densità fattorizzata $P(X = x) \times P(Y = y)$:

| | $y=-2$ | $y=-1$ | $y=0$ | $y=1$ | $y=2$ | $P(X=x)$ |
|---|---|---|---|---|---|---|
| $x=0$ | $1/8$ | $3/32$ | $1/16$ | $3/32$ | $1/8$ | $1/2$ |
| $x=1$ | $1/32$ | $3/128$ | $1/64$ | $3/128$ | $1/32$ | $1/8$ |
| $x=2$ | $3/32$ | $9/128$ | $3/64$ | $9/128$ | $3/32$ | $3/8$ |
| $P(Y=y)$ | $1/4$ | $3/16$ | $1/8$ | $3/16$ | $1/4$ | |

---

313. Quando muore, una cellula di un determinato tipo lascia una "prole" di una cellula con probabilità $p$ oppure di due cellule con probabilità $q = 1 - p$. Ogni cellula della prole segue la medesima legge di scissione ed inoltre tutte le cellule agiscono indipendentemente l'una dall'altra. Data una cellula, sia $X$ il numero dei suoi discendenti e $Y$ il numero dei discendenti dei suoi discendenti. Calcolare la densità discreta congiunta della variabile bivariata $(X, Y)$ e le densità marginali. Calcolare la probabilità che sia $X = 1$ dato che è $Y = 2$.

*Variabile bivariata discreta.* ❐

---

La cellula di prima generazione è una sola con probabilità $P(X = 1) = p$; in tal caso la seconda generazione sarà formata da una sola cellula con probabilità $P(Y = 1) = p$ oppure da due cellule con probabilità $P(Y = 2) = q$

$$\begin{aligned} P(X=1, Y=y) &= \text{(per l'indipendenza)} \\ &= P(X=1) \times P(Y=y) = \begin{cases} p^2 & \text{se } y=1 \\ pq & \text{se } y=2 \end{cases} \end{aligned}$$

mentre non potrà essere formata da 3 o 4 cellule

$$P(X = 1, Y = 3) = P(X = 1, Y = 4) = 0$$

Analogamente, le cellule di prima generazione sono 2 con probabilità $P(X = 2) = q$; ne segue che la seconda generazione non potrà essere formata da una sola cellula

$$P(X = 2, Y = 1) = 0$$

ma da almeno due. Più precisamente, la seconda generazione è formata da 2 cellule quando entrambe le cellule di prima generazione hanno un solo discendente (e ciò avviene con probabilità $P(Y=2)=p^2$), oppure da 3 cellule se una delle cellule di prima generazione ha un discendente e l'altra due (e ciò si verifica con probabilità $P(Y=3)=2pq$), o infine quando entrambe le cellule di prima generazione hanno due discendenti (e ciò avviene con probabilità $P(Y=4)=q^2$). Pertanto

$$\begin{aligned} P(X=2,Y=y) &= \text{(per l'indipendenza)} \\ &= P(X=2)\times P(Y=y)=\begin{cases} p^2q & \text{se } y=2 \\ 2pq^2 & \text{se } y=3 \\ q^3 & \text{se } y=4 \end{cases} \end{aligned}$$

Riassumendo, si ottiene la seguente tabella delle densità congiunte e marginali

| | $y=1$ | $y=2$ | $y=3$ | $y=4$ | $P(X=x)$ |
|---|---|---|---|---|---|
| $x=1$ | $p^2$ | $pq$ | $0$ | $0$ | $p$ |
| $x=2$ | $0$ | $p^2q$ | $2pq^2$ | $q^3$ | $q$ |
| $P(Y=y)$ | $p^2$ | $pq+p^2q$ | $2pq^2$ | $q^3$ | |

Infine

$$P(X=1\,|\,Y=2)=\frac{P(X=1,Y=2)}{P(Y=2)}=\frac{pq}{pq+p^2q}=\frac{1}{1+p}$$

---

314. Si consideri il seguente gioco: (*fase I*) si lancia una moneta di trucco $p$ (= probabilità che esca Testa nel singolo lancio); (*fase II*) se nella fase I è uscita Testa si lancia la moneta una seconda volta, mentre se è uscita Croce la si lancia altre due volte. Siano $X$ = "n° di Croci uscite nella fase I" e $Y$ = "n° totale di Croci uscite nelle due fasi". Calcolare la densità discreta congiunta di $X$ ed $Y$ e le densità marginali di $X$ e di $Y$.

☐ *Variabile bivariata discreta.*

---

✎ Si pone $q=1-p$ (= probabilità che esca Croce nel singolo lancio). I possibili esiti sono (con ovvio significato dei simboli):

$$(T,T) \quad ; \quad (T,C) \quad ; \quad (C,TT) \quad ; \quad (C,CT) \quad ; \quad (C,TC) \quad ; \quad (C,CC)$$

e per l'indipendenza dei lanci si ha $P(X=0,Y=0)=P(T,T)=p^2$, $P(X=1,Y=1)=P(C,TT)=p^2q$, ecc. Si ottiene così la seguente tabella che riassume le probabilità congiunte e marginali richieste:

| | $y=0$ | $y=1$ | $y=2$ | $y=3$ | $P(X=x)$ |
|---|---|---|---|---|---|
| $x=0$ | $p^2$ | $pq$ | $0$ | $0$ | $p$ |
| $x=1$ | $0$ | $p^2q$ | $2pq^2$ | $q^3$ | $q$ |
| $P(Y=y)$ | $p^2$ | $pq+p^2q$ | $2pq^2$ | $q^3$ | |

---

La tabella è identica a quella ottenuta nell'esercizio precedente. Lo studente rifletta sul perché ...

---

315. Da un mazzo di 52 carte, che contiene 12 figure, si pesca una carta e poi se ne pesca un'altra dalle rimanenti. Sia $X$ la variabile che assume il valore 1 oppure 0 a seconda che la prima carta estratta sia una figura oppure no; analogamente, sia $Y$ la variabile che assume il valore 1 oppure 0 a seconda che la seconda carta estratta sia una figura oppure no. Calcolare: la densità bivariata di $(X, Y)$, le densità marginali di $X$ e di $Y$, la covarianza di $X$ ed $Y$.

*Variabile bivariata discreta; covarianza.*

---

È un esperimento a 2 fasi, per cui conviene calcolare le probabilità congiunte condizionando rispetto alla prima fase. Si ha

$$
\begin{aligned}
P(X=0, Y=0) &= P(Y=0 \mid X=0)\, P(X=0) = \frac{39}{51} \times \frac{40}{52} = \frac{130}{221} \\
P(X=0, Y=1) &= P(Y=1 \mid X=0)\, P(X=0) = \frac{12}{51} \times \frac{40}{52} = \frac{40}{221} \\
P(X=1, Y=0) &= P(Y=0 \mid X=1)\, P(X=1) = \frac{40}{51} \times \frac{12}{52} = \frac{40}{221} \\
P(X=1, Y=1) &= P(Y=1 \mid X=1)\, P(X=1) = \frac{11}{51} \times \frac{12}{52} = \frac{11}{221}
\end{aligned}
$$

e la tabella delle densità risulta

| | $y=0$ | $y=1$ | $P(X=x)$ |
|---|---|---|---|
| $x=0$ | 130/221 | 40/221 | 40/52 |
| $x=1$ | 40/221 | 11/221 | 12/52 |
| $P(Y=y)$ | 40/52 | 12/52 | |

Infine si ha

$$
\begin{aligned}
E(X) &= E(Y) = 1 \times \frac{12}{52} = \frac{12}{52} \\
E(XY) &= \sum xyP(X=x, Y=y) = 1 \times 1 \times \frac{11}{221} = \frac{11}{221}
\end{aligned}
$$

da cui

$$
C(X,Y) = E(XY) - E(X)\,E(Y) = \frac{11}{221} - \left(\frac{12}{52}\right)^2 \simeq -0.0035
$$

---

316. Le due variabili discrete $X$ ed $Y$ hanno densità congiunta data dalla seguente tabella.

| | $y=-1$ | $y=0$ | $y=1$ |
|---|---|---|---|
| $x=-1$ | 0 | $a$ | 0 |
| $x=0$ | $a$ | 0 | $b$ |
| $x=1$ | 0 | $b$ | 0 |

Quali sono i valori ammissibili di $a$ e di $b$? Esistono valori di $a$ e di $b$ per cui $X$ ed $Y$ sono incorrelate? Esistono valori di $a$ e di $b$ per cui $X$ ed $Y$ sono indipendenti?

*Variabile bivariata discreta; incorrelazione; indipendenza.*

Le probabilità congiunte devono essere non negative ($a \geq 0$, $b \geq 0$) e normalizzate ad 1 ($2a + 2b = 1$), quindi è

$$0 \leq a \leq \frac{1}{2}, \qquad b = \frac{1}{2} - a$$

Per il calcolo della covarianza, completiamo la tabella con le probabilità marginali.

| | $y=-1$ | $y=0$ | $y=1$ | $P(X=x)$ |
|---|---|---|---|---|
| $x=-1$ | 0 | $a$ | 0 | $a$ |
| $x=0$ | $a$ | 0 | $1/2-a$ | $1/2$ |
| $x=1$ | 0 | $1/2-a$ | 0 | $1/2-a$ |
| $P(Y=y)$ | $a$ | $1/2$ | $1/2-a$ | |

Si trova

$$E(X) = E(Y) = \frac{1}{2} - 2a, \qquad E(XY) = 0$$

e quindi

$$C(X,Y) = -\left(\frac{1}{2} - 2a\right)^2$$

per cui le variabili sono incorrelate se e solo se $a = 1/4$. Tuttavia esse non sono indipendenti perché, ad esempio, si ha $P(X=Y=0) = 0 \neq P(X=0) \times P(Y=0) = 1/4$.

317. Sia $(X,Y)$ una variabile bivariata discreta la cui densità congiunta ha la seguente forma

| | $y=0$ | $y=1$ | $y=2$ |
|---|---|---|---|
| $x=0$ | $a$ | 0 | $c$ |
| $x=1$ | 0 | $b$ | 0 |

con $a$, $b$ e $c$ diversi da zero. Dire a quali ulteriori condizioni devono soddisfare i parametri $a$, $b$ e $c$ affinché quella data sia effettivamente una densità congiunta. Dare condizioni necessarie e sufficienti su $a$, $b$ e $c$ affinché $X$ ed $Y$ siano incorrelate.

*Variabile bivariata discreta; incorrelazione.* ❐

---

Le condizioni sui parametri sono la positività ($a > 0$, $b > 0$, $c > 0$) e la normalizzazione ($a + b + c = 1$). La tabella completata con le marginali è

| | $y = 0$ | $y = 1$ | $y = 2$ | $P(X = x)$ |
|---|---|---|---|---|
| $x = 0$ | $a$ | $0$ | $c$ | $a + c$ |
| $x = 1$ | $0$ | $b$ | $0$ | $b$ |
| $P(Y = y)$ | $a$ | $b$ | $c$ | |

e si trova

$$E(X) = b, \qquad E(Y) = b + 2c, \qquad E(XY) = b$$

per cui

$$C(X, Y) = E(XY) - E(X)E(Y) = b(1 - b - 2c)$$

Dunque $X$ ed $Y$ sono variabili incorrelate se e solo se $b = 1 - 2c$ (essendo $b \neq 0$), cioè per

$$a = c, \qquad b = 1 - 2c, \qquad 0 < c < 1/2$$

---

318. Sia $(X, Y)$ una variabile bivariata discreta la cui densità congiunta è data dalla seguente tabella.

| | $y = 0$ | $y = 1$ | $y = 2$ | $y = 3$ |
|---|---|---|---|---|
| $x = 0$ | $0$ | $b$ | $4/15$ | $1/10$ |
| $x = 1$ | $a$ | $0$ | $1/10$ | $0$ |
| $x = 2$ | $0$ | $0$ | $7/30$ | $0$ |

Dire perché $X$ ed $Y$ non possono essere indipendenti qualunque siano i valori dei parametri $a$ e $b$. Determinare poi $a$ e $b$ in modo che $X$ ed $Y$ risultino incorrelate.

*Variabile bivariata discreta; incorrelazione.* ❐

---

$X$ ed $Y$ non sono indipendenti perché, ad es.,

$$P(X = 2, Y = 3) = 0 \neq P(X = 2) \times P(Y = 3) = \frac{7}{30} \times \frac{1}{10} = \frac{7}{300}$$

Inoltre

$$E(X) = 1 \times \left(a + \frac{1}{10}\right) + 2 \times \frac{7}{30} = a + \frac{17}{30}$$

$$E(Y) = 1 \times b + 2 \times \frac{18}{30} + 3 \times \frac{1}{10} = b + \frac{3}{2}$$

$$E(XY) = 1 \times 2 \times \frac{1}{10} + 2 \times 2 \times \frac{7}{30} = \frac{34}{30}$$

per cui

$$C(X,Y) = \frac{34}{30} - \left(a + \frac{17}{30}\right)\left(b + \frac{3}{2}\right)$$

Ma per la condizione di normalizzazione deve essere

$$a + b = \frac{3}{10}$$

sicché, sostituendo $a = 3/10 - b$ in $C(X,Y) = 0$, si ricava

$$\frac{34}{30} - \left(\frac{3}{10} - b + \frac{17}{30}\right)\left(b + \frac{3}{2}\right) = 0 \qquad \Longrightarrow \qquad b = -\frac{5}{6},\ b = \frac{1}{5}$$

La soluzione negativa va scartata e, in conclusione, si ottiene $a = 1/10$, $b = 1/5$.

---

319. Le due variabili discrete $X$ ed $Y$ hanno densità congiunta data dalla seguente tabella.

| | $y=-1$ | $y=1$ | $y=K$ |
|---|---|---|---|
| $x=-2$ | 0.1 | 0.2 | 0.2 |
| $x=2$ | 0.3 | 0.1 | 0.1 |

Dire qual è l'unico valore del parametro $K$ per cui $X$ ed $Y$ sono incorrelate. Per tale $K$ calcolare $P(X > 2Y)$.

*Variabile bivariata discreta; incorrelazione.*

---

Completiamo la tabella aggiungendo le probabilità marginali.

| | $y=-1$ | $y=1$ | $y=K$ | $P(Y=y)$ |
|---|---|---|---|---|
| $x=-2$ | 0.1 | 0.2 | 0.2 | 0.5 |
| $x=2$ | 0.3 | 0.1 | 0.1 | 0.5 |
| $P(X=x)$ | 0.4 | 0.3 | 0.3 | |

Ne segue

$$E(X) = 0, \qquad E(XY) = -0.6 - 0.2K$$

da cui $C(X,Y) = E(XY)$ e quindi la condizione di incorrelazione $C(X,Y) = 0$ dà $K = -3$. Per tale valore di $K$ la probabilità $P(X > 2Y)$ si ottiene sommando le probabilità congiunte indicate in Figura

| | $y=-1$ | $y=1$ | $y=-3$ |
|---|---|---|---|
| $x=-2$ | | | ★ |
| $x=2$ | ★ | | ★ |

e quindi è $P(X > 2Y) = 0.6$.

---

320. Completare la seguente tabella, che dà la densità congiunta e le densità marginali di una variabile bivariata discreta $(X, Y)$. Calcolare $P(X + Y = 3)$.

| | $y=1$ | $y=2$ | $y=3$ | $P(X=x)$ |
|---|---|---|---|---|
| $x=1$ | | 0.2 | | 0.4 |
| $x=2$ | | | 0.3 | |
| $P(Y=y)$ | | 0.3 | 0.4 | |

*Variabile bivariata discreta.*

Anzitutto si possono completare la seconda e la terza colonna (è assegnata la somma degli elementi di ciascuna)

| | $y=1$ | $y=2$ | $y=3$ | $P(X=x)$ |
|---|---|---|---|---|
| $x=1$ | | 0.2 | 0.1 | 0.4 |
| $x=2$ | | 0.1 | 0.3 | |
| $P(Y=y)$ | | 0.3 | 0.4 | |

In modo analogo si può procedere al completamento della prima riga

| | $y=1$ | $y=2$ | $y=3$ | $P(X=x)$ |
|---|---|---|---|---|
| $x=1$ | 0.1 | 0.2 | 0.1 | 0.4 |
| $x=2$ | | 0.1 | 0.3 | |
| $P(Y=y)$ | | 0.3 | 0.4 | |

e infine la condizione di normalizzazione permette di completare anche la seconda riga. La tabella completa è dunque

| | $y=1$ | $y=2$ | $y=3$ | $P(X=x)$ |
|---|---|---|---|---|
| $x=1$ | 0.1 | 0.2 | 0.1 | 0.4 |
| $x=2$ | 0.2 | 0.1 | 0.3 | 0.6 |
| $P(Y=y)$ | 0.3 | 0.3 | 0.4 | |

e si trova che $P(X + Y = 3) = 0.4$.

321. Sia $Y = X^2$, dove la variabile $X$ è tale che $P(X = 0) = 1/5$, $P(X = -1) = P(X = 1) = 2/5$. Calcolare la densità bivariata della variabile $(X, Y)$. Stabilire se $X$ ed $Y$ sono indipendenti.

*Variabile bivariata discreta; indipendenza.*

✎ Necessariamente da $X = 0$ segue $Y = 0$ e da $X = \pm 1$ segue $Y = 1$. Quindi sono nulle tre delle sei probabilità congiunte (vedi tabella).

| | $y = 0$ | $y = 1$ | $P(X = x)$ |
|---|---|---|---|
| $x = -1$ | 0 | | 2/5 |
| $x = 0$ | | 0 | 1/5 |
| $x = 1$ | 0 | | 2/5 |
| $P(Y = y)$ | | | |

I tre valori restanti si ottengono subito ricordando che la marginale di $X$ è la somma dei valori delle righe. In definitiva la tabella completa è la seguente

| | $y = 0$ | $y = 1$ | $P(X = x)$ |
|---|---|---|---|
| $x = -1$ | 0 | 2/5 | 2/5 |
| $x = 0$ | 1/5 | 0 | 1/5 |
| $x = 1$ | 0 | 2/5 | 2/5 |
| $P(Y = y)$ | 1/5 | 4/5 | |

Le variabili non sono indipendenti: ad es., si ha $P(X = -1, Y = 0) = 0 \neq P(X = -1) \times P(Y = 0) = 2/25$. Tuttavia, $X$ ed $Y$ sono incorrelate perché $E(X) = E(XY) = 0$ e quindi $C(X, Y) = 0$.

---

322. La scatola $\mathcal{A}$ contiene sei palline numerate $1, 2, 2, 3, 3, 3$ e la scatola $\mathcal{B}$ sei palline numerate $1, 1, 2, 2, 2, 3$. Si estrae a caso una pallina da ciascuna scatola e siano $X$ = "numero estratto dalla scatola $\mathcal{A}$" e $Y$ = "numero estratto dalla scatola $\mathcal{B}$". Calcolare la densità congiunta di $X$ e di $Y$. Calcolare la covarianza di $X$ ed $Y$.

☐ *Variabile bivariata discreta; covarianza.*

---

✎ Per l'indipendenza delle estrazioni le probabilità congiunte sono il prodotto delle marginali. A loro volta, data la composizione delle scatole, le marginali sono

$$P(X = 1) = \frac{1}{6}, \qquad P(X = 2) = \frac{2}{6}, \qquad P(X = 3) = \frac{3}{6}$$

e

$$P(Y = 1) = \frac{2}{6}, \qquad P(Y = 2) = \frac{3}{6}, \qquad P(Y = 3) = \frac{1}{6}$$

Infine è $C(X, Y) = 0$ perché le due variabili sono indipendenti.

---

323. Una sorgente trasmette il segnale binario $X \sim \mathcal{B}(1;1/4)$. L'apparecchio ricevitore decodifica correttamente il segnale con probabilità 90%, cioè $P(Y=0\,|\,X=0) = P(Y=1\,|\,X=1) = 0.90$ dove $Y$ è il segnale decodificato. Determinare la tabella delle probabilità congiunte e marginali della variabile bivariata $(X,Y)$. Calcolare la covarianza di $X$ ed $Y$.

*Variabile bivariata discreta; covarianza.* ❐

---

Occorre calcolare le quattro probabilità congiunte $P(X=x, Y=y)$ dove $x=0,1$ e $y=0,1$. Con i dati del problema si ha

$$\begin{aligned} P(X=0,Y=0) &= P(Y=0\,|\,X=0) \times P(X=0) = 0.90 \times \frac{3}{4} = 0.675 \\ P(X=1,Y=1) &= P(Y=1\,|\,X=1) \times P(X=1) = 0.90 \times \frac{1}{4} = 0.225 \end{aligned}$$

Inseriamo questi valori nella tabella delle probabilità congiunte e marginali

| | $y=0$ | $y=1$ | $P(X=x)$ |
|---|---|---|---|
| $x=0$ | 0.675 | | 3/4 |
| $x=1$ | | 0.225 | 1/4 |
| $P(Y=y)$ | | | |

poi completiamo la prima e la seconda riga per differenza tra il valore marginale e la probabilità congiunta prima calcolata. In conclusione si trova

| | $y=0$ | $y=1$ | $P(X=x)$ |
|---|---|---|---|
| $x=0$ | 0.675 | 0.075 | 0.75 |
| $x=1$ | 0.025 | 0.225 | 0.25 |
| $P(Y=y)$ | 0.7 | 0.3 | |

e

$$C(X,Y) = E(XY) - E(X)E(Y) = 0.225 - 0.25 \times 0.3 = 0.15$$

---

324. Sulle due facce di una moneta regolare sono stampate le cifre "1" e "2", rispettivamente. Si lancia la moneta due volte e siano $X$ = "massimo fra i due risultati" e $Y$ = "somma dei due risultati". Determinare la densità bivariata di $(X,Y)$. Calcolare la covarianza di $X$ ed $Y$.

*Variabile bivariata discreta; covarianza.* ❐

---

✎ $X$ può assumere i due valori 1 e 2. Se è $X = 1$, significa che è uscito "1" in entrambi i lanci (e questo si verifica con probabilità $1/4$ perché la moneta è regolare); ma allora è necessariamente $Y = 2$ mentre non può essere né $Y = 3$ né $Y = 4$. La prima riga della tabella è perciò

| | $y = 2$ | $y = 3$ | $y = 4$ | $P(X = x)$ |
|---|---|---|---|---|
| $x = 1$ | $1/4$ | 0 | 0 | $1/4$ |
| $x = 2$ | | | | |
| $P(Y = y)$ | | | | |

Se è $Y = 4$, significa che è uscito "2" in entrambi i lanci (e questo si verifica con probabilità $1/4$ perché la moneta è regolare) ed è necessariamente anche $X = 2$. Inoltre, poiché l'evento $\{X = Y = 2\}$ è chiaramente impossibile, abbiamo trovato altre due probabilità congiunte.

| | $y = 2$ | $y = 3$ | $y = 4$ | $P(X = x)$ |
|---|---|---|---|---|
| $x = 1$ | $1/4$ | 0 | 0 | $1/4$ |
| $x = 2$ | 0 | | $1/4$ | |
| $P(Y = y)$ | $1/4$ | | $1/4$ | |

La probabilità congiunta mancante vale $2/4$ per la condizione di normalizzazione. In definitiva, la tabella completa è

| | $y = 2$ | $y = 3$ | $y = 4$ | $P(X = x)$ |
|---|---|---|---|---|
| $x = 1$ | $1/4$ | 0 | 0 | $1/4$ |
| $x = 2$ | 0 | $2/4$ | $1/4$ | $3/4$ |
| $P(Y = y)$ | $1/4$ | $2/4$ | $1/4$ | |

e da questa si ricava

$$C(X,Y) = E(XY) - E(X)E(Y) = \frac{11}{2} - \frac{7}{4} \times 3 = \frac{1}{4}$$

---

325. Siano $X$ ed $Y$ variabili discrete indipendenti con $P(X = 0) = 0.4$, $P(X = 1) = 0.6$ e $P(Y = 0) = 0.2$, $P(Y = 1) = 0.5$, $P(Y = 2) = 0.3$. Calcolare la densità discreta della variabile $U = X + Y$.

☐ *Somma di variabili discrete.*

---

✎ Sfruttando l'indipendenza di $X$ ed $Y$ si trova la seguente densità

| $u =$ | 0 | 1 | 2 | 3 |
|---|---|---|---|---|
| $P(U = u) =$ | 0.08 | 0.32 | 0.42 | 0.18 |

Infatti

$$P(U=0) = P(X=0, Y=0) = 0.4 \times 0.2 = 0.08$$

$$\begin{aligned} P(U=1) &= P(X=0, Y=1) + P(X=1, Y=0) \\ &= 0.4 \times 0.5 + 0.6 \times 0.2 = 0.32 \end{aligned}$$

ecc.

---

326. Sia $f(x,y) = 2e^{-x-y}$ se $0 \le y \le x$ e $f(x,y) = 0$ altrimenti. Verificare che $f(x,y)$ è la densità di una variabile bivariata continua $(X,Y)$ e poi calcolare le densità marginali.

*Variabile bivariata continua.*

---

Essendo $f(x,y)$ continua e positiva nel supporto $R$ (il settore compreso fra il semiasse $x$ positivo e la bisettrice del primo quadrante), basta controllare la condizione di normalizzazione:

$$\begin{aligned} \iint_R f(x,y)\, dxdy &= \int_0^\infty 2e^{-x}\, dx \int_0^x e^{-y}\, dy = \int_0^\infty 2e^{-x}\left(1 - e^{-x}\right) dx = \\ &= \left[e^{-2x} - 2e^{-x}\right]_{x=0}^{x\to\infty} = 1 \end{aligned}$$

Si ha poi

$$f_X(x) = \int_{-\infty}^{\infty} f(x,y)\, dy = 0 \qquad \text{per } x < 0$$

perché $f(x,y) = 0$ per $x < 0$. Invece per $x \ge 0$ si ottiene

$$f_X(x) = \int_{-\infty}^{\infty} f_{X,Y}(x,y)\, dy = 2e^{-x} \int_0^x e^{-y}\, dy = 2e^{-x}\left(1 - e^{-x}\right)$$

Quindi

$$f_X(x) = 2e^{-x}\left(1 - e^{-x}\right) \qquad \text{per } x \ge 0$$

Con calcoli analoghi si trova

$$f_Y(y) = 2e^{-2y} \qquad \text{per } y \ge 0$$

327. La densità di una variabile bivariata continua $(X, Y)$ con supporto nel triangolo $T = \{(x, y) : 0 \leq y \leq x \leq 2\}$ è data da $f(x, y) = Kxy$. Determinare il valore della costante $K$. Calcolare le densità marginali di $X$ e di $Y$ e la covarianza di $X$ ed $Y$.

*Variabile bivariata continua; covarianza.*

---

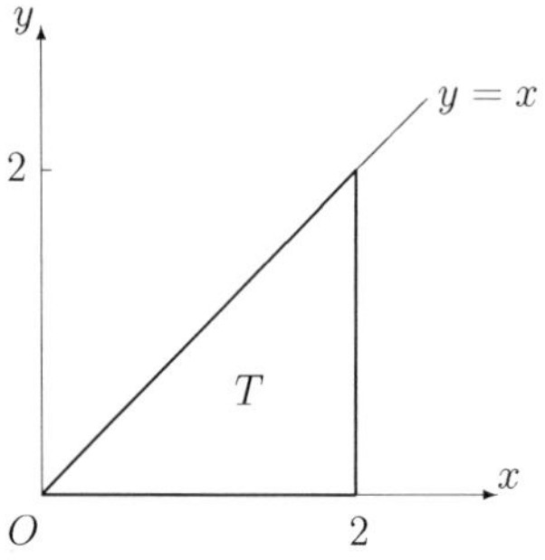


Imponendo la condizione di normalizzazione

$$1 = \iint_T f(x, y)\, dxdy = K \int_0^2 xdx \int_0^x ydy = \frac{K}{2} \int_0^2 x^3 dx = 2K$$

si ricava $K = 1/2$. Per $0 \leq x \leq 2$ si ha

$$f_X(x) = \int_{-\infty}^{\infty} f(x, y)\, dy = \frac{x}{2} \int_0^x ydy = \frac{x^3}{4}$$

e per $0 \leq y \leq 2$

$$f_Y(y) = \int_{-\infty}^{\infty} f(x, y)\, dx = \frac{y}{2} \int_y^2 xdx = \frac{1}{4} y \left(4 - y^2\right)$$

Infine

$$E(X) = \int_{-\infty}^{\infty} x f_X(x)\, dx = \int_0^2 \frac{x^4}{4} dx = \frac{8}{5}$$

$$E(Y) = \int_{-\infty}^{\infty} y f_Y(y)\, dy = \int_0^2 \frac{1}{4} y^2 \left(4 - y^2\right) dy = \frac{16}{15}$$

$$E(XY) = \iint_T xyf(x, y)\, dxdy = \int_0^2 \frac{1}{2} x^2 dx \int_0^x y^2 dy = \frac{1}{6} \int_0^2 x^5 dx = \frac{16}{9}$$

da cui

$$C(X, Y) = E(XY) - E(X)E(Y) = \frac{16}{9} - \frac{8}{5} \times \frac{16}{15} = \frac{16}{225}$$

---

328. Sia $f(x,y) = 6e^{-3x-2y}$ se $x > 0$, $y > 0$ e $f(x,y) = 0$ altrimenti, la densità della variabile bivariata continua $(X,Y)$. Determinare le distribuzioni marginali di $X$ e di $Y$, e riconoscerle. Stabilire se $X$ ed $Y$ sono indipendenti.

*Variabile bivariata continua; indipendenza.*

---

La densità $f(x,y)$ si può fattorizzare nel modo seguente

$$f(x,y) = 6e^{-3x-2y} = \left(3e^{-3x}\right) \times \left(2e^{-2y}\right)$$

e si riconosce in ciascun fattore una densità esponenziale. Quindi le variabili marginali sono esponenziali, e precisamente $X \sim \mathcal{E}(3)$ e $Y \sim \mathcal{E}(2)$, e inoltre risultano indipendenti perché la densità congiunta è il prodotto delle densità marginali.

---

329. Un trasmettitore emette segnali secondo uno schema di Poisson di intensità $\nu$. Ogni segnale emesso viene immediatamente raccolto da un ricevitore, la cui durata di funzionamento è distribuita esponenzialmente con parametro $\lambda$. Trasmettitore e ricevitore sono accesi all'istante $t = 0$. Provare che la probabilità $p$ che il primo segnale emesso sia ricevuto vale $p = \dfrac{\nu}{\lambda+\nu}$. Quanto deve valere il rapporto $\nu/\lambda$ affinché sia $p \geq 90\%$?

*Variabile bivariata continua; indipendenza.*

---

Siano $X$ = "istante di emissione del primo segnale" e $Y$ = "durata di funzionamento del ricevitore". Allora si ha $X \sim \mathcal{E}(\nu)$ e $Y \sim \mathcal{E}(\lambda)$ ed inoltre si può assumere che le due variabili siano indipendenti. Il primo segnale emesso sarà ricevuto se il ricevitore è funzionante al momento dell'emissione, quindi

$$p = P(Y > X)$$

Questa probabilità si calcola con la formula dell'area: detta $f(x,y)$ la densità congiunta di $(X,Y)$ e $A$ l'intersezione tra il supporto di $(X,Y)$ (il primo quadrante del piano $Oxy$) e il semipiano $y > x$, si ha

$$P(Y > X) = \iint_A f(x,y)\,dxdy$$

Ora, per l'indipendenza di $X$ e di $Y$ la densità congiunta è il prodotto delle densità marginali (entrambe esponenziali)

$$f(x,y) = f_X(x)\,f_Y(y) = \left(\nu e^{-\nu x}\right)\left(\lambda e^{-\lambda y}\right)$$

quindi

$$p = \int_0^{\infty} \lambda e^{-\lambda y} dy \int_0^{y} \nu e^{-\nu x} dx = \int_0^{\infty} \lambda e^{-\lambda y} \left(1 - e^{-\nu y}\right) dy = 1 - \frac{\lambda}{\lambda + \nu} = \frac{\nu}{\lambda + \nu}$$

La condizione $p \geq 0.90$ dà poi

$$1 - \frac{\lambda}{\lambda + \nu} \geq 0.90$$

e da questa si ricava $\nu / \lambda \geq 9$.

---

330. In una gara di tiro a segno Aldo mira al centro del bersaglio (posto nell'origine di un piano cartesiano ortogonale), ma in realtà colpisce il punto di coordinate $(X, Y)$ dove $X \sim \mathcal{N}(0; \sigma^2)$ ed $Y \sim \mathcal{N}(0; \sigma^2)$ sono variabili indipendenti. Scrivere la densità congiunta di $(X, Y)$. Qual è la probabilità che Aldo colpisca il cerchio $C$ avente centro nell'origine e raggio 5 cm? Quanto può valere $\sigma$ al massimo affinché ci sia più del 90% di probabilità che Aldo colpisca $C$?

*Variabile bivariata continua; indipendenza.*

---

Per l'indipendenza di $X$ ed $Y$ la densità congiunta di $(X, Y)$ è il prodotto delle marginali

$$f(x, y) = \frac{1}{2\pi\sigma^2} e^{-\left(x^2 + y^2\right)/2\sigma^2}$$

e per la formula del volume si ha

$$P((X, Y) \in C) = \iint_C f(x, y)\, dx dy$$

Essendo $C$ il cerchio di equazione $x^2 + y^2 \leq 25$, conviene risolvere l'integrale doppio passando alle coordinate polari

$$P((X, Y) \in C) = \frac{1}{\sigma^2} \int_0^5 e^{-r^2/2\sigma^2} r dr = 1 - e^{-25/2\sigma^2}$$

La condizione $P((X, Y) \in C) > 0.90$ fornisce la soluzione

$$\sigma < \frac{5}{\sqrt{\ln 100}} \simeq 2.3 \text{ cm}$$

---

331. Siano $X$ ed $Y$ variabili normali $\mathcal{N}(0; a^2)$ indipendenti. Scrivere la densità congiunta della variabile bivariata $(X, Y)$. Calcolare $P\left(\sqrt{X^2+Y^2} \leq r\right)$ per $r \geq 0$.

*Variabile bivariata continua; indipendenza.*

---

Per l'indipendenza di $X$ ed $Y$ la densità congiunta $f(x, y)$ di $(X, Y)$ è il prodotto delle marginali. Perciò

$$f(x,y) = \left(\frac{1}{\sqrt{2\pi a^2}} e^{-x^2/2a^2}\right) \times \left(\frac{1}{\sqrt{2\pi a^2}} e^{-y^2/2a^2}\right) = \frac{1}{2\pi a^2} e^{-\left(x^2+y^2\right)/2a^2}$$

Si ha poi per $r \geq 0$

$$\begin{aligned} P\left(\sqrt{X^2+Y^2} \leq r\right) &= \frac{1}{a^2} \iint\limits_{\sqrt{x^2+y^2} \leq r} f(x,y)\, dx dy \\ &= \text{(passando a coordinate polari)} \\ &= \frac{1}{a^2} \int_0^r e^{-\rho^2/2a^2} \rho d\rho = 1 - e^{-r^2/2a^2} \end{aligned}$$

---

La distribuzione continua con supporto $x > 0$ e la cui funzione di ripartizione vale

$$F(x) = 1 - e^{-x^2/2a^2}$$

(essendo $a > 0$ un parametro) è chiamata **distribuzione di Rayleigh**. La densità, la media e la varianza di tale distribuzione sono rispettivamente date da

$$f(x) = \frac{x}{a^2} e^{-x^2/2a^2}, \qquad \mu = a\sqrt{\frac{\pi}{2}}, \qquad \sigma^2 = \left(2 - \frac{\pi}{2}\right) a^2$$

---

332. Siano $X \sim \mathcal{B}(1; 0.2)$ e $Y \sim \mathcal{B}(1; 0.3)$ variabili indipendenti. Determinare la distribuzione della variabile

$$Z = \begin{cases} 1 & \text{se } XY = 1 \\ 0 & \text{se } XY = 0 \end{cases}$$

$X$ e $Z$ sono indipendenti?

*Variabili indipendenti.*

---

✎ Si ha $Z \sim \mathcal{B}(1;p)$ (poiché il supporto di $Z$ è costituito dai due soli numeri 0 ed 1) ed è

$$\begin{aligned} p &= P(Z=1) = P(X=1, Y=1) = (\text{per l'indipendenza di } X \text{ ed } Y) \\ &= P(X=1) \times P(Y=1) = 0.2 \times 0.3 = 0.06 \end{aligned}$$

Inoltre $E(X) = 0.2$, $E(Z) = 0.06$, $E(XZ) = P(X=1, Z=1) = P(X=1, Y=1) = 0.06$, per cui

$$C(X,Z) = 0.06 - 0.2 \times 0.06 = 0.048$$

e si conclude che $X$ ed $Y$ sono dipendenti perché non incorrelate (cioè con covarianza diversa da zero).

---

☞ Due variabili indipendenti sono sempre incorrelate, mentre due variabili dipendenti possono essere incorrelate o non incorrelate.

---

333. Sia $U = XY$ con $X \sim \mathcal{B}(1;p)$ e $Y \sim \mathcal{N}(\mu;\sigma^2)$ variabili indipendenti. Calcolare $P(U > 0)$, $P(U < 0)$, $P(U = 0)$.

☐ *Variabili indipendenti; variabile mista.*

---

✎ Si ha

$$\begin{aligned} P(U>0) &= P(X=1)\,P(Y>0) = p\Phi\left(\frac{\mu}{\sigma}\right) \\ P(U<0) &= P(X=1)\,P(Y<0) = p\Phi\left(-\frac{\mu}{\sigma}\right) = p - p\Phi\left(\frac{\mu}{\sigma}\right) = p - P(U>0) \\ P(U=0) &= 1 - P(U \neq 0) = 1 - P(U<0) - P(U>0) = 1-p \end{aligned}$$

---

☞ La variabile $U$ non è né discreta (perché il suo supporto è $\mathbb{R}$) né continua (perché $P(U=0) \neq 0$). Essa è una **variabile mista** che nell'analogia meccanica corrisponde ad un sistema composto da un filo di massa totale $p$ distribuita normalmente sulla retta e da una particella di massa $1-p$ collocata nell'origine. Il baricentro del sistema (= valore atteso di $U$) è la media pesata dei baricentri del filo ($= \mu$) e della particella ($= 0$)

$$E(U) = p \times \mu + (1-p) \times 0 = p\mu$$

Per un altro esempio di variabile mista si veda l'Ex. 203.

---

334. Siano $X$ ed $Y$ variabili indipendenti con $X \sim \mathcal{N}(0;1)$ e $Y \sim \mathcal{N}(1;4)$. Qual è la probabilità che almeno una variabile fra $X$ ed $Y$ assuma valore positivo (= evento $A$)? Sapendo che almeno una variabile fra $X$ ed $Y$ ha assunto valore positivo, qual è la probabilità che $X$ abbia valore positivo?

*Variabili indipendenti.* ❐

---

Il contrario dell'evento $A = \{X > 0\} \cup \{Y > 0\}$ è l'evento $\overline{A} = \{X \leq 0\} \cap \{Y \leq 0\}$, quindi

$$
\begin{aligned}
P(A) &= 1 - P\left(\overline{A}\right) = \text{ (per l'indipendenza di } X \text{ ed } Y\text{)} \\
&= 1 - P(X \leq 0) \times P(Y \leq 0) = 1 - \Phi(0) \times \Phi(-0.5) \simeq 84.57\%
\end{aligned}
$$

La seconda domanda chiede, invece, la seguente probabilità condizionata

$$P(X > 0 \mid A) = \frac{P(X > 0)}{P(A)} = \frac{1}{2P(A)} \simeq 59.12\%$$

---

335. Siano $X$ ed $Y$ variabili indipendenti con medie $\mu_X$ e $\mu_Y$ e varianze $\sigma_X^2$ e $\sigma_Y^2$, rispettivamente. Provare che $V(XY) = \sigma_X^2\sigma_Y^2 + \mu_X^2\sigma_Y^2 + \sigma_X^2\mu_Y^2$.

*Variabili indipendenti.* ❐

---

$$
\begin{aligned}
V(XY) &= E\left((XY)^2\right) - \left(E(XY)\right)^2 = \text{ (per l'indipendenza di } X \text{ ed } Y\text{)} \\
&= E\left(X^2\right)E\left(Y^2\right) - E(X)^2 E(Y)^2 \\
&= \left(\sigma_X^2 + \mu_X^2\right)\left(\sigma_Y^2 + \mu_Y^2\right) - \left(\mu_X\mu_Y\right)^2 \\
&= \sigma_X^2\sigma_Y^2 + \mu_X^2\sigma_Y^2 + \sigma_X^2\mu_Y^2
\end{aligned}
$$

---

Se $X$ ed $Y$ sono indipendenti, vale la seguente proprietà generale della media

$$E\big(g(X)\,h(Y)\big) = E\big(g(X)\big) \times E\big(h(Y)\big)$$

per ogni scelta delle funzioni deterministiche $g(x)$ e $h(y)$. Quindi, in particolare, si ha

$$E\left(X^m Y^n\right) = E\left(X^m\right)E\left(Y^n\right)$$

---

336. Sia $X_1, ..., X_{10}$ un campione casuale di 10 osservazioni da una popolazione normale di media 2 e varianza 3. Calcolare la probabilità che almeno un valore osservato sia negativo (= evento $A$) e la probabilità che esattamente due dei valori osservati siano maggiori di 1 (= evento $B$).

*Variabili indipendenti.*

---

L'evento contrario di $A$ è che tutti i valori osservati siano $\geq 0$, quindi

$$\begin{aligned} P(A) &= 1 - P(\overline{A}) = 1 - P(X_1 \geq 0, ..., X_{10} \geq 0) \\ &= \text{(per l'indipendenza)} \\ &= 1 - P(X_1 \geq 0) \times ... \times P(X_{10} \geq 0) \\ &= 1 - \left(1 - \Phi\left(\frac{0-2}{\sqrt{3}}\right)\right)^{10} \simeq 73.42\% \end{aligned}$$

Per il calcolo di $P(B)$ conviene definire la variabile $Y$ che conta il numero dei valori del campione che sono maggiori di 1, per cui si ha $P(B) = P(Y = 2)$. Modellizzando allora ogni osservazione come una prova di Bernoulli che ha successo se il suo valore è $> 1$, segue che $Y \sim \mathcal{B}(10; p)$ dove

$$p = P(X_i > 1) = 1 - \Phi\left(\frac{1-2}{\sqrt{3}}\right) \simeq 71.81\%$$

e quindi

$$P(B) = \binom{10}{2} p^2 (1-p)^8 \simeq 0.09\%$$

---

Nel gergo della statistica dire che le variabili $X_1, ..., X_{10}$ sono un **campione casuale di osservazioni da una popolazione** normale di media 2 e varianza 3 significa dire che $X_1, ..., X_{10}$ sono variabili iid e tutte $\mathcal{N}(2; 3)$.

---

337. Sia $X_1, ..., X_n$ un campione casuale di $n$ osservazioni dalla popolazione $X \sim \mathcal{U}(0, a)$ e sia $Y = \max\{X_1, ..., X_n\}$ l'osservazione più grande. Determinare la distribuzione di $Y$, il suo valore atteso e la sua varianza.

*Variabili indipendenti.*

---

Per calcolare la densità $f_Y(y) = F'_Y(y)$ di $Y$ nel supporto $0 \leq y \leq a$, osserviamo che

$$\{Y \leq y\} = \{X_1 \leq y\} \cap ... \cap \{X_n \leq y\}$$

e, per l'indipendenza delle osservazioni $X_1, ..., X_n$,

$$F_Y(y) = P(Y \leq y) = P(X_1 \leq y) \times ... \times P(X_n \leq y)$$

Ma le $X_i$ sono distribuite come $X$

$$F_Y(y) = (P(X \leq y))^n = (F_X(y))^n = \left(\frac{y}{a}\right)^n \qquad \Longrightarrow \qquad f_Y(y) = \frac{n}{a^n} y^{n-1}$$

Il valore atteso è

$$E(Y) = \int_0^a y f_Y(y)\, dy = \frac{n}{a^n} \int_0^a y^n dy = \frac{na}{n+1}$$

Inoltre

$$E(Y^2) = \int_0^a y^2 f_Y(y)\, dy = \frac{n}{a^n} \int_0^a y^{n+1} dy = \frac{na^2}{n+2}$$

per cui la varianza è

$$V(Y) = E(Y^2) - E(Y)^2 = \frac{na^2}{n+2} - \left(\frac{na}{n+1}\right)^2 = \frac{na^2}{(n+1)^2 (n+2)}$$

---

338. Siano $X, Y, Z$ tali che la varianza di ciascuna variabile è uguale a $\sigma^2$ e la covarianza di ogni coppia di variabili differenti è uguale a $\gamma$. Calcolare $V(X+Y+Z)$. Generalizzare il risultato al caso di $n$ variabili $X_1, ..., X_n$, cioè calcolare $V(X_1 + ... + X_n)$ sapendo che $V(X_i) = \sigma^2$ e che $C(X_i, X_j) = \gamma$ per $i \neq j$.

*Somma di variabili.*

---

$$\begin{aligned} V(X+Y+Z) &= V(X) + V(Y) + V(Z) + 2C(X,Y) + 2C(X,Z) + 2C(Y,Z) \\ &= 3\sigma^2 + 6\gamma \end{aligned}$$

Generalizzando,

$$V(X_1 + ... + X_n) = \sum_{i=1}^{n} V(X_i) + \sum_{\substack{i,j=1 \\ i \neq j}}^{n} C(X_i, X_j) = n\sigma^2 + (n^2 - n)\gamma$$

---

339. Siano $X \sim \mathcal{B}(1;p)$ e $Y \sim \mathcal{U}(0,1)$ due variabili indipendenti. Calcolare la distribuzione di probabilità di $Z = X + Y$.

*Somma di variabili.*

---

Il supporto di $Z$ è l'intervallo $0 \leq z \leq 2$, quindi $P(Z \leq z) = 0$ se $z < 0$ e $P(Z \leq z) = 1$ se $z > 2$. Per il calcolo di $P(Z \leq z)$ nell'intervallo $0 \leq z \leq 2$, distinguiamo due casi: quando è $X = 0$, i possibili valori di $Z$ sono $0 \leq z \leq 1$ e la loro probabilità vale

$$\begin{aligned} P(Z \leq z \,|\, X = 0) &= P(Y \leq z \,|\, X = 0) = \text{(per l'indipendenza di } X \text{ ed } Y) \\ &= P(Y \leq z) = z \end{aligned}$$

e analogamente, quando è $X = 1$, i possibili valori di $Z$ sono $1 \leq z \leq 2$ e si ha

$$\begin{aligned} P(Z \leq z \,|\, X = 1) &= P(1 + Y \leq z \,|\, X = 1) = \text{(per l'indipendenza di } X \text{ ed } Y) \\ &= P(Y \leq z - 1) = z - 1 \end{aligned}$$

In conclusione, per la formula delle probabilità totali la funzione di ripartizione di $Z$ per $0 \leq z \leq 2$ risulta la seguente

$$\begin{aligned} P(Z \leq z) &= P(Z \leq z \,|\, X = 0)\, P(X = 0) + P(Z \leq z \,|\, X = 1)\, P(X = 1) \\ &= \begin{cases} (1-p)\, z & \text{se} \quad 0 \leq z \leq 1 \\ 1 - p + p\,(z-1) & \text{se} \quad 1 \leq z \leq 2 \end{cases} \end{aligned}$$

---

Nell'interpretazione meccanica la distribuzione della variabile univariata $Z$ corrisponde alla densità lineare di un filo di massa totale unitaria suddiviso in due metà omogenee, la prima di massa $1 - p$ (distribuita uniformemente sul segmento $0 \leq z \leq 1$) e la seconda di massa $p$ (distribuita uniformemente sul segmento $1 \leq z \leq 2$).

---

340. Si eseguono 7 lanci di un dado regolare. Calcolare media e varianza del punteggio totale.

*Somma di variabili.*

---

Per la regolarità del dado il punteggio $X_i$ nell'$i$-esimo lancio è una variabile uniforme, cioè $P(X_i = x) = 1/6$ $(x = 1, ..., 6)$, e quindi

$$E(X_i) = \sum_{x=1}^{6} \frac{x}{6} = \frac{7}{2}, \qquad E\left(X_i^2\right) = \sum_{x=1}^{6} \frac{x^2}{6} = \frac{91}{6}, \qquad V(X_i) = \frac{91}{6} - \left(\frac{7}{2}\right)^2 = \frac{35}{12}$$

Il punteggio totale $T$ è la somma dei punteggi parziali, $T = \sum_{i=1}^{7} X_i$. Allora, per l'additività della media, il punteggio totale medio è

$$E(T) = \sum_{i=1}^{7} E(X_i) = \frac{49}{2}$$

L'indipendenza dei lanci comporta che anche la varianza sia additiva e quindi

$$V(T) = \sum_{i=1}^{7} V(X_i) = \frac{245}{12}$$

---

Ricordiamo le formule

$$\begin{aligned}\sum_{x=1}^{n} x &= 1+2+...+n = \frac{1}{2}n(n+1)\\ \sum_{x=1}^{n} x^2 &= 1^2+2^2+...+n^2 = \frac{1}{6}n(n+1)(2n+1)\end{aligned}$$

---

341. Siano $X \sim \mathcal{B}(1;p_1)$ e $Y \sim \mathcal{B}(1;p_2)$ due variabili bernoulliane indipendenti. Calcolare $P(X+Y=1)$ e $P(X=Y)$.

*Somma di variabili.*

---

$$\begin{aligned}P(X+Y=1) &= P(X=1,Y=0)+P(X=0,Y=1)\\ &= \text{(per l'indipendenza)}\\ &= P(X=1)\times P(Y=0)+P(X=0)\times P(Y=1)\\ &= p_1(1-p_2)+(1-p_1)p_2\end{aligned}$$

$$\begin{aligned}P(X=Y) &= P(X=0,Y=0)+P(X=1,Y=1)\\ &= \text{(per l'indipendenza)}\\ &= P(X=0)\times P(Y=0)+P(X=1)\times P(Y=1)\\ &= (1-p_1)(1-p_2)+p_1p_2\end{aligned}$$

---

Si osserva che è $P(X+Y=1)+P(X=Y)=1$. In effetti l'evento $\{X+Y=1\}$ coincide con l'evento $\{X \neq Y\}$ e quindi è il contrario di $\{X=Y\}$ anche se le variabili bernoulliane $X$ ed $Y$ non fossero indipendenti.

---

342. In un canale di comunicazione viene trasmesso il segnale $X$ e ricevuto il segnale $Y$; il canale è disturbato e sovrappone ad $X$ un "rumore" $R$ in modo che $Y = X + R$. Il segnale trasmesso è binario con $P(X = -1) = P(X = 1) = 1/2$ e il rumore $R$ è uniforme $\mathcal{U}(-2, 2)$ e indipendente da $X$. Qual è la probabilità di ricevere un segnale positivo? Se si riceve un segnale positivo, qual è la probabilità che sia stato trasmesso il segnale $+1$?

*Somma di variabili; formula di Bayes.*

---

La prima domanda chiede di calcolare la probabilità assoluta $P(Y > 0)$ e la seconda chiede la probabilità condizionata $P(X = 1 \mid Y > 0)$. Per la formula delle probabilità totali, si ha

$$\begin{aligned} P(Y > 0) &= P(Y > 0 \mid X = 1) \times P(X = 1) + P(Y > 0 \mid X = -1) \times P(X = -1) \\ &= \frac{1}{2} P(Y > 0 \mid X = 1) + \frac{1}{2} P(Y > 0 \mid X = -1) \end{aligned}$$

Ma

$$\begin{aligned} P(Y > 0 \mid X = 1) &= P(X + R > 0 \mid X = 1) \\ &= P(R > -1 \mid X = 1) = \text{(per l'indipendenza di } R \text{ ed } X) \\ &= P(R > -1) = \frac{3}{4} \end{aligned}$$

e, analogamente,

$$P(Y > 0 \mid X = -1) = \frac{1}{4}$$

quindi

$$P(Y > 0) = \frac{1}{2} \times \frac{3}{4} + \frac{1}{2} \times \frac{1}{4} = \frac{1}{2}$$

Infine, alla seconda domanda si risponde ricorrendo alla formula di Bayes

$$P(X = 1 \mid Y > 0) = \frac{P(Y > 0 \mid X = 1) \times P(X = 1)}{P(Y > 0)} = \frac{\frac{3}{4} \times \frac{1}{2}}{\frac{1}{2}} = \frac{3}{4}$$

---

343. Siano $X \sim \mathcal{N}(\mu_X; \sigma_X^2)$ e $Y \sim \mathcal{N}(\mu_Y; \sigma_Y^2)$ due variabili normali. Stabilire sotto quale condizione le variabili $U = X + Y$ e $V = X - Y$ sono incorrelate.

*Somma di variabili normali; covarianza.*

---

Si ha

$$C(U,V) = C(X+Y, X-Y) = C(X,X) - C(X,Y) + C(Y,X) - C(Y,Y)$$

Ma $C(X,Y) = C(Y,X)$, $C(X,X) = \sigma_X^2$ e $C(Y,Y) = \sigma_Y^2$. Pertanto

$$C(U,V) = \sigma_X^2 - \sigma_Y^2$$

e le variabili $U$ e $V$ risultano incorrelate se e solo se $\sigma_X^2 = \sigma_Y^2$.

---

Si ha $C(U,V) = \sigma_X^2 - \sigma_Y^2$ qualunque siano le distribuzioni di $X$ ed $Y$, quindi la proprietà che $U$ e $V$ risultano incorrelate se e solo se $\sigma_X^2 = \sigma_Y^2$ vale sempre (non solo se $X$ ed $Y$ sono normali).

---

344. Le spese mensili (in euro) di Aldo e Bruno sono variabili $X \sim \mathcal{N}(1000; 400^2)$ e $Y \sim \mathcal{N}(1400; 300^2)$, rispettivamente. Qual è la probabilità che la spesa mensile di Aldo sia maggiore di quella di Bruno (= evento $A$)? Qual è la probabilità che la spesa annuale di Aldo sia maggiore di quella di Bruno (= evento $B$)? (Si assuma che le varie spese mensili siano indipendenti.)

*Somma di variabili normali.*

---

Per l'indipendenza e la proprietà di riproducibilità si ha $X - Y \sim \mathcal{N}(-400; 500^2)$, quindi

$$P(A) = P(X > Y) = P(X - Y > 0) = 1 - \Phi\left(\frac{400}{500}\right) \simeq 21.19\%$$

Per rispondere alla seconda domanda, indichiamo anzitutto con $X_i$ ed $Y_i$ ($i = 1, ..., 12$) le varie spese mensili. Allora

$$P(B) = P\left(\sum_{i=1}^{12} X_i > \sum_{i=1}^{12} Y_i\right) = P\left(\sum_{i=1}^{12} (X_i - Y_i) > 0\right)$$

Ma siccome $X_i - Y_i \sim \mathcal{N}(-400; 500^2)$ e le spese mensili sono indipendenti, si ha

$$\sum_{i=1}^{12} (X_i - Y_i) \sim \mathcal{N}\left(-400 \times 12; 500^2 \times 12\right)$$

In conclusione

$$P(B) = 1 - \Phi\left(\frac{4800}{\sqrt{3000000}}\right) \simeq 0.28\%$$

345. In una linea di produzione ogni pezzo viene prima tornito e poi fresato. Il tempo $X$ di tornitura ha un valore medio di 1 min e una deviazione standard di 0.1 min; il tempo $Y$ di fresatura ha un valore medio di 2 min e una deviazione standard di 0.3 min. Le due lavorazioni sono indipendenti.
*i)* Calcolare la probabilità $p$ che il tempo totale di lavorazione (tornitura + fresatura) superi i 3.5 min, assumendo che $X$ ed $Y$ siano variabili normali.
*ii)* Supponendo invece di non conoscere le distribuzioni di $X$ ed $Y$, stabilire un limite superiore al valore di $p$ usando la disuguaglianza di Cebicev.

*Somma di variabili normali; disuguaglianza di Cebicev.*

---

Assumiamo per $X$ ed $Y$ il modello gaussiano. Allora, per l'indipendenza di $X$ ed $Y$ e per la proprietà di riproducibilità della distribuzione normale, il tempo totale di lavorazione $X+Y$ ha la distribuzione $\mathcal{N}(3; 0.1)$, quindi

$$p = P(X+Y > 3.5) = 1 - \Phi\left(\frac{3.5-3}{\sqrt{0.1}}\right) \simeq 5.69\%$$

Se invece non si assume il modello gaussiano, si può fornire una stima superiore di $p$ usando la disuguaglianza di Cebicev. Infatti, anche se non è nota la distribuzione di $X$ ed $Y$, è comunque vero che $E(X+Y) = 3$ min e $V(X+Y) = 0.1$ min$^2$, quindi

$$\begin{aligned} p &= P(X+Y > 3.5) = P(X+Y-3 > 0.5) \leq P(|X+Y-3| \geq 0.5) \\ &\leq \frac{0.1}{(0.5)^2} = 40\% \end{aligned}$$

---

346. Siano $X \sim \mathcal{P}(\lambda)$ ed $Y \sim \mathcal{P}(\mu)$ due variabili indipendenti. Calcolare la probabilità condizionata $P(X = x \,|\, X + Y = n)$ per $x, n = 0, 1, 2, \ldots$. Di quale distribuzione notevole si tratta?

*Somma di variabili di Poisson.*

---

Anzitutto si ha

$$\begin{aligned} P(X = x \,|\, X + Y = n) &= \text{(per la regola della catena)} \\ &= \frac{P(X = x,\; X + Y = n)}{P(X + Y = n)} \\ &= \frac{P(X = x,\; Y = n - x)}{P(X + Y = n)} \\ &= \text{(per l'indipendenza di } X \text{ ed } Y) \\ &= \frac{P(X = x)\, P(Y = n - x)}{P(X + Y = n)} \end{aligned}$$

Ora, la probabilità $P(Y = n - x)$ è nulla per $n - x < 0$, per cui la probabilità condizionata di partenza è nulla per $x = n + 1, n + 2, \ldots$ . Per i valori $x = 0, 1, \ldots, n$ si può proseguire il calcolo, sfruttando il fatto che per la proprietà di riproducibilità si ha $X + Y \sim \mathcal{P}(\lambda + \mu)$

$$\begin{aligned} P(X = x \,|\, X + Y = n) &= \frac{\dfrac{\lambda^x}{x!} e^{-\lambda} \dfrac{\mu^{n-x}}{(n-x)!} e^{-\mu}}{\dfrac{(\lambda + \mu)^n}{n!} e^{-(\lambda + \mu)}} \\ &= \frac{n!}{x!\,(n-x)!} \frac{\lambda^x \mu^{n-x}}{(\lambda + \mu)^n} \\ &= \binom{n}{x} \left(\frac{\lambda}{\lambda + \mu}\right)^x \left(\frac{\mu}{\lambda + \mu}\right)^{n-x} \end{aligned}$$

In questo risultato si riconosce la densità binomiale $\mathcal{B}\left(n; \dfrac{\lambda}{\lambda + \mu}\right)$.

---

Come applicazione, si pensi ad una sostanza costituita da due specie di atomi radioattivi, $\mathcal{X}$ e $\mathcal{Y}$, di intensità (= numero medio di disintegrazioni nell'unità di tempo) uguali a $\lambda$ e $\mu$, rispettivamente. Allora $X$ ed $Y$ contano quanti atomi delle due specie si disintegrano in un dato intervallo di tempo. Supponiamo che un contatore abbia registrato $n$ disintegrazioni: quante di queste sono dovute agli atomi $\mathcal{X}$? La risposta è naturalmente espressa da una variabile aleatoria i cui possibili valori sono compresi fra 0 ed $n$, e la cui probabilità di verificarsi è proprio la probabilità condizionata citata nel testo dell'esercizio. Se poi chiamiamo "successo" la disintegrazione di un atomo $\mathcal{X}$ e sappiamo che le prove (cioè le disintegrazioni) sono state $n$, si può descrivere la situazione mediante lo schema di Bernoulli e concludere che la probabilità richiesta è una $\mathcal{B}(n; p)$, dove $p = \dfrac{\lambda}{\lambda + \mu}$ è la frazione di atomi della specie $\mathcal{X}$ sul totale di atomi della sostanza.

---

347. In un Call Center ci sono 4 operatori. Assumiamo che le telefonate arrivino indipendentemente a ciascun operatore secondo uno schema di Poisson di intensità pari a 5 telefonate all'ora. Che distribuzione segue il numero totale di telefonate che arrivano in un'ora al Call Center? Qual è la probabilità che al Call Center arrivino più di 20 telefonate all'ora?

❐ *Somma di variabili di Poisson.*

---

✎ Il numero di telefonate che arrivano in un'ora all'operatore $i$ $(= 1, ..., 4)$ è una variabile $X_i \sim \mathcal{P}(5)$; per l'indipendenza e la proprietà di riproducibilità, il numero totale $Y = \sum_{i=1}^{4} X_i$ di telefonate che arrivano in un'ora al Call Center ha la distribuzione $\mathcal{P}(20)$. Usando l'approssimazione $\mathcal{P}(20) \approx \mathcal{N}(20; 20)$ si ha

$$P(Y > 20) \simeq 1 - \Phi\left(\frac{20.5 - 20}{\sqrt{20}}\right) \simeq 45.55\%$$

---

348. Siano $X \sim \mathcal{G}(p)$ ed $Y \sim \mathcal{G}(p)$ due variabili indipendenti. Calcolare la distribuzione di $U = X + Y$ e riconoscerla.

❐ *Somma di variabili geometriche.*

---

✎ Il supporto di $U$ è costituito dagli interi $u = 2, 3, ...$ e si ha

$$P(U = u) = \sum_{\substack{x \geq 1, y \geq 1, \\ x + y = u}} P(X = x, Y = y) = \sum_{\substack{x \geq 1, \\ u - x \geq 1}} P(X = x, Y = u - x)$$

Per l'indipendenza di $X$ ed $Y$ la densità congiunta $P(X = x, Y = y)$ è fattorizzata, quindi

$$\begin{aligned} P(U = u) &= \sum_{x=1}^{u-1} P(X = x) P(Y = u - x) = \sum_{x=1}^{u-1} (1-p)^{x-1} p (1-p)^{u-x-1} p \\ &= (u-1)(1-p)^{u-2} p^2 \end{aligned}$$

sicché $U \sim \overline{\mathcal{B}}(2; p)$.

---

☞ Tenuto conto che $\mathcal{G}(p) = \overline{\mathcal{B}}(1; p)$ il risultato ottenuto si può generalizzare nel seguente: la variabile uguale alla somma di $n$ variabili indipendenti e tutte con distribuzione $\mathcal{G}(p)$ segue la distribuzione $\overline{\mathcal{B}}(n; p)$.

---

349. Siano $X \sim \chi^2(1)$ ed $Y \sim \chi^2(1)$ variabili indipendenti. Calcolare la distribuzione di $U = X + Y$ e riconoscerla.

*Somma di variabili chi-quadrato.*

---

Il supporto di $U$ è costituito dai numeri $u \geq 0$. Per la formula del volume si ha

$$P(U \leq u) = \iint_{R_u} f(x, y)\, dxdy$$

dove $R_u = \{(x, y) : x \geq 0, y \geq 0, x + y \leq u\}$ e $f(x, y)$ è la densità congiunta di $X$ ed $Y$. Per l'indipendenza di $X$ ed $Y$ si ha

$$f(x, y) = f(x)\, f(y)$$

avendo indicato con $f(x) = F'(x) = \dfrac{e^{-x/2}}{\sqrt{2\pi x}}$ la densità $\chi^2(1)$. Allora

$$P(U \leq u) = \int_0^u f(x)\, dx \int_0^{u-x} f(y)\, dy = \int_0^u f(x)\, F(u - x)\, dx$$

da cui, derivando sotto il segno d'integrale,

$$\begin{aligned} f_U(u) &= \frac{d}{du} P(U \leq u) = f(u)\, F(0) + \int_0^u f(x)\, f(u - x)\, dx = (\text{poiché } F(0) = 0) \\ &= \frac{e^{-u/2}}{2\pi} \int_0^u \frac{1}{\sqrt{(u - x)\, x}} dx = \frac{e^{-u/2}}{2\pi} \left[ \arcsin \frac{2x - u}{u} \right]_{x=0}^{x=u} \\ &= \frac{1}{2} e^{-u/2} \end{aligned}$$

e quindi $U \sim \chi^2(2) \equiv \mathcal{E}(1/2)$.

---

Il risultato ottenuto si può generalizzare: se $X \sim \chi^2(m)$ e $Y \sim \chi^2(n)$ sono variabili indipendenti, allora $X + Y \sim \chi^2(m + n)$ (**proprietà di riproducibilità della distribuzione chi-quadrato**).

---

La **formula di derivazione sotto il segno d'integrale** è

$$\frac{d}{du} \int_a^u g(x, u)\, dx = g(u, u) + \int_a^u \frac{\partial g}{\partial u}(x, u)\, dx$$

---

350. Si consideri un campione casuale di $n$ osservazioni da una popolazione $\mathcal{N}(\mu;\sigma^2)$. Qual è la probabilità che tutte le osservazioni siano più grandi di $\mu+\sigma/4$? Qual è la probabilità che la media campionaria delle osservazioni sia più grande di $\mu+\sigma/4$?

❐ *Modello gaussiano; media campionaria.*

---

✎ Le variabili $X_1, ..., X_n$ del campione sono iid e tutte $\mathcal{N}(\mu;\sigma^2)$. Perciò

$$\begin{aligned} P\left(X_1 > \mu+\frac{\sigma}{4}, ..., X_n > \mu+\frac{\sigma}{4}\right) &= \text{(per l'indipendenza)} \\ &= \prod_{i=1}^{n} P\left(X_i > \mu+\frac{\sigma}{4}\right) \\ &= \left(1-\Phi\left(\frac{1}{4}\right)\right)^n \end{aligned}$$

La media campionaria $\overline{X}$ è una normale $\mathcal{N}(\mu;\sigma^2/n)$, per cui

$$P\left(\overline{X} > \mu+\frac{\sigma}{4}\right) = P\left(\frac{\overline{X}-\mu}{\sigma/\sqrt{n}} > \frac{\sqrt{n}}{4}\right) = 1-\Phi\left(\frac{\sqrt{n}}{4}\right)$$

---

☞ La **media campionaria** di $n$ variabili è la variabile definita da

$$\overline{X} = \frac{1}{n}(X_1 + ... + X_n)$$

Se sono iid, le variabili $X_i$ hanno tutte la stessa media $\mu$ e la stessa varianza $\sigma^2$. Ne segue

$$E\left(\overline{X}\right) = \mu$$

per l'additività della media di una somma di variabili, e

$$V\left(\overline{X}\right) = \frac{\sigma^2}{n}$$

per l'additività della varianza di una somma di variabili indipendenti. Se in più le variabili sono tutte normali, per la riproducibilità della distribuzione normale si ha $\overline{X} \sim \mathcal{N}(\mu;\sigma^2/n)$. Questo risultato è tuttavia approssimativamente vero anche se le variabili non sono normali: infatti in virtù del TLC si può affermare che è $\overline{X} \approx \mathcal{N}(\mu;\sigma^2/n)$ per $n$ grande ($> 30$, indicativamente).

---

351. Si eseguono $n$ misure indipendenti di una grandezza fisica per determinarne il valore esatto $\mu$, e sia $\sigma^2$ la varianza degli errori accidentali di misura. Quante misure bisogna eseguire affinché lo scarto tra $\mu$ e la media campionaria delle misure sia inferiore al 10% di $\sigma$ con probabilità maggiore del 90%?

*Modello gaussiano; media campionaria.*

---

Si può adottare il modello gaussiano degli errori accidentali, per cui le $n$ misure $X_i$ sono variabili iid e tutte $\mathcal{N}(\mu;\sigma^2)$. Allora $\overline{X} \sim \mathcal{N}(\mu;\sigma^2/n)$ e dunque

$$\begin{aligned} 0.90 &< P\left(\left|\overline{X}-\mu\right| < 0.1\sigma\right) = P\left(\left|\frac{\overline{X}-\mu}{\sigma/\sqrt{n}}\right| < 0.1\sqrt{n}\right) \\ &= 2\Phi\left(0.1\sqrt{n}\right) - 1 \end{aligned}$$

da cui

$$\Phi\left(0.1\sqrt{n}\right) > 0.95 \simeq \Phi(1.645)$$

$$n > \left(\frac{1.645}{0.1}\right)^2 = 270.6\cdots$$

Bisogna eseguire almeno 271 misure.

---

352. È assegnato un campione casuale $X_1, X_2, X_3$ di 3 osservazioni di una popolazione di Poisson di media $\mu = 1$. Calcolare la probabilità che almeno una delle osservazioni sia maggiore di 1. Calcolare la probabilità che la media campionaria $\overline{X}$ delle tre osservazioni sia maggiore di 1.

*Modello di Poisson; media campionaria.*

---

Le variabili $X_1$, $X_2$, $X_3$ del campione sono iid e tutte $\mathcal{P}(1)$. Perciò

$$\begin{aligned} P(\{X_1>1\}\cup\{X_2>1\}\cup\{X_3>1\}) &= 1 - P(X_1 \le 1, X_2 \le 1, X_3 \le 1) \\ &\qquad \text{(per l'indipendenza)} \\ &= 1 - \left(\sum_{x=0}^{1}\frac{1}{x!}e^{-1}\right)^3 \\ &= 1 - 8e^{-3} \simeq 60.17\% \end{aligned}$$

Per calcolare $P\left(\overline{X} > 1\right)$, osserviamo che per la proprietà di riproducibilità della distribuzione di Poisson si ha $\sum_{x=1}^{3} X_i \sim \mathcal{P}(3)$ e quindi

$$\begin{aligned} P\left(\overline{X} > 1\right) &= P\left(\sum_{x=1}^{3} X_i > 3\right) = 1 - \sum_{x=0}^{3}\frac{3^x}{x!}e^{-3} \\ &= 1 - 13e^{-3} \simeq 35.28\% \end{aligned}$$

---

353. Qual è la probabilità che il punteggio totale in 40 lanci di un dado regolare sia compreso fra 136 e 144?

□ *TLC.*

---

✎ I punteggi parziali $X_i$ dei singoli lanci sono variabili iid con $\mu = 7/2$ e $\sigma^2 = 35/12$ (vedi esercizio n. 340); il punteggio totale in 40 lanci è la variabile somma $U = \sum_{i=1}^{40} X_i$ e per il TLC si ha $U \approx \mathcal{N}(140; 350/3)$. Quindi (usando anche la correzione del continuo, perché la distribuzione esatta di $U$ è discreta)

$$P(136 \le U \le 144) \simeq \Phi\left(\frac{144.5 - 140}{\sqrt{350/3}}\right) - \Phi\left(\frac{135.5 - 140}{\sqrt{350/3}}\right) \simeq 32.30\%$$

---

354. Qual è il numero minimo $n$ di lanci di un dado regolare affinché il punteggio medio sia minore di 4 con probabilità maggiore del 95%?

□ *TLC.*

---

✎ In virtù del TLC (i singoli punteggi sono variabili iid con $\mu = 7/2$ e $\sigma^2 = 35/12$) il punteggio medio $\overline{X}$ di $n$ lanci segue approssimativamente la distribuzione $\mathcal{N}(\mu; \sigma^2/n)$. La condizione da imporre è

$$0.95 < P(\overline{X} < 4) \simeq \Phi\left(\frac{4-\mu}{\sigma/\sqrt{n}}\right)$$

da cui

$$\frac{4-\mu}{\sigma/\sqrt{n}} > z_{0.95} \qquad \Longrightarrow \qquad n > \left(\frac{\sigma}{4-\mu} z_{0.95}\right)^2 \simeq 31.6$$

e il minimo $n$ cercato è perciò 32.

---

355. Un certo tipo di lavorazione consiste nel ripetere 30 volte e indipendentemente la stessa operazione elementare. Un'operazione elementare ha una durata media di 1 min con deviazione standard di 5 s. Qual è la probabilità che la lavorazione duri complessivamente più di 31 min?

*TLC.* ❐

---

La durata totale $U$ della lavorazione è la somma delle durate delle 30 operazioni singole; queste ultime sono variabili iid con $\mu = 1$ min e $\sigma = 1/12$ min, quindi per il TLC si ha $U \approx \mathcal{N}(30; 30/144)$ da cui

$$P(U > 31) \simeq 1 - \Phi\left(\frac{31-30}{\sqrt{30/144}}\right) \simeq 1.42\%$$

---

356. Un calcolatore somma 10000 numeri indipendenti e uniformemente distribuiti nell'intervallo $[-0.5 \times 10^{-3}, 0.5 \times 10^{-3}]$. Qual è la probabilità che il totale sia (in valore assoluto) minore di $10^{-3}$?

*TLC.* ❐

---

Gli addendi $X_i$ sono variabili iid e tutte $\mathcal{U}(-0.5, 0.5)$. Alla loro somma $U = \sum X_i$ si può applicare il TLC con $n = 10^4$, $\mu = E(X_i) = 0$, $\sigma^2 = V(X_i) = 10^{-6}/12$, quindi è $U \approx \mathcal{N}(0; 1/1200)$ e la probabilità richiesta vale

$$P\left(|U| < 10^{-3}\right) \simeq 2\Phi\left(\frac{10^{-3}}{1/\sqrt{1200}}\right) - 1 \simeq 2.77\%$$

---

357. Siano $X_1, ..., X_n$ variabili indipendenti e tutte $\mathcal{U}(0,1)$. Stabilire quale distribuzione approssimata segue la variabile $\overline{X^2} = \frac{1}{n}\sum_{i=1}^{n} X_i^2$.

*TLC.* ❐

---

Le variabili $X_i^2$ sono iid e quindi, se $n$ è grande, si può applicare il TLC e concludere che $\overline{X^2} \approx \mathcal{N}(\mu; \sigma^2/n)$ dove $\mu = E(X_i^2)$ e $\sigma^2 = V(X_i^2)$. Ma la variabile $X_i$ è $\mathcal{U}(0,1)$, per cui

$$\mu = \int_0^1 x^2 dx = \frac{1}{3}$$

e

$$\sigma^2 = E\left(X_i^4\right) - \mu^2 = \int_0^1 x^4 dx - \frac{1}{9} = \frac{4}{45}$$

In conclusione si ha

$$\overline{X^2} \approx \mathcal{N}\left(\frac{1}{3}; \frac{4}{45n}\right)$$

---

358. L'addetto al controllo di qualità dichiara conforme un lotto numeroso di cuscinetti a sfera se la media campionaria $\overline{X}$ dei diametri di $n = 100$ cuscinetti estratti dal lotto ha un valore compreso tra 2.90 cm e 3.10 cm. Si sa che la deviazione standard del diametro di un cuscinetto è $\sigma = 0.40$ cm. Qual è la probabilità che l'addetto dichiari conforme un lotto i cui cuscinetti hanno un diametro medio $\mu = 2.99$ cm? Qual è la probabilità che l'addetto dichiari non conforme un lotto i cui cuscinetti hanno un diametro medio $\mu = 3.06$ cm?

*TLC.*

---

I diametri dei singoli cuscinetti a sfera sono variabili iid con media $\mu$ e $\sigma = 0.40$. Applicando il TLC con $n = 100$ si deduce che $\overline{X} \approx \mathcal{N}\left(\mu; (0.04)^2\right)$. Allora

$$P(\text{lotto conforme}) = P\left(2.90 \le \overline{X} \le 3.10\right) \simeq \Phi\left(\frac{3.10 - \mu}{0.04}\right) - \Phi\left(\frac{2.90 - \mu}{0.04}\right)$$

Di conseguenza

$$\mu = 2.99 \qquad \Longrightarrow \qquad P(\text{lotto conforme}) \simeq \Phi\left(\frac{11}{4}\right) - \Phi\left(-\frac{9}{4}\right) \simeq 98.48\%$$

e

$$\mu = 3.06 \qquad \Longrightarrow \qquad P(\text{lotto non conforme}) \simeq 1 - \Phi(1) + \Phi(-4) \simeq 15.87\%$$

---

Adottando il modello gaussiano per il diametro dei cuscinetti, cioè assumendo che il diametro sia normalmente distribuito, si avrebbe che $\mathcal{N}\left(\mu; (0.04)^2\right)$ è la distribuzione esatta, e non solo approssimata, di $\overline{X}$, ma nella pratica non è comunque necessario fare questa ipotesi dato il valore molto grande di $n$.

---

359. Un fusibile ha una durata che segue una distribuzione esponenziale di media 12 giorni. Non appena smette di funzionare, esso viene sostituito con uno nuovo. Qual è la probabilità che 25 fusibili siano sufficienti per un anno?

*TLC.*

---

Le durate individuali $X_i$ (espresse in giorni) dei 25 fusibili sono variabili iid e tutte $\mathcal{E}(1/12)$, per cui la durata totale $U = \sum_{i=1}^{25} X_i$ è approssimativamente $\mathcal{N}(300; 60^2)$ in virtù del TLC. Allora

$$P(U \geq 365) \simeq 1 - \Phi\left(\frac{365-300}{60}\right) \simeq 13.93\%$$

---

È possibile determinare la distribuzione esatta di $U$: infatti la distribuzione esponenziale gode della proprietà di riproducibilità, per cui si ha $U \sim \Gamma(25; 1/12)$. Comunque, applicando l'approssimazione normale $\Gamma(25; 1/12) \approx \mathcal{N}(300; 60^2)$, si ritorna al calcolo precedente.

---

360. L'incasso (in milioni di euro) che un dato supermercato realizza di sabato ha media $\mu = 1$ e deviazione standard $\sigma = 0.2$. Si assuma che in un anno i sabati di apertura siano 50 e che gli incassi ottenuti in sabati diversi siano indipendenti.
*i)* Qual è la probabilità che l'incasso totale annuo relativo ai sabati sia maggiore di 51 (= evento $A$)?
*ii)* Quel supermercato fa parte di una catena di 30 supermercati. Qual è la probabilità che in un anno almeno 10 dei supermercati della catena abbiano un incasso totale annuo relativo ai sabati maggiore di 51 (= evento $B$)?

*TLC.*

---

Anche senza conoscere la distribuzione dell'incasso relativo a un sabato, per il TLC si può dire che l'incasso totale annuo $U$ dei sabati segue approssimativamente la distribuzione $\mathcal{N}(50; 2)$ e dunque

$$P(A) = P(U > 51) \simeq 1 - \Phi\left(\frac{51-50}{\sqrt{2}}\right) \simeq 23.97\%$$

Per rispondere alla seconda domanda conviene ricorrere allo schema di Bernoulli: l'incasso annuo dei sabati di ognuno dei 30 supermercati corrisponde a una prova e la probabilità di successo (= incasso maggiore di 51) vale $p = P(A)$. Usando l'approssimazione normale $\mathcal{B}(30;p) \approx \mathcal{N}(30p; 0.30p(1-p))$ si trova

$$P(B) \simeq 1 - \Phi\left(\frac{9.5 - 30p}{\sqrt{30p(1-p)}}\right) = 1 - \Phi(0.9868) \simeq 16.19\%$$

---

361. Ogni mattina Aldo fa colazione al bar, ordinando un caffé con probabilità 30% e un cappuccino con probabilità 70%. Un caffè costa 0.90 € e un cappuccino 1.60 €. Qual è la probabilità che in un mese (= 30 giorni) Aldo spenda più di 40 € per fare colazione?

□ *TLC.*

---

✎ La spesa giornaliera $X$ (in €) è una variabile discreta con densità $P(X = 0.9) = 0.3$, $P(X = 1.6) = 0.7$. La sua media e la sua varianza valgono, rispettivamente, $\mu = 1.39$ e $\sigma^2 = 0.103$. La spesa mensile $Y$ è la somma delle spese giornaliere $X_i$ $(i = 1, ..., 30)$, che supponiamo indipendenti e distribuite come $X$. Per il TLC si ha

$$Y = \sum_{i=1}^{30} X_i \approx \mathcal{N}(30\mu; 30\sigma^2) = \mathcal{N}(41.70; 3.087)$$

Quindi

$$P(Y > 40) \simeq 1 - \Phi\left(\frac{40 - 41.70}{\sqrt{3.087}}\right) = \Phi(0.9676) \simeq 83.34\%$$

---

☞ Si può anche scrivere

$$Y = 0.9N + 1.6(30 - N) = 48 - 0.7N$$

dove $N \sim \mathcal{B}(30; 0.3)$ è il numero di caffé bevuti al mese. Usando l'approssimazione normale $\mathcal{B}(30; 0.3) \approx \mathcal{N}(9; 6.3)$ si ottiene ancora

$$Y \approx \mathcal{N}\left(48 - 0.7 \times 9; 0.7^2 \times 6.3\right) = \mathcal{N}(41.70; 3.087)$$

---

362. L'esperienza ha dimostrato che i pezzi prodotti da una certa fabbrica sono di prima qualità, di qualità scadente oppure da scartare nel rapporto 16 : 3 : 1. Calcolare la probabilità che in un lotto di 20 pezzi ce ne siano 15 di prima qualità, 5 di qualità scadente e nessuno da scartare. Dette $X$, $Y$ e $Z$ le variabili che contano, rispettivamente, i tre tipi di pezzi presenti in un lotto da 20, dire qual è la distribuzione di $X+Y$ e perché.

*Schema trinomiale.* ❐

---

Si applica lo schema trinomiale in cui le probabilità delle tre alternative sono $p = 0.80$ (pezzo di prima qualità), $q = 0.15$ (pezzo di qualità scadente), $r = 0.05$ (pezzo da scartare): infatti i pezzi di prima qualità sono 16 su $16 + 3 + 1 = 20$ pezzi prodotti, ecc. Si chiede di calcolare la probabilità

$$P(X = 15, Y = 5, Z = 0) = \frac{20!}{15!5!0!} (0.80)^{15} (0.15)^{5} (0.05)^{0} \simeq 4.14\%$$

La variabile $X + Y$ conta i pezzi di qualità (= che non sono da scartare) nel lotto di 20 pezzi e quindi segue la distribuzione $\mathcal{B}(20; 0.95)$ perché i pezzi da scartare sono il 5% dei pezzi prodotti.

---

363. Nell'A.A. 2005/06 gli immatricolati al Politecnico di Milano sono stati in totale 6443, ripartiti fra Architettura (1658), Disegno Industriale (912) e Ingegneria (3873). Se avessi incontrato 4 di quegli studenti, qual è la probabilità che tra essi ci fossero 1 architetto, 1 designer e 2 ingegneri (= evento $A$)? e qual è la probabilità che tra essi ci fossero 2 ingegneri (= evento $B$)?

*Schema ipergeometrico; schema trinomiale.* ❐

---

Nella popolazione ci sono individui di 3 tipi diversi e i 4 studenti incontrati costituiscono un "blocco" (o campione) estratto da essa. Quindi $P(A)$ si calcola con lo schema ipergeometrico: se $X$ è la variabile che conta gli architetti nel campione, $Y$ i designer e $Z$ gli ingegneri, si ha

$$P(A) = P(X = 1, Y = 1, Z = 2) = \frac{\binom{1658}{1}\binom{912}{1}\binom{3873}{2}}{\binom{6443}{4}} \simeq 15.81\%$$

Per il calcolo di $P(B)$ serve osservare che $Z$ è una binomiale $\mathcal{B}(4; r)$, dove $r$ è la frazione di ingegneri nella popolazione

$$r = \frac{3873}{6443} \simeq 60.11\%$$

quindi

$$P(B) = P(Z = 2) = \binom{4}{2} r^2 (1-r)^{4-2} \simeq 34.50\%$$

---

☞ Poiché il campione è molto piccolo rispetto alla popolazione, si potrebbe approssimare lo schema ipergeometrico con quello trinomiale, cioè dire che la variabile trivariata $(X, Y, Z)$ segue la distribuzione trinomiale in cui le probabilità delle tre alternative sono $p$ (architettura), $q$ (disegno industriale), $r$ (ingegneria). In base al testo si ha

$$p = \frac{1658}{6443} \simeq 25.73\%, \qquad q = \frac{912}{6443} \simeq 14.16\%, \qquad r = \frac{3873}{6443} \simeq 60.11\%$$

e quindi

$$P(A) \simeq \frac{4!}{1!1!2!} p^1 q^1 r^2 \simeq 15.79\%$$

in ottimo accordo con il valore esatto.

---

364. Siano $X \sim \mathcal{U}(0,2)$ e $Y \sim \mathcal{U}(0,3)$ due variabili indipendenti. Scrivere la densità congiunta della variabile bivariata $(X, Y)$, precisandone il supporto. Calcolare $P(X < Y)$.

☐ *Modello uniforme continuo in 2-D.*

---

✎ Il supporto di $(X, Y)$ è il rettangolo $R = \{(x, y) : 0 \leq x \leq 2, 0 \leq y \leq 3\}$ e per l'indipendenza di $X$ ed $Y$ la densità congiunta è il prodotto delle marginali

$$f(x, y) = f_X(x) f_Y(y) = \frac{1}{2} \times \frac{2}{3} = \frac{1}{6}$$

La probabilità $P(X < Y)$ si calcola come rapporto tra l'area del trapezio $A$ (che è la parte del rettangolo $R$ che giace sopra la bisettrice $y = x$) e l'area di $R$

$$P(X < Y) = \frac{\text{area di } A}{\text{area di } R} = \frac{4}{6} = \frac{2}{3}$$

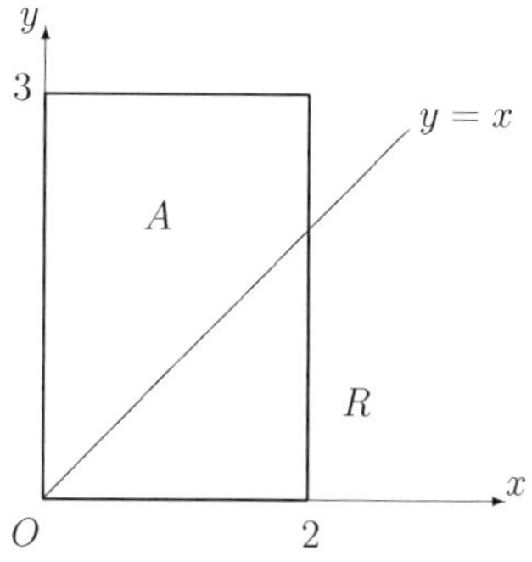


---

365. Sia $(X, Y)$ una variabile bivariata uniformemente distribuita nel cerchio $A = \{x^2 + y^2 \leq 1\}$. Scrivere la densità congiunta di $(X, Y)$. Calcolare le densità marginali di $X$ e di $Y$. Le variabili $X$ ed $Y$ sono indipendenti? sono incorrelate?

*Modello uniforme continuo in 2-D.*

---

L'area del cerchio è uguale a $\pi$, quindi la densità bivariata è data da

$$f(x, y) = \frac{1}{\pi} \qquad \text{con } x^2 + y^2 \leq 1$$

Integrando $f(x, y)$ rispetto ad $y$ si ricava la densità di $X$

$$f_X(x) = \int_{-\sqrt{1-x^2}}^{\sqrt{1-x^2}} \frac{1}{\pi}\, dy = \frac{2}{\pi}\sqrt{1-x^2} \qquad \text{con } -1 \leq x \leq 1$$

e, data la simmetria del problema, la densità di $Y$ si ottiene semplicemente scambiando $x$ con $y$

$$f_Y(y) = \frac{2}{\pi}\sqrt{1-y^2} \qquad \text{con } -1 \leq y \leq 1$$

Si nota che $f(x, y) \neq f_X(x)\, f_Y(y)$ per cui $X$ ed $Y$ non sono indipendenti. Tuttavia, le due variabili marginali sono incorrelate perché $E(X) = E(XY) = 0$ e quindi $C(X, Y) = 0$. Infatti

$$E(X) = \int_{-1}^{1} x f_X(x)\, dx = 0$$

perché l'integranda è dispari, e

$$\begin{aligned} E(XY) &= \frac{1}{\pi}\iint_A xy\,dxdy = \text{(passando a coordinate polari)} \\ &= \frac{1}{\pi}\int_0^1 r^3dr\int_0^{2\pi}\sin\vartheta\cos\vartheta\,d\vartheta = \frac{1}{8\pi}\sin^2\vartheta\Big|_{\vartheta=0}^{\vartheta=2\pi} = 0 \end{aligned}$$

---

366. Due amici si danno appuntamento per "un'ora qualsiasi tra le 7 e le 8 di stasera". Sapendo che entrambi si presenteranno (indipendentemente l'uno dall'altro) in un istante a caso tra le 7 e le 8, calcolare la probabilità che il primo che arriva non debba aspettare l'altro per più di venti minuti.

*Modello uniforme continuo in 2-D.*

---

I tempi (misurati in minuti a partire dalle ore 7) in cui ciascuno dei due amici si presenta all'appuntamento sono due variabili $X$ ed $Y$ indipendenti ed entrambe $\mathcal{U}(0,60)$. Allora la variabile $(X,Y)$ è uniformemente distribuita nel quadrato $Q=\{0\le x\le 60, 0\le y\le 60\}$ e il testo chiede la probabilità dell'evento $A=\{0\le x\le 60, 0\le y\le 60, |x-y|\le 20\}$, che geometricamente è la parte di $Q$ contenuta nella striscia compresa fra le due rette $y=x\pm 20$

$$P(|X-Y|\le 20)=\frac{\text{area di }A}{\text{area di }R}=\frac{(60)^2-(40)^2}{(60)^2}=\frac{5}{9}$$

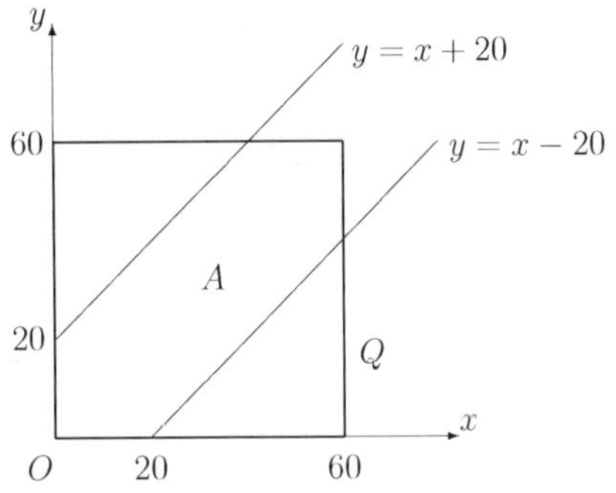


---

367. Ogni mattina per recarsi al lavoro Aldo prende due tram. I tempi di percorrenza (comprensivi delle attese alle fermate) variano casualmente tra 12 min e 18 min per il primo tram e tra 10 min e 20 min per il secondo. Quanto tempo impiega mediamente Aldo per recarsi al lavoro ogni mattina? Qual è la probabilità che Aldo impieghi almeno 25 min?

*Modello uniforme continuo in 2-D.*

---

Il tempo di percorrenza complessivo è $X+Y$, dove $X$ = "primo tempo di percorrenza (in min)" $\sim \mathcal{U}(12,18)$ e $Y$ = "secondo tempo di percorrenza (in min)" $\sim \mathcal{U}(10,20)$. Il tempo complessivo medio è perciò

$$E(X+Y) = E(X) + E(Y) = 15 + 15 = 30 \text{ min}$$

Esssendo le marginali $X$ ed $Y$ indipendenti, la variabile $(X,Y)$ ha densità uniforme nel rettangolo $R = \{(x,y) : 12 \le x \le 18, 10 \le y \le 20\}$. Allora la probabilità che Aldo impieghi almeno 25 min si calcola come rapporto fra aree: con riferimento alla Figura, si ha

$$P(X+Y \ge 25) = \frac{\text{area di } A}{\text{area di } R} = \frac{60 - \frac{9}{2}}{60} = \frac{37}{40} = 92.5\%$$

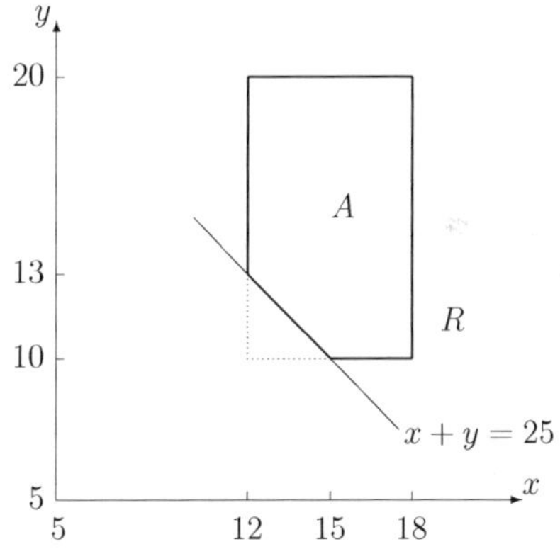


---

368. Si consideri l'equazione di secondo grado $t^2 + Xt + Y = 0$, dove il coefficiente $X$ ed il termine noto $Y$ sono variabili indipendenti e uniformemente distribuite nell'intervallo $[0, 1]$. Indichiamo con $T_1$ e $T_2$ le due radici (aleatorie!) dell'equazione. Calcolare la probabilità che la somma delle radici sia maggiore di $-1/2$. Calcolare la probabilità che le radici siano entrambe reali.

*Modello uniforme continuo in 2-D.*

---

Per rispondere alla prima domanda occorre ricordare dall'Algebra che in un'equazione di secondo grado l'opposto del coefficiente del termine di primo grado è uguale alla somma delle due radici: in formula

$$T_1 + T_2 = -X$$

Perciò

$$P\left(T_1 + T_2 > -\frac{1}{2}\right) = P\left(-X > -\frac{1}{2}\right) = P\left(X < \frac{1}{2}\right) = \frac{1}{2}$$

Per la seconda domanda, invece, è necessario sapere che l'equazione ha radici reali se e solo se il suo discriminante è $\geq 0$

$$P(T_1 \in \mathbb{R}, T_2 \in \mathbb{R}) = P\left(X^2 - 4Y \geq 0\right)$$

Siccome per la variabile bivariata $(X, Y)$ vale il modello uniforme nel quadrato $Q = \{(x, y) : 0 \leq x \leq 1, 0 \leq y \leq 1\}$, la probabilità risulta uguale all'area della regione $A$ indicata in Figura (divisa per l'area del quadrato, che è 1)

$$P(T_1 \in \mathbb{R}, T_2 \in \mathbb{R}) = \iint_A dxdy = \int_0^1 \frac{x^2}{4}\,dx = \frac{1}{12}$$

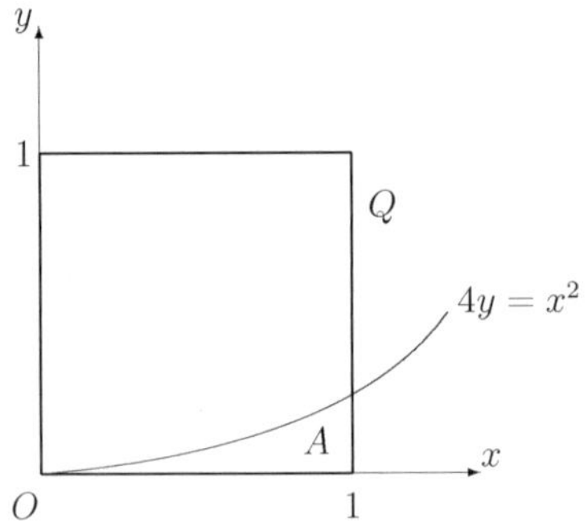


---

## 3.3 Esercizi proposti

369. Un borsellino contiene tre monete da 1 € e due monete da 2 €. Si estraggono a caso 2 monete senza reimmissione. Ricavare la tabella delle probabilità congiunte e marginali delle variabili $X$ = "valore della prima moneta estratta" e $Y$ = "valore della seconda moneta estratta".

370. La tabella seguente dà la densità congiunta di una variabile bivariata discreta $(X, Y)$.

| | $y=-1$ | $y=1$ | $y=2$ |
|---|---|---|---|
| $x=1$ | 0.1 | 0.2 | 0.1 |
| $x=2$ | 0.3 | 0.15 | 0.15 |

Calcolare $C(X, Y)$ e $P(Y < X)$.

371. Una scatola contiene due palline bianche, una pallina nera e una pallina rossa. Si estraggono a caso due palline senza reimmissione. Ricavare la tabella delle probabilità congiunte e marginali della variabile bivariata $(X, Y)$ dove $X$ = "n° di palline bianche estratte" e $Y$ = "n° di palline nere estratte". Calcolare poi $C(X, Y)$.

372. La seguente tabella rappresenta la densità congiunta di una variabile bivariata discreta $(X, Y)$.

| | $y=1$ | $y=3$ |
|---|---|---|
| $x=-1$ | 0.1 | $a$ |
| $x=2$ | $0.5-a$ | 0.4 |

Stabilire per quali valori del parametro $a$ le variabili $X$ ed $Y$ risultano incorrelate.

373. La seguente tabella dà la densità congiunta di una variabile bivariata discreta $(X, Y)$.

| | $y=0$ | $y=1$ | $y=2$ |
|---|---|---|---|
| $x=-1$ | $a$ | $b$ | $1/6$ |
| $x=1$ | $1/6$ | $a$ | $b$ |

A quali condizioni devono soddisfare i parametri $a$ e $b$? Per quali valori di $a$ e di $b$ le variabili $X$ ed $Y$ risultano incorrelate?

374. Le due variabili discrete $X$ ed $Y$ hanno densità congiunta data dalla seguente tabella.

| | $y=1$ | $y=2$ | $y=3$ |
|---|---|---|---|
| $x=1$ | $K$ | $K$ | $K$ |
| $x=2$ | $2K$ | $2K$ | 0 |
| $x=3$ | $3K$ | 0 | 0 |

Dire qual è l'unico valore ammissibile di $K$ e calcolare la covarianza di $X$ ed $Y$.

375. Le due variabili discrete $X$ ed $Y$ hanno densità congiunta data dalla seguente tabella.

| | $y=0$ | $y=1$ | $y=2$ | $y=3$ |
|---|---|---|---|---|
| $x=0$ | $K$ | $2K$ | $3K$ | $4K$ |
| $x=1$ | $2K$ | $3K$ | $4K$ | $5K$ |
| $x=2$ | $3K$ | $4K$ | $5K$ | $6K$ |

Dire qual è l'unico valore ammissibile del parametro $K$ e per tale valore calcolare $P(Y \geq 2X)$.

376. Le due variabili discrete $X$ ed $Y$ hanno densità congiunta data dalla seguente tabella.

| | $y=-2$ | $y=1$ | $y=3$ | $P(X=x)$ |
|---|---|---|---|---|
| $x=-2$ | 0.1 | | | |
| $x=4$ | | 0.1 | | 0.4 |
| $P(Y=y)$ | 0.3 | | 0.3 | |

Completare la tabella e calcolare $C(X,Y)$.

377. Le due variabili discrete $X$ ed $Y$ hanno densità congiunta data dalla seguente tabella.

| | $y=-1$ | $y=3$ | $y=6$ | $P(X=x)$ |
|---|---|---|---|---|
| $x=1$ | | | | 0.7 |
| $x=2$ | 0.05 | | 0.1 | |
| $P(Y=y)$ | | 0.55 | 0.2 | |

Completare la tabella e calcolare $C(X,Y)$.

378. Le due variabili discrete $X$ ed $Y$ hanno densità congiunta data dalla seguente tabella.

| | $y=-1$ | $y=0$ | $y=10$ | $P(X=x)$ |
|---|---|---|---|---|
| $x=2$ | | | | |
| $x=4$ | | 0.2 | | 0.5 |
| $P(Y=y)$ | 0.4 | | | |

Completare la tabella sapendo che $X$ ed $Y$ sono indipendenti.

379. Le due variabili discrete $X$ ed $Y$ hanno densità congiunta data dalla seguente tabella

| | $y=1$ | $y=5$ | $y=10$ | $P(X=x)$ |
|---|---|---|---|---|
| $x=2$ | 0.18 | | | |
| $x=4$ | | | | 0.4 |
| $P(Y=y)$ | | 0.5 | | |

Completare la tabella sapendo che $X$ ed $Y$ sono indipendenti.

380. Si lancia 3 volte una moneta regolare e siano $X$ = "n° di Teste uscite nei primi due lanci", $Y$ = "n° di Croci uscite nei tre lanci". Calcolare la densità discreta congiunta di $X$ ed $Y$. Calcolare le densità marginali di $X$ e di $Y$: di quali densità notevoli si tratta? $X$ ed $Y$ sono indipendenti?

381. Si lancia 3 volte una moneta regolare e siano $X$ = "n° di Teste uscite nei primi due lanci", $Y$ = "n° di Teste uscite negli ultimi due lanci". Calcolare la densità discreta congiunta di $X$ ed $Y$. Calcolare le densità marginali di $X$ e di $Y$: di quali densità notevoli si tratta? $X$ ed $Y$ sono indipendenti?

382. Le due facce di una moneta regolare sono numerate, rispettivamente, 1 e 2. La moneta è lanciata due volte e siano $X$ = "massima faccia uscita", $Y$ = "somma delle facce uscite". Calcolare la densità discreta congiunta di $X$ ed $Y$. Calcolare la covarianza di $X$ ed $Y$.

383. Le due facce di una moneta regolare sono numerate, rispettivamente, 1 e 2. La moneta è lanciata due volte e siano $X$ = "minima faccia uscita", $Y$ = "somma delle facce uscite". Calcolare la densità discreta congiunta di $X$ ed $Y$. Calcolare la covarianza di $X$ ed $Y$.

384. Una scatola contiene tre palline numerate 1, 2 e 3. Si estraggono a caso due palline senza reimmissione. Ricavare la tabella delle probabilità congiunte e delle probabilità marginali della variabile bivariata $(X, Y)$ dove $X$ è il numero della prima pallina estratta e $Y$ il numero della seconda. Calcolare poi $C(X, Y)$.

385. In tre lanci di una moneta regolare siano $X$ il numero di Teste nei primi due lanci ed $Y$ il numero di Teste nei tre lanci. Determinare la densità congiunta della variabile bivariata $(X, Y)$ e le due densità marginali. Calcolare la covarianza di $X$ ed $Y$.

386. Aldo lancia una moneta il cui trucco (= probabilità che esca Testa) vale $p$. Se esce Testa, Bruno lancia due volte una sua moneta regolare; se invece esce Croce, Bruno lancia la sua moneta una sola volta. Siano $X$ ed $Y$ le variabili che contano il numero di Teste ottenute da Aldo e da Bruno, rispettivamente. Scrivere la densità congiunta e le densità marginali di $X$ e di $Y$. Calcolare la covarianza di $X$ ed $Y$.

387. Calcolare le densità marginali della densità bivariata continua $f(x, y) = x(y - x)e^{-y}$ se $0 \leq x \leq y$ e $f(x, y) = 0$ altrimenti. Di quali distribuzioni notevoli si tratta?

388. Sia $f(x, y) = x + Ky$ se $0 \leq x \leq 1$, $0 \leq y \leq 1/2$ e $f(x, y) = 0$ altrimenti. Trovare il valore della costante $K$ per cui la funzione $f(x, y)$ è la densità congiunta di una variabile bivariata $(X, Y)$. Calcolare la media di $Y$.

389. Sia $f(x, y) = Ke^{x-y}$ se $0 \leq x \leq 1$, $0 \leq y \leq 1$ e $f(x, y) = 0$ altrimenti. Determinare l'unico valore di $K$ per cui $f(x, y)$ è la densità continua congiunta di una variabile bivariata $(X, Y)$. Calcolare $P(X < Y)$.

390. La densità di una variabile bivariata continua $(X, Y)$ con supporto nel triangolo $T = \{(x, y) : 0 \leq x \leq 1 - y \leq 1\}$ è data da $f(x, y) = K(x + y)$. Determinare il valore della costante $K$. Calcolare le densità marginali di $X$ e di $Y$ e la covarianza di $X$ ed $Y$.

391. La densità di una variabile bivariata continua $(X, Y)$ con supporto nel triangolo $0 \leq x \leq y \leq 1$ è data da $f(x, y) = 6(y - x)$. Calcolare le densità marginali di $X$ e di $Y$ e la covarianza di $X$ ed $Y$.

392. La variabile bivariata $(X, Y)$ ha densità continua data da $f(x, y) = e^{-x}$ con supporto nell'insieme $\{(x, y) : x \geq 0, 0 \leq y \leq 1\}$. Calcolare le densità marginali di $X$ e di $Y$ e riconoscerle. Stabilire se $X$ ed $Y$ sono indipendenti.

393. Sia $(X, Y)$ una variabile bivariata continua avente supporto nel quadrato $0 \leq x \leq 1$, $0 \leq y \leq 1$ e la cui densità congiunta è data da $f(x, y) = \frac{3}{2}(x^2 + y^2)$. Calcolare le densità marginali di $X$ e di $Y$ e la probabilità che sia $Y \leq X^2$.

394. Sia $(X, Y)$ una variabile bivariata continua avente supporto $S = \{(x, y) : x^2 \leq y \leq 1\}$ e densità congiunta data da $f(x, y) = \frac{21}{4}x^2 y$. Calcolare le densità marginali di $X$ e di $Y$ e la probabilità che sia $Y \leq X$.

395. La variabile bivariata continua $(X, Y)$ ha densità congiunta data da $f(x, y) = \frac{x + |y|}{2}$ se $0 \leq x \leq 1, |y| \leq 1$, e $f(x, y) = 0$ altrimenti. Verificare che $X$ ed $Y$ sono incorrelate ma non indipendenti.

396. Siano $X \sim \mathcal{E}(\lambda)$ ed $Y \sim \mathcal{E}(\lambda)$ due variabili indipendenti. Calcolare la distribuzione di $U = X + Y$ e riconoscerla.

397. Le variabili $X$ ed $Y$ sono indipendenti e seguono le distribuzioni esponenziali di parametri $\lambda_1$ e $\lambda_2$, rispettivamente. *i)* Calcolare $P(X < Y)$. *ii)* Supponiamo di avere un sistema stereo formato da due parti principali, una radio e un altoparlante. Se il tempo di vita della radio è esponenziale di media 1000 ore e il tempo di vita dell'altoparlante è esponenziale di media 500 ore ed è indipendente da quello della radio, qual è la probabilità che la rottura del sistema, quando capita, sia dovuta alla rottura della radio?

398. Siano $X$ ed $Y$ due variabili indipendenti ed entrambe con distribuzione $\mathcal{B}(1;p)$. Calcolare la densità discreta della variabile $Z = XY$. Di quale distribuzione notevole si tratta?

399. Il tempo $X$ necessario affinché uno studente svolga una certa prova d'esame è una variabile distribuita esponenzialmente con media 90 min. Due studenti, Aldo e Bruno, sostengono tale prova. Qual è la probabilità che Aldo impieghi meno di 1 ora (= evento $A$)? Qual è la probabilità che entrambi impieghino meno di 1 ora (= evento $B$)? Qual è la probabilità che solamente uno dei due impieghi meno di 1 ora (= evento $C$)?

400. Siano $X$ ed $Y$ due variabili standardizzate e indipendenti. *i)* Stimare con la disuguaglianza di Cebicev quanto vale al massimo la probabilità $p = P(|X+Y| \geq 2)$. *ii)* Calcolare il valore esatto di $p$ sapendo in più che $X$ ed $Y$ sono normalmente distribuite.

401. Siano $X$ ed $Y$ due variabili tali che $V(X) = a$, $V(Y) = b$ e $C(X,Y) = c$. Calcolare $V(2X - 3Y)$ e $C(X - Y, 2X - 3Y)$.

402. Siano $X$ ed $Y$ variabili incorrelate con $E(X) = 2$, $V(X) = 3$, $E(Y) = 4$, $V(Y) = 2$. Posto $U = aX + bY$, determinare le costanti $a$ e $b$ in modo che $U$ risulti standardizzata.

403. Siano $X \sim \mathcal{B}(2;0.5)$ e $Y \sim \mathcal{B}(2;0.3)$ due variabili indipendenti. Calcolare $P(X+Y=3)$. Descrivere un esperimento in cui sia possibile osservare la variabile $X+Y$.

404. Una sorgente trasmette un segnale binario $X \sim \mathcal{B}(1;1/2)$; il canale di trasmissione sovrappone ad $X$ un rumore $Y \sim \mathcal{N}(0;1)$ indipendente da $X$; il ricevitore riceve il segnale $U = X + Y$. Calcolare $P(|U| \leq 1 \,|\, X = 0)$, $P(|U| \leq 1 \,|\, X = 1)$ e $P(|U| \leq 1)$.

405. $X$ ed $Y$ sono due variabili normali indipendenti di medie $\mu_X = 3$, $\mu_Y = 4$ e varianze $\sigma_X^2 = 4$, $\sigma_Y^2 = 9$. Calcolare $V(3X - 2Y)$, $V(3X + 2Y)$ e $P(3X - 2Y > 2)$.

406. Siano $X \sim \mathcal{N}(3;2^2)$ e $Y \sim \mathcal{N}(-5;4^2)$ variabili indipendenti. Calcolare $P(|X - Y| \leq 5)$.

407. Siano $X \sim \mathcal{N}(1;2^2)$ e $Y \sim \mathcal{N}(3;2^2)$ due variabili indipendenti. Determinare per quali valori dei coefficienti $a$ e $b$ la variabile $U = aX + bY$ soddisfa alle condizioni $P(U \leq 0) = 0.50$ e $P(U \geq 1) = 0.25$.

408. Il quantitativo di acqua (in migliaia di metri cubi) che entrerà in un dato bacino idroelettrico tra le 11 e le 12 di domani è rappresentato da una variabile aleatoria $X \sim \mathcal{N}(120;4^2)$; il quantitativo che ne uscirà è indipendente da quello entrato ed è rappresentato da una variabile aleatoria $Y \sim \mathcal{N}(115;3^2)$. Calcolare la probabilità che alle 12 di domani nel bacino idroelettrico sia presente più acqua di quella presente alle 11.

409. Aldo e Bruno sono appassionati di tiro al piattello. Si sa che mediamente Aldo colpisce il bersaglio 4 volte su 5 e Bruno 9 volte su 10. Qual è la probabilità che Aldo colpisca più piattelli di Bruno in 50 tiri?

410. I macchinari A e B producono indipendentemente pezzi dello stesso tipo. Il 5% dei pezzi prodotti da A e il 10% di quelli prodotti da B sono difettosi. Ogni giorno A produce 1500 pezzi e B produce 1000 pezzi. Quali distribuzioni (esatte e approssimate) seguono le

variabili $X$ = "numero di pezzi difettosi prodotti giornalmente da A" e $Y$ = "numero di pezzi difettosi prodotti giornalmente da B"? Qual è la probabilità che in un dato giorno A produca più pezzi difettosi di B?

411. Un macchinario produce pezzi assemblando due componenti A e B prodotti separatamente e indipendentemente l'uno dall'altro. Il componente A proviene da un lotto di difettosità 1% e il componente B da un lotto di difettosità 5%. Il pezzo così ottenuto è classificato in *buono* (se A e B sono entrambi non difettosi), *da scartare* (se A e B sono entrambi difettosi) o *recuperabile* (se uno solo dei componenti è difettoso). Il guadagno $X$ che dà ciascun pezzo è 2 € (se buono), $-1$ € (se da scartare) e 1 € (se recuperabile). Calcolare: *i)* la distribuzione di $X$, la sua media $\mu$ e la sua varianza $\sigma^2$; *ii)* la probabilità che 1000 pezzi diano un guadagno totale $Y$ superiore a 1930 €.

412. Un macchinario produce pacchi di zucchero il cui peso nominale è 2 kg; i pacchi prodotti vengono poi imballati in confezioni da 50 pacchi l'una. La tolleranza ammessa per ogni singola confezione è di 2 hg, cioè una confezione viene accettata dal controllo di qualità a condizione che il suo peso $S$ sia compreso tra 99.8 kg e 100.2 kg. Qual è la distribuzione approssimativa di $S$, e perché? Quanto deve valere al massimo la deviazione standard $\sigma$ del peso di un singolo pacco dal valore nominale di 2 kg affinché il 90% almeno delle confezioni rientri nella tolleranza ammessa?

413. In un esperimento la popolazione $X$ ha la seguente distribuzione: $P(X=1) = 0.1$, $P(X=2) = 0.2$, $P(X=3) = 0.3$ e $P(X=4) = 0.4$. Qual è la probabilità che la media campionaria di 50 osservazioni di $X$ sia compresa fra 2.8 e 3.1 (estremi inclusi)?

414. Quante volte è necessario tirare un dado regolare affinché il punteggio medio ottenuto sia maggiore di 3.4 con probabilità superiore a 95%?

415. Qual è la probabilità che, in 100 lanci di un dado regolare, la somma dei punteggi dei singoli lanci sia maggiore di 360?

416. Sia $X$ una variabile discreta con densità $P(X=0) = 1/5$, $P(X=-1) = P(X=1) = 2/5$. Siano poi $X_1, ..., X_{30}$ variabili indipendenti e tutte distribuite come $X$. Calcolare media e varianza di $U = \sum_{i=1}^{30} X_i$. Calcolare $P(|U| \leq 2)$.

417. Qual è la probabilità che, in 100 estrazioni a caso di un numero reale compreso fra 0 e 2, la media aritmetica dei numeri estratti sia minore di 1.02?

418. Si estrae a caso un numero reale dall'intervallo $-1 \leq x \leq 1$ e si ripete l'esperimento 30 volte, poi si sommano tutti i numeri estratti. Calcolare la probabilità che il risultato finale sia compreso fra $-0.1$ e 0.2.

419. Sia $X \sim \mathcal{U}(0,1)$. Se $\overline{X}$ è la media campionaria di $n$ osservazioni indipendenti di $X$, calcolare per quale $n$ si ha approssimativamente $P(\overline{X} \geq 0.45) = 0.88$.

420. Sia $X \sim \mathcal{E}(1.2)$ e $\overline{X}$ la media campionaria di $n$ osservazioni indipendenti di $X$. Per quale $n$ si ha approssimativamente $P(\overline{X} \leq 1) = 0.92$?

421. Si sceglie a caso un numero tra i primi dieci interi $\{1, 2, ..., 10\}$ e si ripete l'esperimento 40 volte. Calcolare la probabilità che la media campionaria dei 40 numeri estratti sia al più uguale a 5.

422. Il numero di utenti che si connettono ogni secondo ad un determinato server di posta elettronica è una variabile $X$ di media $\mu = 1.5$ e varianza $\sigma^2 = 0.25$. *i)* Qual è, approssimativamente, la distribuzione del numero $Y$ di utenti che si connettono al server

ogni minuto, e perché? *ii)* Il vincolo di progetto prevede che il server si blocchi se, in un minuto, il numero di connessioni richieste è superiore a 100. In media, quante volte ci si aspetta che il server si blocchi in un giorno (= 24 ore)?

423. Sia $P(X=0)=0.6$, $P(X=1)=0.3$, $P(X=2)=0.1$. Calcolare la probabilità che la somma di 40 osservazioni indipendenti di $X$ sia minore di 25.

424. Aldo gioca 50 volte alla Roulette puntando ogni volta 1 € sul Rosso: pertanto, la "vincita" $X$ nella singola giocata vale +1 € con probabilità 18/37 e −1 € con probabilità 19/37. Calcolare media $\mu$ e varianza $\sigma^2$ di $X$. Detta $Y=\sum_{i=1}^{50} X_i$ la vincita complessiva, calcolare la probabilità $P(Y \geq 0)$ che alla fine del gioco Aldo non sia in perdita.

425. Ogni giorno Aldo beve un caffè con probabilità 0.3, due caffè con probabilità 0.5 e tre caffè con probabilità 0.2. Qual è la probabilità che in un mese (= 30 giorni) Aldo beva più di 60 caffè?

426. Il tempo di servizio ad uno sportello è una variabile $X$ di media 4 min e deviazione standard 2 min. Si consideri un campione casuale di 32 clienti. *i)* Qual è la probabilità che il tempo medio di servizio dei clienti del campione sia inferiore a 3 min? *ii)* Qual è la probabilità che, per servire tutti i clienti del campione, il tempo totale minimo necessario sia 120 min?

427. Aldo e Bruno giocano a dadi. In ogni partita ciascuno dei due lancia una volta un dado regolare: vince chi totalizza il punteggio più alto, mentre la partita finisce in parità se i punteggi sono uguali. Qual è la probabilità $p$ che vinca Aldo? e la probabilità $q$ che vinca Bruno? e la probabilità $r$ che una partita finisca in parità? Qual è la probabilità che su 10 partite Aldo ne vinca 5, Bruno 3 e 2 finiscano in parità (= evento $A$)? Qual è la probabilità che su 10 partite Aldo ne vinca 5 (= evento $B$)?

428. Una scatola contiene 4 palline bianche, 5 palline verdi e 6 palline nere. Estraendo in blocco tre palline, qual è la probabilità di pescarne una bianca e due nere (= evento $A$)? E se invece dopo ogni estrazione si rimette la pallina nella scatola?

429. Una scatola contiene 1 pallina verde, 2 bianche e 3 rosse. Si estraggono 3 palline in blocco. Detti rispettivamente $X$ ed $Y$ i numeri di palline verdi e bianche estratte, calcolare la densità discreta congiunta di $X$ ed $Y$ e l'indice di correlazione di $X$ ed $Y$.

430. Siano $X$ ed $Y$ variabili indipendenti ed entrambe $\mathcal{U}(0,1)$. Calcolare $P(Y<3X)$. Calcolare $P(Y<X \,|\, Y<3X)$.

431. Siano $\Omega$ ed $A$ due cerchi centrati nell'origine di un piano cartesiano ortogonale e i cui raggi sono $2a$ ed $a$ rispettivamente; siano poi $C$ la corona circolare $\Omega \setminus A$ e $D$ la parte di $C$ contenuta nel primo quadrante. Si sceglie a caso un numero $R$ tra 0 e $2a$, quindi si sceglie a caso un numero $\Theta$ tra 0 e $2\pi$. Qual è la probabilità che il punto di coordinate polari $(R,\Theta)$ appartenga a $C$? e la probabilità che esso appartenga a $D$? Se il punto scelto appartiene a $C$, qual è la probabilità che stia anche in $D$?

432. Si sceglie a caso un punto $(X,Y)$ nella regione $S=\{(x,y): x \geq 0, y \geq 0, x+2y \leq 4\}$. Determinare la densità congiunta continua di $X$ ed $Y$. Calcolare $P(X \leq 1 \,|\, Y \geq 1)$.

433. Le lunghezze $X$ ed $Y$ dei lati di un rettangolo sono variabili indipendenti ed entrambe $\mathcal{U}(0,4)$. Detta $Z=XY$ l'area del rettangolo, calcolare media e varianza di $Z$. Calcolare poi $P(Z>2)$.

# Capitolo 4

# Statistica: stima

## 4.1 Notazioni e richiami

**Popolazione, campione** Si chiama **popolazione** la variabile $X$ che rappresenta la caratteristica osservata quando si esegue un esperimento casuale. La distribuzione di probabilità della popolazione può essere non nota oppure nota a meno di uno o più parametri (di cui comunque si conosce l'intervallo di variabilità). In questo secondo caso si parla di popolazione normale, esponenziale, ecc., a seconda che la distribuzione di $X$ sia normale, esponenziale, ecc. Se si esegue una serie di $n$ repliche indipendenti dell'esperimento, osservando ogni volta il valore della popolazione, il risultato finale è una $n-$upla di numeri $x_1, ..., x_n$, detta il **campione dei dati osservati**. L'idea fondamentale della Statistica è di elaborare questi dati per ottenere informazioni sulla popolazione (stimare numericamente i parametri incogniti, verificare ipotesi su di essi, ecc.). Per poter controllare la variabilità delle osservazioni si considera ogni dato come una variabile "identica" alla popolazione: allora un **campione casuale di $n$ osservazioni** è una $n-$upla di variabili $X_1, ..., X_n$ indipendenti e identicamente distribuite (iid) come la popolazione $X$, dove *indipendenza* delle variabili significa che ogni osservazione non ha influenza sulle altre, e *identica distribuzione* vuol dire che la caratteristica che si osserva in ogni replica dell'esperimento è sempre la stessa. In questo modo un campione di dati osservati viene interpretato come uno dei possibili valori della variabile $n-$variata $(X_1, ..., X_n)$, e ciò rende possibile incorporare nella teoria la variabilità delle osservazioni mediante le cosiddette **statistiche campionarie**. Esempi notevoli di statistiche campionarie sono:

- la **media campionaria**

$$\overline{X} = \frac{1}{n}\sum_{i=1}^{n} X_i$$

- la **varianza campionaria**

$$S^2 = \frac{1}{n-1}\textstyle\sum_{i=1}^{n}\left(X_i - \overline{X}\right)^2 \quad \text{se la media } \mu \text{ della popolazione è incognita}$$

$$S_0^2 = \frac{1}{n}\textstyle\sum_{i=1}^{n}\left(X_i - \mu\right)^2 \quad \text{se la media } \mu \text{ della popolazione è nota}$$

- la **deviazione standard campionaria**

$S$ se la media $\mu$ della popolazione è incognita
$S_0$ se la media $\mu$ della popolazione è nota

**Stimatori e stima puntuale** Quando una statistica campionaria è usata per valutare un parametro di una popolazione è detta **stimatore**. Il valore numerico dello stimatore, calcolato in corrispondenza di un campione di dati osservati, è preso come stima numerica plausibile di quel parametro. Tale valore è anche detto **stima puntuale** del parametro. Tipici esempi di stimatori sono[1]

$$\widehat{\mu} = \overline{X}, \qquad \widehat{\sigma^2} = S^2 \text{ (oppure } S_0^2\text{)}, \qquad \widehat{\sigma} = S \text{ (oppure } S_0\text{)}$$

In generale un parametro ammette più di uno stimatore e si pone quindi il problema di stabilire quale scelta sia la "migliore". Intuitivamente una stima puntuale deve essere il più possibile vicina al valore vero del parametro e, per misurare questa proprietà, esistono vari criteri. Indicato genericamente con la lettera $\vartheta$ il parametro da stimare e con $\widehat{\vartheta}$ un suo stimatore, per garantire la precisione della stima è necessario che la distribuzione di $\widehat{\vartheta}$ sia centrata e poco dispersa intorno a $\vartheta$: la prima di queste proprietà è detta *non distorsione* e significa matematicamente che $\vartheta$ è la media della distribuzione di $\widehat{\vartheta}$, mentre la seconda è misurata dalla deviazione standard di $\widehat{\vartheta}$ (detta **errore standard** $\sigma_{\widehat{\vartheta}}$ oppure **errore standard stimato** $s_{\widehat{\vartheta}}$ se gli eventuali parametri che in essa compaiono sono sostituiti con le loro stime). Di due stimatori non distorti quello che dà stime puntuali potenzialmente più vicine al parametro incognito è lo stimatore con errore standard più piccolo.

**Intervalli di confidenza** Per quantificare il grado di precisione associato alla stima puntuale di un parametro $\vartheta$ si ricorre alla cosiddetta stima intervallare, cioè si costruisce un intervallo di valori $(a, b)$ in cui si ha una elevata fiducia che cada il valore incognito del parametro. Gli estremi dell'intervallo sono calcolati per mezzo del campione dei dati osservati, sicché campioni differenti producono valori differenti degli estremi. Quindi gli estremi sono opportune statistiche campionarie

$$A(X_1, ..., X_n) < \vartheta < B(X_1, ..., X_n)$$

e la **stima intervallare** numerica $a < \vartheta < b$ del parametro $\vartheta$ si ottiene in corrispondenza di un campione di dati osservati $x_1, ..., x_n$, cioè $a = A(x_1, ..., x_n)$ e $b = B(x_1, ..., x_n)$. Usando le distribuzioni campionarie si è poi in grado di determinare le funzioni $A$ e $B$ in modo che valga la condizione

$$P(A < \vartheta < B) = 1 - \alpha$$

con $0 < \alpha < 1$. Il valore $1 - \alpha$ si interpreta come la probabilità di copertura del vero valore di $\vartheta$, cioè la probabilità che un campione di dati osservati produca una stima intervallare contenente il vero valore di $\vartheta$. Le scelte usuali di $\alpha$ sono 10%, 5% o 1%, in modo che il grado di certezza $1 - \alpha$ che l'intervallo costruito contenga il valore vero del parametro sia elevato. In pratica, quindi, quando si raccoglie il campione di dati e si calcola la corrispondente stima intervallare, non si può mai avere la certezza assoluta che tale intervallo conterrà davvero il valore incognito del parametro. L'intervallo aleatorio $A < \vartheta < B$ viene detto **intervallo di confidenza (IC) di livello** $1 - \alpha$ (**a due code** o bilatero). In certi problemi è opportuno avere intervalli di confidenza del tipo $\vartheta > A$ oppure $\vartheta < B$: questi si dicono intervalli **a una coda** o unilateri. Infine le due statistiche campionarie $A$ e $B$ sono chiamate **limiti di confidenza** (inferiore e superiore).

Alcuni fra gli intervalli di confidenza più usati nelle applicazioni sono riportati a pag. 297 e seguenti.

[1]In Statistica si è soliti denotare lo stimatore di un parametro ponendo un accento circonflesso sul simbolo di quel parametro.

## 4.2 Esercizi svolti

434. Secondo una teoria l'altezza massima $X$ delle onde osservate in una certa località nell'arco di un anno è una variabile con densità continua $f(x) = 2\vartheta x \exp(-\vartheta x^2)$ e supporto $x > 0$. Fornire una stima numerica del parametro $\vartheta > 0$ sapendo che in quel luogo negli ultimi 5 anni sono stati osservati i seguenti valori di $X$ (espressi in m): $2.5; 2.9; 1.8; 1.7; 2.2$. Valutare poi l'altezza $h$ per la quale si ha $p = P(X > h) = 1\%$.

*Stima puntuale.*

---

Anzitutto esprimiamo l'altezza massima media in funzione del parametro della distribuzione

$$\begin{aligned}\mu &= \int_0^\infty x f(x)\, dx = \int_0^\infty 2\vartheta x^2 \exp\left(-\vartheta x^2\right) dx \\ &= (\text{con la sostituzione } x\sqrt{\vartheta} = y) \\ &= \frac{2}{\sqrt{\vartheta}} \int_0^\infty y^2 \exp\left(-y^2\right) dy = \sqrt{\frac{\pi}{4\vartheta}}\end{aligned}$$

dove nell'ultimo passaggio si è utilizzato l'integrale notevole $\int_0^\infty y^2 \exp(-y^2)\, dy = \sqrt{\pi}/4$. Uno stimatore $\widehat{\vartheta}$ di $\vartheta$ si ottiene dalla relazione precedente sostituendo $\mu$ con la media campionaria

$$\overline{X} = \sqrt{\frac{\pi}{4\widehat{\vartheta}}} \qquad \Longrightarrow \qquad \widehat{\vartheta} = \frac{\pi}{4\overline{X}^2}$$

I dati forniscono per la media campionaria il valore numerico

$$\overline{x} = \frac{2.5 + 2.9 + 1.8 + 1.7 + 2.2}{5} = 2.22$$

e questo valore, inserito nell'espressione di $\widehat{\vartheta}$, dà la stima richiesta

$$\vartheta \simeq \frac{\pi}{4 \times (2.22)^2} \simeq 0.159$$

Per valutare $h$, prima calcoliamo l'espressione di $p$ in funzione di $\vartheta$

$$p = P(X > h) = \int_h^\infty 2\vartheta x \exp\left(-\vartheta x^2\right) dx = e^{-\vartheta h^2}$$

Sostituendo ora a $\vartheta$ il valore trovato in precedenza e imponendo la condizione $p = 0.01$, si trova

$$h = \sqrt{\frac{\ln 100}{\vartheta}} \simeq \sqrt{\frac{\ln 100}{0.159}} \simeq 5.4 \text{ m}$$

---

Un'onda di altezza massima superiore ad $h$ viene detta "onda secolare" perché ci si aspetta che essa si verifichi mediamente una volta ogni cento anni (è questa l'interpretazione pratica della condizione $P(X > h) = 0.01$).

---

435. Le viti prodotte da una certa fabbrica sono classificate in *troppo lunghe* se la loro lunghezza supera 3.05 cm, e *troppo corte* se la loro lunghezza è inferiore a 2.97 cm. Vengono controllate 500 viti e si scopre che 18 di esse sono troppo lunghe e 14 troppo corte. Stimare la media $\mu$ e la deviazione standard $\sigma$ della lunghezza delle viti prodotte.

*Popolazione normale; stima puntuale.*

---

Assumiamo per la lunghezza $X$ delle viti il modello gaussiano. Allora

$$\begin{aligned} P(\text{vite troppo lunga}) &= P(X > 3.05) = 1 - \Phi\left(\frac{3.05-\mu}{\sigma}\right) \\ P(\text{vite troppo corta}) &= P(X < 2.97) = \Phi\left(\frac{2.97-\mu}{\sigma}\right) \end{aligned}$$

Nel campione di 500 viti il 3.6% è troppo lungo e il 2.8% è troppo corto. Quindi, stimando le probabilità con le frequenze, si ottiene il sistema

$$\begin{cases} 1 - \Phi\left(\dfrac{3.05-\mu}{\sigma}\right) = 0.036 \\ \Phi\left(\dfrac{2.97-\mu}{\sigma}\right) = 0.028 \end{cases} \Longrightarrow \begin{cases} 3.05 - \mu = \sigma\, z_{0.964} \\ 2.97 - \mu = \sigma\, z_{0.028} \end{cases}$$

Dalle Tavole si ricava $z_{0.964} \simeq 1.799$ e $z_{0.028} = -z_{0.972} \simeq -1.911$ e infine

$$\mu \simeq 3.011 \text{ cm}, \qquad \sigma \simeq 0.0216 \text{ cm}$$

---

436. Si è misurata la durata (in mesi) di 5 valvole di un certo tipo, ottenendo il campione 16, 14, 23, 18, 20. Fornire una stima numerica della durata media delle valvole di quel tipo. Stimare la probabilità $p$ che una valvola duri più di 16 mesi.

*Popolazione esponenziale; stima puntuale.*

---

La stima numerica della durata media è

$$\mu \simeq \overline{x} = \frac{16+14+23+18+20}{5} = 18.2 \text{ mesi}$$

Per valutare la probabilità $p$ richiesta, adottiamo per la durata $X$ delle valvole il modello esponenziale: $X \sim \mathcal{E}(\lambda)$. Allora

$$p = P(X > 16) = e^{-16\lambda}$$

Per la distribuzione esponenziale è $\lambda = 1/\mu$, quindi la stima prima ottenuta di $\mu$ dà

$$\lambda \simeq \frac{1}{18.2} \simeq 0.055$$

e infine

$$p \simeq \exp(-16 \times 0.055) \simeq 41.48\%$$

---

Per piccoli campioni lo stimatore $\widehat{\lambda} = 1/\overline{X}$ (utilizzato nella soluzione) tende a sovrastimare il parametro $\lambda$, e questo comporta di conseguenza una sottostima della probabilità $p$. L'inconveniente non si presenta se si utilizza, al posto del precedente, lo stimatore $\widehat{\lambda} = \frac{n-1}{n\overline{X}}$, che è non distorto. Nel nostro caso si ha $n = 5$ e con questo secondo stimatore si ottiene il valore

$$p \simeq \exp\left(-\frac{16 \times 4}{5 \times 18.2}\right) \simeq 49.50\%$$

---

437. Quattro tubi al neon di una certa marca hanno funzionato ininterrottamente per i seguenti periodi (misurati in anni): 1.5, 2.4, 2.1, 2.2. Su 1000 tubi installati, quanti si può prevedere che se ne guasteranno mediamente in un anno?

*Popolazione esponenziale; stima puntuale.*

---

La durata ininterrotta $X$ segue la distribuzione esponenziale $\mathcal{E}(\lambda)$ dove $\lambda$ è l'intensità dei guasti (= numero medio di guasti all'anno). Per il campione degli $n = 4$ tubi si ha $\overline{x} = (1.5 + 2.4 + 2.1 + 2.2)/4 = 2.05$, quindi una stima puntuale non distorta di $\lambda$ è $\lambda \simeq 3/4\overline{x} \simeq 0.366$, il che significa che all'incirca 366 sui 1000 tubi installati si guasteranno mediamente in un anno.

---

438. Un docente riceve, in cinque settimane diverse, rispettivamente $1, 4, 3, 2, 4$ studenti. Modellizzando con uno schema di Poisson il numero di studenti che vanno settimanalmente da quel professore, stimare il numero medio di studenti ricevuti dal professore in una settimana e la probabilità che in una settimana il professore riceva più di uno studente.

❐ *Popolazione di Poisson; stima puntuale.*

---

✎ Detta $X$ la variabile che conta il numero di studenti ricevuti settimanalmente dal docente, il numero medio $\mu$ di studenti ricevuti in una settimana è stimato dalla media campionaria

$$\mu \simeq \overline{x} = \frac{1+4+3+2+4}{5} = 2.8$$

Per valutare la probabilità $p$ che in una settimana il professore riceva più di uno studente, utilizziamo l'ipotesi $X \sim \mathcal{P}(\lambda)$

$$p = P(X > 1) = 1 - P(X = 0) - P(X = 1) = 1 - e^{-\lambda} - \lambda e^{-\lambda}$$

Poiché il parametro della distribuzione di Poisson coincide con la media $\mu$, la media campionaria fornisce una stima numerica di $\lambda$ e quindi

$$p \simeq 1 - e^{-\overline{x}} - \overline{x}e^{-\overline{x}} = 1 - e^{-2.8} - 2.8e^{-2.8} \simeq 76.89\%$$

---

439. Nelle ultime cinque sere, durante l'ora di cena (tra le ore 20.00 e le ore 21.00), Aldo ha ricevuto rispettivamente $1, 3, 1, 2, 3$ telefonate. Stimare la probabilità che Aldo riceva più di una telefonata durante l'ora di cena.

❐ *Popolazione di Poisson; stima puntuale.*

---

✎ Il numero $X$ di telefonate ricevute segue la distribuzione di Poisson $\mathcal{P}(\lambda)$ dove $\lambda$ rappresenta il numero medio di telefonate all'ora di cena. Il campione degli $n = 5$ dati ha media $\overline{x} = 2$, quindi una stima numerica di $\lambda$ è $\lambda \simeq \overline{x} = 2$. Viene chiesto di stimare la probabilità $\vartheta = P(X > 1) = 1 - P(X \leq 1) = 1 - e^{-\lambda} - \lambda e^{-\lambda}$: una stima numerica di tale parametro è allora

$$\vartheta \simeq 1 - e^{-2} - 2e^{-2} \simeq 59.40\%$$

---

440. Determinare uno stimatore della proporzione $p$ per una popolazione binomiale $X \sim \mathcal{B}(m; p)$ ($m$ intero positivo assegnato) basato su un campione di $n$ dati.

*Popolazione binomiale; stimatore.*

---

Per una popolazione binomiale $X \sim \mathcal{B}(m; p)$ è $\mu = mp$, quindi lo stimatore cercato risulta

$$\widehat{p} = \frac{\overline{X}}{m}$$

Tale stimatore è non distorto

$$E(\widehat{p}) = \frac{1}{m} E\left(\overline{X}\right) = \frac{1}{m} E(X) = p$$

e rappresenta la percentuale di successi sul totale delle $m \times n$ singole prove di Bernoulli effettuate ($m$ prove per ciascuna delle $n$ repliche dell'esperimento binomiale).

---

441. Un ispettore addetto al controllo qualità estrae a caso da un lotto numeroso i pezzi uno alla volta fino a trovarne tre difettosi, quindi registra il numero di pezzi esaminati. Egli ripete questa procedura 10 volte trovando i seguenti dati

$$24, 32, 54, 18, 36, 30, 53, 19, 42, 35$$

Fornire una stima numerica della difettosità del lotto.

*Popolazione binomiale negativa; stima puntuale.*

---

Ogni replica dell'esperimento è un'osservazione da una popolazione binomiale negativa $X \sim \overline{\mathcal{B}}(3; p)$ (che conta il numero di controlli fino ad ottenere il terzo "successo", cioè il terzo pezzo difettoso). Poiché $\mu = 3/p$, uno stimatore della difettosità $p$ è

$$\widehat{p} = \frac{3}{\overline{X}}$$

La media campionaria dei dati vale $\overline{x} = 34.3$, dunque la stima numerica di $p$ è

$$p \simeq \frac{3}{34.3} \simeq 8.75\%$$

---

442. Aldo ha una moneta che è solito lanciare ripetutamente finché esce Testa. Per esperienza egli sa che il gioco termina al quarto lancio nel 9% dei casi e al settimo lancio nel 2% dei casi. Quanto vale il trucco della moneta? [*Trucco* = probabilità che esca Testa in un singolo lancio]

☐ *Popolazione geometrica; stima puntuale.*

---

✎ La variabile $X$ che conta il numero di lanci per ottenere Testa è geometrica $\mathcal{G}(p)$, dove $p$ è il trucco della moneta. La probabilità che il gioco termini al lancio $x$ è la probabilità che esca Testa al lancio $x$, cioè $P(X = x) = (1-p)^{x-1} p$. In particolare

$$P(X = 4) = (1-p)^3 p, \qquad P(X = 7) = (1-p)^6 p$$

Possiamo stimare queste due probabilità con le frequenze osservate, che sono i dati del problema

$$(1-p)^3 p \simeq 0.09, \qquad (1-p)^6 p \simeq 0.02$$

Dividendo la seconda equazione per la prima si ricava

$$(1-p)^3 \simeq \frac{2}{9} \qquad \Longrightarrow \qquad p \simeq 0.3943$$

---

443. Siano $X \sim \mathcal{U}\left(-\sqrt{\vartheta}, \sqrt{\vartheta}\right)$, dove $\vartheta > 0$ è un parametro, e $X_1, ..., X_n$ un campione di $n$ osservazioni della popolazione $X$. Giustificare la scelta della statistica campionaria $\widehat{\vartheta} = \frac{3}{n} \sum_{i=1}^{n} X_i^2$ come stimatore di $\vartheta$. Verificare che tale stimatore è non distorto.

☐ *Popolazione uniforme; stimatore non distorto.*

---

✎ Poiché la media della popolazione è nulla, per la stima di $\vartheta$ va utilizzata la varianza

$$\sigma^2 = \frac{\left(2\sqrt{\vartheta}\right)^2}{12} = \frac{\vartheta}{3}$$

da cui $\widehat{\vartheta} = 3\widehat{\sigma^2}$; a sua volta, come stimatore di $\sigma^2$ bisogna usare $S_0^2$ perché la media della popolazione è nota (precisamente, è $\mu = 0$)

$$\widehat{\sigma^2} = S_0^2 = \frac{1}{n} \sum_{i=1}^{n} X_i^2$$

Quindi

$$\widehat{\vartheta} = \frac{3}{n} \sum_{i=1}^{n} X_i^2$$

Verifichiamo infine la non distorsione, cioè che $E\left(\widehat{\vartheta}\right) = \vartheta$.

$$\begin{aligned} E\left(\widehat{\vartheta}\right) &= \text{(per la linearità della media)} \\ &= \frac{3}{n} \sum_{i=1}^{n} E\left(X_i^2\right) = \text{(poiché le } X_i \text{ sono iid come } X\text{)} \\ &= \frac{3}{n} \sum_{i=1}^{n} E\left(X^2\right) = 3E\left(X^2\right) = \vartheta \end{aligned}$$

L'ultima uguaglianza segue da

$$E\left(X^2\right) = \sigma^2 = \frac{\vartheta}{3}$$

---

444. Sia $X \sim \mathcal{U}(1, \vartheta)$ dove $\vartheta > 1$ è un parametro. Determinare uno stimatore $\widehat{\vartheta}$ di $\vartheta$ e calcolare l'errore standard di $\widehat{\vartheta}$.

*Popolazione uniforme; stimatore; errore standard.*

---

La media della popolazione $X$ è $\mu = (1 + \vartheta)/2$, quindi uno stimatore di $\vartheta$ è

$$\widehat{\vartheta} = 2\overline{X} - 1$$

L'errore standard $\sigma_{\widehat{\vartheta}}$ di $\widehat{\vartheta}$ è

$$\sigma_{\widehat{\vartheta}} = \sqrt{V\left(2\overline{X} - 1\right)} = 2\sqrt{V\left(\overline{X}\right)} = \frac{2\sigma}{\sqrt{n}}$$

dove $\sigma$ è la deviazione standard della popolazione, cioè $\sigma = (\vartheta - 1)/\sqrt{12}$. Di conseguenza

$$\sigma_{\widehat{\vartheta}} = \frac{\vartheta - 1}{\sqrt{3n}}$$

L'errore standard stimato si ottiene sostituendo a $\vartheta$ l'espressione di $\widehat{\vartheta}$

$$s_{\widehat{\vartheta}} = \frac{2\left(\overline{X} - 1\right)}{\sqrt{3n}}$$

---

445. Sia $X \sim \mathcal{U}(0, \vartheta)$ con $\vartheta > 0$ parametro incognito. Assegnato un campione casuale $X_1, ..., X_n$ di $n$ dati della popolazione $X$, si considerino le due statistiche campionarie $\overline{X} = \sum_{i=1}^{n} X_i/n$ (media campionaria dei dati) e $Y = \max\{X_1, ..., X_n\}$ (dato più grande). Posto $\widehat{\vartheta}_1 = a\overline{X}$ e $\widehat{\vartheta}_2 = bY$ determinare le costanti $a$ e $b$ in modo che $\widehat{\vartheta}_1$ e $\widehat{\vartheta}_2$ siano stimatori non distorti di $\vartheta$. Quale dei due stimatori è preferibile, e perché?

*Popolazione uniforme; stimatore; errore standard.*

---

È noto che $E(X) = \vartheta/2$ e $V(X) = \vartheta^2/12$. Dunque

$$E\left(\widehat{\vartheta}_1\right) = aE\left(\overline{X}\right) = aE(X) = \frac{a}{2}\vartheta$$

$$V\left(\widehat{\vartheta}_1\right) = a^2 V\left(\overline{X}\right) = \frac{a^2}{n}V(X) = \frac{a^2}{12n}\vartheta^2$$

e la condizione di non distorsione $E\left(\widehat{\vartheta}_1\right) = \vartheta$ dà $a = 2$ e $V\left(\widehat{\vartheta}_1\right) = \vartheta^2/3n$. È altresì noto (vedi Ex. 337) che $E(Y) = \dfrac{n\vartheta}{n+1}$ e $V(Y) = \dfrac{n\vartheta^2}{(n+1)^2(n+2)}$. Quindi

$$E\left(\widehat{\vartheta}_2\right) = bE(Y) = \frac{nb}{n+1}\vartheta$$

$$V\left(\widehat{\vartheta}_2\right) = b^2 V(Y) = \frac{nb^2}{(n+1)^2(n+2)}\vartheta^2$$

e la condizione di non distorsione $E\left(\widehat{\vartheta}_2\right) = \vartheta$ dà $b = \dfrac{n+1}{n}$ e $V\left(\widehat{\vartheta}_2\right) = \dfrac{\vartheta^2}{n(n+2)}$. Poiché $3n < n(n+2)$ per $n \geq 2$, risulta $V\left(\widehat{\vartheta}_2\right) < V\left(\widehat{\vartheta}_1\right)$ ed è perciò preferibile lo stimatore $\widehat{\vartheta}_2$.

---

446. Sia $X \sim \mathcal{U}(\vartheta, \vartheta + 1)$ dove $\vartheta > 0$ è un parametro. Determinare uno stimatore $\widehat{\vartheta}$ di $\vartheta$ basato su $n$ osservazioni di $X$. Trovare il minimo valore di $n$ per cui si ha $P\left(\left|\widehat{\vartheta} - \vartheta\right| \leq 0.1\right) > 0.90$.

*Popolazione uniforme; stimatore.*

---

La popolazione $X$ ha media $\mu = \vartheta + 1/2$ e varianza $\sigma^2 = 1/12$. Da

$$\overline{X} \simeq \mu = \vartheta + \frac{1}{2}$$

si ricava che uno stimatore di $\vartheta$ è

$$\widehat{\vartheta} = \overline{X} - \frac{1}{2}$$

Per tale $\widehat{\vartheta}$ si ha

$$P\left(\left|\widehat{\vartheta} - \vartheta\right| \leq 0.1\right) = P\left(\left|\overline{X} - \left(\vartheta + \frac{1}{2}\right)\right| \leq 0.1\right) = P\left(\left|\overline{X} - \mu\right| \leq 0.1\right)$$

Per procedere nel calcolo dobbiamo usare il TLC con l'approssimazione $\overline{X} \approx N(\mu; 1/12n)$

$$\begin{aligned} P\left(\left|\widehat{\vartheta} - \vartheta\right| \leq 0.1\right) &\simeq P\left(\left|\frac{\overline{X} - \mu}{1/\sqrt{12n}}\right| \leq \frac{\sqrt{12n}}{10}\right) \\ &= 2\Phi\left(\frac{\sqrt{12n}}{10}\right) - 1 \end{aligned}$$

e la condizione $P\left(\left|\widehat{\vartheta} - \vartheta\right| \leq 0.1\right) > 0.90$ dà

$$\Phi\left(\frac{\sqrt{12n}}{10}\right) > 0.95 \qquad \Longrightarrow \qquad n > \frac{100}{12} z_{0.95}^2 \simeq 22.5$$

In conclusione il minimo $n$ richiesto è 23.

---

447. Si vuole stimare la media $\mu$ di una popolazione e si dispone di $n$ dati $X_1, ..., X_n$ indipendenti, ciascuno dei quali fornisce una stima non distorta di $\mu$ ma tali che $V(X_i) = \sigma_i^2$. Si consideri la statistica $\widehat{\vartheta} = \sum_{i=1}^{n} c_i X_i$. Determinare la condizione sulle costanti $c_i$ affinché $\widehat{\vartheta}$ sia uno stimatore non distorto di $\mu$. Calcolare poi l'errore standard di $\widehat{\vartheta}$ e stabilire per quali valori $c_i$ tale errore standard è il minimo possibile.

*Stimatore; errore standard.*

---

Non distorsione significa che $E\left(\widehat{\vartheta}\right) = \mu$. Si ha

$$\begin{aligned} E\left(\widehat{\vartheta}\right) &= \text{(per la linearità della media)} \\ &= \sum_{i=1}^{n} c_i E(X_i) = \text{(poiché le } X_i \text{ sono non distorte)} \\ &= \sum_{i=1}^{n} c_i \mu \end{aligned}$$

quindi

$$E\left(\widehat{\vartheta}\right)=\mu \qquad \Longleftrightarrow \qquad \sum_{i=1}^{n} c_i = 1$$

Per l'errore standard $\sigma_{\widehat{\vartheta}}$ di $\widehat{\vartheta}$ si ha

$$\begin{aligned}\sigma^2_{\widehat{\vartheta}} &= V\left(\widehat{\vartheta}\right) = (\text{per l'indipendenza delle } X_i)\\ &= \sum_{i=1}^{n} c_i^2 V\left(X_i\right) = \sum_{i=1}^{n} c_i^2\sigma_i^2\end{aligned}$$

Si tratta allora di minimizzare la funzione quadratica $g\left(c_1,...,c_n\right)=\sum_{j=1}^{n} c_j^2\sigma_j^2$ soggetta al vincolo $\sum_{j=1}^{n} c_j = 1$. Ciò si ottiene annullando il gradiente di $g-\lambda\sum_{j=1}^{n} c_j$ (metodo del moltiplicatore di Lagrange)

$$0=\frac{\partial}{\partial c_i}\left(g-\lambda\sum_{j=1}^{n} c_j\right)=2c_i\sigma_i^2-\lambda \qquad \Longrightarrow \qquad c_i=\frac{\lambda}{2\sigma_i^2}$$

Imponendo il vincolo sulle $c_i$, si ricava il valore del moltiplicatore $\lambda$

$$1=\sum_{i=1}^{n} c_i=\sum_{i=1}^{n}\frac{\lambda}{2\sigma_i^2} \qquad \Longrightarrow \qquad \lambda=\frac{2}{\sum_{i=1}^{n}\sigma_i^{-2}}$$

In definitiva

$$c_i=\frac{\sigma_i^{-2}}{\sum_{j=1}^{n}\sigma_j^{-2}}$$

e

$$\sigma^2_{\widehat{\vartheta}}=\sum_{i=1}^{n}\left(\frac{\sigma_i^{-2}}{\sum_{j=1}^{n}\sigma_j^{-2}}\right)^2\sigma_i^2=\frac{\sum_{i=1}^{n}\sigma_i^{-2}}{\left(\sum_{j=1}^{n}\sigma_j^{-2}\right)^2}=\frac{1}{\sum_{i=1}^{n}\sigma_i^{-2}}$$

o anche

$$\frac{1}{\sigma^2_{\widehat{\vartheta}}}=\sum_{i=1}^{n}\frac{1}{\sigma_i^2}$$

---

☞ Si noti che $\sigma_{\widehat{\vartheta}}<\sigma_i$ e quindi lo stimatore $\widehat{\vartheta}$ combinato ("pooled") è preferibile a ciascuno degli $X_i$. Inoltre, nel caso particolare $\sigma_i\equiv\sigma$ segue $c_i=\dfrac{\sigma^{-2}}{\sum_{j=1}^{n}\sigma^{-2}}=\dfrac{1}{n}$ e quindi è $\widehat{\vartheta}=\overline{X}$.

Si conclude che $\widehat{\vartheta}$ fornisce lo stimatore migliore della media di una popolazione quando si disponga di un campione di dati indipendenti e non distorti, ma non identicamente distribuiti, come succede quando si hanno misure di una grandezza fisica ottenute con strumenti di precisioni diverse.

---

448. Pochi giorni prima delle elezioni per il sindaco di una città, una società di ricerche demoscopiche effettua un'indagine per avere un'idea della percentuale di favorevoli al candidato A. Su 450 intervistati, 240 hanno detto che voteranno A. Ricavare un intervallo di confidenza al 95% per la percentuale di votanti per A. Con quale confidenza potremmo affermare che A prenderà più del 50% dei voti?

*Popolazione bernoulliana; IC a due code e IC a una coda per p.* ❐

---

L'IC al 95% per la proporzione $p$ di una popolazione bernoulliana, basato su un campione di $n = 450$ interviste, è ($z_{0.975} \simeq 1.960$)

$$p = \widehat{p} \pm \sqrt{\frac{\widehat{p}(1-\widehat{p})}{450}}\, 1.960$$

Nel nostro caso $p$ si interpreta come la percentuale di voti a favore di A e la proporzione campionaria vale $\widehat{p} = 240/450 \simeq 53.34\%$. Quindi si prevede che al 95% di confidenza la percentuale di votanti per A sarà compresa nell'intervallo

$$p = 53.34\% \pm 4.61\%$$

Chiedersi, invece, con quale confidenza il candidato A prenderà più della metà dei voti significa determinare un IC a una coda del tipo

$$p > \widehat{p} - \sqrt{\frac{\widehat{p}(1-\widehat{p})}{450}}\, z_{1-\alpha}$$

e si ha $p > 0.50$ se

$$\widehat{p} - \sqrt{\frac{\widehat{p}(1-\widehat{p})}{450}}\, z_{1-\alpha} = 0.50$$

Sostituendo $\widehat{p} = 240/450$ si trova $z_{1-\alpha} \simeq 1.417$, da cui la confidenza richiesta

$$1 - \alpha \simeq 92.18\%$$

---

449. In un sondaggio d'opinione a due risposte (favorevole/contrario) si è ottenuto l'intervallo $p = 37\% \pm 2\%$ per la percentuale $p$ di favorevoli nella popolazione. Se sono state intervistate 1000 persone, qual è approssimativamente il livello di confidenza del sondaggio? Se il livello di confidenza del sondaggio è 90%, quante persone sono state intervistate?

*Popolazione bernoulliana; IC a due code per p.* ❐

---

✎ Nel testo si fa riferimento all'IC a due code per la proporzione $p$ di una popolazione bernoulliana, che è il seguente

$$p = \widehat{p} \pm \sqrt{\frac{\widehat{p}(1-\widehat{p})}{n}}\, z_{1-\alpha/2}$$

I dati sono $\widehat{p} = 0.37$ e

$$\sqrt{\frac{\widehat{p}(1-\widehat{p})}{n}}\, z_{1-\alpha/2} = 0.02$$

cioè

$$\frac{z_{1-\alpha/2}}{\sqrt{n}} = \frac{0.02}{\sqrt{0.37\,(1-0.37)}}$$

La prima domanda chiede di calcolare il livello $1-\alpha$ sapendo che è $n = 1000$

$$z_{1-\alpha/2} = \frac{0.02\sqrt{1000}}{\sqrt{0.37\,(1-0.37)}} \simeq 1.310 \qquad \Longrightarrow \qquad 1-\alpha \simeq 2\Phi\,(1.310) - 1 \simeq 80.98\%$$

La seconda domanda, invece, dà il livello $1-\alpha = 0.90$ e chiede di calcolare $n$

$$\sqrt{n} = \frac{\sqrt{0.37\,(1-0.37)}}{0.02}\, z_{0.95} \qquad \Longrightarrow \qquad n \simeq \frac{0.37\,(1-0.37)}{(0.02)^2}\,(1.645)^2 \simeq 1577$$

---

450. Stimare la difettosità minima di un lotto numeroso di pezzi in cui, su 100 pezzi controllati, 8 sono risultati difettosi.

☐ *Popolazione bernoulliana; IC a una coda per p.*

---

✎ La popolazione $X$ è la caratteristica "difettoso/buono" dei pezzi del lotto, ed è quindi $X \sim \mathcal{B}\,(1;p)$ dove $p$ rappresenta la probabilità che un pezzo sottoposto a controllo sia difettoso. Il testo richiede una stima intervallare per la difettosità $p$ del tipo

$$p > \widehat{p} - \sqrt{\frac{\widehat{p}(1-\widehat{p})}{n}}\, z_{1-\alpha} \equiv p_{\min}$$

perché stimare la difettosità minima significa dire che $p$ è maggiore o al più uguale di un determinato valore ($= p_{\min}$). La dimensione del campione è $n = 100$ e la stima puntuale di $p$ è $\widehat{p} = 8/100 = 0.08$. Per i tre livelli usuali della confidenza ($1-\alpha = 90\%, 95\%, 99\%$) si trovano i valori

$p_{\min} = 4.52\%$ al 90% di confidenza
$p_{\min} = 3.54\%$ al 95% di confidenza
$p_{\min} = 1.69\%$ al 99% di confidenza

---

451. In un sondaggio d'opinione 208 degli intervistati si sono dichiarati favorevoli, 184 si sono detti contrari e 127 si sono astenuti. Stimare numericamente la percentuale $p$ di favorevoli nell'intera popolazione. Stimare al 90% di confidenza la percentuale massima di favorevoli nell'intera popolazione.

*Popolazione bernoulliana; IC a una coda per p.* ❐

---

La popolazione $X$ è l'opinione "favorevole/non favorevole", dove "non favorevole" significa contrario oppure astenuto. Quindi è $X \sim \mathcal{B}(1;p)$ essendo $p$ la probabilità che un intervistato si dichiari favorevole. Il numero di intervistati è $n = 208 + 184 + 127 = 519$ e la stima puntuale dei favorevoli è $\widehat{p} = 208/519 \simeq 40.08\%$.
Il testo richiede inoltre una stima intervallare per $p$ del tipo

$$p < \widehat{p} + \sqrt{\frac{\widehat{p}(1-\widehat{p})}{n}}\, z_{0.90} \equiv p_{\max}$$

e si trova

$$p_{\max} \simeq 42.83\%$$

---

452. Per stimare la difettosità $p$ di un lotto numeroso di pezzi un ispettore decide di esaminare pezzi estratti a caso dal lotto fino a trovarne $n$ difettosi ($n$ fissato). Detto $X$ il numero di pezzi esaminati, verificare tramite la disuguaglianza di Cebicev che l'intervallo (IC)

$$\frac{n}{X}\left(1 - \frac{1}{\sqrt{n\alpha}}\right) < p < \frac{n}{X}\left(1 + \frac{1}{\sqrt{n\alpha}}\right)$$

ha un livello di confidenza maggiore o uguale a $1 - \alpha$ $(0 < \alpha < 1)$.

*Popolazione binomiale negativa; IC per p; disuguaglianza di Cebicev.* ❐

---

Essendo il lotto numeroso, la variabile $X$ segue la distribuzione binomiale negativa $\overline{\mathcal{B}}(n;p)$ per cui $\mu = E(X) = n/p$ e $\sigma^2 = V(X) = n(1-p)/p^2$. Ne segue che la disuguaglianza di Cebicev applicata ad $X$

$$P(|X - \mu| < \varepsilon) \geq 1 - \frac{\sigma^2}{\varepsilon^2}$$

dà

$$P\left(\left|X - \frac{n}{p}\right| < \varepsilon\right) \geq 1 - \frac{n(1-p)}{p^2\varepsilon^2}$$

Il testo chiede di stimare la confidenza

$$\gamma = P\left(\frac{n}{X}\left(1-\frac{1}{\sqrt{n\alpha}}\right) < p < \frac{n}{X}\left(1+\frac{1}{\sqrt{n\alpha}}\right)\right)$$

L'IC dato si scrive anche

$$\frac{n}{p}\left(1-\frac{1}{\sqrt{n\alpha}}\right) < X < \frac{n}{p}\left(1+\frac{1}{\sqrt{n\alpha}}\right)$$

ovvero

$$\left|X-\frac{n}{p}\right| < \frac{1}{p}\sqrt{\frac{n}{\alpha}}$$

Scelto quindi $\varepsilon = \frac{1}{p}\sqrt{\frac{n}{\alpha}}$ si ha

$$\gamma = P\left(\left|X-\frac{n}{p}\right| < \varepsilon\right) \geq 1-\frac{n(1-p)}{p^2\varepsilon^2} = 1-\alpha(1-p) \geq 1-\alpha$$

---

453. Sia $\overline{X}$ la media campionaria di 12 osservazioni indipendenti di una popolazione $X$ uniformemente distribuita in $(0,a)$ con $a>0$ incognito. Valutare approssimativamente la probabilità $P\left(\left|\overline{X}-\frac{a}{2}\right| < \frac{a}{12}\right)$. Sapendo poi che i 12 valori osservati sono: $2,5,3,7,10,6,3,8,1,1,9,4$, scrivere un intervallo di confidenza asintotico per $a$ e precisarne il livello di confidenza.

*Popolazione uniforme; IC a due code.*

---

La popolazione $X$ è uniforme con media $\mu = a/2$ e varianza $\sigma^2 = a^2/12$. Per il TLC si ha $\overline{X} \approx \mathcal{N}\left(a/2;(a/12)^2\right)$ e pertanto

$$P\left(\left|\overline{X}-\frac{a}{2}\right| < \frac{a}{12}\right) = 2\Phi(1)-1 \simeq 68.27\%$$

Da questo calcolo si deduce che la disuguaglianza $\left|\overline{X}-\frac{a}{2}\right| < \frac{a}{12}$ fornisce un IC asintotico per $a$ il cui livello di confidenza è 68% circa. Risolvendo tale disequazione rispetto ad $a$, l'IC risulta esplicitamente dato da

$$\frac{12}{7}\overline{X} < a < \frac{12}{5}\overline{X}$$

Poiché la media campionaria osservata è $\overline{x} \simeq 4.9$, l'IC stimato coi dati numerici è

$$8.4 < a < 11.8$$

---

454. Sia $X$ una variabile con distribuzione uniforme nell'intervallo $\vartheta \leq x \leq 1$, dove $\vartheta$ è un parametro. Fornire uno stimatore $\widehat{\vartheta}$ di $\vartheta$ basato su un campione casuale $X_1, ..., X_n$ di $n$ osservazioni di $X$. Sapendo che la media campionaria di $n = 50$ osservazioni è $\overline{x} = 0.7$, dare una stima numerica di $\vartheta$ e una stima intervallare di $\vartheta$ al 50% di confidenza.

*Popolazione uniforme; IC a due code.*

---

Per $X \sim \mathcal{U}(\vartheta, 1)$ è $\mu = E(X) = \dfrac{\vartheta + 1}{2}$ e $\sigma^2 = V(X) = \dfrac{(1-\vartheta)^2}{12}$, quindi uno stimatore di $\vartheta$ è

$$\widehat{\vartheta} = 2\overline{X} - 1$$

e $\overline{X} \approx \mathcal{N}(\mu; \sigma^2/n)$ per TLC. Usando l'IC a due code per la media di una popolazione normale a varianza nota e confidenza $1 - \alpha$

$$\mu = \overline{X} \pm \frac{\sigma}{\sqrt{n}} z_{1-\alpha/2}$$

si ottiene il sistema di due disequazioni nell'incognita $\vartheta$

$$\overline{X} - \frac{1-\vartheta}{\sqrt{12n}} z_{1-\alpha/2} \leq \frac{\vartheta + 1}{2} \leq \overline{X} + \frac{1-\vartheta}{\sqrt{12n}} z_{1-\alpha/2}$$

la cui soluzione è

$$\vartheta_1 \leq \vartheta \leq \vartheta_2$$

dove

$$\begin{aligned} \vartheta_1 &= \frac{\sqrt{3n}}{\sqrt{3n} - z_{1-\alpha/2}} \left(2\overline{X} - 1\right) - \frac{z_{1-\alpha/2}}{\sqrt{3n} - z_{1-\alpha/2}} \\ \vartheta_2 &= \frac{\sqrt{3n}}{\sqrt{3n} + z_{1-\alpha/2}} \left(2\overline{X} - 1\right) + \frac{z_{1-\alpha/2}}{\sqrt{3n} + z_{1-\alpha/2}} \end{aligned}$$

Sostituendo infine i valori numerici $n = 50$, $\overline{x} = 0.7$, $\alpha = 0.50$, $z_{0.75} \simeq 0.6745$ si ottengono la stima puntuale

$$\vartheta \simeq 2\overline{x} - 1 = 0.4$$

e la stima intervallare al 50% di confidenza

$$0.3650 \leq \vartheta \leq 0.4313$$

---

455. Siano $T$ il numero totale di telefonate che arrivano ad un centralino in un dato mese e $X_1, ..., X_{30}$ le telefonate arrivate in ciascuno dei trenta giorni di quel mese. Si assuma che il numero di telefonate giornaliere segua uno schema di Poisson di intensità $\lambda$ e che tutte le telefonate siano indipendenti. Si sa che il mese scorso al centralino sono arrivate 13357 telefonate. Dare una stima numerica di $\lambda$. Calcolare un limite inferiore per $\lambda$ al 95% di confidenza.

☐ *Popolazione di Poisson; IC a una coda.*

---

✎ La popolazione è il numero $X$ di telefonate giornaliere ed è $X \sim \mathcal{P}(\lambda)$; il numero mensile $T$ di telefonate è la somma $T = \sum_{i=1}^{30} X_i$ e, per la riproducibilità della distribuzione di Poisson, si ha $T \sim \mathcal{P}(30\lambda)$. Il dato corrisponde ad un'unica osservazione di $T$ e quindi rappresenta una stima numerica della media $E(T) = 30\lambda$, cioè $30\lambda \simeq 13357$, da cui

$$\lambda \simeq 445.2 \quad \text{telefonate/giorno}$$

La seconda domanda chiede un IC per $\lambda$ della forma $\lambda > K$. Al 95% di confidenza l'IC di questo tipo per la popolazione $T$ con un'unica osservazione ($n = 1$) è

$$30\lambda > 13357 - \sqrt{13357}\, z_{0.95}$$

e si ricava

$$\lambda > \frac{13357 - \sqrt{13357} \times 1.645}{30} \simeq 438.9 \quad \text{telefonate/giorno}$$

---

456. Da una sospensione contenente cellule vengono prelevati ed esaminati al microscopio 20 campioni da 1 cm$^3$ ciascuno. Si trova che il numero medio di cellule per cm$^3$ nei 20 campioni è $\overline{x} = 15$. Si assuma il modello di Poisson per il numero $X$ di cellule per cm$^3$ nella sospensione. Calcolare un intervallo di confidenza di livello 90% per la media $\mu$ di $X$. Qual è la confidenza dell'intervallo $14 \leq \mu \leq 16$?

☐ *Popolazione di Poisson; IC a due code.*

---

✎ La popolazione è $X$ = "numero di cellule per cm$^3$". Riassumiamo dati e calcoli per l'IC della media $\mu$ di $X$ nello specchietto seguente.

| | |
|---|---|
| POPOLAZIONE | $\mathcal{P}(\mu)$ |
| IC PER $\mu$ | $\mu = \overline{x} \pm \sqrt{\overline{x}/n}\, z_{1-\alpha/2}$ |
| DIMENSIONE DEL CAMPIONE | $n = 20$ |
| CONFIDENZA | $1 - \alpha = 0.90$ |
| QUANTILI | $z_{0.95} \simeq 1.645$ |
| STATISTICHE CAMPIONARIE | $\overline{x} = 15$ |

$$\Longrightarrow \qquad \mu = 15 \pm 1.4 \quad \text{cellule/cm}^3$$

Se l'IC fosse $14 \leq \mu \leq 16$, ciò significherebbe che la sua semilunghezza è unitaria e quindi

$$\sqrt{\frac{\overline{x}}{n}}\, z_{1-\alpha/2} = \sqrt{\frac{15}{20}}\, z_{1-\alpha/2} = 1 \quad \Longrightarrow \quad z_{1-\alpha/2} = \sqrt{\frac{4}{3}} \quad \Longrightarrow \quad 1-\frac{\alpha}{2} = \Phi\left(\sqrt{\frac{4}{3}}\right)$$

Ne segue che la confidenza di tale IC è

$$1-\alpha = 2\Phi\left(\sqrt{\frac{4}{3}}\right) - 1 \simeq 75.18\%$$

---

457. È stata misurata la durata di funzionamento $X$ (in ore) di $n$ lampadine, ricavando la durata media campionaria $\overline{x} = 1542$ ore. Determinare un intervallo di confidenza al 90% per la durata media teorica nei casi $n = 10$ e $n = 100$.

*Popolazione esponenziale; IC a due code.* ❐

---

Indicata con $\mu$ la durata media teorica, si ha $X \sim \mathcal{E}(1/\mu)$. L'IC al 90% per il parametro $\lambda$ di una popolazione esponenziale $\mathcal{E}(\lambda)$ è dato da

$$\frac{1}{2n\overline{X}}\, \chi^2_{0.05}(2n) < \lambda < \frac{1}{2n\overline{X}}\, \chi^2_{0.95}(2n)$$

Qui è $\lambda = 1/\mu$ e $\overline{x} = 1542$, per cui si ha

$$\frac{3084n}{\chi^2_{0.95}(2n)} < \mu < \frac{3084n}{\chi^2_{0.05}(2n)}$$

Sia $n = 10$. Allora $\chi^2_{0.05}(20) \simeq 10.851$ e $\chi^2_{0.95}(20) \simeq 31.410$, e si ottiene

$$981.9 < \mu < 2842.1$$

Sia $n = 100$. Usando l'approssimazione (vedi Ex. n° 150)

$$\chi^2_{\beta}(200) \simeq \frac{1}{2}\left(z_{\beta} + \sqrt{399}\right)^2$$

si trova $\chi^2_{0.05}(200) \simeq 167.997$ e $\chi^2_{0.95}(200) \simeq 233.709$, e infine

$$1319.6 < \mu < 1835.7$$

---

458. Sia $X \sim \mathcal{E}(\lambda)$. Fornire una stima numerica della mediana di $X$ sulla base del seguente campione di 5 osservazioni di $X$

$$1.1, \quad 2.3, \quad 4.7, \quad 3.3, \quad 1.9$$

Determinare poi un intervallo di confidenza di livello 95% per la mediana.

*Popolazione esponenziale; IC a due code.*

---

La mediana di $X \sim \mathcal{E}(\lambda)$ è data da

$$P(X \leq x) = 1 - e^{-\lambda x} = 0.50 \qquad \Longrightarrow \qquad x_{0.50} = \frac{\ln 2}{\lambda}$$

e uno stimatore non distorto del parametro $\lambda$ è $\widehat{\lambda} = \dfrac{n-1}{n\overline{X}}$ (vedi Ex. n° 436). Quindi ($n = 5$, $\overline{x} \simeq 2.66$)

$$\lambda \simeq \frac{4}{3 \times 2.66} \simeq 0.501$$

e una stima numerica della mediana è

$$x_{0.50} \simeq \frac{\ln 2}{0.501} \simeq 2.305$$

Per determinare un IC per la mediana occorre anzitutto determinare l'IC per $\lambda$.

| POPOLAZIONE | $\mathcal{E}(\lambda)$ |
|---|---|
| IC PER $\lambda$ | $\frac{1}{2n\overline{X}} \chi^2_{\alpha/2}(2n) < \lambda < \frac{1}{2n\overline{X}} \chi^2_{1-\alpha/2}(2n)$ |
| DIMENSIONE DEL CAMPIONE | $n = 5$ |
| CONFIDENZA | $1 - \alpha = 0.95$ |
| QUANTILI | $\chi^2_{0.025}(10) \simeq 3.247$; $\chi^2_{0.975}(10) \simeq 20.483$ |
| STATISTICHE CAMPIONARIE | $\overline{x} \simeq 2.66$ |

$$\Longrightarrow \qquad 0.1221 < \lambda < 0.7700$$

Di conseguenza, l'IC per la mediana al 95% di confidenza risulta

$$\frac{\ln 2}{0.7700} < x_{0.50} < \frac{\ln 2}{0.1221}$$

ovvero

$$0.9002 < x_{0.50} < 5.6769$$

---

459. Un segnale di intensità $\mu$ incognita, trasmesso dalla sorgente S, è raccolto dal ricevitore R con un rumore additivo gaussiano di media nulla e deviazione standard $\sigma = 2$. Per ridurre l'errore, lo stesso segnale viene inviato 10 volte da S ad R e la media campionaria dei segnali ricevuti è 8.7. Qual è la confidenza che il segnale trasmesso sia compreso fra 7.0 e 10.4?

*Popolazione normale; IC a due code per $\mu$ ($\sigma$ nota).*

---

La popolazione $X$ = "segnale ricevuto" è normale $\mathcal{N}(\mu; 2^2)$. Il testo assegna l'IC $7.0 < \mu < 10.4$ ed è $\overline{x} = 8.7$ con $n = 10$. Confrontando questi dati con l'espressione generale dell'IC

$$\mu = \overline{X} \pm \frac{\sigma}{\sqrt{n}} z_{1-\alpha/2} = 8.7 \pm \frac{2}{\sqrt{10}} z_{1-\alpha/2}$$

si ricava

$$\frac{2}{\sqrt{10}} z_{1-\alpha/2} = 1.7$$

da cui

$$1 - \frac{\alpha}{2} = \Phi\left(\frac{\sqrt{10} \times 1.7}{2}\right) \simeq 0.9964$$

e infine

$$1 - \alpha \simeq 2 \times 0.9964 - 1 = 99.28\%$$

---

460. Uno strumento produce mine per le matite di una certa marca con una precisione (= deviazione standard della lunghezza delle mine) pari a $\sigma = 0.1$ cm. Misurando dieci mine, si sono ottenuti i seguenti valori (in cm)

12.21, 12.33, 12.84, 12.97, 13.22, 12.93, 13.07, 13.52, 13.23, 13.01

Determinare un intervallo di confidenza al 95% per la lunghezza media delle mine. Mantenendo il medesimo livello di confidenza, quante mine occorrerebbe misurare per avere un intervallo non più ampio di 0.1 cm?

*Popolazione normale; IC a due code per $\mu$ ($\sigma$ nota).*

---

Assumiamo per la lunghezza $X$ delle mine il modello gaussiano: $X \sim \mathcal{N}(\mu; (0.1)^2)$. L'intervallo di confidenza al 95% per la media $\mu$ di una popolazione normale con $\sigma = 0.1$ e $n = 10$ è dato da ($z_{0.975} \simeq 1.960$)

$$\mu = \overline{X} \pm \frac{0.1}{\sqrt{n}} 1.960$$

Nel nostro caso si ha $n = 10$ e $\overline{x} = 12.933$, da cui

$$\mu = 12.933 \pm 0.0620 \text{ cm}$$

Se invece si vuole che l'ampiezza dell'intervallo di confidenza al 95% non superi 0.1 cm, deve essere

$$2\,\frac{0.1}{\sqrt{n}}\,1.960 \leq \frac{1}{10}$$

e si trova

$$n \geq (2 \times 1.960)^2 \simeq 15.4$$

cioè bisogna misurare almeno 16 mine.

---

461. Un intervallo di confidenza simmetrico al 90% per la media di una popolazione normale è dato da $(8.404, 9.875)$. Qual è la media campionaria delle osservazioni? Qual è la dimensione del campione se la varianza è pari a 3?

☐ *Popolazione normale; IC a due code per $\mu$ ($\sigma$ nota).*

---

✎ L'IC del tipo descritto è

$$\mu = \overline{X} \pm \frac{\sigma}{\sqrt{n}}\,z_{0.95}$$

La media campionaria è il punto medio dell'intervallo

$$\overline{x} = \frac{8.404 + 9.875}{2} = 9.14$$

e la lunghezza vale (essendo $\sigma^2 = 3$)

$$2\,\frac{\sqrt{3}}{\sqrt{n}}\,z_{0.95} = 9.875 - 8.404$$

da cui si ricava

$$n = 15$$

---

462. La misura $X$ del numero di ottani di una benzina ha una deviazione standard di 0.5. Quante misure indipendenti devono essere fatte per conoscere il numero medio di ottani con un errore massimo di 0.3 e una confidenza del 90%?

*Popolazione normale; IC a due code per $\mu$ ($\sigma$ nota).* ❐

---

Assumiamo il modello gaussiano per il numero $X$ di ottani: $X \sim \mathcal{N}\left(\mu; (0.5)^2\right)$. L'IC al 90% di confidenza per la media $\mu$ è

$$\mu = \overline{X} \pm \frac{0.5}{\sqrt{n}} z_{0.95}$$

e si chiede di determinare $n$ in modo che la semilunghezza dell'intervallo sia al massimo 0.3

$$\frac{0.5}{\sqrt{n}} z_{0.95} \leq 0.3 \qquad \Longrightarrow \qquad n \geq \frac{25}{9} z_{0.95}^2 \simeq 7.5$$

Quindi bisogna eseguire almeno 8 misure.

---

463. Quattro misure della percentuale $\mu$ di metano contenuto in un certo gas naturale hanno dato i seguenti risultati: 88.7%, 89.0%, 88.5%, 88.8%. Determinare un intervallo di confidenza di livello 95% per $\mu$.

*Popolazione normale; IC a due code per $\mu$ ($\sigma$ incognita).* ❐

---

Si applica il modello gaussiano: la popolazione ($X$ = "misura della % di metano") è $\mathcal{N}(\mu; \sigma^2)$ con varianza incognita. L'IC richiesto è quindi

$$\mu = \overline{X} \pm \frac{S}{\sqrt{n}} t_{1-\alpha/2}(n-1)$$

dove $n = 4$, $\alpha = 0.05$, $t_{0.975}(3) \simeq 3.182$. Dai dati campionari si ottiene $\overline{x} = 88.75\%$ e $s \simeq 2.082 \times 10^{-3}$, da cui

$$\mu = 88.75\% \pm 0.33\%$$

---

Disponendo solo di una comune calcolatrice, conviene eseguire il calcolo della varianza campionaria

$$S^2 = \frac{1}{n-1} \sum_{i=1}^{n} \left(X_i - \overline{X}\right)^2$$

usando la **formula abbreviata**

$$S^2 = \frac{1}{n-1}\sum_{i=1}^{n} X_i^2 - \frac{n}{n-1}\overline{X}^2$$

Nel caso dell'esercizio si trova

$$s^2 = \frac{1}{3}\sum_{i=1}^{4} x_i^2 - \frac{4}{3}\overline{x}^2 \simeq 4.333 \times 10^{-6}$$

---

464. Sette osservazioni da una popolazione normale hanno dato i seguenti valori:

16.2, 14.4, 17.1, 18, 16.2, 15.6, 15.5

Calcolare un intervallo per la media al 95% di confidenza. Calcolare un limite superiore per la deviazione standard al 90% di confidenza.

*Popolazione normale; IC a due code per $\mu$ e IC a una coda per $\sigma$.*

---

L'IC al 95% per la media di una popolazione $\mathcal{N}(\mu;\sigma^2)$ con $\sigma$ incognita, basato su $n = 7$ osservazioni, è dato da ($t_{0.975}(6) \simeq 2.447$)

$$\mu = \overline{X} \pm \frac{S}{\sqrt{7}}2.447$$

Nel nostro caso si ha $\overline{x} = 16.14$ e $s = 1.163$, quindi

$$15.067 < \mu < 17.219$$

L'intervallo di confidenza al 90% a una coda destra per la deviazione standard $\sigma$ è dato da ($\chi^2_{0.10}(6) = 2.204$)

$$\sigma < \sqrt{\frac{7}{2.204}}S$$

e sostituendo il valore $s = 1.163$, si ricava il limite superiore richiesto

$$\sigma < 2.073$$

---

465. Aldo ha calcolato un intervallo di confidenza per la media di una popolazione normale, a partire da un campione di 8 osservazioni, dopo averne stimato la varianza con la varianza campionaria ($s^2 = 4.2$). Il risultato è $(16.08, 18.82)$. Con quale confidenza è stato ottenuto?

*Popolazione normale; IC a due code per $\mu$ ($\sigma$ incognita).*

---

L'IC di livello $1-\alpha$ per la media di una popolazione $\mathcal{N}(\mu;\sigma^2)$, basato su 8 dati la cui varianza campionaria vale $s^2 = 4.2$, è dato da

$$\mu = \overline{X} \pm \frac{\sqrt{4.2}}{\sqrt{8}} t_{1-\alpha/2}(7)$$

Nel nostro caso si ha

$$\begin{cases} \overline{x} - \dfrac{\sqrt{4.2}}{\sqrt{8}} t_{1-\alpha/2}(7) = 16.08 \\ \overline{x} + \dfrac{\sqrt{4.2}}{\sqrt{8}} t_{1-\alpha/2}(7) = 18.82 \end{cases} \implies \begin{cases} \overline{x} = 17.45 \\ t_{1-\alpha/2}(7) = 1.895 \end{cases}$$

Dalle Tavole si ricava $1-\alpha/2 = 0.95$, da cui $1-\alpha = 90\%$.

---

466. Aldo vuole comprare un bilocale in una certa zona della sua città e, per farsi un'idea del prezzo di mercato, ne visiona tre:

| superficie (mq) | 40 | 52 | 60 |
|---|---|---|---|
| prezzo (€) | 120 000 | 143 000 | 162 000 |

Sulla base di queste osservazioni qual è il prezzo medio minimo al mq? (Si assuma una confidenza del 90%.)

*Popolazione normale; IC a una coda per $\mu$ ($\sigma$ incognita).*

---

Per la variabile $X$ = "prezzo in € al mq" si assume il modello $\mathcal{N}(\mu;\sigma^2)$. Il testo chiede l'intervallo di confidenza al 90% per la media $\mu$, con varianza incognita e basato su 3 osservazioni, dato da

$$\mu \geq \overline{X} - \frac{S}{\sqrt{3}} t_{0.90}(2)$$

Dai dati otteniamo $x_1 = 120000/40 = 3000$, $x_2 = 143000/52 = 2750$, $x_3 = 162000/60 = 2700$, da cui $\overline{x} = 8450/3$ e $s^2 = 77500/3$. Perciò ($t_{0.90}(2) \simeq 1.8856$)

$$\mu \geq 2513.6 \text{ €}$$

---

467. Supponiamo che il carico di rottura $X$ di un dato tipo di corda sia distribuito normalmente. Cinque osservazioni indipendenti di $X$ hanno fornito i seguenti valori (espressi in un'opportuna unità di misura): $66, 46, 54, 58, 55$. Determinare una stima intervallare del carico di rottura medio al 95% di confidenza. Calcolare il valore di soglia del carico al di sotto del quale si prevede che al massimo l'1% dei campioni di corda si romperà.

☐ *Popolazione normale; IC a due code per $\mu$ ($\sigma$ incognita).*

---

✎ La prima domanda chiede un IC per la media della popolazione $X$ = "carico di rottura". Si ha

| | |
|---|---|
| POPOLAZIONE | $\mathcal{N}(\mu;\sigma^2)$ |
| IC PER $\mu$ (CON $\sigma$ INCOGNITA) | $\mu = \overline{x} \pm \frac{s}{\sqrt{n}} t_{1-\alpha/2}(n-1)$ |
| DIMENSIONE DEL CAMPIONE | $n = 5$ |
| CONFIDENZA | $1-\alpha = 0.95$ |
| QUANTILI | $t_{0.975}(4) \simeq 2.776$ |
| STATISTICHE CAMPIONARIE | $\overline{x} = 55.8;\quad s \simeq 7.23$ |

$$\Longrightarrow \qquad \mu = 55.8 \pm 9.0$$

La seconda domanda chiede di determinare il massimo valore $x$ tale che $P(X \leq x) \leq 0.01$. Da

$$P(X \leq x) = \Phi\left(\frac{x-\mu}{\sigma}\right) \leq 0.01 \qquad \Longrightarrow \qquad \frac{x-\mu}{\sigma} \leq z_{0.01}$$

si ottiene

$$x \leq \mu + z_{0.01}\sigma \simeq \overline{x} - 2.326s \simeq 39.0$$

Quindi il valore di soglia cercato è all'incirca uguale a 39.

---

468. Otto pazienti operati alla clavicola sono sottoposti ad una cura riabilitativa fino al loro completo recupero. Alla fine risulta che il numero totale di sedute di riabilitazione per quei pazienti è: $6, 8, 13, 5, 7, 9, 8, 11$. Determinare un intervallo di confidenza di livello 95% per il numero medio di sedute. Determinare un intervallo di confidenza di livello 95% per la deviazione standard del numero di sedute.

☐ *Popolazione normale; IC a due code per $\mu$ e IC a due code per $\sigma$.*

---

Assumiamo il modello gaussiano per la popolazione $X$ = "n° di sedute" e riassumiamo dati e calcoli in queste tabelle.

| | |
|---|---|
| POPOLAZIONE | $\mathcal{N}(\mu;\sigma^2)$ |
| IC PER $\mu$ (CON $\sigma$ INCOGNITA) | $\mu = \overline{x} \pm \frac{s}{\sqrt{n}} t_{1-\alpha/2}(n-1)$ |
| DIMENSIONE DEL CAMPIONE | $n = 8$ |
| CONFIDENZA | $1-\alpha = 0.95$ |
| QUANTILI | $t_{0.975}(7) \simeq 2.365$ |
| STATISTICHE CAMPIONARIE | $\overline{x} = 8.375; \quad s \simeq 2.6152$ |

$$\Longrightarrow \qquad \mu = 8.4 \pm 2.2$$

| | |
|---|---|
| POPOLAZIONE | $\mathcal{N}(\mu;\sigma^2)$ |
| IC PER $\sigma^2$ (CON $\mu$ INCOGNITA) | $\frac{n-1}{\chi^2_{1-\alpha/2}(n-1)} s^2 < \sigma^2 < \frac{n-1}{\chi^2_{\alpha/2}(n-1)} s^2$ |
| DIMENSIONE DEL CAMPIONE | $n = 8$ |
| CONFIDENZA | $1-\alpha = 0.95$ |
| QUANTILI | $\chi^2_{0.975}(7) \simeq 16.01; \quad \chi^2_{0.025}(7) \simeq 1.69$ |
| STATISTICHE CAMPIONARIE | $s \simeq 2.6152$ |

$$\Longrightarrow \qquad 1.73 < \sigma < 5.32$$

---

469. Si vuole tarare una bilancia di precisione. A tale scopo si eseguono alcune misure di una massa nota $\mu = 500$ mg, ottenendo i valori (espressi in mg): 501, 498, 501, 500, 502, 499. Assumendo che gli scarti delle misure da $\mu$ siano dovuti esclusivamente a fattori accidentali, fornire una stima intervallare (al 95% di confidenza) della deviazione standard dell'errore accidentale di misura.

*Popolazione normale; IC a due code per $\sigma$ ($\mu$ nota)*

---

La popolazione $X$ è la misura (in mg) della massa $\mu = 500$ mg e il modello gaussiano dell'errore accidentale afferma che $X \sim \mathcal{N}(500;\sigma^2)$. Si ha

| | |
|---|---|
| POPOLAZIONE | $\mathcal{N}(500;\sigma^2)$ |
| IC PER $\sigma$ (CON $\mu$ NOTA) | $\sqrt{\frac{n}{\chi^2_{1-\alpha/2}(n)} s_0^2} < \sigma < \sqrt{\frac{n}{\chi^2_{\alpha/2}(n)} s_0^2}$ |
| DIMENSIONE DEL CAMPIONE | $n = 6$ |
| CONFIDENZA | $1-\alpha = 0.95$ |
| QUANTILI | $\chi^2_{0.025}(6) \simeq 1.237; \quad \chi^2_{0.975}(6) \simeq 14.449$ |
| STATISTICHE CAMPIONARIE | $s_0^2 = \frac{11}{6}$ |

$$\Longrightarrow \qquad 0.87 \text{ mg} < \sigma < 2.98 \text{ mg}$$

---

470. Per stabilire la precisione degli orologi di sua produzione, un fabbricante sceglie a caso 10 orologi tra tutti quelli prodotti in un certo giorno e misura lo scostamento $X$ (in secondi) subìto nel corso del mese successivo da ciascuno di essi rispetto all'ora esatta. Dette $x_1, ..., x_{10}$ le misure ottenute e sapendo che $\sum_{i=1}^{10} x_i^2 = 0.04$, determinare un intervallo di confidenza di livello 90% per la precisione degli orologi, rappresentata dalla deviazione standard dello scostamento mensile $X$ rispetto all'ora esatta.

*Popolazione normale; IC a due code per $\sigma$ ($\mu$ nota)*

---

Si assume il modello gaussiano per lo scostamento $X$. Si ha

| | |
|---|---|
| POPOLAZIONE | $\mathcal{N}(0; \sigma^2)$ |
| IC PER $\sigma$ (CON $\mu$ NOTA) | $\sqrt{\frac{n}{\chi^2_{1-\alpha/2}(n)}\, s_0^2} < \sigma < \sqrt{\frac{n}{\chi^2_{\alpha/2}(n)}\, s_0^2}$ |
| DIMENSIONE DEL CAMPIONE | $n = 10$ |
| CONFIDENZA | $1 - \alpha = 0.90$ |
| QUANTILI | $\chi^2_{0.05}(10) \simeq 3.940; \quad \chi^2_{0.95}(10) \simeq 18.307$ |
| STATISTICHE CAMPIONARIE | $10 s_0^2 = \sum_{i=1}^{10} x_i^2 = 0.04$ |

$$\Longrightarrow \qquad 0.0467 \text{ s} < \sigma < 0.1008 \text{ s}$$

---

471. Il termostato di un condizionatore d'aria è tarato sul valore di soglia $\mu = 25$ °C (cioè l'apparecchio entra in funzione quando la temperatura dell'ambiente supera i 25 °C). Un tecnico misura in 8 occasioni diverse la temperatura $X$ alla quale il termostato scatta, ottenendo i valori seguenti (in °C):

24.6 24.8 25.2 25.4 25.5 24.0 24.7 25.3

Formulare un adeguato modello per $X$. Stabilire quanto vale al massimo la precisione $h$ del termostato al 95% di confidenza.

*Popolazione normale; IC a una coda per $1/\sigma$ ($\mu$ nota)*

---

La popolazione $X$ è la temperatura effettiva (in °C) in corrispondenza della quale il termostato entra in funzione, ed è $X \sim \mathcal{N}(25; \sigma^2)$. Poiché la precisione $h$ è funzione decrescente di $\sigma$ (il termostato è tanto più preciso quanto più la deviazione standard $\sigma$ è piccola), si può *definire* $h$ come il reciproco di $\sigma$, cioè $h = 1/\sigma$. Si ha

| | |
|---|---|
| POPOLAZIONE | $\mathcal{N}(25; \sigma^2)$ |
| IC PER $h = 1/\sigma$ (CON $\mu$ NOTA) | $h < \sqrt{\dfrac{\chi^2_{1-\alpha}(n)}{ns_0^2}}$ |
| DIMENSIONE DEL CAMPIONE | $n = 8$ |
| CONFIDENZA | $1 - \alpha = 0.95$ |
| QUANTILI | $\chi^2_{0.95}(8) \simeq 15.507$ |
| STATISTICHE CAMPIONARIE | $s_0^2 = \dfrac{1.83}{8}$ |

$$\Longrightarrow \qquad h < 2.91 \text{ °C}^{-1}$$

---

## 4.3 Esercizi proposti

472. Sia $\vartheta > 0$ un parametro e $f(x) = \vartheta x^{\vartheta-1}$ la densità di una variabile continua $X$ con supporto $0 < x < 1$. Determinare uno stimatore di $\vartheta$.

473. Sia $\vartheta > 0$ un parametro e $f(x) = 4\vartheta^4 x^{-5}$ la densità di una variabile continua $X$ con supporto $x > \vartheta$. Determinare uno stimatore di $\vartheta$.

474. Sia $\vartheta$ un parametro reale e $f(x) = e^{-(x-\vartheta)}$ la densità di una variabile continua $X$ con supporto $x \geq \vartheta$. Determinare uno stimatore non distorto di $\vartheta$.

475. Sia $X_1, ..., X_5$ un campione di 5 osservazioni da una popolazione di valore atteso $\mu$ e deviazione standard $\sigma$. Si considerino le due statistiche $\widehat{\mu_1} = \sum_{i=1}^{5} X_i/5 = \overline{X}$; $\widehat{\mu_2} = X_1/2 + (X_2 + X_3 + X_4 + X_5)/8$. Verificare che entrambe sono stimatori non distorti di $\mu$. Quale dei due stimatori è preferibile?

476. Sia $X_1, X_2, X_3$ un campione casuale di 3 osservazioni dalla popolazione $X$ la cui densità continua è $f(x; \vartheta) = \vartheta x^{\vartheta-1}$ nel supporto $0 \leq x \leq 1$, e dove $\vartheta > 0$ è un parametro. Determinare uno stimatore $\widehat{\vartheta}$ di $\vartheta$. Stimare numericamente la probabilità $P(X \leq 0.5)$ se $x_1 = 0.3$, $x_2 = 0.5$, $x_3 = 0.8$.

477. Sono state fatte 5 osservazioni da una distribuzione normale e i valori ottenuti risultano: 3.3, 2.4, 3.5, 2.1, 2.3. Stimare numericamente la probabilità $P(2 \leq X \leq 3)$.

478. In un esperimento si è misurata la durata $X \sim \mathcal{E}(\lambda)$ di ciascuno di 10 componenti elettronici di un certo tipo, ottenendo la media campionaria $\overline{x} = 126$. Fornire stime numeriche di $\lambda$ e della probabilità che la durata di un componente sia maggiore di 100.

479. Durante un collaudo le durate di funzionamento di cinque batterie di un certo modello sono risultate le seguenti (valori espressi in ore): 50, 72, 46, 64, 87. Fornire una stima puntuale della probabilità che una batteria di quel modello funzioni almeno 70 ore.

480. Fornire uno stimatore del parametro $\lambda$ per una popolazione di Erlang $X \sim \Gamma(m; \lambda)$ ($m$ intero positivo assegnato) basato su un campione casuale di $n$ dati.

481. Aldo gioca a freccette. Nella prima partita fa centro al 3° tiro, nella seconda al 5° tiro e nella terza al 2° tiro. Dire con quale distribuzione si possono modellizzare le tre osservazioni descritte. Proporre uno stimatore della probabilità $p$ che Aldo ha di fare centro in un tiro. Dare una stima numerica di $p$.

482. Sia $X \sim \mathcal{U}(-\vartheta, 4\vartheta)$ dove $\vartheta > 0$ è un parametro incognito. Giustificare la scelta di $\widehat{\vartheta} = \frac{2}{3}\overline{X}$ come stimatore di $\vartheta$, essendo $\overline{X}$ la media campionaria di $n$ osservazioni di $X$. Calcolare l'errore standard e l'errore standard stimato di $\widehat{\vartheta}$.

483. Sono state fatte 5 osservazioni da una distribuzione uniforme nell'intervallo $\vartheta - 1 \leq x \leq \vartheta + 2$, dove $\vartheta$ è un parametro incognito. I valori ottenuti sono: 4.4, 5.2, 4.8, 5.0, 6.1. Stimare numericamente il valore di $\vartheta$.

484. Su un campione di 200 circuiti integrati prodotti da un macchinario il tecnico del controllo qualità ne ha trovati 12 difettosi. Determinare un intervallo di confidenza di livello 90% per la difettosità $p$ dei circuiti prodotti da quel macchinario.

485. In un seggio elettorale sono state scrutinate 140 schede, scelte a caso tra tutte quelle da scrutinare, e il partito A ha ottenuto 46 voti. Stimare al 95% di confidenza la percentuale minima di voti che otterrà il partito A.

486. Su 227 individui sottoposti a vaccinazione, 31 hanno ugualmente contratto l'influenza. Stimare al 95% di confidenza quanto vale, come minimo, la probabilità che il vaccino sia efficace.

487. Su 250 lanci di una moneta Testa è uscita 112 volte. Fornire una stima del trucco della moneta al 95% di confidenza.

488. Ad un centralino sono arrivate in 3 giorni distinti 136, 154 e 127 telefonate, rispettivamente. Calcolare un intervallo di confidenza di livello 95% per il numero medio giornaliero di telefonate in arrivo al centralino.

489. Nell'ultima settimana Aldo ha ricevuto rispettivamente $8, 6, 9, 7, 7, 5, 10$ sms al giorno. Assumendo che il numero di sms giornalieri ricevuti da Aldo segua un modello di Poisson di intensità $\lambda$, calcolare un limite inferiore per $\lambda$ al 90% di confidenza.

490. In ciascuna delle ultime 5 settimane ad un centralino sono arrivate 827, 644, 901, 763, 854 telefonate, rispettivamente. Assumendo il modello di Poisson, stabilire con una confidenza del 90% quanto vale il numero medio minimo di telefonate ricevute in un giorno dal centralino. [1 settimana = 7 giorni]

491. Si assuma che la durata di funzionamento $X$ (in giorni) di una lampadina di un certo tipo abbia una distribuzione esponenziale. Si sono misurate le durate di 9 lampadine, ottenendo una durata campionaria $\overline{x} = 407$ giorni. Calcolare un intervallo al 90% di confidenza per la durata media $\mu$.

492. In una prova di durata 5 schede di rete dello stesso tipo hanno funzionato ininterrottamente per 627, 584, 741, 720 e 844 giorni, rispettivamente. Dopo aver assunto un adeguato modello per la durata di funzionamento di una scheda di rete, stimare la durata media minima al 95% di confidenza.

493. Stimare al 95% di confidenza la durata media massima di funzionamento delle lampadine di un lotto, sapendo che 5 lampadine di quel lotto sono durate rispettivamente 940, 1032, 890, 1010, 972 ore.

494. La durata di funzionamento (in mesi) di 4 fusibili dello stesso tipo è stata: 14, 17, 15, 21. Fornire una stima intervallare al 90% di confidenza per la probabilità $p$ che un fusibile di quel tipo funzioni più di 18 mesi.

495. La misura $X$ (in cm) di una lunghezza $\mu$ ha una deviazione standard $\sigma = 0.1$ cm. Quante volte bisogna ripetere la misura se si vuole che la media campionaria $\overline{X}$ si scosti da $\mu$ non più di 0.05 cm con una confidenza del 90%?

496. Da una popolazione normale di media incognita $\mu$ e varianza nota $\sigma^2$ si estrae un campione casuale di 16 osservazioni. Qual è il livello dell'intervallo di confidenza per $\mu$ la cui lunghezza vale $\sigma/2$?

497. Aldo ha costruito un intervallo di confidenza al 95% per la media di una popolazione normale, di cui si sa che la varianza vale 6. Il risultato è $(11.41, 13.89)$. Sulla base di quante osservazioni è stato calcolato l'intervallo in questione? Qual era la loro media campionaria?

498. I primi 5 voti di uno studente universitario sono stati $24, 19, 23, 25, 24$. Supponendo che la preparazione dello studente sia sempre la stessa e che i voti siano indipendenti e provenienti da una distribuzione normale $\mathcal{N}(\mu; \sigma^2)$, trovare un intervallo di confidenza al 90% per $\mu$, il voto "giusto" per il nostro studente.

499. Una fabbrica produce cinghie di trasmissione per automobili. È noto che la durata $X$ di una cinghia, calcolata in migliaia di chilometri percorsi, ha distribuzione normale con media 50 e deviazione standard 5. Successivamente, la fabbrica progetta un congegno che, applicato al sistema di trasmissione, consente di allungare la "vita" di una cinghia di una quantità $Y \sim \mathcal{N}(\mu; \sigma^2)$, con parametri $\mu$ e $\sigma^2$ entrambi incogniti: in altre parole, la durata delle cinghie in presenza del congegno è $U = X + Y$. Assumiamo inoltre che $X$ e $Y$ siano indipendenti. Le prove su 30 automobili provviste del nuovo congegno hanno permesso di raccogliere 30 dati di durata la cui media campionaria è $\overline{u} = 57$ e la cui deviazione standard campionaria è $s = 6.5$. Fornire stime puntuali per $\mu$ e $\sigma^2$ e poi determinare un intervallo di confidenza per $\mu$ di livello 95%.

500. Per valutare la produzione annua dei meli di una nuova varietà un agronomo misura il raccolto di $n = 15$ piante e trova che la produzione totale è $\sum_{i=1}^{15} x_i = 960$ kg con $\sum_{i=1}^{15} x_i^2 = 61944$ kg$^2$. Specificare il modello adottato per descrivere la produzione annua $X$ di un melo e poi calcolare il valore minimo che ci si attende, al 95% di confidenza, per la produzione annua media di un melo.

501. Per valutare la precisione delle pesate di una bilancia si eseguono 5 misure di una massa assegnata, ma incognita, ottenendo i seguenti valori (espressi in g): 10.71, 10.59, 10.64, 10.67, 10.62. Calcolare il limite inferiore della deviazione standard $\sigma$ dell'errore accidentale di misura al 95% di confidenza.

502. Per accertare quanto vale il numero medio $\mu$ di pulsazioni cardiache durante una certa attività sportiva, si misurano le pulsazioni di un gruppo di 15 atleti ottenendo il valore $\overline{x} = 59.1$ per la media campionaria e $s^2 = 71.43$ per la varianza campionaria. Determinare un intervallo di confidenza di livello 90% per $\mu$.

503. Negli A.A. dal 1996/97 al 2003/04 gli immatricolati ad Ingegneria nelle università italiane sono stati (Fonte: MIUR-URST)

39155, 37863, 35381, 34885, 37061, 37178, 37193, 36864

Si assuma che il numero $X$ di immatricolati annuali ad Ingegneria sia distribuito normalmente. Calcolare un intervallo di confidenza al 95% per il valore atteso di $X$.

504. Per stabilire quanto ione calcio $Ca^{++}$ è presente nell'acqua minerale di una determinata sorgente, si esaminano 5 campioni d'acqua. I risultati ottenuti sono i seguenti (espressi in mg/$\ell$): 32, 35, 32, 34, 31. Sulla base dei dati raccolti e al 90% di confidenza, qual è la quantità media massima di ione calcio contenuta in quel tipo di acqua?

505. Cinque misurazioni della quantità di nitrati contenuti in una determinata acqua minerale hanno dato i seguenti risultati (in mg/$\ell$): 2.3, 2.6, 2.1, 1.9, 2.3. Calcolare un intervallo di confidenza di livello 95% per la quantità media di nitrati contenuti in quell'acqua minerale, precisando il modello statistico adottato.

506. Un tecnico ha misurato ripetutamente la temperatura di reazione in un miscelatore, ottenendo i seguenti valori (espressi in °C)

310.95, 312.80, 309.74, 310.39, 309.65, 311.85

Stimare la deviazione standard dell'errore di misura al 95% di confidenza.

# Capitolo 5

# Statistica: test

## 5.1 Notazioni e richiami

**Test di ipotesi; decisione ed errori** Si presenta spesso il problema di utilizzare i dati osservati per prendere una decisione che riguarda un'affermazione (detta **ipotesi nulla** e indicata convenzionalmente con il simbolo $H_0$) su una popolazione. Si chiama **test di ipotesi** ogni procedura atta a stabilire se la discrepanza fra dati attesi (ammesso che $H_0$ sia vera) e dati osservati è da ritenersi statisticamente significativa oppure è dovuta puramente all'effetto del caso. Si ottiene in questo modo la seguente **regola di decisione**:

- se il campione di dati osservato non è consistente con l'ipotesi nulla, l'evidenza sperimentale induce a ritenere che $H_0$ sia falsa e la decisione che si prende è il *rifiuto dell'ipotesi nulla*;
- se invece il campione osservato risulta compatibile con l'ipotesi nulla, si è indotti a concludere che $H_0$ sia vera e la decisione è l'*accettazione dell'ipotesi nulla.*

Va tuttavia tenuto presente che non si può avere la certezza assoluta né che l'ipotesi nulla sia effettivamente falsa se rifiutata né che sia effettivamente vera se accettata: in un test di ipotesi i due rischi di *rifiutare un'ipotesi vera* (**errore del I tipo**) oppure di *accettare un'ipotesi falsa* (**errore del II tipo**) sono ineliminabili e vengono quantificati mediante due probabilità, convenzionalmente indicate con le lettere $\alpha$ e $\beta$.

| $H_0$ | vera | falsa |
|---|---|---|
| rifiutata | errore del I tipo $(\alpha)$ | decisione corretta $(1-\beta)$ |
| accettata | decisione corretta $(1-\alpha)$ | errore del II tipo $(\beta)$ |

Il numero $\alpha$ (detto **livello di significatività del test**) è la proporzione di volte in cui, alla lunga, si sbaglia decisione quando si rifiuta $H_0$, mentre $\beta$ è la proporzione di volte in cui, alla lunga, si sbaglia decisione quando si accetta $H_0$

$$\begin{aligned}\alpha &= P\,(\text{errore del I tipo}) = P\,(\text{rifiutare } H_0 \text{ a torto})\\ \beta &= P\,(\text{errore del II tipo}) = P\,(\text{accettare } H_0 \text{ a torto})\end{aligned}$$

**Costruzione di un test** Il primo passo nella costruzione di un test è la scelta dell'ipotesi nulla, cioè del valore (o dei valori) del parametro su cui si vuole prendere una decisione. Le situazioni tipiche sono le seguenti:

(a) $H_0$ si ottiene in base a considerazioni teoriche e lo scopo del test è di confutare o confermare la teoria;

(b) $H_0$ è determinato sulla base dell'esperienza passata (lo "stato dell'arte") e l'obiettivo è di stabilire se il valore del parametro ha subito un cambiamento;

(c) $H_0$ è dettato da vincoli esterni al sistema (come specifiche di progetto, obblighi contrattuali, ...) e lo scopo è la verifica di conformità del sistema a quei vincoli.

Di solito all'ipotesi nulla viene contrapposta una seconda affermazione (detta **ipotesi alternativa** e indicata con il simbolo $H_1$), per cui di fatto il rifiuto di $H_0$ equivale all'accettazione di $H_1$. Il ruolo delle due ipotesi in un test non è però simmetrico: scambiare le due affermazioni vuol dire fare un altro test. Per chiarire la situazione si può ricorrere ad un'analogia: lo statistico che costruisce un test è come il giudice di un processo in cui $H_0$ è l'equivalente dell'affermazione "l'imputato è innocente" e l'alternativa $H_1$ significa "l'imputato è colpevole". L'obiettivo del processo (del test) è stabilire se l'imputato è davvero innocente oppure se è colpevole (se l'ipotesi nulla è vera o falsa): il giudice ascolta le argomentazioni dell'accusa e della difesa (lo statistico raccoglie i dati sperimentali), poi ne valuta la consistenza con l'assunzione che l'imputato sia innocente (la compatibilità con la supposizione che $H_0$ sia vera) e infine decide se condannarlo oppure assolverlo (rifiutare o accettare $H_0$).

| $H_0$ : imputato innocente | vero | falso |
|---|---|---|
| condanna | errore del I tipo | decisione corretta |
| assoluzione | decisione corretta | errore del II tipo |

In un sistema giudiziario basato sul presupposto garantista che "nessuno è colpevole fino a prova contraria", il giudice deve ammettere in partenza l'innocenza dell'imputato e vedere se i riscontri processuali sono significativi per "provare" la sua colpevolezza. In questa ottica il significato pratico dei due tipi di errore in cui il giudice può incorrere è "condannare un innocente" (I tipo) oppure "assolvere un colpevole" (II tipo) e il primo di questi è considerato più grave dell'altro. Questo principio si estende ai test di ipotesi, per cui *l'atteggiamento dello statistico che costruisce un test è scegliere il sistema delle due ipotesi in modo che l'ipotesi nulla sia "il presupposto dato per buono" e perciò, dal suo punto di vista, abbia conseguenze più gravi commettere l'errore del I tipo che quello del II tipo.* Una volta stabilito il sistema di ipotesi da sottoporre a test, bisogna fissare un livello di significatività $\alpha$ (di solito 5% o 1%, in modo che sia piccolo il rischio di commettere un errore di I tipo) e considerare un'opportuna statistica campionaria $U$, detta **statistica-test**. L'insieme dei possibili valori della statistica-test viene suddiviso in due parti complementari, chiamate rispettivamente la **regione critica** (e indicata con il simbolo $RC$) e la **regione di accettazione**. Detto $u^*$ il valore assunto da $U$ in corrispondenza del campione casuale osservato (brevemente: il **valore osservato**) si ottiene la seguente **regola di decisione**

$$\begin{aligned} u^* \in RC &\implies \text{rifiuto } H_0 \ (= \text{accetto } H_1) \\ u^* \notin RC &\implies \text{non rifiuto } H_0 \ (= \text{accetto } H_0) \end{aligned}$$

La regione critica è determinata in modo che la probabilità che la statistica-test assuma valori in $RC$, qualora $H_0$ sia vera, valga $\alpha$. In altri termini, $RC$ contiene i valori "improbabili" della statistica-test nel caso in cui $H_0$ sia vera. Il valore della probabilità $\beta$ di errore del II tipo non è fissato all'inizio come $\alpha$, ma si può calcolare per ogni valore alternativo del parametro. Esso diminuisce al crescere di $\alpha$ e al crescere di $n$ (numero di dati del campione). Se la regione critica è del tipo $\{U \leq k\}$ oppure $\{U \geq k\}$ si dice che il test è **a una coda** o unilatero; $k$ è detto valore critico. Analogamente, se la regione critica è del tipo $\{|U| \leq k\}$ o, più in generale, della forma $\{U \leq k_1\} \cup \{U \geq k_2\}$ si dice che il test è **a due code** o bilatero con valori critici $k$ (oppure $k_1$ e $k_2$).

**P-value** È chiaro che quanto più piccolo si fissa il valore $\alpha$ del rischio di commettere un errore di I tipo tanto più si restringe la corrispondente regione critica. La più piccola regione critica che porta al rifiuto dell'ipotesi nulla in corrispondenza del valore osservato $u^*$ di $U$ dà una probabilità di errore del I tipo che viene chiamata **P-value** (o anche *livello di significatività osservato*) del test. In pratica, il P-value è il più piccolo livello di significatività che porta al rifiuto di $H_0$ con i dati osservati, cioè

$$\begin{aligned} \alpha &> \text{P-value} \Longrightarrow \text{rifiuto } H_0 \\ \alpha &< \text{P-value} \Longrightarrow \text{accetto } H_0 \end{aligned}$$

Si può anche dire che *più piccolo è il* P*-value e più grande è l'evidenza sperimentale che l'ipotesi nulla sia falsa.*

Alcuni fra i test più usati nelle applicazioni sono riportati a pag. 299 e seguenti.

**Test chi-quadrato di adattamento** È il più noto dei Test di adattamento, che sono test di ipotesi usati per decidere se una particolare distribuzione di probabilità è soddisfacente ("adatta") come modello della popolazione $X$ di un esperimento casuale. Quindi si tratta di verificare l'ipotesi nulla

$$H_0: \text{ i dati provengono da una popolazione con una specifica distribuzione}$$

contro l'alternativa che la distribuzione dei dati sia diversa da quella specificata. Gli $n$ dati campionari sono raggruppati in $k$ **classi** e la statistica-test è

$$Q = \sum_{i=1}^{k} \frac{\left(\widehat{f}_i - f_i\right)^2}{f_i}$$

dove $\widehat{f}_i = i$–esima **frequenza osservata** (= numero di dati che cadono nella classe $i$) e $f_i = i$–esima **frequenza attesa** (calcolata con la distribuzione di probabilità ipotizzata per $X$). Se tale distribuzione dipende da $h$ **parametri**, questi devono essere stimati con i dati. La regione critica del test chi-quadrato al livello di significatività $\alpha$ è data da

$$RC = \left\{Q \geq \chi^2_{1-\alpha}(k-h-1)\right\}$$

e si rifiuta la distribuzione ipotizzata se il valore osservato $q^*$ di $Q$ cade in $RC$. Il P-value del test è

$$\text{P-value} = 1 - P\left(\chi^2(k-h-1) \leq q^*\right)$$

Questo test è asintotico perché vale solo per campioni numerosi; inoltre è necessario che si abbia $f_i \gtrsim 5$, cioè che la frequenza attesa in ogni classe sia come minimo 5: se così non fosse, le classi vanno aggregate in modo da soddisfare questo criterio. Il test descritto si applica sia a distribuzioni discrete che a distribuzioni continue: in quest'ultimo caso, però, il supporto della distribuzione va discretizzato in classi.

**Test chi-quadrato di indipendenza** Serve a stabilire se due caratteristiche $X$ ed $Y$, osservate congiuntamente in un medesimo esperimento casuale, sono indipendenti oppure no. Quindi il test verifica l'ipotesi nulla

$$H_0: \text{ due campioni di dati provengono da due popolazioni indipendenti}$$

contro l'alternativa che le due popolazioni non siano indipendenti. I possibili valori di $X$ sono suddivisi in $r$ classi e quelli di $Y$ in $c$ classi, in modo che gli $n$ dati osservati sono raggruppati in $r \times c$ celle, cioè in una tabella a doppia entrata

| $X \downarrow \ Y \longrightarrow$ | $j=1$ | $\cdots$ | $j=c$ |
|---|---|---|---|
| $i=1$ | $\widehat{f_{11}}$ | $\cdots$ | $\widehat{f_{1c}}$ |
| $\vdots$ | $\vdots$ | $\widehat{f_{ij}}$ | $\vdots$ |
| $i=r$ | $\widehat{f_{r1}}$ | $\cdots$ | $\widehat{f_{rc}}$ |

La statistica-test è

$$Q = \sum_{i=1}^{r} \sum_{j=1}^{c} \frac{\left(\widehat{f_{ij}} - f_{ij}\right)^2}{f_{ij}}$$

dove $\widehat{f_{ij}} = (i,j)$ −esima **frequenza osservata** (= numero di dati che cadono nella cella $(i,j)$) e $f_{ij} = (i,j)$ −esima **frequenza attesa** in ipotesi di indipendenza di $X$ ed $Y$

$$f_{ij} \simeq \frac{1}{n} \left( \sum_{j=1}^{c} \widehat{f_{ij}} \right) \left( \sum_{i=1}^{r} \widehat{f_{ij}} \right)$$

Si rifiuta l'ipotesi di indipendenza al livello di significatività $\alpha$ se il valore osservato $q^*$ di $Q$ cade nella regione critica

$$RC = \left\{ Q \geq \chi^2_{1-\alpha} \left( (r-1)(c-1) \right) \right\}$$

Il P-value del test è

$$\text{P-value} = 1 - P\left( \chi^2 \left( (r-1)(c-1) \right) \leq q^* \right)$$

Questo test è asintotico ed inoltre è necessario che si abbia $f_{ij} \gtrsim 5$.

## 5.2 Esercizi svolti

507. Un tecnico deve decidere l'acquisto di un lotto numeroso di pezzi. Egli controlla 70 pezzi scelti a caso e conta quanti sono quelli difettosi. Il tecnico è disposto a correre un rischio massimo del 10% nell'acquistare un lotto che contiene il 6% o più di pezzi difettosi. Impostare il problema di decisione come test di ipotesi, precisando: popolazione, sistema di ipotesi, errori del I e del II tipo, statistica-test, regione critica. Quale decisione prenderebbe il tecnico se il numero di pezzi difettosi nel campione esaminato fosse 1?

*Popolazione bernoulliana; test a una coda per p.* ❐

---

La popolazione $X$ è la qualità (buona/difettosa) di un pezzo, quindi $X$ è bernoulliana e il parametro $p$ è la difettosità dei pezzi del lotto. Il sistema di ipotesi in un test fatto dal tecnico è $H_0 : p \geq 0.06 \equiv p_0$ (= difettosità elevata = lotto non acquistato) contro $H_1 : p < p_0$ (= difettosità accettabile = lotto acquistato). Infatti, dal punto di vista del tecnico, l'errore più grave consiste nell'acquistare un lotto con difettosità elevata, e questo è proprio l'errore del I tipo con le ipotesi adottate. La statistica-test è

$$U = \frac{\widehat{p} - p_0}{\sqrt{\dfrac{p_0 (1 - p_0)}{n}}}$$

con $n = 70$, $p_0 = 0.06$, $\widehat{p} = 1/70$. Il valore osservato di $U$ risulta $u^* \simeq -1.611$. A tale valore corrisponde il P-value $\Phi(-1.611) \simeq 5.36\%$, e quindi al 10% di significatività il tecnico acquista il lotto (ma non lo acquisterebbe se, ad es., fosse disposto a correre solo un rischio del 5%).

---

Nelle situazioni in cui il P-value non è né "piccolo" (inferiore all'1%) né "grande" (superiore al 10%), il suggerimento pratico è di non decidere, ma di aumentare il numero delle osservazioni (ammesso che ciò sia possibile) e quindi di ripetere il test.

---

508. Un'industria alimentare, produttrice di marmellata, intende verificare se l'aggiunta di un certo conservante al prodotto ne altera il gusto. A tale scopo vengono fatte assaggiare ad un campione casuale di 200 persone tre porzioni di marmellata, di cui una sola è trattata con il conservante (senza però indicare quale porzione lo sia) e poi viene chiesto a ciascuna di individuare quella trattata. Di esse, 80 rispondono correttamente. Impostare un test per la verifica dell'ipotesi "non c'è differenza fra i gusti delle due marmellate". Sulla base dei dati osservati, qual è la conclusione?

*Popolazione bernoulliana; test a una coda per p.* ❐

---

✎ Si dispone di $n = 200$ osservazioni da una popolazione bernoulliana dove il parametro $p$ ha il significato di frazione di persone che individuano correttamente il prodotto trattato. Il sistema di ipotesi è $H_0 : p = 1/3 \equiv p_0$ (se non c'è differenza fra i gusti, l'assaggiatore risponde a caso) contro $H_1 : p > 1/3$ (se c'è differenza tra i gusti, l'assaggiatore sceglie consapevolmente); la statistica-test è

$$U = \frac{\widehat{p} - p_0}{\sqrt{\dfrac{p_0 (1 - p_0)}{n}}}$$

Con i dati a disposizione si ha $\widehat{p} = 80/200$, quindi si trova che $U$ vale $u^* = 2$. Il P-value è dato da $1 - \Phi(2) \simeq 2.28\%$ e questo risultato indica che non c'è differenza fra i gusti ai livelli di significatività inferiori al 2.3%.

---

☞ Nell'ambito delle ricerche di mercato la tecnica descritta è nota come "Test triangolare".

---

509. Aldo afferma di riuscire a "percepire" quasi sempre il seme (cuori, fiori, picche, quadri) di una carta da gioco coperta. Bruno non gli crede e sostiene invece che Aldo tira a indovinare. Per dirimere la questione, Carlo sottopone Aldo a un esperimento: presi 30 mazzi formati da 40 carte ciascuno (10 carte per seme), Carlo estrae a caso una carta per mazzo e, lasciandole coperte, chiede ad Aldo di "percepirne" il seme. Quante risposte esatte deve dare Aldo, come minimo, affinché Carlo gli dia ragione nei confronti di Bruno? (Carlo è disposto a correre un rischio del 5% nel prendere la decisione sbagliata dando ragione a Aldo.)

☐ *Popolazione bernoulliana; test a una coda per p.*

---

✎ Sia $p$ la probabilità di indicare correttamente il seme di una carta coperta. Carlo, il giudice, deve partire dal presupposto che Aldo tiri ad indovinare (= Bruno ha ragione), quindi l'ipotesi nulla è $H_0 : p = 0.25 \equiv p_0$ (perché in un mazzo ci sono 10 carte per seme); se invece Aldo avesse davvero doti extrasensoriali sarebbe in grado di indicare correttamente il seme con probabilità superiore alla pura casualità, quindi l'alternativa è $H_1 : p > 0.25$. Con questo sistema di ipotesi l'errore del I tipo è dare ragione ad Aldo mentre in realtà ha ragione Bruno. La statistica-test è

$$U = \frac{\widehat{p} - p_0}{\sqrt{\dfrac{p_0 (1 - p_0)}{n}}}$$

I dati sono $n = 30$, $\alpha = 0.05$, $\widehat{p} = k/n$ dove $k$ indica il numero di risposte esatte di Aldo nell'esperimento. La regione critica $U \geq z_{0.95}$ permette di determinare $k$

$$\frac{k/30 - 0.25}{\sqrt{0.25 \times 0.75/30}} \geq 1.645 \qquad \Longrightarrow \qquad k \geq 11.4$$

Si conclude che Carlo darà ragione ad Aldo purché egli dia almeno 12 risposte esatte su 30 (cioè il 40%).

---

510. Una ditta confeziona pesche per la vendita nei supermercati: le pesche vengono imballate a tre a tre in un contenitore e, prima del confezionamento, ogni frutto viene controllato singolarmente e quindi scartato se risulta imperfetto (ammaccato, avariato, ...). Tuttavia, quando il prodotto è posto in vendita, può capitare lo stesso che nelle confezioni ci siano dei frutti imperfetti. Sia $p$ la probabilità che un frutto posto in vendita sia imperfetto; si assuma inoltre che le pesche in vendita possano essere imperfette indipendentemente l'una dall'altra.
*i)* Detta $X$ la variabile che conta il numero di pesche imperfette presenti in una data confezione, riconoscere la distribuzione di $X$.
*ii)* Un ispettore preleva 200 confezioni da un supermercato. Quale distribuzione segue la variabile $Y$ che conta il numero totale di pesche difettose trovate nelle 200 confezioni esaminate?
*iii)* L'ispettore ha rilevato i seguenti dati

| n° di pesche imperfette in una confezione | 0 | 1 | 2 | 3 |
|---|---|---|---|---|
| n° di confezioni | 102 | 79 | 18 | 1 |

Calcolare un intervallo di confidenza per $p$ di livello 95%.
*iv)* Si può rifiutare l'ipotesi che sia minore di 1/6 la probabilità che un frutto posto in vendita sia imperfetto?

*Popolazione binomiale; IC a due code per p; test a una coda per p.* ❐

---

$X$ segue la distribuzione binomiale $\mathcal{B}(3;p)$ e, per la proprietà di riproducibilità della distribuzione binomiale, si ha $Y = \sum_{i=1}^{200} X_i \sim \mathcal{B}(600;p)$. Poiché si dispone di un'unica osservazione di $Y$, e precisamente

$$y^* = 0 \times 102 + 1 \times 79 + 2 \times 18 + 3 \times 1 = 118$$

una stima puntuale di $p$ è

$$\widehat{p} = \frac{y^*}{600} = \frac{118}{600} \simeq 0.1967$$

Pensando ai dati rilevati dall'ispettore come a 600 dati da una popolazione bernoulliana di parametro $p$, l'IC richiesto risulta

$$p = \widehat{p} \pm \sqrt{\frac{\widehat{p}(1-\widehat{p})}{600}}\, z_{0.975}$$

e, sostituendo i valori numerici, si ottiene

$$p = 19.67\% \pm 3.18\%$$

Infine, nel test del punto *iv)*, il sistema di ipotesi da adottare è $H_0 : p < 1/6 \equiv p_0$ contro $H_1 : p \geq 1/6$. La statistica-test

$$U = \frac{\widehat{p} - p_0}{\sqrt{\frac{p_0 (1 - p_0)}{600}}}$$

assume il valore $u^* \simeq 1.974$ e il P-value risulta $1 - \Phi(1.974) \simeq 2.42\%$. Quindi la decisione finale è incerta: ad es., si rifiuta $H_0$ al livello 5% ma non al livello 1%.

---

511. Aldo possiede un dado con le sei facce numerate da 1 a 6.
*i)* Nell'ipotesi che il dado sia regolare calcolare la probabilità $p_0$ di ottenere il valore 8 come somma delle facce uscite in due lanci del dado.
*ii)* Aldo sospetta che il dado sia stato truccato in modo tale che la probabilità $p$ di ottenere 8 come somma delle facce uscite in due lanci sia minore del valore $p_0$. Se su 100 doppi lanci del dado la somma 8 esce 10 volte, si può affermare al livello di significatività 5% che Aldo abbia ragione?

*Popolazione bernoulliana; test a una coda per p.*

---

Si tratta di un esperimento bernoulliano in cui il "successo" è l'uscita di 8 come somma delle facce in due lanci di un dado. In ipotesi di regolarità del dado tutte le 36 coppie $(i, j)$ (dove $i = 1, ..., 6$ è la prima faccia e $j = 1, ..., 6$ è la seconda faccia) sono equiprobabili e i casi favorevoli all'evento $\{i + j = 8\}$ sono 5. Quindi $p_0 = 5/36 \simeq 13.89\%$.
Per rispondere alla seconda domanda occorre eseguire un test a una coda per la proporzione $p$ di una popolazione bernoulliana, dove $p =$ "probabilità che esca 8 come somma delle facce in due lanci di un dado". Fino a prova contraria il dado è regolare ($p = p_0$), ed è invece Aldo che deve provarne lo sbilanciamento ($p < p_0$): questa considerazione fissa il sistema di ipotesi. Riassumiamo dati e calcoli in questo specchietto:

| | |
|---|---|
| SISTEMA DI IPOTESI | $H_0 : p = 5/36 \equiv p_0$ contro $H_1 : p < 5/36$ |
| STATISTICA-TEST | $U = \dfrac{\widehat{p} - p_0}{\sqrt{p_0 (1 - p_0) / n}}$ |
| REGIONE CRITICA | $U \leq -z_{1-\alpha}$ |
| DIMENSIONE DEL CAMPIONE | $n = 100$ |
| LIVELLO | $\alpha = 0.05$ |
| STATISTICHE CAMPIONARIE | $\widehat{p} = 10/100 = 0.1$ |
| QUANTILE | $z_{0.95} \simeq 1.645$ |
| VALORE OSSERVATO DI $U$ | $u^* \simeq -1.125$ |

Decisione: al 5% si accetta $H_0$ (il dado è regolare). Poiché P-value $= \Phi(-1.125) \simeq 13.04\%$, la decisione ha una buona evidenza statistica.

---

512. In una roulette ci sono 18 numeri rossi sui 37 a disposizione. Supponiamo che un giocatore abbia osservato che il Rosso è uscito 1875 volte su 3700 giocate, un valore che egli giudica talmente alto da fargli sospettare che la roulette sia truccata, e che il croupier affermi invece che questo dato non è significativo per sostenere i sospetti del giocatore. Stabilire se il croupier è onesto oppure no.

*Popolazione bernoulliana; test a una coda per p.* ❐

Detta $p$ la probabilità di uscita del Rosso, possiamo descrivere la singola giocata con una popolazione bernoulliana $\mathcal{B}(1;p)$. Se la roulette è equilibrata, il valore teorico del parametro è $p = 18/37$. Si può allora impostare un test per saggiare l'ipotesi $H_0 : p = 18/37$ ("roulette equilibrata") contro l'ipotesi $H_1 : p > 18/37$ ("roulette squilibrata a favore del Rosso"). Questa scelta del sistema di ipotesi parte dal presupposto che il croupier sia onesto.

| | |
|---|---|
| SISTEMA DI IPOTESI | $H_0 : p = 18/37 \equiv p_0$ contro $H_1 : p > 18/37$ |
| ERRORE DEL I TIPO | condannare il croupier (anche se in realtà è innocente) |
| ERRORE DEL II TIPO | assolvere il croupier (anche se in realtà è colpevole) |
| STATISTICA-TEST | $U = \dfrac{\widehat{p} - p_0}{\sqrt{\dfrac{p_0(1-p_0)}{n}}}$ |
| REGIONE CRITICA | $RC = \{U \geq z_{1-\alpha}\}$ |
| DIMENSIONE DEL CAMPIONE | $n = 3700$ |
| STATISTICHE CAMPIONARIE | $\widehat{p} = 1875/3700$ |
| VALORE OSSERVATO DI $U$ | $u^* = \dfrac{\dfrac{1875}{3700} - \dfrac{18}{37}}{\sqrt{\dfrac{1}{3700}\dfrac{18}{37}\left(1 - \dfrac{18}{37}\right)}} \simeq 2.467$ |

Ad esempio, essendo $z_{0.95} \simeq 1.645$, si conclude che il giocatore ha ragione (e quindi il croupier viene condannato) al livello di significatività del 5%. Il P-value del test vale

$$\text{P-value} = 1 - \Phi(2.467) \simeq 1 - 0.993 = 0.7\%$$

quindi il croupier andrebbe assolto se si fissasse una significatività inferiore a 0.7%.

513. Il sindaco di una città vuole sapere se la maggioranza dei suoi concittadini è favorevole all'iniziativa di prolungare l'orario di circolazione dei mezzi pubblici fino alle ore 2 del mattino. A tale scopo vengono intervistate 1000 persone: fra di esse, 525 si dicono favorevoli, le rimanenti o sono contrarie o non rispondono. Stabilire se la maggioranza dei cittadini è favorevole all'iniziativa oppure no.

□ *Popolazione bernoulliana; test a una coda per p.*

---

La situazione può essere schematizzata introducendo una popolazione bernoulliana $\mathcal{B}(1;p)$ dove $p$ è la proporzione dei cittadini a favore del provvedimento. Per stabilire se la maggioranza dei cittadini è favorevole alla sua iniziativa, il sindaco imposta un test con ipotesi nulla $H_0 : p \leq 50\%$ ("maggioranza sfavorevole all'iniziativa") contro l'alternativa $H_1 : p > 50\%$ ("maggioranza favorevole all'iniziativa"). Con questa impostazione il sindaco ritiene che abbia conseguenze più gravi decidere che la cittadinanza sia favorevole, mentre in realtà non lo è, piuttosto che il viceversa.

| | |
|---|---|
| SISTEMA DI IPOTESI | $H_0 : p \leq 50\% \equiv p_0$ contro $H_1 : p > 50\%$ |
| ERRORE DEL I TIPO | decidere che la cittadinanza è favorevole, mentre in realtà non lo è |
| ERRORE DEL II TIPO | decidere che la cittadinanza non è favorevole, mentre in realtà lo è |
| STATISTICA-TEST | $U = \dfrac{\widehat{p} - p_0}{\sqrt{\frac{p_0(1-p_0)}{n}}}$ |
| REGIONE CRITICA | $RC = \{U \geq z_{1-\alpha}\}$ |
| DIMENSIONE DEL CAMPIONE | $n = 1000$ |
| STATISTICHE CAMPIONARIE | $\widehat{p} = 52.50\%$ |
| VALORE OSSERVATO DI $U$ | $u^* = \dfrac{0.525 - 0.5}{\sqrt{\frac{(0.5)(1-0.5)}{1000}}} \simeq 1.581$ |

Ad esempio, si ha $z_{0.90} \simeq 1.282$ e $z_{0.95} \simeq 1.645$. Quindi la cittadinanza è favorevole all'iniziativa del sindaco al 10% di significatività e non lo è al 5%. Il P-value del test vale

$$\text{P-value} = 1 - \Phi(1.581) \simeq 1 - 0.943 = 5.7\%$$

---

514. Su 1000 pezzi scelti a caso da un lotto molto numeroso, 36 sono difettosi.
*i)* Stabilire, al 95% di confidenza, la difettosità massima (espressa in %) del lotto.
*ii)* Verificare l'ipotesi nulla $H_0 : p \geq p_0$ contro l'alternativa $H_1 : p < p_0$, dove $p_0$ indica l'intero ottenuto arrotondando per eccesso il valore massimo trovato nel punto precedente (ad es., se si fosse trovato 3.72%, allora è $p_0 = 4\%$).

□ *Popolazione bernoulliana; IC a una coda per p; test a una coda per p.*

---

✎ La prima domanda chiede di determinare un IC del tipo $p \leq k$ per la difettosità $p$. Il livello di confidenza richiesto è $1 - \alpha = 0.95$, quindi l'intervallo è il seguente

$$p \leq \widehat{p} + \sqrt{\frac{\widehat{p}(1-\widehat{p})}{n}}\, z_{0.95}$$

dove $n = 1000$, $\widehat{p} = 36/1000$ e $z_{0.95} \simeq 1.645$. Si ottiene

$$p \leq 4.57\%$$

Nel test della seconda domanda va preso $p_0 = 5\%$ e la statistica-test assume il valore

$$u^* = \frac{\widehat{p} - p_0}{\sqrt{\dfrac{p_0 (1 - p_0)}{n}}} \simeq -2.031$$

Di conseguenza il P-value vale $\Phi(u^*) \simeq 2.11\%$ e la decisione è incerta (si rifiuta $H_0$ al 5% ma non lo si può rifiutare all'1%).

---

515. La durata di funzionamento di una batteria di una data marca è normalmente distribuita con media $\mu = 500$ ore e deviazione standard $\sigma = 100$ ore. Per incrementare la durata media l'azienda produttrice sviluppa un nuovo processo di produzione e decide di adottarlo qualora la durata media osservata $\overline{x}$ in un campione di batterie del nuovo tipo risulti maggiore di 550 ore.
*i)* Se le batterie del nuovo tipo sottoposte a test sono 9, qual è la probabilità che l'azienda adotti il nuovo processo anche se esso non è migliore di quello corrente?
*ii)* Quante batterie dovrebbero essere sottoposte a test affinché la probabilità di cui al punto precedente sia al più 5%?

*Popolazione normale; Z-Test a una coda.* ❐

---

La durata $X$ di funzionamento (in ore) di una batteria prodotta con il nuovo processo è normale $\mathcal{N}(\mu; 100^2)$. Siccome, fino a prova contraria, il nuovo processo non può essere ritenuto migliore di quello corrente, l'ipotesi nulla è $H_0 : \mu = 500 \equiv \mu_0$ contro $H_1 : \mu > 500$. In base al testo la regione critica dello Z-Test è

$$U = \frac{\overline{X} - 500}{100/\sqrt{n}} > z_{1-\alpha} \qquad \Longrightarrow \qquad \overline{X} > 500 + \frac{100}{\sqrt{n}} z_{1-\alpha}$$

Il testo afferma, però, che l'azienda è disposta a rifiutare $H_0$ se $\overline{X} > 550$, quindi dev'essere

$$500 + \frac{100}{\sqrt{n}} z_{1-\alpha} = 550$$

Questa condizione permette di calcolare il livello $\alpha$ corrispondente a un prefissato numero $n$ di osservazioni oppure il valore di $n$ che dà un voluto $\alpha$. Nel punto *i)* si fissa $n = 9$ e si chiede di calcolare $\alpha$ (= probabilità che l'azienda adotti il nuovo processo anche se esso non è migliore di quello corrente). Dalla condizione precedente si ricava

$$1 - \alpha = \Phi\left(\frac{550 - 500}{100/3}\right) = \Phi(1.5) \simeq 0.9332$$

ovvero $\alpha \simeq 6.68\%$. Invece, nel punto *ii)* si fissa $\alpha \leq 0.05$ e si chiede di trovare $n$. Quindi la condizione che ora va imposta è

$$550 \geq 500 + \frac{100}{\sqrt{n}} z_{0.95}$$

da cui

$$n \geq 4z_{0.95}^2 \simeq 10.5$$

e si conclude che occorre misurare la durata di almeno 11 batterie per avere un livello massimo del 5%.

---

516. Aldo vuole acquistare 1000 resistori identici la cui resistenza sia di almeno 100 Ω. Bruno gli propone l'acquisto di un suo lotto di 1000 resistori. Prima di compiere l'acquisto, Aldo preleva $n$ resistori dal lotto di Bruno e misura la resistenza di ciascuno di essi, ottenendo il valore $\overline{x}$ come media delle $n$ misure. Si sa che: 1) le singole misure sono normalmente distribuite intorno alla resistenza effettiva $\mu$ con deviazione standard pari a 2 Ω; 2) Aldo è disposto a commettere un errore di I tipo con probabilità $\alpha = 5\%$ di acquistare un lotto con resistenza effettiva minore o uguale a 100 Ω; 3) Aldo è disposto a commettere un errore di II tipo con probabilità $\beta = 10\%$ di non acquistare un lotto con resistenza effettiva uguale a 101 Ω.
*i)* Impostare il problema come test di ipotesi, specificando: ipotesi nulla, ipotesi alternativa, statistica-test e regione critica.
*ii)* Calcolare il numero minimo di resistenze da misurare per soddisfare le due condizioni richieste sui valori di $\alpha$ e $\beta$.
*iii)* Se in seguito al controllo di $n = 35$ resistori Aldo ha trovato il valore $\overline{x} = 100.4$ Ω, che decisione prende riguardo all'acquisto di quel lotto?

☐ *Popolazione normale; Z-Test a una coda.*

---

✎ Si tratta di fare uno Z-test su una popolazione $\mathcal{N}(\mu; 2^2)$. Aldo acquisterà il lotto se $\mu \geq 100$, e acquistare il lotto significa rifiutare $H_0$ (per quanto detto circa l'errore di I tipo): quindi il sistema di ipotesi è

$$H_0 : \mu < 100 \equiv \mu_0 \text{ ("lotto non acquistato") contro } H_1 : \mu \geq \mu_0 \text{ ("lotto acquistato")}$$

La statistica-test è

$$U = \frac{\overline{X} - 100}{2/\sqrt{n}}$$

e la regione critica è data da $U \geq z_{0.95}$.

Condideriamo ora la richiesta su $\beta$ per determinare $n$. Ricordando che $\beta$ è la probabilità di accettare $H_0$ quando $H_0$ è falsa, si tratta di imporre che sia $P(U \leq z_{0.95}) \leq 0.10$

assumendo $\mu = 101$. Per tale $\mu$ si ha $\overline{X} \sim \mathcal{N}\left(101; (2/\sqrt{n})^2\right)$ e quindi $U \sim \mathcal{N}(\sqrt{n}/2; 1)$, da cui

$$P(U \leq z_{0.95}) = \Phi\left(z_{0.95} - \frac{\sqrt{n}}{2}\right) \leq 0.10$$

$$\implies \quad z_{0.95} - \frac{\sqrt{n}}{2} \leq z_{0.10} = -z_{0.90}$$

$$\implies \quad n \geq 4\,(z_{0.95} + z_{0.90})^2 \simeq 4\,(1.645 + 1.282)^2 \simeq 34.27$$

Il valore minimo cercato è dunque $n = 35$.

Infine, se $\overline{x} = 100.4$ e $n = 35$, si trova $u^* \simeq 1.183 < z_{0.95}$, e quindi Aldo non compera il lotto.

---

517. Il peso medio delle mozzarelle prodotte in una data zona è di 170 g. Effettuando un controllo su 100 mozzarelle prodotte nel caseificio A di quella zona, si scopre che la media campionaria è $\overline{x} = 171$ g con una deviazione standard campionaria $s = 4$ g.
*i)* Al livello di significatività $\alpha = 1\%$ si può dire che il peso medio delle mozzarelle prodotte dal caseificio A sia *diverso* da quello della zona?
*ii)* Al livello di significatività $\alpha = 1\%$ si può dire che il peso medio delle mozzarelle prodotte dal caseificio A sia *maggiore* di quello della zona?

*Popolazione normale; T-Test a una e a due code.*

---

Assumiamo che il peso $X$ delle mozzarelle prodotte nel caseificio A sia normale $\mathcal{N}(\mu; \sigma^2)$. La congettura che si vuole "dimostrare" ($\mu$ è diverso da 170 g nel caso *i)*; $\mu$ è maggiore di 170 g nel caso *ii)*) va messa come ipotesi alternativa di un test perché, fino a prova contraria, il peso medio $\mu$ è da ritenersi uguale alla media della zona. Distinguiamo ora i due casi.

*i)* Il sistema di ipotesi è $H_0 : \mu = 170$ contro $H_1 : \mu \neq 170$. Non essendo nota la varianza della popolazione, il test da farsi è il T-Test a due code con regione critica $|U| \geq t_{1-\alpha/2}(99)$. La statistica-test $U$ assume il valore

$$u^* = \frac{\overline{x} - 170}{s/\sqrt{n}} = \frac{171 - 170}{4/\sqrt{100}} = 2.5$$

e si ha $t_{0.975}(99) \simeq 1.984$, $t_{0.995}(99) \simeq 2.626$. Quindi $H_0$ si rifiuta al 5% ma non all'1% di significatività. Il P-value vale $2\,(1 - P\,(t\,(99) \leq 2.5)) \simeq 1.41\%$.

*ii)* Il sistema di ipotesi è $H_0 : \mu = 170$ contro $H_1 : \mu > 170$. Occorre fare il T-Test a una coda con regione critica $U > t_{1-\alpha}(99)$. Poiché $u^* = 2.5 > t_{0.99}(99) \simeq 2.365$, $H_0$ si rifiuta all'1% di significatività. Il P-value è $1 - P\,(t\,(99) \leq 2.5) \simeq 0.70\%$.

---

☞ Il calcolo del P-value è stato eseguito con un computer perché la tabella dei quantili della distribuzione di Student disponibile in fondo a questo Testo non è sufficientemente ampia. Se non si ha un computer, però, la tabella permette comunque di dare una *stima numerica* del P-value: vediamo come. Il valore da trovare nel caso *ii)* è P-value $= 1 - P(t(99) \leq 2.5)$ (nel caso *i)* è il suo doppio), e siccome la tabella non riporta alcun quantile della $t(99)$, guardiamo la riga dei quantili della $t(100)$, cioè i numeri $t_\beta(100)$ tali che $P(t(100) \leq t_\beta(100)) = \beta$, i quali ovviamente saranno poco diversi dai quantili della $t(99)$:

| $n$ | $\beta = 0.90$ | $\beta = 0.95$ | $\beta = 0.975$ | $\beta = 0.99$ | $\beta = 0.995$ |
|---|---|---|---|---|---|
| 1 | 3.0777 | 6.3137 | 12.7062 | 31.8210 | 63.6559 |
| ⋮ | | | | | |
| 100 | 1.2901 | 1.6602 | 1.9840 | 2.3642 | 2.6259 |
| ⋮ | | | | | |

Notiamo che

$$t_{0.99}(100) = 2.3642 < 2.5 < 2.6259 = t_{0.995}(100)$$

per cui la monotonia crescente della funzione di ripartizione implica che

$$0.99 < P(t(99) \leq 2.5) < 0.995$$

Ma allora

$$0.005 < 1 - P(t(99) \leq 2.5) < 0.01$$

e si conclude che nel caso *ii)* il P-value è compreso fra 0.5% e 1%, mentre nel caso *i)* sarà compreso fra 1% e 2%.

---

518. In una fabbrica lo scarto giornaliero medio nel processo di lavorazione di una certa fibra sintetica è di almeno 530 kg. Per ridurre lo scarto, il direttore della produzione fa installare un nuovo miscelatore e, durante la settimana di prova, registra i seguenti scarti giornalieri di materiale (in kg/giorno): $532, 476, 462, 519, 430, 540, 464$. Questi dati portano a ritenere che il nuovo miscelatore riduca lo scarto giornaliero medio di materiale?

☐ *Popolazione normale; T-Test a una coda.*

---

✎ Assumendo che il processo sia descritto da una popolazione normale con varianza incognita e media $\mu$ = scarto giornaliero medio, l'ipotesi da verificare è $H_0 : \mu \geq 530$ ("il nuovo processo di produzione non è efficace") contro l'ipotesi $H_1 : \mu < 530$ ("il nuovo processo di produzione è efficace"). In questo modo si ritiene più grave il rischio di adottare un nuovo miscelatore che non riduce gli scarti di produzione piuttosto che il rischio di tenere il vecchio miscelatore anche se meno efficace di quello nuovo.

| | |
|---|---|
| SISTEMA DI IPOTESI | $H_0 : \mu \geq 530 \equiv \mu_0$ contro $H_1 : \mu < 530$ |
| ERRORE DEL I TIPO | adottare il nuovo miscelatore anche se in realtà è meno efficace di quello vecchio |
| ERRORE DEL II TIPO | tenere il vecchio miscelatore anche se in realtà è meno efficace di quello nuovo |
| STATISTICA-TEST | $U = \dfrac{\overline{X} - \mu_0}{S/\sqrt{n}}$ |
| REGIONE CRITICA | $RC = \{U \leq -t_{1-\alpha}(n-1)\}$ |
| DIMENSIONE DEL CAMPIONE | $n = 7$ |
| STATISTICHE CAMPIONARIE | $\overline{x} = 489.0$; $s = 41.54$ |
| VALORE OSSERVATO DI $U$ | $u^* = \dfrac{489 - 530}{41.54/\sqrt{7}} \simeq -2.61$ |

Ad esempio, si ha $t_{0.95}(6) \simeq 1.94$, $t_{0.99}(6) \simeq 3.14$. Si conclude che il nuovo miscelatore riduce lo scarto al livello di significatività del 5%, ma non al livello dell'1%. Questo significa inoltre che il P-value del test ha un valore compreso tra 1% e 5%. Il calcolo esatto (fatto al computer) fornisce

$$\text{P-value} = P(t(6) \leq -2.61) \simeq 2\%$$

---

519. La legge stabilisce che il diametro delle monete da 1 Euro abbia un certo valore nominale $\mu_0$ con una tolleranza (= una deviazione standard) di 0.3 mm. Un addetto della Zecca di Stato preleva a caso 100 monete appena coniate e ne misura i diametri; da tali misurazioni egli ottiene una somma dei quadrati degli errori uguale a 11.6 $mm^2$ (errore = valore misurato $-\mu_0$). Questo risultato gli fa nascere il sospetto che la macchina non soddisfi lo standard di precisione richiesto. Stabilire se questo sospetto sia fondato oppure no.

*Popolazione normale; test a una coda per $\sigma$ ($\mu$ nota).* ❐

---

Assumendo che l'errore (in mm) nella lunghezza del diametro di una moneta sia una popolazione normale a media nulla e varianza incognita $\sigma^2$, l'ipotesi da sottoporre a verifica è $H_0 : \sigma \leq 0.3$ ("produzione conforme alla legge") contro l'ipotesi $H_1 : \sigma > 0.3$ ("produzione non conforme alla legge"). In tal modo si ritiene più grave dichiarare non conforme una produzione che in realtà lo è, piuttosto che il viceversa.

| | |
|---|---|
| SISTEMA DI IPOTESI | $H_0 : \sigma \leq 0.3 \equiv \sigma_0$ contro $H_1 : \sigma > 0.3$ |
| ERRORE DEL I TIPO | dichiarare non conforme alla legge una produzione che in realtà lo è |
| ERRORE DEL II TIPO | dichiarare conforme alla legge una produzione che in realtà non lo è |
| STATISTICA-TEST | $U = \dfrac{nS_0^2}{\sigma_0^2}$ |
| REGIONE CRITICA | $RC = \left\{U > \chi^2_{1-\alpha}(n)\right\}$ |
| DIMENSIONE DEL CAMPIONE | $n = 100$ |
| STATISTICHE CAMPIONARIE | $100 \times s_0^2 = 11.6$ |
| VALORE OSSERVATO DI $U$ | $u^* = \dfrac{11.6}{(0.3)^2} \simeq 128.89$ |

Ad esempio, si ha $\chi^2_{0.95}(100) \simeq 124.34$, $\chi^2_{0.99}(100) \simeq 135.81$. Si conclude che il sospetto che la macchina non soddisfi lo standard di precisione richiesto è fondato al 5% di significatività mentre non lo è all'1%, per cui il P-value sarà compreso fra 1% e 5%. Il valore esatto del P-value è

$$\text{P-value} = P\left(\chi^2(100) > 128.89\right) \simeq 2.74\%$$

---

520. Si vuole determinare il peso $\mu$ (in grammi) di un oggetto mediante una bilancia di precisione. Il risultato di una pesata è esprimibile con una variabile $X \sim \mathcal{N}(\mu; \sigma^2)$ la cui varianza è sconosciuta. Si effettuano 25 pesate $x_1, ..., x_{25}$ dell'oggetto in questione ottenendo $\sum_{i=1}^{25}(x_i - \overline{x})^2 = 146 \text{ g}^2$.
*i)* Determinare un intervallo di confidenza di livello 95% del tipo $\sigma^2 > k$ per la varianza.
*ii)* Supponendo $\overline{x} = 21$ g, decidere al livello 5% di significatività se accettare l'ipotesi $H_0 : \mu = 20$ oppure l'alternativa $H_1 : \mu \neq 20$.

❐ *Popolazione normale; IC a una coda per $\sigma$ ($\mu$ incognita); T-Test a due code.*

---

✎ L'IC richiesto è

$$\sigma^2 > \frac{n-1}{\chi^2_{1-\alpha}(n-1)} S^2$$

ed è $n = 25$, $1 - \alpha = 0.95$, $\chi^2_{0.95}(24) \simeq 36.415$, $(n-1)s^2 = \sum_{i=1}^{25}(x_i - \overline{x})^2 = 146$. Quindi

$$\sigma^2 > \frac{146}{36.415} \simeq 4.009$$

Il test richiesto è un T-test a due code con regione critica $|U| \geq t_{0.975}(24) \simeq 2.064$. Il valore osservato di $U$ è

$$u^* = \frac{\overline{x} - 20}{s/\sqrt{n}} = \frac{21 - 20}{\sqrt{\dfrac{146}{24 \times 25}}} \simeq 2.027$$

quindi al 5% di significatività $H_0$ va accettata. Comunque la decisione appare incerta perché il P-value del test è $2(1 - P(t(24) \leq 2.027)) \simeq 5.39\%$.

---

521. Si è misurata la concentrazione di un certo inquinante nell'aria, ottenendo in 10 rilevazioni la media campionaria $\overline{x} = 113$ ppm e la varianza campionaria $s^2 = 98$ ppm$^2$. Si può concludere che la concentrazione media di quell'inquinante nell'aria sia, come minimo, uguale a 100 ppm?

*Popolazione normale; T-Test a una coda.* ❐

---

Assumiamo che la popolazione $X$ = "concentrazione dell'inquinante nell'aria (in ppm)" sia normale $\mathcal{N}(\mu; \sigma^2)$. L'affermazione che $\mu$ sia maggiore o uguale a 100 va dimostrata con i dati a disposizione, quindi rappresenta l'ipotesi alternativa. Dati e calcoli sono riassunti nella tabella seguente.

| | |
|---|---|
| SISTEMA DI IPOTESI | $H_0 : \mu < 100 \equiv \mu_0$ contro $H_1 : \mu \geq 100$ |
| STATISTICA-TEST | $U = \dfrac{\overline{X} - \mu_0}{S/\sqrt{n}}$ |
| REGIONE CRITICA | $U \geq t_{1-\alpha}(n-1)$ |
| DIMENSIONE DEL CAMPIONE | $n = 10$ |
| LIVELLO | $\alpha = 0.01$ |
| STATISTICHE CAMPIONARIE | $\overline{x} = 113; \quad s^2 = 98$ |
| QUANTILE | $t_{0.99}(9) \simeq 2.821$ |
| VALORE OSSERVATO DI $U$ | $u^* \simeq 4.15$ |

Decisione: all'1% si rifiuta $H_0$ (quindi la concentrazione media è come minimo 100 ppm). Il P-value vale $1 - P(t(9) \leq 4.15) \simeq 0.12\%$, per cui la decisione presa è praticamente sicura.

---

522. In un reparto ospedaliero si vuole sperimentare l'efficacia di una nuova terapia per la cura di una malattia. Un gruppo di pazienti, scelti a caso, viene sottoposto al nuovo tipo di cura e si ottengono i seguenti tempi di ricovero (espressi in giorni): $22, 16, 11, 17, 10, 18, 12, 15, 8, 10$.
*i)* Dare una stima al 95% di confidenza del tempo medio di ricovero dei pazienti sottoposti alla nuova terapia.
*ii)* Si può dire al 90% di confidenza che la deviazione standard del tempo di ricovero con la nuova terapia è al massimo di 6 giorni?
*iii)* Dai dati storici dell'ospedale si sa che il tempo medio di ricovero con la vecchia terapia è di 16 giorni. Si può affermare che la nuova terapia è più efficace?

*Popolazione normale; IC a due code per $\mu$ ($\sigma$ incognita); IC a una coda per $\sigma$ ($\mu$ incognita); T-Test a una coda.*

---

Supponiamo che il tempo di ricovero $X$ con la nuova terapia sia normale $\mathcal{N}(\mu; \sigma^2)$.

*i)* Si chiede un IC per $\mu$; essendo la varianza incognita, l'intervallo è del tipo

$$\mu = \overline{X} \pm \frac{S}{\sqrt{n}} t_{1-\alpha/2}(n-1)$$

con $n = 10$, $1 - \alpha = 0.95$ e $t_{0.975}(9) \simeq 2.262$. Dai dati si ricava $\overline{x} = 13.9$, $s^2 \simeq 19.43$ e infine

$$\mu = 13.9 \pm 3.15 \quad \text{giorni}$$

*ii)* Si chiede il livello di confidenza dell'IC $\sigma \leq 6$, che è del tipo

$$\sigma \leq \sqrt{\frac{n-1}{\chi^2_\alpha(n-1)}} S$$

Dal confronto si ricava ($n = 10$, $s^2 \simeq 19.43$)

$$\chi^2_\alpha(9) \simeq \frac{9 \times 19.43}{36} \simeq 4.857$$

Sulle Tavole si trova il quantile $\chi^2_{0.10}(9) \simeq 4.168$, quindi $\alpha$ sarà un po' maggiore di 0.10 e la confidenza $1 - \alpha$ un po' minore di 90%. (Il calcolo esatto, fatto con un computer, dà $1 - \alpha = 84.65 \cdots \%$.)

*iii)* Si chiede di fare un test per dimostrare l'alternativa $H_1 : \mu < 16$ (la nuova terapia è più efficace della vecchia) contro l'ipotesi nulla $H_0 : \mu \geq 16 \equiv \mu_0$. Il test da adottare è un T-test a una coda con regione critica $U \leq -t_{1-\alpha}(9)$. Il valore osservato di $U$ è

$$u^* = \frac{\overline{x} - 16}{s/\sqrt{n}} \simeq \frac{13.9 - 16}{\sqrt{1.943}} \simeq -1.507$$

Con $\alpha = 0.05$ il valore critico è $-t_{0.95}(9) \simeq -1.833 < u^*$, quindi $H_0$ va accettata, mentre con $\alpha = 0.10$ il valore critico è $-t_{0.90}(9) \simeq -1.383 > u^*$ e si accetta $H_1$. Il P-value risulta $P(t(9) \leq -1.507) \simeq 8.30\%$ ed è piuttosto grande, quindi la decisione più ragionevole da prendere è a favore dell'ipotesi nulla (cioè che la nuova terapia non è più efficace della vecchia).

---

Poiché il valore $\mu_0 = 16$ sta nell'IC al 95% di confidenza calcolato all'inizio, anche senza eseguire il T-Test si poteva dire che al 5% di significatività la nuova terapia non è più efficace della vecchia.

---

523. In 10 osservazioni da una popolazione normale si è ottenuto il valore $s^2 = 37$ per la varianza campionaria. In un test per verificare l'ipotesi $H_0 : \sigma^2 = 40$ contro l'alternativa $H_1 : \sigma^2 \neq 40$ al 5% di significatività, quale decisione si prende?

*Popolazione normale; test a una coda per $\sigma$ ($\mu$ incognita).*

---

Dati e calcoli sono riassunti nella tabella seguente.

| | |
|---|---|
| SISTEMA DI IPOTESI | $H_0 : \sigma^2 = 40 \equiv \sigma_0^2$ contro $H_1 : \sigma^2 \neq 40$ |
| STATISTICA-TEST | $U = (n-1)\, S^2/\sigma_0^2$ |
| REGIONE CRITICA | $U \leq \chi^2_{\alpha/2}\,(n-1)$ oppure $U \geq \chi^2_{1-\alpha/2}\,(n-1)$ |
| DIMENSIONE DEL CAMPIONE | $n = 10$ |
| LIVELLO | $\alpha = 0.05$ |
| STATISTICHE CAMPIONARIE | $s^2 = 37$ |
| QUANTILE | $\chi^2_{0.025}\,(9) \simeq 2.700$; $\chi^2_{0.975}\,(9) \simeq 19.023$ |
| VALORE OSSERVATO DI $U$ | $u^* = 8.325$ |

Decisione: al 5% di significatività si accetta $H_0$.

---

524. Una macchina per l'inscatolamento del sale fino è tarata sul valore nominale $\mu = 1000$ g. Le quantità $x_1, ..., x_{10}$ effettivamente dosate dalla macchina in un campione di 10 scatole hanno dato i seguenti risultati: $\sum_{i=1}^{10} x_i = 9\,997$ g ; $\sum_{i=1}^{10} x_i^2 = 10\,000\,024$ g$^2$. Stimare la varianza $\sigma^2$ della variabile "dosaggio" $X$. Verificare l'ipotesi $\sigma \geq 20$ g contro l'alternativa $\sigma < 20$ g.

*Popolazione normale; test a una coda per $\sigma$ ($\mu$ nota).*

---

Assumiamo il modello gaussiano: $X =$ "dosaggio (in g)" $\sim \mathcal{N}\,(1000; \sigma^2)$. Dati e calcoli sono riassunti nella tabella seguente.

| | |
|---|---|
| SISTEMA DI IPOTESI | $H_0 : \sigma \geq 20 \equiv \sigma_0$ contro $H_1 : \sigma < 20$ |
| STATISTICA-TEST | $U = nS_0^2/\sigma_0^2$ |
| REGIONE CRITICA | $U \leq \chi^2_\alpha(n)$ |
| DIMENSIONE DEL CAMPIONE | $n = 10$ |
| LIVELLO | $\alpha = 0.05$ |
| STATISTICHE CAMPIONARIE | $s_0^2 = 602.4$ |
| QUANTILE | $\chi^2_{0.05}(10) \simeq 3.940$ |
| VALORE OSSERVATO DI $U$ | $u^* = 1.506$ |

Decisione: al 5% si accetta $H_0$. Il P-value è $P(\chi^2(10) \leq 1.506) \simeq 0.11\%$, quindi la decisione è praticamente sicura.

---

☞ Per il calcolo della varianza campionaria con media nota

$$S_0^2 = \frac{1}{n}\sum_{i=1}^{n}(X_i - \mu)^2$$

conviene usare la **formula abbreviata**

$$S_0^2 = \frac{1}{n}\sum_{i=1}^{n} X_i^2 - \frac{2\mu}{n}\sum_{i=1}^{n} X_i + \mu^2$$

Nel caso dell'esercizio si ha

$$s_0^2 = \frac{1}{10}\sum_{i=1}^{10} x_i^2 - 200\sum_{i=1}^{10} x_i + 10^6 = 602.4$$

---

525. Un segnale di valore $\mu$, trasmesso dal punto A, è ricevuto nel punto B come $\mu + \varepsilon$, dove $\varepsilon$ è un errore casuale con distribuzione $\mathcal{N}(0; \sigma^2)$. Per ridurre l'errore il segnale è inviato nove volte; i valori ricevuti sono 5.0, 8.5, 12.0, 15.0, 7.0, 9.0, 7.5, 6.5, 10.5.
*i)* La varianza $\sigma^2$ sia incognita. Costruire un intervallo di confidenza per $\mu$ di livello 95%. Verificare poi il sistema di ipotesi $H_0 : \mu = 11 \equiv \mu_0$ contro $H_1 : \mu \neq 11$ al livello 5% di significatività.
*ii)* Verificare il sistema di ipotesi $H_0 : \sigma^2 = 5 \equiv \sigma_0^2$ contro $H_1 : \sigma^2 \neq 5$ al livello 5%.
*iii)* La varianza sia $\sigma^2 = 5$. Costruire un intervallo di confidenza per $\mu$ di livello 95%. Verificare poi il sistema di ipotesi $H_0 : \mu = 11 \equiv \mu_0$ contro $H_1 : \mu \neq 11$ al livello 5%.

☐ *Popolazione normale; IC a due code per $\mu$ ($\sigma$ incognita) e T-Test a due code; test a due code per $\sigma^2$; IC a due code per $\mu$ ($\sigma$ nota) e Z-Test a due code.*

---

Si dispone di $n = 9$ osservazioni da una popolazione $\mathcal{N}(\mu; \sigma^2)$; inoltre $\overline{x} = 9.0$, $s^2 = 9.5$, $s \simeq 3.08$, $t_{0.975}(8) \simeq 2.306$, $z_{0.975} \simeq 1.960$, $\chi^2_{0.025}(8) \simeq 2.180$, $\chi^2_{0.975}(8) \simeq 17.535$.

*i)* L'IC richiesto è

$$\mu = \overline{x} \pm \frac{s}{\sqrt{9}} t_{0.975}(8) \simeq 9.0 \pm 2.37$$

Anche senza eseguire esplicitamente il T-Test, si vede che l'ipotesi nulla va accettata al 5% perché il valore 11 cade nell'intervallo precedente.

*ii)* La regione critica è $RC = \{U < \chi^2_{0.025}(8)\} \cup \{U > \chi^2_{0.975}(8)\}$, dove $U = (n-1)S^2/\sigma_0^2$ è la statistica-test. Con i dati a disposizione si trova $u^* = 15.2$, che non appartiene ad $RC$, e perciò l'ipotesi nulla va accettata.

*iii)* Ora l'IC è

$$\mu = \overline{x} \pm \frac{\sqrt{5}}{3} z_{0.975} \simeq 9.0 \pm 1.46$$

Siccome il valore 11 cade esternamente all'intervallo, l'ipotesi nulla va rifiutata al livello 5% e non è necessario eseguire lo Z-Test.

---

526. Un chimico preleva sei campioni da una soluzione acquosa di acido cloridrico e misura il pH di ciascun campione, ottenendo i seguenti valori:

$$2.1, \quad 2.2, \quad 1.9, \quad 1.9, \quad 2.3, \quad 2.2$$

(pH $= -\log_{10}[H^+]$ dove $[H^+]$ è la concentrazione molare di ioni $H^+$). I dati raccolti sono compatibili con l'ipotesi che la concentrazione molare media di ioni $H^+$ nella soluzione sia di 0.01 mol/$\ell$?

*Popolazione log-normale; T-Test a due code.*

---

I dati $x_i$ sono misure del pH, quindi sono dati normali (modello gaussiano della misura), ma si chiede di fare un test d'ipotesi sulla media della concentrazione molare $[H^+]$. Si sa che, se $X =$ "pH della soluzione" $\sim \mathcal{N}(\mu; \sigma^2)$ e $a \neq 0$ è una costante, allora $aX \sim \mathcal{N}(a\mu; a^2\sigma^2)$ e la variabile $Y = e^{aX}$ è log-normale con media

$$E(Y) = e^{a\mu + \left(a^2\sigma^2/2\right)}$$

Scelto $a = -\ln 10$ si ottiene $Y = e^{-X \ln 10} = 10^{-X}$, cioè $Y =$ "concentrazione molare di ioni $H^+$ nella soluzione". L'ipotesi nulla $E(Y) = 0.01$ diventa allora

$$e^{-\mu \ln 10 + \left(\sigma^2/2\right) \ln^2 10} = 0.01$$

da cui

$$\mu \simeq 2 + \frac{s^2}{2} \ln 10 \simeq 2.03$$

dove si è stimata la varianza incognita $\sigma^2$ con la varianza campionaria $s^2 = 0.028$.

| | |
|---|---|
| SISTEMA DI IPOTESI | $H_0 : \mu = 2.03 \equiv \mu_0$ contro $H_1 : \mu \neq 2.03$ |
| STATISTICA-TEST | $U = \dfrac{\overline{X} - \mu_0}{S/\sqrt{n}}$ |
| DIMENSIONE DEL CAMPIONE | $n = 6$ |
| STATISTICHE CAMPIONARIE | $\overline{x} = 2.1; \quad s^2 = 0.028$ |
| VALORE OSSERVATO DI $U$ | $u^* \simeq 1.025$ |
| P-VALUE | $2\,(1 - P\,(t\,(5) \leq u^*)) \simeq 35.3\%$ |

Il P-value è molto grande, quindi c'è forte evidenza statistica a favore dell'ipotesi nulla.

---

527. Per confrontare due metodi di analisi (A e B) per la determinazione della percentuale di ferro contenuta in un composto minerale, sei provini vengono analizzati con entrambi i metodi. I risultati ottenuti sono i seguenti:

| n° del provino | 1 | 2 | 3 | 4 | 5 | 6 |
|---|---|---|---|---|---|---|
| % di Fe (metodo A) | 17.3 | 9.4 | 4.0 | 12.5 | 11.4 | 13.8 |
| % di Fe (metodo B) | 17.1 | 9.7 | 3.9 | 12.5 | 11.2 | 13.6 |

Si può concludere che c'è una differenza significativa tra i due metodi di misura?

*Confronto di due popolazioni con campioni accoppiati; T-Test a due code.*

---

Sia $X$ la differenza tra le percentuali di ferro rilevate con i due metodi. Assumendo il modello gaussiano $X \sim \mathcal{N}(\mu; \sigma^2)$, si tratta di fare un T-Test con ipotesi nulla $H_0 : \mu = 0 \equiv \mu_0$ ("non c'è differenza") e ipotesi alternativa $H_1 : \mu \neq 0$. Dai dati in tabella

| n° del provino | 1 | 2 | 3 | 4 | 5 | 6 |
|---|---|---|---|---|---|---|
| differenza $x_i$ | 0.2 | −0.3 | 0.1 | 0.0 | 0.2 | 0.2 |

si ricava $\overline{x} = 1/15$, $s^2 \simeq 0.039$ per cui il valore osservato della statistica-test risulta

$$u^* = \frac{\overline{x} - \mu_0}{s/\sqrt{n}} \simeq 0.830$$

Il P-value vale $2\,(1 - P\,(t\,(5) \leq 0.830)) \simeq 44.43\%$ e questo valore è così alto da far concludere che non ci sia differenza significativa fra i due metodi.

528. Per valutare la conformità di un dispositivo antirumore rispetto alle specifiche progettuali, un tecnico decide di misurare il livello di rumorosità prodotto da 5 macchinari su cui è stato installato il dispositivo e di confrontare il dato sperimentale con il livello teorico previsto dal progettista. I valori ottenuti (espressi in dB) sono riportati nella tabella seguente:

| macchinario n° | 1 | 2 | 3 | 4 | 5 |
|---|---|---|---|---|---|
| rumore misurato | 75 | 65 | 72 | 77 | 75 |
| rumore previsto | 71 | 68 | 67 | 70 | 70 |

Il tecnico può concludere che il dispositivo non è conforme alle specifiche?

*Confronto di due popolazioni con campioni accoppiati; T-Test a una coda.* ❐

---

Sia $X$ la differenza fra il rumore misurato e quello previsto. Assumendo il modello gaussiano $X \sim \mathcal{N}(\mu;\sigma^2)$, si tratta di fare un T-Test con ipotesi nulla $H_0 : \mu \le 0 \equiv \mu_0$ ("il dispositivo è conforme") e ipotesi alternativa $H_1 : \mu > 0$. Dai dati in tabella

| n° del provino | 1 | 2 | 3 | 4 | 5 |
|---|---|---|---|---|---|
| differenza $x_i$ | 4 | $-3$ | 5 | 7 | 5 |

si ricava $\overline{x} = 3.6$, $s^2 = 14.8$ per cui il valore osservato della statistica-test risulta

$$u^* = \frac{\overline{x} - \mu_0}{s/\sqrt{n}} \simeq 2.09$$

Il P-value vale $1 - P(t(4) \le 2.09) \simeq 5.23\%$ e dunque la decisione è incerta.

---

529. Per verificare se l'uso di un nuovo additivo chimico è in grado di aumentare le proprietà idrorepellenti di uno speciale tessuto, un tecnico preleva cinque pezze di quel tessuto da un medesimo lotto di produzione e tratta metà di ciascuna pezza con l'additivo. Successivamente egli bagna le pezze e misura per ogni pezza la quantità d'acqua $Y$ assorbita dalla parte trattata e la quantità d'acqua $X$ assorbita da quella non trattata. I risultati ottenuti sono i seguenti (espressi in g/cm$^2$):

| pezza n° | 1 | 2 | 3 | 4 | 5 |
|---|---|---|---|---|---|
| acqua assorbita senza il trattamento ($= x_i$) | 1.2 | 0.8 | 0.9 | 0.8 | 1.4 |
| acqua assorbita con il trattamento ($= y_i$) | 0.8 | 0.7 | 0.9 | 1.0 | 1.2 |

Qual è la decisione del tecnico?

*Confronto di due popolazioni con campioni accoppiati; T-Test a una coda.* ❐

---

✎ Per decidere se l'additivo chimico diminuisce o meno l'acqua assorbita dal tessuto, il tecnico deve confrontare le medie delle due popolazioni $X$ ed $Y$. $D = X - Y$ rappresenta la variazione di quantità d'acqua assorbita dal tessuto in seguito al trattamento con l'additivo, quindi il trattamento è efficace (cioè l'assorbimento medio d'acqua diminuisce) se $\mu = E(D) > 0$. Consideriamo allora il sistema di ipotesi $H_0 : \mu \leq 0$ (additivo inefficace) contro $H_1 : \mu > 0$ (additivo efficace). Se si assume la normalità di $D$, si tratta di fare un T-test a una coda con regione critica $U = \dfrac{\overline{D}}{S_D/\sqrt{5}} \geq t_{1-\alpha}(4)$.

| pezza n° | 1 | 2 | 3 | 4 | 5 |
|---|---|---|---|---|---|
| $d_i = x_i - y_i$ | 0.4 | 0.1 | 0.0 | −0.2 | 0.2 |

Si trova $\overline{d} = 0.1$, $s_D = \sqrt{0.05}$ e $u^* = 0.1 \times \sqrt{5}/\sqrt{0.05} = 1$. Ad esempio, per $\alpha = 5\%$ si ha $t_{0.95}(4) = 2.132$, quindi si conclude che l'additivo risulta inefficace (al livello del 5%). Il P-value del test vale

$$\text{P-value} = 1 - P(t(4) \leq 1) \simeq 18.70\%$$

Un valore così elevato del P-value indica una forte evidenza sperimentale a favore della decisione che l'additivo sia inefficace (cioè si accetta $H_0$).

---

530. Un ingegnere ha confrontato l'output di due differenti processi campionando indipendentemente da ciascuno di essi: ha estratto dal processo $X$ un campione di numerosità $n = 64$, da cui ha ottenuto una media campionaria $\overline{x} = 12.5$, e ha estratto dal processo $Y$ un campione di numerosità $m = 100$, che ha dato una media campionaria $\overline{y} = 11.9$. I due processi hanno deviazioni standard conosciute $\sigma_X = 2.1$ e $\sigma_Y = 2.2$. A livello 5% l'ingegnere potrebbe concludere che i processi presentano output medi diversi?

☐ *Confronto di due popolazioni con campioni disaccoppiati; Z-Test a due code.*

---

✎ Si vogliono confrontare le medie di due popolazioni indipendenti conoscendo le varianze. In ipotesi di normalità, $X \sim \mathcal{N}(\mu_X; \sigma_X^2)$ e $Y \sim \mathcal{N}(\mu_Y; \sigma_Y^2)$, si tratta di eseguire uno Z-Test. Il sistema d'ipotesi è $H_0 : \mu_X = \mu_Y$ ("l'output medio dei due processi è lo stesso") contro $H_1 : \mu_X \neq \mu_Y$ e la statistica-test è

$$U = \frac{\overline{X} - \overline{Y}}{\sqrt{\dfrac{\sigma_X^2}{n} + \dfrac{\sigma_Y^2}{m}}}$$

con regione critica $|U| \geq z_{0.975} \simeq 1.96$. Il valore osservato risulta

$$u^* = \frac{12.5 - 11.9}{\sqrt{\dfrac{(2.1)^2}{64} + \dfrac{(2.2)^2}{100}}} \simeq 1.75$$

e pertanto l'ingegnere conclude che i due output medi coincidono al 5% di significatività. Tuttavia, la decisione è da ritenersi incerta perché il P-value vale $2(1 - \Phi(1.75)) \simeq 8.01\%$.

---

531. In un laboratorio si vuole valutare la precisione di un nuovo metodo di misura, più economico rispetto a quello correntemente usato. I risultati ottenuti sono i seguenti:

| | | | | | | | | | |
|---|---|---|---|---|---|---|---|---|---|
| metodo corrente | 1.2 | 1.5 | 1.4 | 1.9 | 1.2 | 2.0 | 1.6 | 1.5 | 1.5 |
| metodo nuovo | 1.1 | 1.7 | 1.2 | 1.8 | 1.3 | 1.9 | | | |

Misurando la precisione con la deviazione standard, si può affermare che la precisione del metodo nuovo è buona almeno come quella del metodo corrente?

*Confronto di due popolazioni con campioni disaccoppiati; F-Test a una coda.* ❒

---

Dette $X \sim \mathcal{N}(\mu_X; \sigma_X^2)$ la misura con il metodo corrente e $Y \sim \mathcal{N}(\mu_Y; \sigma_Y^2)$ quella con il metodo nuovo, si tratta di confrontare le varianze usando due campioni disaccoppiati, il primo di $n = 9$ dati e il secondo di $m = 6$ dati. Il presupposto da cui si parte è che il metodo nuovo non sia migliorativo, quindi il sistema di ipotesi da adottare è $H_0 : \sigma_X \leq \sigma_Y$ contro $H_1 : \sigma_X > \sigma_Y$ (un metodo è migliore dell'altro se la sua deviazione standard è minore). La statistica-test è $U = S_X^2/S_Y^2$ ed assume il valore $u^* \simeq 0.647$. La regione critica è $U \geq F_{1-\alpha}(8; 5)$ e per $\alpha = 0.05$ le Tavole dei quantili di Fisher danno $F_{0.95}(8; 5) \simeq 4.82$. Si conclude che c'è una forte evidenza statistica a favore dell'ipotesi nulla, quindi che il nuovo metodo non è migliore di quello corrente.

---

532. Nello studio clinico sugli effetti prodotti da due tipi di sonnifero (A e B), A è stato somministrato a un primo gruppo di volontari e B a un secondo gruppo, e sono state registrate le ore di sonno dormite in più ($x_i$ per i volontari del primo gruppo e $y_i$ per quelli del secondo gruppo) rispetto a quando essi non assumono sonniferi

| | | | | | | |
|---|---|---|---|---|---|---|
| $x_i =$ | 0.8 | 1.2 | 1.6 | 0.5 | 1.7 | |
| $y_i =$ | 1.9 | 2.4 | 2.0 | 1.2 | 1.7 | 1.6 |

Che cosa si può concludere circa la congettura che la "variabilità" delle ore di sonno in più dovute all'effetto di A e di B non sia la stessa?

*Confronto di due popolazioni con campioni disaccoppiati; F-Test a due code.* ❒

---

Dette $X \sim \mathcal{N}(\mu_X; \sigma_X^2)$ e $Y \sim \mathcal{N}(\mu_Y; \sigma_Y^2)$ le due popolazioni, si chiede di confrontarne le varianze usando due campioni disaccoppiati, il primo di $n = 5$ dati e il secondo di $m = 6$ dati. Il sistema di ipotesi è $H_0 : \sigma_X = \sigma_Y$ contro $H_1 : \sigma_X \neq \sigma_Y$. Dai dati si ricava $\overline{x} = 1.16$, $\overline{y} = 1.80$, $s_X^2 \simeq 0.263$, $s_Y^2 \simeq 0.164$. La statistica-test $U = S_X^2/S_Y^2$ assume il valore $u^* \simeq 1.604$. La regione critica è $U \leq F_{\alpha/2}(4; 5)$ oppure $U \geq F_{1-\alpha/2}(4; 5)$ e per $\alpha = 0.05$ le Tavole dei quantili di Fisher danno $F_{0.025}(4; 5) \simeq 0.107$, $F_{0.975}(4; 5) \simeq 7.388$, per cui si decide che i due sonniferi hanno lo stesso effetto.

---

533. Il professore e il suo assistente si sono divisi i compiti scritti dei loro studenti. Alla fine della correzione il punteggio medio degli $n = 28$ compiti corretti dal professore è $\overline{x} = 7.23$ con una deviazione standard $s_X = 3.02$, mentre il punteggio medio degli $m = 27$ compiti corretti dall'assistente è $\overline{y} = 7.74$ con una deviazione standard $s_Y = 2.92$. Si può affermare che non c'è differenza significativa nei punteggi medi assegnati dal professore e dall'assistente?

☐ *Confronto di due popolazioni con campioni disaccoppiati; T-Test a due code; F-Test a due code.*

---

✎ Sia $X \sim \mathcal{N}(\mu_X; \sigma_X^2)$ la variabile "punteggio del professore" e $Y \sim \mathcal{N}(\mu_Y; \sigma_Y^2)$ la variabile "punteggio dell'assistente". Bisogna eseguire un T-Test a due code di confronto fra le medie, assumendo l'ipotesi nulla $H_0 : \mu_X = \mu_Y$ contro l'alternativa $H_1 : \mu_X \neq \mu_Y$. Le due deviazioni standard campionarie sono talmente vicine che si può ragionevolmente assumere l'uguaglianza $\sigma_X = \sigma_Y$. In questo modo la statistica-test risulta

$$U = \frac{\overline{X} - \overline{Y}}{S_p \sqrt{\frac{1}{n} + \frac{1}{m}}}$$

con

$$S_p^2 = \frac{(n-1) S_X^2 + (m-1) S_Y^2}{n + m - 2}$$

e, sostituendo i valori numerici assegnati, si trova $s_p^2 \simeq 8.83$ e $u^* \simeq -0.636$. A livello 10% la regione critica risulta $|U| \geq t_{0.95}(53) \simeq 1.674$ e pertanto l'ipotesi nulla va accettata, cioè i punteggi medi del professore e dell'assistente non presentano una significativa differenza.

---

☞ Per suffragare la congettura fatta circa l'uguaglianza $\sigma_X = \sigma_Y$, si può eseguire un F-Test di confronto fra le varianze con ipotesi nulla $H_0 : \sigma_X = \sigma_Y$ contro l'alternativa $H_1 : \sigma_X \neq \sigma_Y$. Nel caso dell'esercizio la statistica-test $U = S_X^2 / S_Y^2$ assume il valore $u^* \simeq 1.070$; assumendo un livello $\alpha = 5\%$, la regione critica è $U \leq F_{0.025}(27; 26) \simeq 0.461$ oppure $U \geq F_{0.975}(27; 26) \simeq 2.184$, quindi $u^*$ cade esternamente ad essa e la congettura è statisticamente validata.

---

534. Per stabilire se i due fertilizzanti A e B hanno effetti diversi sulla produzione di semi di un certo tipo di pianta, un agronomo tratta 7 piante con il preparato A e 8 piante con il preparato B e poi misura le quantità di semi $X$ ed $Y$ (espresse in g) prodotte in un fissato periodo dalle piante trattate con A e B, rispettivamente. I risultati ottenuti sono i seguenti:

| | | | | | | | | |
|---|---|---|---|---|---|---|---|---|
| $x_i =$ | 8.4 | 4.4 | 3.8 | 6.1 | 4.7 | 11.2 | 3.8 | |
| $y_j =$ | 7.0 | 7.5 | 3.2 | 8.4 | 9.6 | 11.6 | 13.0 | 10.4 |

Qual è la decisione dell'agronomo?

*Confronto di due popolazioni con campioni disaccoppiati; T-Test a due code; F-Test a due code.*

---

Per decidere, l'agronomo deve confrontare le medie delle due popolazioni $X$ ed $Y$. Supponiamo che le popolazioni siano normali con uguale varianza e consideriamo il sistema di ipotesi $H_0 : \mu_X = \mu_Y$ (i fertilizzanti producono lo stesso effetto) contro $H_1 : \mu_X \neq \mu_Y$ (i fertilizzanti hanno effetti diversi). Nel nostro caso si ha: $n = 7$, $m = 8$, $\overline{x} = 6.06$, $\overline{y} = 8.84$, $s_X^2 = 7.786$, $s_Y^2 = 9.303$, $s_p^2 = 8.603$. La statistica-test è

$$U = \frac{\overline{X} - \overline{Y}}{S_p\sqrt{\dfrac{1}{n} + \dfrac{1}{m}}}$$

e il suo valore osservato risulta $u^* \simeq -3.539$. Il P-value del test è

$$\text{P-value} = 2\left(1 - P\left(t\left(13\right) \leq 3.539\right)\right) \simeq 0.36\%$$

per cui ai livelli usuali di significatività bisogna rifiutare $H_0$ e concludere che i due fertilizzanti producono effetti diversi.

---

Confrontando le medie nell'esempio dei fertilizzanti, abbiamo assunto l'uguaglianza delle varianze $\sigma_X^2$ e $\sigma_Y^2$. Per verificare la ragionevolezza di questa assunzione eseguiamo il test di Fisher a due code al livello del 10%. Il valore osservato della statistica-test $U = S_X^2/S_Y^2$ è $u^* = s_X^2/s_Y^2 = 7.786/9.303 \simeq 0.837$. Inoltre $F_{0.95}(6;7) \simeq 3.866$, $F_{0.05}(6;7) = 1/F_{0.95}(7;6) \simeq 1/(4.207) = 5.119$, per cui $u^*$ cade nella regione di accettazione e si conclude che l'uguaglianza delle varianze è verificata al 10% di significatività.

---

535. È truccata una roulette in cui, su 300 giocate, è uscito 135 volte un numero Rosso, 159 volte un numero Nero e 6 volte lo Zero? [In una roulette ci sono 18 numeri Rossi, 18 numeri Neri e lo Zero; la roulette è non truccata se tutti i 37 numeri hanno le stesse possibilità di uscire in una giocata].

*Test chi-quadrato di adattamento; distribuzione discreta.*

---

✎ Se la roulette non è truccata (= ipotesi nulla), allora per l'equiprobabilità delle estrazioni gli esiti Rosso, Nero, Zero hanno le seguenti probabilità di uscita nella singola giocata

$$P\,(\text{Rosso}) = P\,(\text{Nero}) = \frac{18}{37}, \qquad P\,(\text{Zero}) = \frac{1}{37}$$

per cui in $n = 300$ giocate ci si aspetta che esca $300 \times 18/37$ volte il Rosso, ecc. Ne risulta la seguente tabelle delle frequenze osservate $\widehat{f_i}$ ed attese $f_i$

| uscita $(= i)$ | 1 (= Rosso) | 2 (= Nero) | 3 (= Zero) |
|---|---|---|---|
| n° di dati $(= \widehat{f_i})$ | 135 | 159 | 6 |
| frequenze attese $(= f_i)$ | 145.946 | 145.946 | 8.108 |

Poiché tutte le frequenze attese sono maggiori di 5, possiamo applicare il test chi-quadrato per la verifica dell'adattamento dell'equiprobabilità ai dati: si trova che la statistica-test $Q = \sum_{i=1}^{3}(\widehat{f_i} - f_i)^2/f_i$ assume il valore $q^* \simeq 2.54$, da confrontarsi con il valore critico $\chi^2_{1-\alpha}\,(2)$ perché qui è $k = 3$ (numero delle classi in cui sono raggruppati i dati) e $h = 0$ (non c'è nessun parametro da stimare nella distribuzione ipotizzata). Il P-value (calcolato con un computer) vale $1 - P\,(\chi^2\,(2) \leq 2.54) \simeq 28.13\%$, per cui agli usuali livelli $\alpha$ si accetta l'ipotesi nulla che la roulette sia equilibrata.

---

536. Aldo sostiene che ogni giorno sceglie a caso uno dei 3 possibili percorsi con cui può andare dalla propria abitazione al posto di lavoro. I suoi tragitti degli ultimi 90 giorni sono stati i seguenti:

| percorso A | percorso B | percorso C |
|---|---|---|
| 27 volte | 35 volte | 28 volte |

Si può credere all'affermazione di Aldo?

☐ *Test chi-quadrato di adattamento; distribuzione discreta.*

---

✎ L'ipotesi nulla è l'equiprobabilità dei tre percorsi

$$P\,(A) = P\,(B) = P\,(C) = \frac{1}{3}$$

La tabella delle frequenze osservate e di quelle attese è pertanto la seguente:

| percorso $(= i)$ | A | B | C |
|---|---|---|---|
| n° di dati $(= \widehat{f_i})$ | 27 | 35 | 28 |
| frequenze attese $(= f_i)$ | 30 | 30 | 30 |

Si trova che la statistica $Q = \sum_{i=1}^{3}(\widehat{f_i} - f_i)^2/f_i$ del test chi-quadrato di adattamento vale $q^* = 19/15 \simeq 1.27$. Siccome il P-value è $1 - P\,(\chi^2\,(2) \leq 19/15) \simeq 53.08\%$, si può affermare con pratica certezza che Aldo sceglie davvero a caso il percorso casa-lavoro.

---

537. Dei 64 fiori ottenuti con un particolare tipo di incrocio, 34 sono rossi, 10 sono rosa e 20 sono bianchi. Secondo un certo modello genetico questi numeri dovrebbero stare nei rapporti 9 : 3 : 4, rispettivamente. I dati sperimentali sono consistenti con il modello ipotizzato?

*Test chi-quadrato di adattamento; distribuzione discreta.*

---

L'ipotesi nulla è il modello genetico che fissa le probabilità di ottenere i colori dei fiori con quel tipo d'incrocio

$$P(\text{rosso}) = \frac{9}{16}, \qquad P(\text{rosa}) = \frac{3}{16}, \qquad P(\text{bianco}) = \frac{4}{16}$$

La tabella delle frequenze osservate e di quelle attese è pertanto la seguente

| varietà $(= i)$ | 1 (= rosso) | 2 (= rosa) | 3 (= bianco) |
|---|---|---|---|
| n° di dati $(= \widehat{f}_i)$ | 34 | 10 | 20 |
| frequenze attese $(= f_i)$ | 36 | 12 | 16 |

perché $f_1 = 64 \times 9/16 = 36$, ecc. Si trova che la statistica $Q = \sum_{i=1}^{3} (\widehat{f}_i - f_i)^2 / f_i$ del test chi-quadrato di adattamento vale $q^* = 13/9 \simeq 1.44$ e che il P-value è $1 - P(\chi^2(2) \leq 1.44) \simeq 48.68\%$. Pertanto c'è un'evidenza statistica molto forte a favore della bontà del modello genetico ipotizzato.

---

538. Aldo dispone di 4 monete identiche (cioè: la probabilità $p$ che esca Testa in un lancio è la stessa per tutte). Per 100 volte Aldo lancia in aria le 4 monete e prende nota di quante Teste e quante Croci sono uscite in ogni prova. I risultati sono riassunti nella seguente tabella:

| 0 Teste | 1 Testa | 2 Teste | 3 Teste | 4 Teste |
|---|---|---|---|---|
| 20 volte | 30 volte | 34 volte | 10 volte | 6 volte |

Bruno sostiene che è $p = 0.4$. Aldo può credere a questa affermazione di Bruno?

*Test chi-quadrato di adattamento; distribuzione binomiale.*

---

Si hanno $n = 100$ osservazioni dalla popolazione binomiale $X =$ "n° di Teste uscite nei 4 lanci" e l'ipotesi nulla è $H_0 : X \sim \mathcal{B}(4; 0.4)$ (= "Bruno ha ragione"). Sotto l'ipotesi nulla il numero atteso di Teste è $(i = 0, 1, 2, 3, 4)$

$$f_i = 100 \times P(X = i) = 100 \binom{4}{i} (0.4)^i (0.6)^{4-i}$$

e la tabella delle frequenze si completa così

| n° di Teste ($= i$) | 0 | 1 | 2 | 3 | 4 |
|---|---|---|---|---|---|
| n° di dati ($= \widehat{f}_i$) | 20 | 30 | 34 | 10 | 6 |
| frequenze attese ($= f_i$) | 12.96 | 34.56 | 34.56 | 15.36 | 2.56 |

Essendo $f_4 < 5$, occorre aggregare l'ultima classe a quella precedente, per cui la tabella diventa

| n° di Teste ($= i$) | 0 | 1 | 2 | 3 o 4 |
|---|---|---|---|---|
| n° di dati ($= \widehat{f}_i$) | 20 | 30 | 34 | 16 |
| frequenze attese ($= f_i$) | 12.96 | 34.56 | 34.56 | 17.92 |

Il valore osservato della statistica-test $Q = \sum_{i=0}^{3}(\widehat{f}_i - f_i)^2/f_i$ è $q^* \simeq 4.641$ e il P-value vale $1 - P(\chi^2(3) \leq 4.641) \simeq 20\%$. Si può dunque dare ragione a Bruno a tutti gli usuali livelli $\alpha$ di significatività.

---

539. Nel bacino del Po l'irrigazione comincia il 15 aprile; un tecnico è interessato alla probabilità di pioggia durante i sette giorni dal 15 al 21 aprile. Dai dati sulle precipitazioni degli ultimi 100 anni nell'area d'interesse, si è ricavata la seguente distribuzione di giorni piovosi per la settimana in questione:

| n° di giorni piovosi | 0 | 1 | 2 | 3, 4, 5, 6, 7 |
|---|---|---|---|---|
| frequenza osservata | 57 | 30 | 9 | 4 |

Il tecnico postula che il numero di giorni piovosi nella settimana considerata sia distribuito secondo un modello binomiale. La sua affermazione è suffragata dai dati sperimentali?

*Test chi-quadrato di adattamento; distribuzione binomiale.*

---

L'ipotesi nulla è $X =$ "n° di giorni piovosi" $\sim \mathcal{B}(7; p)$ dove però il parametro $p$ è incognito e va quindi stimato con i dati a disposizione. I 100 dati sono raggruppati nelle 4 classi $\{X = 0\}, \{X = 1\}, \{X = 2\}, \{X \geq 3\}$; tuttavia, essendo l'ultima classe in forma aggregata, non si può stimare la media $\mu = 7p$ di $X$ con la media campionaria (non calcolabile), ma occorre stimarla con la media pesata

$$\mu \simeq 0 \times 0.57 + 1 \times 0.30 + 2 \times 0.09 + 5 \times 0.04 = 0.68$$

Quindi si ha $p \simeq 0.68/7 \simeq 0.1$. Eseguiamo allora il test chi-quadrato di adattamento dei dati alla distribuzione $\mathcal{B}(7; 0.1)$: si ha $n = 100$, $k = 4$, $h = 1$ e le frequenze attese delle 4 classi dei dati sono

$$f_1 = 100 \times P(X = 0) \simeq 47.83, \qquad f_2 = 100 \times P(X = 1) \simeq 37.20$$
$$f_3 = 100 \times P(X = 2) \simeq 12.40, \qquad f_4 = 100 \times P(3 \leq X \leq 7) \simeq 2.57$$

Si constata che è $f_4 < 5$, quindi è necessario aggregare le classi 3 e 4, ridefinendo la classe 3 come $\{X \geq 2\}$, per cui ora è $\widehat{f}_3 = 9 + 4 = 13$ e $f_3 = 12.40 + 2.57 = 14.97$. Allora la statistica-test vale

$$q^* = \sum_{i=1}^{3} \frac{(\widehat{f}_i - f_i)^2}{f_i} = \frac{(57 - 47.83)^2}{47.83} + \frac{(30 - 37.20)^2}{37.20} + \frac{(13 - 14.97)^2}{14.97} \simeq 3.41$$

e il P-value del test è

$$\text{P-value} = 1 - P\left(\chi^2(1) \leq 3.41\right) \simeq 6.48\%$$

Quindi la decisione è incerta: l'ipotesi nulla va scartata al livello 10%, mentre non può essere rifiutata al livello 5%.

---

540. I possibili esiti di un esperimento sono $0, 1, 2, 3$. L'esperimento è ripetuto 150 volte e le frequenze ottenute sono:

| esito $(= i)$ | 0 | 1 | 2 | 3 |
|---|---|---|---|---|
| n° di dati $(= \widehat{f}_i)$ | 16 | 50 | 64 | 20 |

È possibile che l'esperimento consista nel contare quante Teste escono in tre lanci di una moneta regolare?

*Test chi-quadrato di adattamento; distribuzione binomiale.*

---

Si hanno $n = 150$ osservazioni da una popolazione $X$ e l'ipotesi nulla è che sia $X$ = "n° di Teste uscite in 3 lanci di una moneta regolare", ovvero che $H_0 : X \sim \mathcal{B}(3; 0.5)$. Sotto l'ipotesi nulla il numero atteso di dati in ciascuna classe è ($i = 0, 1, 2, 3, 4$)

$$f_i = 150 \times P(X = i) = 150 \binom{3}{i} (0.5)^3$$

e la tabella delle frequenze si completa così

| esito $(= i)$ | 0 | 1 | 2 | 3 |
|---|---|---|---|---|
| n° di dati $(= \widehat{f}_i)$ | 16 | 50 | 64 | 20 |
| frequenze attese $(= f_i)$ | 18.75 | 56.25 | 56.25 | 18.75 |

Essendo $f_i > 5$ si può applicare il Test chi-quadrato: il valore osservato della statistica-test $Q = \sum_{i=0}^{3} (\widehat{f}_i - f_i)^2 / f_i$ è $q^* \simeq 2.249$ e il P-value vale $1 - P\left(\chi^2(3) \leq 2.249\right) \simeq 52\%$. Si può dunque accettare l'ipotesi nulla con grande evidenza statistica.

541. Il numero giornaliero $X$ di e-mail che Aldo ha ricevuto dal 1 gennaio al 28 febbraio è riassunto nella tabella seguente:

| n° di e-mail al giorno | 0 | 1 | 2 | 3 | $\geq 4$ |
|---|---|---|---|---|---|
| n° di giorni | 19 | 15 | 9 | 6 | 10 |

Verificare l'ipotesi che $X$ segue un modello geometrico.

*Test chi-quadrato di adattamento; distribuzione geometrica traslata.*

---

Si hanno $n = 59$ osservazioni dalla popolazione $X =$ "n° di e-mail al giorno ricevuti da Aldo" e l'ipotesi nulla è $H_0 : X + 1 \sim \mathcal{G}(p)$. Le classi sono $k = 5$ e il parametro $p$ va stimato con i dati (cioè $h = 1$). Poiché si ha $E(X) = \dfrac{1}{p} - 1$, uno stimatore di $p$ è $\widehat{p} = \dfrac{1}{\overline{X} + 1}$. Il calcolo della media campionaria $\overline{x}$ non può essere fatto esattamente perché i numeri di e-mail dell'ultima classe sono noti solo in forma aggregata. Se assumiamo che sia comunque improbabile che Aldo riceva spesso un numero elevato di e-mail al giorno, possiamo collocare il baricentro dell'ultima classe nel valore 5, ottenendo

$$\overline{x} \simeq \frac{1}{59}(0 \times 19 + 1 \times 15 + 2 \times 9 + 3 \times 6 + 5 \times 10) = \frac{101}{59}$$

da cui $p \simeq 59/160 \simeq 0.4$. Sotto l'ipotesi nulla le frequenze attese di e-mail sono per $i = 1, 2, 3, 4$

$$f_i = 59 \times P(X = i) = 59\,(0.6)^{i-1}\,0.4$$

e per $i = 5$

$$f_5 = 59 - (f_1 + f_2 + f_3 + f_4)$$

La tabella risultante è

| classe $(= i)$ | 1 | 2 | 3 | 4 | 5 |
|---|---|---|---|---|---|
| frequenze osservate $(= \widehat{f_i})$ | 19 | 15 | 9 | 6 | 10 |
| frequenze attese $(= f_i)$ | 23.6 | 14.2 | 8.5 | 5.1 | 7.6 |

Essendo ogni $f_i > 5$ si può procedere calcolando il valore della statistica-test $Q = \sum_{i=0}^{3}(\widehat{f_i} - f_i)^2/f_i$, che risulta $q^* \simeq 1.89$. Il P-value vale $1 - P(\chi^2(3) \leq 1.89) \simeq 59.60\%$ e quindi si accetta l'ipotesi nulla con grande evidenza statistica.

---

542. La tabella seguente riassume il numero giornaliero $X$ di chiamate giunte all'elisoccorso di un grande ospedale italiano nel periodo che va da maggio a settembre dell'anno scorso:

| n° di chiamate giornaliere | 0 | 1 | 2 | 3 | 4 | 5 | 6 | 7 | 8 | $\geq 9$ |
|---|---|---|---|---|---|---|---|---|---|---|
| n° di giorni | 0 | 5 | 22 | 23 | 32 | 22 | 19 | 13 | 6 | 8 |

Verificare l'ipotesi nulla che $X$ segue una distribuzione di Poisson.

*Test chi-quadrato di adattamento; distribuzione di Poisson.* ❒

---

Si hanno $n = 150$ osservazioni dalla popolazione $X =$ "n° di chiamate giornaliere" e l'ipotesi nulla è $H_0 : X \sim \mathcal{P}(\lambda)$. Le classi sono $k = 10$ e il parametro $\lambda$ va stimato con i dati (cioè $h = 1$). Uno stimatore di $\lambda$ è $\widehat{\lambda} = \overline{X}$. Siccome il calcolo esatto di $\overline{x}$ non è possibile perché i dati dell'ultima classe sono noti solo in forma aggregata, assumiamo che il baricentro dell'ultima classe sia il valore 10 e approssimiamo $\overline{x}$ nel modo seguente

$$\lambda \simeq \overline{x} \simeq \frac{1}{150}(0 \times 0 + 1 \times 5 + 2 \times 22 + ... + 8 \times 6 + 9 \times 10) = \frac{233}{50} = 4.66 \simeq 5$$

Sotto l'ipotesi nulla le frequenze attese sono per $i = 0, 1, ..., 8$

$$f_i = 150 \times P(X = i) = 150 \frac{5^i}{i!} e^{-5}$$

e per $i = 9$

$$f_9 = 150 - \sum_{i=0}^{8} f_i$$

La tabella risultante è

| classe $(= i)$ | 0 | 1 | 2 | 3 | 4 | 5 | 6 | 7 | 8 | 9 |
|---|---|---|---|---|---|---|---|---|---|---|
| frequenze osservate $(= \widehat{f_i})$ | 0 | 5 | 22 | 23 | 32 | 22 | 19 | 13 | 16 | 8 |
| frequenze attese $(= f_i)$ | 1.0 | 5.1 | 12.6 | 21.1 | 26.3 | 26.3 | 21.9 | 15.7 | 9.8 | 10.2 |

Essendo $f_0 < 5$, bisogna aggregare le classi 0 ed 1. Il calcolo del valore osservato della statistica-test dà $q^* \simeq 14.57$. Il P-value vale $1 - P(\chi^2(7) \leq 14.57) \simeq 4.19\%$, quindi la decisione è incerta: l'ipotesi nulla va scartata al 5% ma non all'1% di significatività.

---

543. Il Direttore di una filiale di banca ha registrato il numero di fidi bancari concessi settimanalmente ai clienti negli ultimi due anni. I risultati sono riassunti in tabella:

| n° di fidi ($= i$) | 0 | 1 | 2 | 3 | 4 | 5 | $\geq 6$ | |
|---|---|---|---|---|---|---|---|---|
| frequenza ($= \widehat{f}_i$) | 12 | 23 | 34 | 15 | 10 | 6 | 4 | $= 104$ |

È possibile concludere che il numero dei fidi concessi settimanalmente segua una distribuzione di Poisson?

*Test chi-quadrato di adattamento; distribuzione di Poisson.*

Si hanno $n = 104$ osservazioni dalla popolazione $X =$ "n° di fidi settimanali" e l'ipotesi nulla è $H_0 : X \sim \mathcal{P}(\lambda)$. Le classi sono $k = 7$ e il parametro $\lambda$ va stimato con i dati (cioè $h = 1$). Uno stimatore di $\lambda$ è $\widehat{\lambda} = \overline{X}$. Siccome il calcolo esatto di $\overline{x}$ non è possibile perché i dati dell'ultima classe sono noti solo in forma aggregata, assumiamo che il baricentro dell'ultima classe sia il valore 6 e approssimiamo $\overline{x}$ nel modo seguente

$$\lambda \simeq \overline{x} \simeq \frac{1}{104}(0 \times 0 + 1 \times 23 + 2 \times 34 + ... + 6 \times 4) = \frac{230}{104} \simeq 2.2$$

Sotto l'ipotesi nulla le frequenze attese sono per $i = 0, 1, ..., 5$

$$f_i = 104 \times P(X = i) = 104 \frac{(2.2)^i}{i!} e^{-2.2}$$

e per $i = 6$

$$f_6 = 104 - \sum_{i=0}^{5} f_i$$

La tabella risultante è

| classe ($= i$) | 0 | 1 | 2 | 3 | 4 | 5 | 6 |
|---|---|---|---|---|---|---|---|
| frequenze osservate ($= \widehat{f}_i$) | 12 | 23 | 34 | 15 | 10 | 6 | 4 |
| frequenze attese ($= f_i$) | 11.4 | 25.2 | 27.9 | 20.5 | 11.4 | 5.0 | 2.6 |

Essendo $f_6 < 5$, bisogna aggregare le classi 5 e 6:

| classe ($= i$) | 0 | 1 | 2 | 3 | 4 | 5 |
|---|---|---|---|---|---|---|
| frequenze osservate ($= \widehat{f}_i$) | 12 | 23 | 34 | 15 | 10 | 10 |
| frequenze attese ($= f_i$) | 11.4 | 25.2 | 27.9 | 20.5 | 11.4 | 7.6 |

Il calcolo del valore osservato della statistica-test dà $q^* \simeq 3.989$. Il P-value vale $1 - P(\chi^2(4) \leq 3.989) \simeq 40.75\%$, quindi si accetta l'ipotesi che il numero dei fidi concessi settimanalmente segua una distribuzione di Poisson.

544. Con un generatore di numeri casuali, che simula una popolazione $X$ uniformemente distribuita nell'intervallo $0 \leq x \leq 1$, sono stati generati 150 numeri ottenendo le frequenze seguenti:

| classe ($= i$) | 1 | 2 | 3 | 4 |
|---|---|---|---|---|
| intervallo | $0 \leq X < 1/4$ | $1/4 \leq X < 1/2$ | $1/2 \leq X < 3/4$ | $3/4 \leq X \leq 1$ |
| n° di dati ($= \widehat{f}_i$) | 30 | 37 | 52 | 31 |

Verificare l'ipotesi che il generatore sia effettivamente casuale.

*Test chi-quadrato di adattamento; distribuzione uniforme continua.* ❒

---

Il modello ipotizzato è $H_0 : X \sim \mathcal{U}(0,1)$; sotto questa ipotesi i quattro intervalli in cui sono stati raggruppati i dati sono equiprobabili (perché hanno tutti la stessa lunghezza) e le frequenze attese sono $f_i = 150/4 = 37.5$. La statistica-test $Q = \sum_{i=1}^{4}(\widehat{f}_i - f_i)^2/f_i$ assume il valore $q^* = 206/25 = 8.24$ e la decisione è incerta perché P-value $= 1 - P(\chi^2(3) \leq 8.24) \simeq 4.13\%$.

---

545. I voti $X$ attribuiti dal professore ai compiti dei suoi 28 studenti danno la seguente tabella di frequenze:

| classe ($= i$) | 1 | 2 | 3 | 4 |
|---|---|---|---|---|
| intervallo voti | $X \leq 5.5$ | $5.5 < X \leq 7$ | $7 < X \leq 8.5$ | $X > 8.5$ |
| frequenza ($= \widehat{f}_i$) | 9 | 4 | 4 | 11 |

Si può accettare l'ipotesi che $X$ segua una distribuzione normale al 5% di significatività?

*Test chi-quadrato di adattamento; distribuzione normale.* ❒

---

L'ipotesi nulla è che i voti siano normalmente distribuiti, cioè $H_0 : X \sim \mathcal{N}(\mu; \sigma^2)$. I parametri della distribuzione sono però entrambi incogniti ($h = 2$) quindi vanno stimati con i dati. Per stimare $\mu$ bisogna calcolare la media campionaria $\overline{x}$ dei dati, ma il calcolo esatto non è possibile perché i dati sono noti solo in forma aggregata. Pertanto approssimiamo $\overline{x}$ con il valore che si ottiene moltiplicando il punto medio di ogni classe per la percentuale di dati che ad essa appartengono (la prima e l'ultima classe vengono trattate come se avessero ampiezza 1.5 come le due classi centrali):

$$\mu \simeq \frac{9}{28} \times 4.75 + \frac{4}{28} \times 6.25 + \frac{4}{28} \times 7.75 + \frac{11}{28} \times 9.25 \simeq 7.16$$

Assumeremo allora che sia $\mu = 7.2$. Per la stima della varianza procediamo in modo analogo:

$$\sigma^2 = \frac{9}{28}(4.75 - 7.2)^2 + \frac{4}{28}(6.25 - 7.2)^2 + \frac{4}{28}(7.75 - 7.2)^2 + \frac{11}{28}(9.25 - 7.2)^2 \simeq 3.75$$

Verifichiamo allora l'ipotesi nulla $H_0 : X \sim \mathcal{N}(7.2; 3.75)$ con il test chi-quadrato. Le frequenze attese valgono

$$\begin{aligned}
f_1 &= 28 \times P(X \leq 5.5) = 28 \times \Phi\left(\frac{5.5 - 7.2}{\sqrt{3.75}}\right) \simeq 5.32 \\
f_2 &= 28 \times P(5.5 < X \leq 7) = 28 \times \Phi\left(\frac{7 - 7.2}{\sqrt{3.75}}\right) - 28 \times \Phi\left(\frac{5.5 - 7.2}{\sqrt{3.75}}\right) \simeq 7.53 \\
f_3 &= 28 \times P(7 < X \leq 8.5) = 28 \times \Phi\left(\frac{8.5 - 7.2}{\sqrt{3.75}}\right) - 28 \times \Phi\left(\frac{7 - 7.2}{\sqrt{3.75}}\right) \simeq 8.12 \\
f_3 &= 28 \times P(8.5 < X) = 28 - 28 \times \Phi\left(\frac{8.5 - 7.2}{\sqrt{3.75}}\right) \simeq 7.03
\end{aligned}$$

e di conseguenza la statistica-test assume il valore $q^* \simeq 8.533$. Siccome è $q^* > \chi^2_{0.95}(1) \simeq 3.841$, al 5% di significatività si rifiuta l'ipotesi di normalità dei voti.

---

☞ In realtà, il P-value del test è $1 - P(\chi^2(1) \leq 8.533) \simeq 0.35\%$, quindi la decisione presa (la distribuzione dei voti non è normale) ha una grande evidenza statistica.

---

546. La durata di funzionamento $X$ (in giorni) di 100 componenti elettronici prelevati a caso da un lotto numeroso ha dato i seguenti risultati:

| classe $(= i)$ | 1 | 2 | 3 | 4 | 5 |
|---|---|---|---|---|---|
| durata | $0 \leq X < 1$ | $1 \leq X < 2$ | $2 \leq X < 3$ | $3 \leq X < 4$ | $X \geq 4$ |
| n° componenti $(= \widehat{f}_i)$ | 35 | 19 | 18 | 11 | 17 |

Verificare se $X$ segue una distribuzione esponenziale.

☐ *Test chi-quadrato di adattamento; distribuzione esponenziale.*

---

✎ Si ha $n = 100$, $k = 5$, $h = 1$. Per stimare il parametro $\lambda$ della distribuzione esponenziale dobbiamo calcolare la media campionaria $\overline{x}$ dei dati. Siccome il calcolo esatto non è possibile perché i dati sono noti solo in forma aggregata, approssimiamo $\overline{x}$ con il valore che si ottiene moltiplicando il punto medio di ogni classe per la percentuale di dati che ad essa appartengono (la quinta classe ha ampiezza infinita, ma nel conto che segue viene trattata come se avesse ampiezza unitaria come le altre quattro classi):

$$\overline{x} \simeq \frac{1}{2} \times 0.35 + \frac{3}{2} \times 0.19 + \frac{5}{2} \times 0.18 + \frac{7}{2} \times 0.11 + \frac{9}{2} \times 0.17 = 2.06 \simeq 2$$

La stima cercata è allora $\widehat{\lambda} = 1/\overline{x} = 0.5$. Verifichiamo l'ipotesi nulla $H_0 : X \sim \mathcal{E}\,(0.5)$. Ricordando che la funzione di distribuzione $\mathcal{E}\,(0.5)$ è $P\,(X \leq x) = 1 - e^{-x/2}$ per $x > 0$, le probabilità delle varie classi risultano

$$\begin{aligned} p_1 &= P\,(X < 1) &&= 1 - e^{-1/2} &&\simeq 0.3935 \\ p_2 &= P\,(1 \leq X < 2) &&= e^{-1/2} - e^{-1} &&\simeq 0.2387 \\ p_3 &= P\,(2 \leq X < 3) &&= e^{-1} - e^{-3/2} &&\simeq 0.1447 \\ p_4 &= P\,(3 \leq X < 4) &&= e^{-3/2} - e^{-2} &&\simeq 0.0878 \\ p_5 &= P\,(X \geq 4) &&= e^{-2} &&\simeq 0.1353 \end{aligned}$$

Le frequenze assolute attese $f_i = np_i = 100p_i$ sono tutte maggiori di 5, dunque si può applicare il Test chi-quadrato: il valore osservato della statistica-test è $q^* \simeq 3.780$ e il P-value vale

$$\text{P-value} = 1 - P\left(\chi^2\,(3) \leq 3.780\right) \simeq 28.62\%$$

quindi agli usuali livelli di significatività l'ipotesi nulla non può essere rifiutata.

---

547. La sopravvivenza $X$ (in giorni) di 50 topolini, cui è stata prima inoculata una sostanza tossica e subito dopo un antidoto sperimentale, ha dato i seguenti risultati:

| classe ($= i$) | 1 | 2 | 3 |
|---|---|---|---|
| sopravvivenza | $0 < X \leq 100$ | $100 < X \leq 200$ | $X > 200$ |
| n° di topolini ($= \widehat{f}_i$) | 24 | 12 | 14 |

Verificare se $X$ segue la distribuzione (di tipo Weibull) con funzione di ripartizione

$$F\,(x) = P\,(X \leq x) = 1 - e^{-\sqrt{x}/10}, \quad x \geq 0$$

*Test chi-quadrato di adattamento; distribuzione di Weibull.*

---

Calcoliamo le frequenze attese sotto l'ipotesi nulla che i dati seguano la distribuzione di Weibull

$$\begin{aligned} f_1 &= 50 \times P\,(0 < X \leq 100) = 50\left(1 - e^{-1}\right) \simeq 31.61 \\ f_2 &= 50 \times P\,(100 < X \leq 200) = 50\left(e^{-1} - e^{-\sqrt{2}}\right) \simeq 6.24 \\ f_3 &= 50 \times P\,(X > 200) = 50e^{-\sqrt{2}} \simeq 12.15 \end{aligned}$$

La statistica-test $Q = \sum_{i=1}^{3}(\widehat{f}_i - f_i)^2/f_i$ assume il valore $q^* \simeq 7.43$ e il P-value è $= 1 - P\,(\chi^2\,(2) \leq 7.43) \simeq 2.43\%$. Quindi la decisione è incerta.

---

☞ La **distribuzione di Weibull** (usata soprattutto in Teoria dell'affidabilità) è una distribuzione continua con supporto $x > 0$ e dipendente da due parametri $a > 0$ e $b > 0$. La sua densità è

$$f(x) = abx^{b-1} \exp\left(-ax^b\right)$$

e la sua funzione di ripartizione vale

$$F(x) = 1 - \exp\left(-ax^b\right)$$

Per $b = 1$ la distribuzione di Weibull è la distribuzione esponenziale $\mathcal{E}(a)$.

---

548. Un bersaglio costituito dal cerchio $B = \left\{\sqrt{x^2+y^2} \leq 3\right\}$ è posto nel piano cartesiano $Oxy$. Il bersaglio è suddiviso in tre zone: il centro $C = \left\{\sqrt{x^2+y^2} \leq 1\right\}$, l'anello interno $I = \left\{1 < \sqrt{x^2+y^2} \leq 2\right\}$ e l'anello esterno $E = \left\{2 < \sqrt{x^2+y^2} \leq 3\right\}$. Aldo lancia una freccetta 90 volte colpendo sempre il bersaglio: 3 volte il centro $C$, 27 volte l'anello $I$ e 60 volte l'anello $E$. Verificare l'ipotesi che Aldo abbia tirato le freccette a caso.

☐ *Test chi-quadrato di adattamento; distribuzione uniforme in 2-D.*

---

✎ Sia $(X, Y)$ la variabile bivariata che rappresenta il punto in cui una freccetta tirata da Aldo colpisce il bersaglio $B$. L'ipotesi nulla $H_0$ è che la popolazione bivariata $(X, Y)$ segua la distribuzione uniforme con supporto in $B$. In questa ipotesi le probabilità delle tre zone in cui $B$ è suddiviso si calcolano come rapporti di aree

$$P(C) = \frac{\text{area}(C)}{\text{area}(B)} = \frac{1}{9}, \quad P(I) = \frac{\text{area}(I)}{\text{area}(B)} = \frac{3}{9}, \quad P(E) = \frac{\text{area}(E)}{\text{area}(B)} = \frac{5}{9}$$

Verifichiamo l'ipotesi con il test chi-quadrato di adattamento: le frequenze attese delle tre zone $C$, $I$, $E$ sono $f_C = 90/9 = 10$, $f_I = 90 \times 3/9 = 30$, $f_E = 90 \times 5/9 = 50$, mentre quelle osservate sono i dati del problema: $\widehat{f_C} = 3$, $\widehat{f_I} = 27$, $\widehat{f_E} = 60$. Si rifiuta $H_0$ se $Q > \chi^2_{1-\alpha}(2)$ dove

$$Q = \sum_{i=C,I,E} \frac{\left(\widehat{f_i} - f_i\right)^2}{f_i}$$

Si trova

$$q^* = \frac{(3-10)^2}{10} + \frac{(27-30)^2}{30} + \frac{(60-50)^2}{50} = 7.2$$

e poiché $\chi^2_{0.95}(2) = 5.991$ e $\chi^2_{0.99}(2) = 9.210$, l'ipotesi nulla si rifiuta al livello 5% ma non al livello 1%. Il P-value del test è $P\left(\chi^2(2) > 7.2\right) \simeq 2.7\%$.

---

549. Per verificare se, raddoppiando il dosaggio, cambia l'efficacia di un certo farmaco contro il raffreddore, 60 pazienti vengono suddivisi a caso in due gruppi da 30 e ai pazienti del primo gruppo viene somministrata una dose doppia di farmaco, mentre a quelli del secondo una dose normale. Dopo due giorni di cura i risultati sono i seguenti:

| | guarito | non guarito |
|---|---|---|
| dose doppia | 22 | 8 |
| dose normale | 13 | 17 |

Si può concludere che il doppio dosaggio cambia l'efficacia del farmaco?

*Test chi-quadrato di indipendenza.*

---

Sia $X$ la variabile bernoulliana "dosaggio" (con possibili valori: dose doppia/dose normale) e $Y$ la variabile "guarigione" (con possibili valori: guarito/non guarito). La domanda del testo equivale a porre sotto verifica l'ipotesi nulla di indipendenza di $X$ ed $Y$. Riconsideriamo la tabella delle frequenze osservate $\widehat{f_{ij}}$, completandola con le somme marginali, e a partire da questa costruiamo la tabella delle frequenze attese $f_{ij}$.

| $\widehat{f_{ij}}$ | $j=1$ | $j=2$ | |
|---|---|---|---|
| $i=1$ | 22 | 8 | 30 |
| $i=2$ | 13 | 17 | 30 |
| | 35 | 25 | 60 |

| $f_{ij}$ | $j=1$ | $j=2$ |
|---|---|---|
| $i=1$ | 17.5 | 12.5 |
| $i=2$ | 17.5 | 12.5 |

Ad es., $f_{11}$ (cerchiato nella tabella di destra) si calcola moltiplicando le due somme marginali corrispondenti (cerchiate nella tabella di sinistra) e poi dividendo il risultato per il numero totale di dati (che è $n=60$)

$$f_{11} = \frac{30 \times 35}{60} = 17.5$$

Il test chi-quadrato d'indipendenza considera la statistica-test

$$Q = \sum_{i,j} \frac{\left(\widehat{f_{ij}} - f_{ij}\right)^2}{f_{ij}}$$

e rifiuta l'ipotesi nulla di indipendenza al livello di significatività $\alpha$ se il valore osservato $q^*$ di $Q$ cade nella regione critica $Q \geq \chi^2_{1-\alpha}((r-1)(c-1))$. Nel caso in esame è $r=c=2$, $q^* \simeq 5.554$ e il P-value del test è $1 - P(\chi^2(1) \leq 5.554) \simeq 1.84\%$. Si conclude che il dosaggio cambia l'efficacia del farmaco al 5% ma non all'1% di significatività.

550. La tabella seguente riporta le valutazioni finali di un corso universitario al termine di tre Anni Accademici:

| valutazione ↓ A.A. ⟶ | 02/03 | 03/04 | 04/05 |
|---|---|---|---|
| n° di studenti promossi | 81 | 86 | 90 |
| n° di studenti bocciati | 48 | 60 | 71 |

Si può concludere che l'Anno Accademico abbia influito sulle valutazioni finali?

☐ *Test chi-quadrato di indipendenza.*

---

✎ Verifichiamo l'ipotesi nulla di indipendenza tra Anno Accademico e valutazioni finali con il test chi-quadrato. Le tabelle delle frequenze osservate $\widehat{f_{ij}}$ e di quelle attese $f_{ij}$ sono le seguenti

| $\widehat{f_{ij}}$ | $j=1$ | $j=2$ | $j=3$ | |
|---|---|---|---|---|
| $i=1$ | 81 | 86 | 90 | 257 |
| $i=2$ | 48 | 60 | 71 | 179 |
| | 129 | 146 | 161 | 436 |

| $f_{ij}$ | $j=1$ | $j=2$ | $j=3$ |
|---|---|---|---|
| $i=1$ | 76 | 86 | 95 |
| $i=2$ | 53 | 60 | 66 |

La statistica-test assume il valore $q^* \simeq 1.422$; inoltre, essendo $r=2$ e $c=3$, la distribuzione campionaria è la $\chi^2(2)$ e si trova un P-value uguale a $1-P(\chi^2(2) \leq 1.422) \simeq 49.12\%$, valore che indica con grande evidenza che l'Anno Accademico non influenza l'andamento degli esami.

---

551. Secondo i dati ufficiali la scelta della prima prova negli Esami di Stato 2005 per i vari tipi di istruzione è stata la seguente (valori espressi in migliaia e arrotondati al centinaio):

| tipologia prova ↓ tipo di istruzione ⟶ | class | tecn | prof | artist |
|---|---|---|---|---|
| saggio breve, articolo di giornale | 129.8 | 184.9 | 43.1 | 9.2 |
| analisi del testo, tema storico o di cultura generale | 25.4 | 19.2 | 4.6 | 1.2 |

Si può affermare che la scelta della prova sia influenzata dal tipo di istruzione?

☐ *Test chi-quadrato di indipendenza.*

---

✎ Verifichiamo con il test chi-quadrato l'ipotesi nulla che tipo d'istruzione e tipologia di prova sono indipendenti. Le tabelle delle frequenze osservate e calcolate sono le seguenti:

| $\widehat{f_{ij}}$ | $j=1$ | $j=2$ | $j=3$ | $j=4$ | |
|---|---|---|---|---|---|
| $i=1$ | 129.8 | 184.9 | 43.1 | 9.2 | 367.0 |
| $i=2$ | 25.4 | 19.2 | 4.6 | 1.2 | 50.4 |
| | 155.2 | 204.1 | 47.7 | 10.4 | 417.4 |

| $f_{ij}$ | $j=1$ | $j=2$ | $j=3$ | $j=4$ |
|---|---|---|---|---|
| $i=1$ | 136.5 | 179.5 | 41.9 | 9.1 |
| $i=2$ | 18.7 | 24.6 | 5.8 | 1.3 |

Si ha $n = 417.4$, $r = 2$, $c = 4$, $q^* \simeq 4.33$, P-value $= 1 - P(\chi^2(3) \leq 4.33) \simeq 22.80\%$. Quindi agli usuali livelli di significatività la scelta della prova è indipendente dal tipo di istruzione.

---

552. I gruppi sanguigni di un campione di persone sono stati classificati in base al loro Tipo e al fattore Rh. I dati raccolti sono riassunti nella tabella seguente:

| Rh ↓ Tipo ⟶ | 0 | A | B | AB |
|---|---|---|---|---|
| positivo | 72 | 74 | 18 | 6 |
| negativo | 12 | 14 | 2 | 2 |

Si può affermare che Tipo e fattore Rh siano caratteristiche indipendenti del gruppo sanguigno?

*Test chi-quadrato di indipendenza.* ❒

---

Verifichiamo con il test chi-quadrato l'ipotesi nulla che Tipo e fattore Rh sono indipendenti. Le tabelle delle frequenze osservate e calcolate sono le seguenti:

| $\widehat{f_{ij}}$ | $j=1$ | $j=2$ | $j=3$ | $j=4$ | |
|---|---|---|---|---|---|
| $i=1$ | 72 | 74 | 18 | 6 | 170 |
| $i=2$ | 12 | 14 | 2 | 2 | 30 |
| | 84 | 88 | 20 | 8 | 200 |

| $f_{ij}$ | $j=1$ | $j=2$ | $j=3$ | $j=4$ |
|---|---|---|---|---|
| $i=1$ | 71.4 | 74.8 | 17.0 | 6.8 |
| $i=2$ | 12.6 | 13.2 | 3.0 | 1.2 |

Si ha $n = 200$, $r = 2$, $c = 4$, $q^* \simeq 1.11$, P-value $= 1 - P(\chi^2(3) \leq 1.11) \simeq 77.46\%$. Conclusione: Tipo e fattore Rh sono fra loro indipendenti.

---

## 5.3 Esercizi proposti

553. Un fabbricante garantisce che il dispositivo di apertura automatica di un cancello tramite telecomando funziona correttamente in 99 casi su 100. Prima di acquistarlo, Aldo lo prova 50 volte e in 2 di questi tentativi il dispositivo non funziona correttamente. Tale dato è sufficiente perché Aldo ritenga inaffidabile il fabbricante e quindi non comperi il telecomando?

554. La ditta A produce dentifricio e lo pubblicizza con lo slogan "Due consumatori su tre preferiscono il dentifricio A". La ditta concorrente B si rivolge al garante accusando A di pubblicità ingannevole. Per decidere a chi dare ragione, il Garante commissiona un'indagine di mercato da cui risulta che, su 70 consumatori intervistati, 39 risultano clienti di A e i restanti no. Impostare il problema di decisione come test di ipotesi, giustificando il sistema di ipotesi adottato. Indicare qual è il verdetto del Garante al 5% di significatività.

555. Supponiamo che un farmaco sia ritenuto efficace se provoca la guarigione nell'80% dei casi. In una sperimentazione clinica 143 pazienti sono stati curati con un nuovo farmaco e 121 di essi sono guariti. Si può affermare che il nuovo farmaco sia efficace?

556. Per verificare se una data moneta è davvero regolare, Aldo la lancia 30 volte e registra l'uscita di 12 Teste. Formulare il problema sotto forma di test, specificando sistema di ipotesi e statistica-test, quindi calcolare il P-value e trarne la conclusione circa la regolarità della moneta.

557. Si è riscontrato che 15 piante di fragola, cresciute in un terreno chimicamente trattato, hanno avuto una crescita media di 118 cm. Per esperienza si sa che la crescita di una pianta di quella varietà, coltivata su un terreno non trattato, ha una distribuzione normale con una media di 112 cm e una varianza di 108 cm$^2$. Si può ragionevolmente affermare che il trattamento chimico del terreno aumenta la crescita media di una pianta?

558. La ditta A possiede un macchinario per la produzione di supporti di compact disc, tarato in modo che il raggio del supporto sia modellizzabile con una variabile $X$ normale di media nominale $\mu_0 = 5$ cm e varianza $\sigma^2$.
*i)* Determinare $\sigma^2$ in modo che il 95% dei supporti prodotti abbia un raggio compreso tra 4.8 cm e 5.2 cm.
*ii)* La casa discografica che si rifornisce dalla ditta A misura il raggio di $n = 10$ supporti ottenendo i seguenti valori (in cm): $4.9; 4.8; 5.1; 5.0; 5.2; 4.7; 4.7; 4.9; 4.8; 4.9$. A patto di voler correre un rischio pari al 5% di commettere un errore di I tipo, la casa discografica può citare in causa la ditta A accusandola di aver sottotarato la macchina rispetto a quanto dichiarato? (La varianza di $X$ si considera nota e pari al valore prima calcolato.)

559. La lunghezza $X$ (in cm) delle mine per matita di una certa marca è distribuita normalmente. La misura di 10 mine ha dato i seguenti valori (in cm):

$$12.21 \quad 12.33 \quad 12.84 \quad 12.97 \quad 13.22 \quad 12.93 \quad 13.07 \quad 13.52 \quad 13.23 \quad 13.01$$

La ditta produttrice dichiara sulle confezioni una lunghezza media di 13 cm. Si può accettare al livello del 5% l'affermazione della ditta?

560. In passato si è accertato che la salinità media di una certa acqua termale è come minimo pari al 2%. Durante un controllo periodico un tecnico preleva 5 campioni d'acqua e ne misura la salinità, ottenendo i valori (espressi in %) 1.5, 1.7, 2.2, 1.5, 1.8. A quale conclusione arriva il tecnico?

561. Si è misurata 4 volte la concentrazione di alcol nel sangue di un individuo, ottenendo i valori (espressi in g/$\ell$): 0.45, 0.55, 0.60, 0.70. L'ipotesi nulla che la concentrazione media $\mu$ sia inferiore a 0.50 va rifiutata oppure no al 10% di significatività?

562. Nel corso dell'ultima settimana un pendolare ha registrato i seguenti ritardi (in min) del treno che usualmente prende per recarsi al lavoro: 8, 12, 11, 3, 6. L'Azienda Ferroviaria asserisce che il ritardo medio di quel treno è inferiore a 5 min. I dati osservati sono compatibili con l'affermazione dell'Azienda?

563. Bruno sostiene che la metropolitana delle ore 7:44 è sempre in ritardo. A conferma della sua affermazione egli dice che negli ultimi 4 giorni quella metropolitana è passata alle ore 7:46, 7:45, 7:47 e 7:45, rispettivamente. Si può dare ragione a Bruno al livello 5% di significatività?

564. Un campione di sangue è suddiviso fra 5 vetrini, che vengono poi analizzati indipendentemente. Il tasso alcolemico (in g/$\ell$) misurato in ciascuno dei vetrini è il seguente: 0.62; 0.68; 0.58; 0.55; 0.70. Sulla base di questi dati si può affermare che il tasso alcolemico di quel campione di sangue sia superiore a 0.60?

565. Un fabbricante dichiara che un certo macchinario è in grado di funzionare almeno mezz'ora con un litro di combustibile. Otto collaudi indipendenti hanno dato questi risultati (in minuti): $28, 26, 32, 29, 27, 31, 28, 25$. Si può affermare che il fabbricante abbia ragione?

566. Si è misurato il peso netto di 10 barattoli di marmellata dello stesso tipo, ottenendo la media campionaria $\overline{x} = 123$ g e la varianza campionaria $s^2 = 98.1$ g$^2$. Si può affermare che il peso netto medio di quel tipo di barattoli sia almeno 125 g?

567. Un allenatore di marciatori sostiene che in media la loro prima crisi di fatica si verifica dopo i primi 25 km di marcia. Per verificare tale affermazione, si registrano i km che ciascuno degli 8 atleti da lui allenati percorre fino alla primi crisi, ottenendo i seguenti dati:

$$23.2 \quad 25.1 \quad 25.8 \quad 23.9 \quad 27.4 \quad 20.5 \quad 25.5 \quad 28.0$$

L'allenatore ha ragione?

568. In un reparto produttivo si effettuano in media 30 interventi al mese per manutenzione. Negli ultimi due mesi, però, sono stati effettuati 33 e 37 interventi, rispettivamente. Supponendo che il numero $X$ di interventi mensili segua un modello gaussiano, stabilire se i dati degli ultimi due mesi sono significativi per affermare che la media di $X$ sia aumentata.

569. Un fabbricante dichiara che un certo tipo di automobile percorre in media almeno 20 km con un litro di benzina (in autostrada a 90 km/h). Per verificare tale affermazione, l'Associazione degli Automobilisti misura il chilometraggio percorso con un litro di benzina da 5 vetture di quel tipo e i dati ottenuti sono $15.7, 18.6, 20.1, 21.5, 19.1$. A quale decisione arriva l'Associazione?

570. I dati seguenti rappresentano (in migliaia di chilometri) il chilometraggio percorso da un campione di 10 automobili di un certo tipo fino a che la marmitta si guasta:

$$59.4 \quad 43.7 \quad 42.3 \quad 54.9 \quad 39.1 \quad 46.8 \quad 57.8 \quad 52.6 \quad 46.6 \quad 48.2$$

Il fabbricante sostiene che la marmitta abbia una durata media di almeno 50000 km. Tale affermazione va rifiutata oppure no al livello del 5%?

571. Se in 8 osservazioni da una popolazione normale di media $\mu$ e varianza $\sigma^2$, entrambe sconosciute, si è ottenuto il valore 90 per la varianza campionaria, in un test per verificare l'ipotesi $H_0 : \sigma^2 = 60$ contro l'alternativa $H_1 : \sigma^2 > 60$ al 10% di significatività, quale decisione si prende?

572. Per stabilire quale fra le due ditte fornitrici A e B abbia i tempi medi di consegna più rapidi, il responsabile di un'azienda confronta 21 lavori fatti da ciascuna ditta in passato. Egli accoppia opportunamente i lavori, tenendo conto di vari fattori (dimensione, difficoltà complessiva, periodo dell'anno, ecc.) e per ciascuna coppia di lavori calcola la differenza fra i tempi di consegna delle ditte A e B rispettivamente. La media e la deviazione standard campionarie di tali differenze risultano essere $\overline{x} = 0.5$ mesi e $s = 0.4$ mesi, rispettivamente. Si assuma che la differenza $X$ fra i tempi di consegna delle due ditte A e B sia normalmente distribuita con media $\mu$. Calcolare l'intervallo di confidenza di livello 90% per $\mu$. Al 10% di significatività può essere rifiutata l'ipotesi che le due ditte siano egualmente rapide?

573. Sei pazienti con sintomi di depressione sono stati curati con un particolare trattamento psicologico. Il medico ha valutato la condizione di ciascun paziente prima e dopo il trattamento tramite un questionario. I punteggi ottenuti dai pazienti sono stato i seguenti:

| paziente | a | b | c | d | e | f |
|---|---|---|---|---|---|---|
| prima | 9 | 12 | 16 | 10 | 18 | 16 |
| dopo | 7 | 13 | 13 | 11 | 18 | 12 |

Si sa che, se il trattamento è efficace, il punteggio ottenuto da un paziente deve diminuire. Stabilire mediante un test statistico se il trattamento è risultato davvero efficace.

574. Per confrontare i danni prodotti dai due pesticidi A e B, in un esperimento sono state prese sette foglie di platano e si è trattato con A metà di ciascuna foglia e con B l'altra metà. La tabella seguente riporta il numero di lesioni riscontrate su ciascuna metà.

| foglia n° | 1 | 2 | 3 | 4 | 5 | 6 | 7 |
|---|---|---|---|---|---|---|---|
| n° di lesioni (pesticida A) | 12 | 11 | 9 | 7 | 7 | 5 | 13 |
| n° di lesioni (pesticida B) | 10 | 8 | 10 | 4 | 9 | 7 | 8 |

Verificare l'ipotesi che i due pesticidi risultino egualmente dannosi.

575. Un analista di laboratorio misura il livello d'impurità presente in un certo materiale usando sui medesimi provini due metodi diversi (A e B). I valori ottenuti (espressi in %) sono riportati nella tabella seguente:

| provino n° | 1 | 2 | 3 | 4 | 5 |
|---|---|---|---|---|---|
| metodo A | 1.2 | 2.3 | 1.7 | 3.1 | 1.7 |
| metodo B | 1.5 | 2.6 | 1.4 | 2.8 | 1.2 |

C'è sufficiente evidenza per concludere che i due metodi forniscono lo stesso livello medio d'impurità?

576. Due analisti di laboratorio, Aldo e Bruno, misurano con strumenti diversi il numero di globuli rossi presenti nel sangue di 3 pazienti, ottenendo i seguenti valori (espressi in milioni/mm$^3$):

| paziente n° | 1 | 2 | 3 |
|---|---|---|---|
| misure di Aldo | 4.67 | 5.34 | 5.12 |
| misure di Bruno | 4.81 | 5.28 | 5.41 |

Sulla base di queste osservazioni si può affermare che i due analisti misurano lo stesso valore medio di globuli rossi nel sangue di un paziente?

577. Per valutare l'effetto di un particolare ormone sulla produzione di latte bovino, si misurano le quantità settimanali di latte prodotte da 5 vacche prima e dopo il trattamento ormonale. I risultati ottenuti sono riportati in tabella.

| vacca n° | 1 | 2 | 3 | 4 | 5 |
|---|---|---|---|---|---|
| litri di latte (prima del trattamento) | 151.9 | 157.9 | 149.5 | 147.0 | 161.3 |
| litri di latte (dopo il trattamento) | 154.5 | 163.3 | 151.2 | 145.5 | 160.8 |

Si può concludere che il trattamento aumenta la produzione media di latte?

578. Due macchinari diversi producono pezzi dello stesso tipo. Detti $X$ ed $Y$ il peso (espresso in g) di un pezzo prodotto dal primo e dal secondo macchinario, rispettivamente, si sa che $\sigma_X^2 = 33.33$ e $\sigma_Y^2 = 25.95$. Si misurano i pesi di $n = 100$ pezzi prodotti dal primo macchinario e di $m = 125$ pezzi prodotti dal secondo macchinario, ottenendo le medie campionarie $\overline{x} = 455.51$ e $\overline{y} = 454.62$. Stabilire se c'è differenza tra i pesi medi dei pezzi prodotti dai due macchinari.

579. Due macchinari, A e B, producono entrambi fili di rame di uguale diametro nominale. Per confrontare la precisione dei due macchinari (espressa dalla varianza dello scarto tra diametro effettivo e diametro nominale del filo prodotto) un ispettore preleva a caso 5 fili prodotti da A di diametri $x_1, ..., x_5$ mm e 8 fili prodotti da B di diametri $y_1, ..., y_8$ mm ottenendo i seguenti valori per le somme degli scarti quadratici rispetto alle medie campionarie: $\sum_{i=1}^{5} (x_i - \overline{x})^2 = 0.4 \ \text{mm}^2$ ; $\sum_{j=1}^{8} (y_i - \overline{y})^2 = 2.1 \ \text{mm}^2$. Verificare l'ipotesi che i due macchinari abbiano la stessa precisione.

580. Si è registrata la resistenza alla trazione di 5 provini del tessuto A e di 6 provini del tessuto B, ottenendo i risultati seguenti (in $\text{Kg/cm}^2$):

| | | | | | | | |
|---|---|---|---|---|---|---|---|
| (tessuto A) $x_i =$ | 12 | 10 | 11 | 13 | 12 | |
| (tessuto B) $y_i =$ | 16 | 18 | 15 | 12 | 14 | 15 |

Verificare se al livello 5% di significatività la varianza della resistenza alla trazione del tessuto A è minore di quella del tessuto B oppure no.

581. Per decidere se uno sfigmomanometro X è scarsamente accurato e quindi ha bisogno di manutenzione, un tecnico lo utilizza per misurarsi 4 volte la pressione arteriosa ottenendo i seguenti valori (in mmHg): 119, 118, 121, 117. Poi il tecnico si misura la pressione altre 3 volte usando un altro sfigmomanometro Y che sa essere perfettamente calibrato, e i valori registrati sono 120, 122, 119. Quale decisione prende il tecnico?

582. In $n = 10$ provini di cemento, prelevati dallo stabilimento A, è stato rilevato un contenuto percentuale medio di calcio $\overline{x} = 90$ con una deviazione standard campionaria $s_X = 5$, mentre gli $m = 15$ provini di cemento prodotto dallo stabilimento B hanno dato i valori $\overline{y} = 85$ e $s_Y = 6$, rispettivamente. Verificare l'ipotesi che non ci sia differenza tra i contenuti percentuali medi di calcio nei cementi prodotti dai due stabilimenti. (Si assuma che i contenuti percentuali di calcio nei cementi siano normalmente distribuiti con varianze uguali.)

583. In un esperimento si sono ottenute le seguenti frequenze delle sei facce di un dado lanciato 70 volte:

| faccia ($= i$) | 1 | 2 | 3 | 4 | 5 | 6 |
|---|---|---|---|---|---|---|
| n° di dati ($= \widehat{f_i}$) | 12 | 5 | 18 | 15 | 8 | 12 |

Si può affermare che il dado sia regolare?

584. In 100 giocate di una roulette il Rosso è uscito 40 volte, il Nero 59 volte e lo Zero 1 volta. L'ipotesi che la roulette sia equilibrata si adatta a tali dati oppure no?

585. Fra i primi 800 decimali di $\pi$ le cifre $0, 1, ..., 9$ si presentano con le seguenti frequenze:

| cifra $(= i)$ | 0 | 1 | 2 | 3 | 4 | 5 | 6 | 7 | 8 | 9 |
|---|---|---|---|---|---|---|---|---|---|---|
| frequenza osservata $(= \widehat{f_i})$ | 74 | 92 | 83 | 79 | 80 | 73 | 77 | 75 | 76 | 91 |

Sulla base di questo campione può affermare che le cifre decimali di $\pi$ siano distribuite uniformemente?

586. Una coppia di monete identiche viene lanciata 100 volte. Indicando con $TT$, $TC$ o $CT$, $CC$ rispettivamente l'uscita di due Teste, una Testa e una Croce (o viceversa), due Croci, si sono avuti i seguenti risultati:

| classe $(= i)$ | $1\ (= TT)$ | $2\ (= TC \text{ o } CT)$ | $3\ (= CC)$ |
|---|---|---|---|
| n di dati $(= \widehat{f_i})$ | 30 | 52 | 18 |

Si può affermare che le monete siano equilibrate?

587. Ad alcune persone, scelte a caso, è stato chiesto quanti biglietti della Lotteria abbiano acquistato nel corso dell'ultimo mese. Le loro risposte sono sintetizzate nella tabella seguente:

| n° di biglietti al mese | 0 | 1 | 2 | 3 | $\geq 4$ |
|---|---|---|---|---|---|
| n° di persone | 62 | 27 | 12 | 8 | 14 |

Verificare al 5% di significatività l'ipotesi che il numero di biglietti acquistati da una persona in un mese segue il modello geometrico.

588. L'Azienda Elettrica ritiene che in un anno di esercizio il numero di blocchi da sovraccarico nelle centraline dell'alta tensione segua una distribuzione di Poisson. Sono state monitorate per un anno 30 centraline, ottenendo i seguenti risultati:

| n° di blocchi all'anno | 0 | 1 | 2 | $\geq 3$ |
|---|---|---|---|---|
| n° di centraline | 16 | 6 | 5 | 3 |

Verificare l'ipotesi dell'Azienda Elettrica al 5% di significatività.

589. Il numero $X$ di batteri (in migliaia) trovati in 284 vetrini di laboratorio ha dato i seguenti risultati:

| classe $(= i)$ | 1 | 2 | 3 | 4 | 5 | 6 |
|---|---|---|---|---|---|---|
| n° di batteri | $X = 0$ | $X = 1$ | $X = 2$ | $X = 3$ | $X = 4$ | $X \geq 5$ |
| n° di vetrini $(= \widehat{f_i})$ | 49 | 98 | 84 | 32 | 14 | 7 |

Verificare se $X$ segue una distribuzione di Poisson.

590. Un generatore di numeri casuali $X$ ha prodotto $n = 100$ valori così distribuiti:

| classe $(= i)$ | intervallo | n° di dati $(= \widehat{f_i})$ |
|---|---|---|
| 1 | $0 \leq X < 0.2$ | 15 |
| 2 | $0.2 \leq X < 0.4$ | 25 |
| 3 | $0.4 \leq X < 0.6$ | 29 |
| 4 | $0.6 \leq X < 0.8$ | 14 |
| 5 | $0.8 \leq X \leq 1$ | 17 |

Si può affermare che i dati siano stati generati uniformemente nell'intervallo $0 \leq x \leq 1$?

591. Si ipotizza che una certa grandezza $X$ abbia una distribuzione normale. Per verificarlo, si osserva un campione di 100 dati, ottenendo $\sum_{i=1}^{100} x_i = 292$, $\sum_{i=1}^{100} x_i^2 = 1319$. La tabella seguente riporta il numero di dati del campione che cadono negli intervalli indicati.

| classe $(= i)$ | intervallo | n° di dati $(= \widehat{f}_i)$ |
|---|---|---|
| 1 | $X \leq 0$ | 10 |
| 2 | $0 < X \leq 2$ | 25 |
| 3 | $2 < X \leq 4$ | 32 |
| 4 | $4 < X \leq 6$ | 25 |
| 5 | $X > 6$ | 8 |

Verificare se $X$ segue una distribuzione normale.

592. Abbiamo un campione di 300 numeri, di cui 57 sono inferiori a $-1$ e 64 superiori ad 1. Il campione è compatibile con la distribuzione normale standard?

593. Nel corso di uno studio condotto su un gruppo di individui anziani si è registrato se ciascuno di essi soffrisse di diabete o di ipertensione. I dati ottenuti sono stati i seguenti

| | iperteso | normoteso |
|---|---|---|
| diabetico | 45 | 5 |
| non diabetico | 20 | 30 |

Che cosa si può concludere circa l'ipotesi che ci sia una relazione fra le due patologie?

594. In un esperimento si è osservata la presenza o l'assenza di parassiti delle specie A e B su $n = 93$ piante di una certa varietà. Verificare l'ipotesi che le due specie di parassiti attacchino le piante indipendentemente l'una dall'altra.

| | B presente | B assente |
|---|---|---|
| A presente | 27 | 12 |
| A assente | 34 | 20 |

595. In un passato Anno Accademico gli allievi di un certo corso di studi di ingegneria al Politecnico di Milano, ripartiti in due sezioni per scaglione alfabetico, hanno riportato le seguenti valutazioni finali al termine del corso di "Elementi di Analisi Matematica e di Geometria":

| valutazione ↓ sezione ⟶ | A | B |
|---|---|---|
| approvato | 68 | 72 |
| bocciato | 6 | 12 |
| rimandato | 20 | 22 |

Si può affermare che la valutazione di un allievo sia stata influenzata dalla sezione di appartenenza?

596. Secondo i dati ufficiali ISTAT, nel 2005 il livello di scolarizzazione degli italiani dai 15 anni in su era il seguente (valori espressi in migliaia):

| area geografica ↓ titolo di studio ⟶ | elem/media | diploma | laurea |
|---|---|---|---|
| nord | 13096 | 7609 | 2108 |
| centro | 5270 | 3341 | 1090 |
| sud | 11033 | 4956 | 1358 |

Si può concludere che ci sia relazione tra titolo di studio ed area geografica?

597. Verificare al livello di significatività $\alpha = 0.05$ l'ipotesi che le variabili $X$ ed $Y$ siano indipendenti, sapendo che 40 loro osservazioni congiunte hanno dato i risultati riportati in tabella.

| | $Y = 0$ | $Y = 1$ | $Y = 2$ |
|---|---|---|---|
| $X = 0$ | 4 | 6 | 2 |
| $X = 1$ | 6 | 5 | 3 |
| $X = 2$ | 4 | 6 | 4 |

598. Per verificare se un nuovo farmaco antidepressivo abbia effetto, 60 pazienti sono suddivisi a caso in due gruppi da 30. I pazienti del primo gruppo vengono curati con il farmaco, mentre a quelli del secondo gruppo è somministrato un placebo. Al termine della sperimentazione lo stato di salute di 11 pazienti curati con il farmaco e di 16 che hanno assunto il placebo non ha subito alcun cambiamento, mentre in tutti gli altri si constata una differenza rispetto alla situazione iniziale.

| cura↓ effetto⟶ | presente | assente |
|---|---|---|
| con il farmaco | 19 | 11 |
| con il placebo | 14 | 16 |

È possibile concludere che quel farmaco abbia un qualche effetto nel trattamento della malattia?

599. Per valutare se l'esposizione ad una particolare sostanza inquinante presente nell'aria di una città favorisca l'insorgere di un'allergia alle vie respiratorie, l'Autorità Sanitaria di quella città esamina un campione di persone, classificandole in base al tempo di esposizione (misurato in anni) e al loro stato (sano/sensibile/malato) nei confronti dell'allergia. I risultati sono riassunti in tabella:

| | meno di 2 anni | tra 2 e 10 anni | più di 10 anni |
|---|---|---|---|
| sani | 80 | 54 | 61 |
| sensibili | 11 | 18 | 9 |
| malati | 17 | 15 | 35 |

È possibile concludere che ci sia un legame tra esposizione all'inquinante ed allergia?

600. Una settimana dopo la somministrazione di un nuovo farmaco per la cura dell'herpes labiale, 36 pazienti su 50 giovani e 46 pazienti su 70 anziani sono migliorati. Rappresentare i dati in una tabella di contingenza. Stabilire se l'efficacia del trattamento è indipendente dall'età del paziente.

# Capitolo 6

# Soluzioni degli esercizi proposti

56. $D = A \cup B \cup C$; $E = A \cap B \cap C$; $F = \overline{D} = \overline{A} \cap \overline{B} \cap \overline{C}$; $G = A \cap \overline{B} \cap \overline{C}$; $H = (\overline{A} \cap \overline{B} \cap \overline{C}) \cup (A \cap \overline{B} \cap \overline{C}) \cup (\overline{A} \cap B \cap \overline{C}) \cup (\overline{A} \cap \overline{B} \cap C)$ perché "al più uno" significa "nessuno" oppure "uno solo".

57. $P(b_1b_2) = P(b \text{ da I})\, P(b \text{ da II}) = 2/9$; $P(b_1n_2) = 4/9$; $P(n_1b_2) = 1/9$; $P(n_1n_2) = 2/9$; $P(A) = P(b_1b_2) + P(b_1n_2) + P(n_1b_2) = 7/9$; $P(B) = P(b_1n_2) + P(n_1b_2) = 5/9$; $P(C) = P(b_1b_2) + P(b_1n_2) = 6/9$; $P(C|A) = P(C)/P(A) = 6/7$; $P(C|B) = P(b_1n_2)/P(B) = 4/5$.

58. $A =$ "estrarre due numeri pari" $= \{\omega_{22}, \omega_{24}, \omega_{42}, \omega_{44}\}$, $P(A) = 4/25 = 16\%$; $B =$ "estrarre il n° 3" $= \{\omega_3, \omega_{23}, \omega_{43}\}$, $P(B) = 7/25 = 28\%$.

| estrazioni | $(1,0)$ | $(3,0)$ | $(5,0)$ | $(2,j)$ con $1 \le j \le 5$ | $(4,j)$ con $1 \le j \le 5$ |
|---|---|---|---|---|---|
| $\omega =$ | $\omega_1$ | $\omega_3$ | $\omega_5$ | $\omega_{2j}$ | $\omega_{4j}$ |
| $P(\omega) =$ | $1/5$ | $1/5$ | $1/5$ | $1/25$ | $1/25$ |

59. $\Omega = \{TTT, TTC, TCT, TCC, CTT, CTC, CCT, CCC\}$; $A = \{TCC, CTC, CCT, CCC\}$, $B = \{TCT, CTC\}$, $A \cap B = \{CTC\}$; $P(\omega) = 1/8$, $P(A) = 4/8$, $P(B) = 2/8$, $P(A \cap B) = 1/8$. $A$ e $B$ sono eventi indipendenti perché $P(A \cap B) = 1/8 = P(A)\,P(B)$.

60. $P(C) = 49\%$.

61. $P(A \cup B) = 0.6$; $P(A \cup B \cup C) = 0.9$; $P(A \cup B \cup \overline{C}) = P(\overline{C}) = 0.7$ (infatti $A \cup B \subset \overline{C}$ perché $A \cap C = B \cap C = \varnothing$).

62. $P(A \cap B) = P(B|A)\,P(A) = \alpha\beta$; $P(B) = P(A \cap B) + P(\overline{A} \cap B) = \alpha\beta + \gamma$; $P(A \cup B) = P(A) + P(B) - P(A \cap B) = \beta + \alpha\beta + \gamma - \alpha\beta = \beta + \gamma$.

63. $P(A \cap B) = \alpha + \beta - \gamma$; $P(A \cap \overline{B}) = P(A) - P(A \cap B) = \gamma - \beta$; $P(\overline{A}|B) = 1 - P(A|B) = (\gamma - \alpha)/\beta$.

64. $P(A \cup B) = \alpha + \beta - \gamma$; $P(A \cap \overline{B}) = P(A) - P(A \cap B) = \alpha - \gamma$; $P(A|\overline{B}) = (\alpha - \gamma)/(1 - \beta)$.

65. $P(A \cap \overline{B}) = P(A) - P(A \cap B) = \alpha - \gamma$; $P(A \cup \overline{B}) = P(A) + P(\overline{B}) - P(A \cap \overline{B}) = 1 - \beta + \gamma$; $P((A \cap \overline{B}) \cup (\overline{A} \cap B)) = P(A \cap \overline{B}) + P(\overline{A} \cap B) = \alpha + \beta - 2\gamma$.

66. $P(\overline{A} \cap \overline{B}) = P(\overline{A \cup B}) = 1 - P(A \cup B) = 1 - \beta$; $P(B) = P(A \cup B) - P(A \cap \overline{B}) = \beta - \alpha$; $P(A|\overline{B}) = P(A \cap \overline{B})/P(\overline{B}) = \alpha/(1 - \beta + \alpha)$.

67. $P(A \cup B) = \alpha + \beta - \alpha\beta$ (perché $A$ e $B$ sono indipendenti); $P(B \cup C) = \beta + \gamma$ (perché $B \cap C = \varnothing$); $P((A \cap B) \cup C) = \alpha\beta + \gamma$ (perché $A \cap B \cap C = \varnothing$).

68. $P(A) = 0.24$, $P(B) = 0.25$ oppure $P(A) = 0.25$, $P(B) = 0.24$.

69. $P(B) = 0.5$; $P(A \cup B) = 0.9$; $P(B|A) = 1/3$.

70. *i)* $P(\overline{A} \cap \overline{B}) = (1-\alpha)(1-\beta)$; *ii)* $P(A \cap \overline{B}) + P(\overline{A} \cap B) = \alpha(1-\beta) + (1-\alpha)\beta$.

71. $P(A \cap B \,|\, B) = P(A \cap B)/P(B) = \alpha$; $P(A \,|\, A \cup B) = P(A)/P(A \cup B) = \alpha/(\alpha + \beta - \alpha\beta)$

72. $P(A)+P(B) = P(A \cup B) \leq 1$; $P(A|A \cup B) = P(A \cap (A \cup B))/P(A \cup B) = \alpha/(\alpha + \beta)$.

73. $P(A \cup C|B) = P((A \cup C) \cap B)/P(B) =$ (poiché $C \cap B = \varnothing$) $= P(A \cap B)/P(B) = P(A|B)$.

74. Sì.

75. $H_i$ = "scatola n° $i$"; $N$ = "pallina nera"; $P(H_i) = 1/10$; $P(N|H_i) = 1/3$ se $i = 1, ..., 9$; $P(N|H_{10}) = 1$. $P(N) = \sum_{i=1}^{10} P(N|H_i)\,P(H_i) = 4/10$; $P(H_i|N) = P(N|H_{10})\,P(H_{10})/P(N$ $= 1/4$.

76. $P(B_1) = 3/8 = 37.5\%$; $P(B_2) = P(B_2|B_1)\,P(B_1) + P(B_2|\overline{B_1})\,P(\overline{B_1}) = 3/8 = 37.5\%$; $P(C) = P(B_1 \cup B_2) = 9/14 \simeq 64.29\%$; $P(D) = 15/28 \simeq 53.57\%$.

77. $P(A) = 1/4$; $P(B) = 4/9$; $P(B|A) = 9/16$.

78. $P(\heartsuit\diamondsuit\clubsuit\spadesuit) = 8/35$; $P(\heartsuit\diamondsuit|\clubsuit\spadesuit) = 4/15$.

79. $P$(4 cuori) $\simeq 0.23\%$; $P$(4 carte dello stesso seme) $= 4 \times P$(4 cuori) $\simeq 0.92\%$; $P$(4 carte di semi diversi) $\simeq 10.94\%$; $P$(4 carte pari) $\simeq 5.30\%$.

80. $P(F_2 \,|\, F_1) = 11/51 \simeq 21.57\%$; $P(F_2) = P(F_2 \,|\, F_1)\,P(F_1) + P(F_2 \,|\, \overline{F_1})\,P(\overline{F_1}) = 3/13 \simeq 23.08\%$, dove $F_1$ = "la prima carta è una figura" e $F_2$ = "la seconda carta è una figura".

81. $P(N_2) = P(N_2|N_1)\,P(N_1) + P(N_2|B_1)\,P(B_1) = 7/12$; $P(N_1 \cap N_2) = P(N_2|N_1)\,P(N_1) = 7/18$, dove $N_1$ = "la prima estratta è Nera", ecc.

82. $P(b) = 9/14$; $P(H|\,b) = 4/9$ dove $H$ = "entrambe le facce del gettone estratto sono bianche". [Si è assunto che i gettoni con facce diverse siano regolari, cioè $P(b \,|\, \overline{H}) = 1/2$.]

83. $P(4) = P(4|T)\,P(T) + P(4|C)\,P(C) = 1/6 \times 1/2 + 3/36 \times 1/2 = 1/8$.

84. $A$ = "Aldo fa centro", $B$ = "Bruno fa centro", $C$ = "Carlo fa centro", $P(A) = 3/4$, $P(B) = 1/2$, $P(C) = 1/4$. *i)* $P(E) = P(\overline{A} \cap \overline{B} \cap \overline{C}) =$ (per l'indipendenza) $= 3/32$. *ii)* $P$(almeno un centro) $= P(\overline{E}) = 29/32$. *iii)* $P(A \,|\, \overline{E}) =$ (poiché $P(\overline{E} \,|\, A) = 1$) $= P(A)/P(\overline{E}) = 24/29$.

85. $P(T) = 2/3$; $P$(moneta truccata $|\, T$) $= 1/2$.

86. $P$(vinco 2 €) $= 1/3$; $P(T \,|$ vinco 2 €$) = 1/4$.

87. $A$ = "moneta con 2 Teste", $B$ = "moneta con 2 Croci", $R$ = "moneta regolare", $T$ = "esce Testa". $P(T) = P(T|A)\,P(A) + P(T|B)\,P(B) + P(T|R)\,P(R) = 1 \times 9/20 + 0 \times 6/20 + 1/2 \times 5/20 = 23/40 = 57.5\%$; $P(R|T) = P(T|R)\,P(R)/P(T) = 5/23 \simeq 21.74\%$.

88. $P$(Aldo vincerà) $= 39.5\%$; $P$(Ramino $|$ Bruno ha vinto) $\simeq 13.22\%$.

89. $P\,(\text{Aldo promosso}) = 1/2$; $P\,(\text{Tizio ha esaminato Aldo} \mid \text{Aldo promosso}) = 4/9$.

90. $P\,(\text{pezzo difettoso}) = 14/600 \simeq 2.33\%$; $P\,(M1 \mid \text{pezzo difettoso}) = 1/14 \simeq 7.14\%$. [Le produzioni di M1, M2 e M3 sono 1/6, 2/6 e 3/6, rispettivamente.]

91. $P\,(A) = P\,(A|1)\,P\,(1) + P\,(A|2)\,P\,(2) = 0.05 \times 2/3 + 0.03 \times 1/3 = 13/300 \simeq 4.33\%$; $P\,(1|A) = P\,(A|1)\,P\,(1)\,/P\,(A) = 10/13 \simeq 76.92\%$.

92. Si chiede $P\,(A|B)$. Dati: $P\,(A) = 0.6$, $P\,(B|A) = 0.7$, $P\left(B|\overline{A}\right) = 0.3$; allora $P\,(B) = P\,(B|A)\,P\,(A) + P\left(B|\overline{A}\right)P\left(\overline{A}\right) = 0.54$ e $P\,(A|B) = P\,(B|A)\,P\,(A)\,/P\,(B) \simeq 77.78\%$.

93. $P\,(\text{Aldo vince}) = 13/60 \simeq 21.67\%$; $P\,(\text{Bianco} \mid \text{Aldo vince}) = 5/13 \simeq 38.46\%$. [Dati: $P\,(\text{Bianco}) = 1/3$, $P\,(\text{Nero}) = 2/3$.]

94. $A =$ "Carlo gioca contro Aldo", $B =$ "Carlo gioca contro Bruno", $C =$ "Carlo vince"; $P\,(C) = P\,(C|A)\,P\,(A) + P\,(C|B)\,P\,(B) = 0.3 \times 2/3 + 0.7 \times 1/3 = 13/30 \simeq 43.33\%$; $P\,(A|C) = P\,(C|A)\,P\,(A)\,/P\,(C) \simeq 46.15\%$.

95. $A =$ "dado regolare"; $\overline{A} =$ "dado sbilanciato"; $P\,(A) = P\left(\overline{A}\right) = 1/2$; $P\,(6|A) = 1/6$; $P\left(6|\overline{A}\right) = 2/7$; $P\,(6) = P\,(6|A)\,P\,(A) + P\left(6|\overline{A}\right)P\left(\overline{A}\right) = 19/84 \simeq 22.62\%$; $P\,(A|6) = P\,(6|A)\,P\,(A)\,/P\,(6) = 7/19 \simeq 36.84\%$.

96. $P\,(B_2) = P\,(B_2|B_1)\,P\,(B_1) + P\left(B_2|\overline{B_1}\right)P\left(\overline{B_1}\right) = \dfrac{b-1}{b+n-1} \times \dfrac{b}{b+n} + \dfrac{b}{b+n-1} \times \dfrac{n}{b+n} = \dfrac{b}{b+n} = P\,(B_1)$; $P\,(B_1|B_2) = P\,(B_2|B_1)\,P\,(B_1)\,/P\,(B_2) = P\,(B_2|B_1) = \dfrac{b-1}{b+n-1}$.

97. $P\,(A) = 1/n$, $C = A \cup B$, $A \cap B = \varnothing$; $P\,(B) = P\,(B|A)\,P\,(A) + P\left(B|\overline{A}\right)P\left(\overline{A}\right) = 0 \times 1/n + 1/\,(n-1) \times (1 - 1/n) = 1/n$; $P\,(C) = P\,(A) + P\,(B) = 2/n$; $P\,(A|C) = P\,(A)\,/P\,(C) = 1/2$.

98. $p = \{1 - (1 - 0.90)\,(1 - 0.92)\} \times \{1 - (1 - 0.97)\,(1 - 0.98)\} \times 0.95 \simeq 94.18\%$.

99. $q \leq \sqrt{1 - \sqrt{0.96}} \simeq 14.21\%$.

100. $p = (1 - 0.15 \times 0.1 \times 0.05) \times 0.93 \times (1 - 0.12 \times 0.08) \simeq 92.04\%$.

101. $0.999 = 1 - \{1 - (1 - 0.06)\,(1 - q)\} \times \{1 - (1 - 0.08)\,(1 - 0.02)\} \times \{1 - (1 - 0.03)\,(1 - 0.07)\}$, da cui $q \simeq 0.0466$.

102. $p \geq \sqrt{1 - \sqrt{0.01}} \simeq 94.87\%$.

103. $p_{tot} = 1 - (1 - p^2)^3 \simeq 99.91\%$.

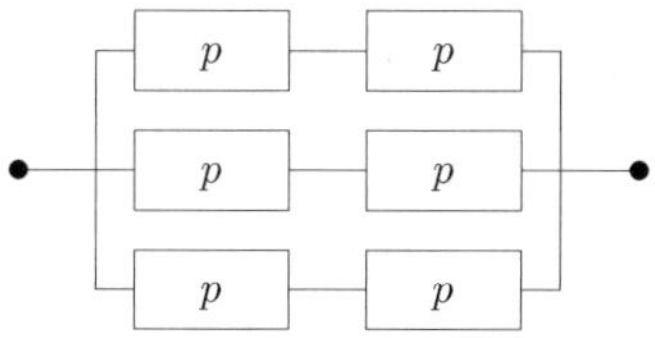


104. $p = 1 - \{1 - (1 - 0.03)\,(1 - 0.02)\} \times \{1 - (1 - 0.05)\,(1 - 0.04)\} \simeq 99.57\%$.

105. $q = 1 - (1 - 0.08 \times 0.04)\,(1 - 0.02) \simeq 2.31\%$.

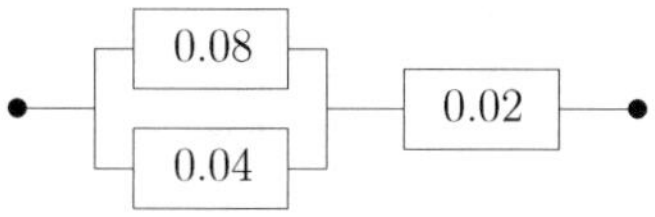

106. $q_{tot} = 1 - (1 - q^2)^2$.

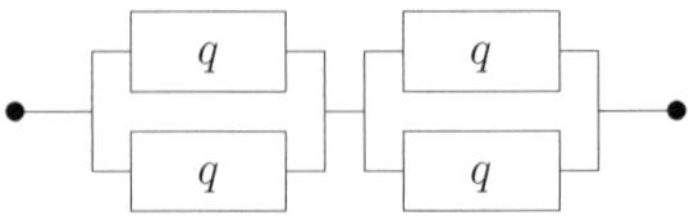


107. $q = 1 - \left(1 - (1 - 0.94)^2\right)\left(1 - (1 - 0.92)^3\right) \simeq 0.41\%$.

108. $p = 1 - \left(1 - (1 - 0.02)^2\right)\left(1 - (1 - 0.06)^3\right) \simeq 99.33\%$.

109. $q = (1 - 0.96)(1 - 0.96^2) \simeq 0.31\%$.

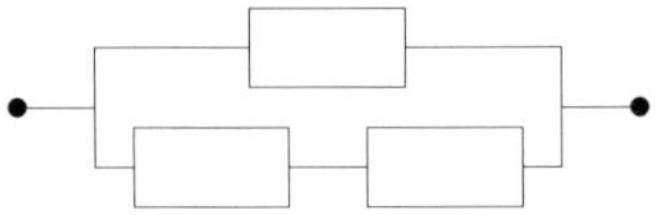

110. $p = (1 - 0.02^2)(1 - 0.02) \simeq 97.96\%$.

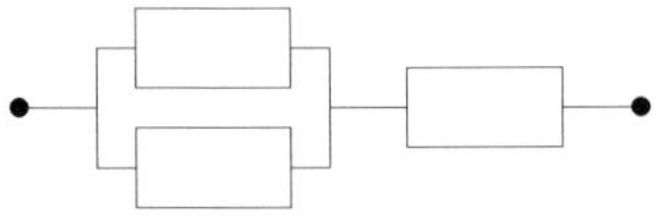

208. $P(Y = 0) = 2/3$; $P(Y = 2) = 1/3$; $\mu_Y = 2/3$; moda di $Y = y_{0.50} = 0$.

209. $P(Y = 1) = 1/6$; $P(Y = 4) = 1/3$; $P(Y = 9) = 1/2$; $\mu_Y = 6$; $\sigma_Y^2 = 10$; $y_{0.25} = 4$; $y_{0.50} = 6.5$; $y_{0.75} =$ moda di $Y = 9$.

210. Da $\mu = -a + c$, $\sigma^2 = a + c - 1/4$, $a + b + c = 1$ segue $a = 1/40$, $b = 18/40$, $c = 21/40$.

211. $f_X(x) = 1/10$ $(x = 0, 1, ..., 9)$, $\mu_X = 4.5$, $\sigma_X^2 = 8.25$; $f_U(u) = 1/2$ $(u = \pm 1)$, $\mu_U = 0$, $\sigma_U^2 = 1$.

212. $\mu = 20/16 = 1.25$, moda $= 1$, mediana $= 1$. La densità è

| $x =$ | 0 | 1 | 2 | 3 |
|---|---|---|---|---|
| $f_X(x) =$ | 4/16 | 6/16 | 4/16 | 2/16 |

213. $P(X = -1) = P(\text{somma facce} \leq 4) = 6/36$, $P(X = 2) = P(\text{somma facce} \geq 11) = 3/36$, $P(X = 0) = 1 - 6/36 - 3/36 = 27/36$; $\mu = (-1) \times 6/36 + 0 \times 27/36 + 2 \times 3/36 = 0$; $x_{0.25} = x_{0.50} = x_{0.75} = 0$.

214. $P(Y = 0) = P(X = -2) + P(X = 2) = 0.6$, $P(Y = 3) = P(X = -1) = 0.3$, $P(Y = 4) = P(X = 0) = 0.1$; $P(Y \leq 2X + 1) = P(X = 2) = 0.4$.

215. $a = 0.2$, $b = 0.5$; $\sigma^2 = E(X^2) - \mu^2 = 5.3 - 1.69 = 3.61$.

216. $\mu = 35/18 \simeq 1.9$; $\sigma^2 = 665/324 \simeq 2.05$; moda$= 1$; mediana$= 1$. La distribuzione è

| $x =$ | 0 | 1 | 2 | 3 | 4 | 5 |
|---|---|---|---|---|---|---|
| $f(x) =$ | 6/36 | 10/36 | 8/36 | 6/36 | 4/36 | 2/36 |
| $F(x) =$ | 6/36 | 16/36 | 24/36 | 30/36 | 34/36 | 1 |

217. $\mu_M = 161/36$, $\mu_Z = 91/36$, $\sigma_M^2 = \sigma_Z^2 = 2555/1296$. Le due distribuzioni sono

| $m =$ | 1 | 2 | 3 | 4 | 5 | 6 |
|---|---|---|---|---|---|---|
| $f_M(m) =$ | 1/36 | 3/36 | 5/36 | 7/36 | 9/36 | 11/36 |

| $z =$ | 1 | 2 | 3 | 4 | 5 | 6 |
|---|---|---|---|---|---|---|
| $f_Z(z) =$ | 11/36 | 9/36 | 7/36 | 5/36 | 3/36 | 1/36 |

218. La densità di $X$ è

| $x =$ | $-2$ | $-1$ | $5$ |
|---|---|---|---|
| $f(x) =$ | $1/2$ | $3/8$ | $1/8$ |

$x_{0.10} = -2$; $x_{0.50} = -1.5$; $x_{0.90} = -5$; $\mu = -0.75$ € (gioco favorevole a Bruno). Se fosse

| $x =$ | $-2$ | $-1$ | $a$ |
|---|---|---|---|
| $f(x) =$ | $1/2$ | $3/8$ | $1/8$ |

allora $\mu = (a - 11)/8$ e il gioco è equo se $a = 11$ €.

219. Dati: $P(X = 1) = 0.70$; $P(Y = 1|X = 1) = 0.95$; $P(Y = 0|X = 0) = 0.98$. *i)* Per la formula delle probabilità totali: $P(Y = 1) = 0.95 \times 0.70 + (1 - 0.98) \times (1 - 0.70) = 67.1\%$. *ii)* Per la formula di Bayes: $P(X = 1 \,|\, Y = 1) = 0.95 \times 0.70/0.671 \simeq 99.11\%$.

220. Moda $= \pm 1$; $x_{0.25} = -1/\sqrt{2}$; $x_{0.50} = \mu = 0$; $x_{0.75} = 1/\sqrt{2}$; $\sigma^2 = 1/2$.

221. Moda $= x_{0.50} = \mu = 1$; $\sigma^2 = 1/6$; $P(-0.5 < X < 1.5) = \int_0^{1.5} f(x)\,dx = 3/4$.

222. $F(x) = 0$ se $x < 0$, $F(x) = x^2$ se $0 \leq x \leq 1$, $F(x) = 1$ se $x > 1$; $x_\alpha = \sqrt{\alpha}$ $(0 < \alpha < 1)$.

223. $K = 2$; $F(x) = 0$ se $x < 0$, $F(x) = 1 - e^{-x^2}$ se $x \geq 0$; $x_\alpha = \sqrt{-\ln(1-\alpha)}$ $(0 < \alpha < 1)$.

224. $K = \sqrt{2}$; $\mu = \sqrt{2}/3$; $\sigma^2 = 1/9$.

225. $K = 3/2$; $E(X) = 7/10$; $V(X) = 31/600$; $x_\alpha = \sqrt{\frac{1}{2}\sqrt{16\alpha + 9} - \frac{3}{2}}$ $(0 < \alpha < 1)$.

226. $K = 1/2$; $F(x) = (1 + \sin x)/2$ se $-\pi/2 \leq x \leq \pi/2$; $x_{0.25} = -\pi/6$, $x_{0.50} = 0$, $x_{0.75} = \pi/6$.

227. Per $0 \leq y \leq 1$ si ha $F_Y(y) = P(X^2 \leq y) = \int_{-\sqrt{y}}^{\sqrt{y}} x\,dx = y$. Quindi $Y \sim \mathcal{U}(0,1)$.

228. $K = e^{-2}$; $\mu = 1$, mediana $= 2 - \ln 2$.

229. $F(x) = (x^2 - 1)/15$ se $1 \leq x \leq 4$; $\mu = 14/5$; $P(2 \leq X \leq 3) = F(3) - F(2) = 1/3$.

230. $f(x) = 2e^{2x-2}$ se $x \leq 1$, $f(x) = 0$ se $x > 1$; $\mu = 1/2$, mediana $= 1 - \ln\sqrt{2}$.

231. $f_X(x) = F'_X(x) = 1 - |x|$ se $|x| < 1$, $f_X(x) = 0$ se $|x| > 1$; $E(Y) = 1/3$; $V(Y) = 1/18$; $F_Y(y) = P(Y \leq y) = y(2 - y)$ nel supporto $0 \leq y \leq 1$.

232. $F(x) = (x/2)^\lambda$ se $0 \leq x \leq 2$; $x_\alpha = 2\alpha^{1/\lambda}$ per $0 < \alpha < 1$; $P(X \geq 1) = 1 - F(1) = 1 - 2^{-\lambda}$.

233. $f(x) = 2\lambda\left(1 - e^{-\lambda x}\right)e^{-\lambda x}$ se $x > 0$, $f(x) = 0$ se $x < 0$; $x_\alpha = -\frac{1}{\lambda}\ln(1 - \sqrt{\alpha})$; $\mu = \frac{3}{2\lambda}$.

234. $P(X = 0) = e^{-2}$, $P(X = 1) = P(X = 2) = 2e^{-2}$, $P(X = 3) = 1 - 5e^{-2}$; $\mu = 3 - 9e^{-2}$.

235. $X \sim \mathcal{P}(\lambda)$; $p = P(X = 0) = e^{-\lambda}$, $\alpha = P(X = 4) = e^{-\lambda}\lambda^4/4!$; la condizione $p = 4\alpha$ dà $\lambda = \sqrt[4]{6}$, da cui $p \simeq 20.91\%$.

236. $X$ = "n° di scaldabagni richiesti al mese" $\sim \mathcal{P}(\lambda)$; $\lambda = E(X) = 30/12 = 2.5$. Si ha $P(X \leq x - 1) \leq 0.70 < P(X \leq x)$ per $x = 3$: infatti $P(X \leq 2) = 0.54\cdots$ e $P(X \leq 3) = 0.75\cdots$.

237. $a = 1.4$, $b = 2.6$.

238. $\mu = -1$; $\sigma^2 = 4/3$; $P(|Y - \mu| < \sigma) = P\left(|X| < 1/\sqrt{3}\right) = 1/\sqrt{3}$.

239. $Y \sim \mathcal{U}(0, a)$.

240. Per $0 \leq y \leq 2$ si ha: $F_Y(y) = P(X \leq y^2) = y^2/4$, $f_Y(y) = y/2$; $E(Y) = 4/3$; $y_{0.50} = \sqrt{2}$.

241. $\mu_Y = a/3$; $y_\lambda = a\lambda^2$.

242. $E(Y) = 10\ln(5/4) \simeq 2.23$; $V(Y) = 5 - 100\ln^2(5/4) \simeq 0.0207$.

243. $S_X(x) = P(X > x) = 1 - x/a$, $0 \leq x \leq a$; $S_X(x|h) = P(X > h + x \mid X > h) = P(X > h + x)/P(X > h) = 1 - x/(a - h)$, $0 < x \leq a - h < a$; si ha $S_X(x|h) < S_X(x)$ quindi l'apparecchio è soggetto ad usura.

244. $f(x) = 1/10$ se $395 \leq x \leq 405$, $f(x) = 0$ altrimenti; $P(X > 397) = (405 - 397)/10 = 80\%$; $P(X > 400 \mid X > 397) = P(X > 400)/P(X > 397) = 0.5/0.8 = 62.5\%$.

245. $P(A) = P(X \geq 4) = e^{-1} \simeq 36.79\%$; $P(B) = P(A) \times P(A) = e^{-2} \simeq 13.53\%$.

246. $X =$ "vita di A (in ore)" $\sim \mathcal{E}(1/12)$; $Y =$ "vita di B (in ore)" $\sim \mathcal{E}(1/\mu)$; la condizione $P(X \geq 10) = 2P(Y \geq 10)$ dà $e^{-10/12} = 2e^{-10/\mu}$ da cui $\mu \simeq 6.55$ ore.

247. $X =$ "durata di una batteria (in anni)" $\sim \mathcal{E}(\lambda)$; la condizione $0.4 = P(X \leq 1) = 1 - e^{-\lambda}$ dà $\lambda = -\ln(1 - 0.4) \simeq 0.5108$ da cui $E(X) = 1/\lambda \simeq 1.96 \simeq 2$ anni.

248. $a \simeq 4.493$; $b \simeq 3.361$.

249. $\sigma \simeq 3.4043$.

250. $\mu \simeq -0.25$; $\sigma \simeq 5.903$.

251. $\mu \simeq 2.01$; $\sigma^2 \simeq 0.233$.

252. $\mu = 1.5$; $\sigma \simeq 0.7413$.

253. $\mu_X = 4$; $\sigma_X \simeq 1.188$; $\mu_Y \simeq 1.50$; $\sigma_Y \simeq 0.594$.

254. $Y \sim \mathcal{N}(1.10; 0.044^2)$ (se $X$ è normale e $a$ è un numero, anche $Y = aX$ è normale ...).

255. La condizione da imporre è $P(X \geq 140) \geq 0.80$ e si ricava $\sigma \lesssim 23.76$ ore.

256. Valore interpolato $x \simeq 27.316$ (valore esatto $x_{0.96} = 27.1356\cdots$); valore interpolato $\alpha \simeq 0.0331$ (valore esatto $\alpha = 0.03188\cdots$).

257. $t_{0.80}(40) \simeq z_{0.80} \simeq 0.84162$ (valore esatto: $0.85069\cdots$); $t_{0.95}(130) \simeq z_{0.95} \simeq 1.64485$ (valore esatto: $1.65665\cdots$).

258. $P(-1 < X < 25) = P(|X - 12| < 13) \geq 1 - (5/13)^2 \simeq 85.21\%$.

259. $X \sim \overline{\mathcal{B}}(3; 0.10)$; $P(X \geq 60) \leq P(|X - 30| \geq 30) \leq 270/30^2 = 30\%$

260. Schema di Bernoulli; $X \sim \mathcal{B}(2; 1/4)$; $\mu = 1/2$; moda $= x_{0.50} = 0$.

261. Schema di Bernoulli; $X =$ "n° di Teste uscite" $\sim \mathcal{B}(8; 0.5)$; $P(X \geq 5) \simeq 36.33\%$.

262. Schema di Bernoulli; $X =$ "n° di partite vinte da Aldo" $\sim \mathcal{B}(5; 0.4)$; $P(X \geq 3) \simeq 31.74\%$.

263. Schema di Bernoulli; $X_n =$ "n° di componenti guasti in una confezione da $n$ pezzi" $\sim \mathcal{B}(n; 0.03)$; $P(X_5 = 0) \simeq 85.87\%$; $P(X_{50} \leq 1) \simeq 55.53\%$.

264. Schema di Bernoulli; $X_n$ = "n° di semi germinati su $n$ piantati"$\sim \mathcal{B}(n;0.6)$; $P(A) = P(X_9 \geq 6) \simeq 48.26\%$, $P(B) = P(X_{90} \geq 60) \simeq 11.76\%$.

265. Schema di Bernoulli; $X_n$ = "n° di banconote difettose in un pacco di $n$ banconote"$\sim \mathcal{B}(n;10^{-3})$; $P(X_{100} = 0) \simeq 90.48\%$; $P(X_{10000} = 10) \simeq 12.52\%$.

266. Schema di Bernoulli. *i)* $X$ = "n° di partite che Aldo vincerà" $\sim \mathcal{B}(10;0.3)$; $p = P(A) = P(X \leq 3) \simeq 0.6496$. *ii)* $Y$ = "guadagno di Bruno (in €)"; $P(Y = -5) = p$, $P(Y = 7) = 1 - p$, $E(Y) = -5p + 7(1-p) \simeq -0.8$. La scommessa è favorevole a Aldo.

267. Schema di Bernoulli; $X_n$ = "n° di particelle assorbite su $n$ particelle incidenti" $\sim \mathcal{B}(n;0.1)$; $P(X_{10} = 1) = \binom{10}{1}(0.1)^1(0.9)^9 \simeq 38.74\%$; $P(X_n \geq 1) = 1 - P(X_n = 0) > 0.8$ per $n \geq 16$.

268. Schema di Bernoulli; $X$ = "n° di biglietti vincenti" $\sim \mathcal{B}(55;0.1)$; $P(X \geq 5) = 0.65485\cdots$ (valore esatto). Con l'approssimazione di Poisson $\mathcal{B}(55;0.1) \approx P(5.5)$ si ha $P(X \geq 5) \simeq 0.6425$.

269. Schema di Bernoulli; $X \sim \mathcal{B}(312;1/30)$; $P(X \leq 5) \simeq 5.06\%$. Si trova $P(X \leq 5) \simeq 5.34\%$ con l'approssimazione $\mathcal{B}(312;1/30) \approx \mathcal{P}(10.4)$ e $P(X \leq 5) \simeq 6.11\%$ con l'approssimazione $\mathcal{B}(312;1/30) \approx \mathcal{N}(10.4;10.05)$.

270. Schema di Bernoulli; $X \sim \mathcal{B}(50;1/8) \approx \mathcal{N}(50/8;350/64)$; $P(X \geq 5) \simeq 77.29\%$.

271. Schema di Bernoulli; $X_n$ = "n° pezzi difettosi su $n$ pezzi prodotti" $\sim \mathcal{B}(n;0.03) \approx \mathcal{N}(0.03n;0.0291n)$; la condizione $P(X_n \leq 0.05n) \geq 0.90$ dà $n \geq 119.4$, quindi è $n = 120$.

272. Schema di Bernoulli; $X \sim \mathcal{G}(1/3)$; $x_{0.50} = 2$.

273. Schema di Bernoulli; $X$ = "n° di biglietti da grattare per vincere" $\sim \mathcal{G}(0.25)$; il più piccolo intero $x$ per cui $P(X \leq x) \geq 0.80$ è $x = 6$.

274. Schema di Bernoulli; $X$ = "n° di pezzi esaminati per trovare il primo difettoso" $\sim \mathcal{G}(p)$ dove $p$ è la difettosità del lotto; la condizione $P(X \geq 13) = (1-p)^{12} \leq 0.25$ dà $p \geq 10.91\%$.

275. Schema di Bernoulli; $X_n$ = "n° di volte che si verifica il successo $A$ in $n$ prove" $\sim \mathcal{B}(n;p)$; $p = P(A) = 5/36$. *i)* $P(X_5 \geq 2) \simeq 14.47\%$; *ii)* $P(X_{40} \geq 5) \simeq 68.53\%$ con l'approssimazione normale; *iii)* $Y$ = "n di prove per ottenere il primo successo" $\sim \mathcal{G}(1/p)$, $P(Y > 8) = (1 - 5/36)^8 \simeq 30.23\%$.

276. Schema ipergeometrico dove i "successi" sono i 3 numeri giocati da Aldo; $X$ = "numero di successi" $\sim \mathcal{I}(90;3;5)$; $P(A) = P(X = 3) = 1/11748 \simeq 8.51 \times 10^{-5}$.

277. Schema ipergeometrico; $X$ = "n° di allievi regolari nel campione estratto" $\sim \mathcal{I}(142;96;12) \approx \mathcal{B}(12;96/142)$; $P(A) = P(8 \leq X \leq 12) \simeq 65.82\%$.

278. $X$ = "n° di dadi truccati estratti". *i)* $X \sim \mathcal{I}(11;3;4)$ e $P(X \geq 2) \simeq 27.88\%$; *ii)* $X \sim \mathcal{B}(4;3/11)$ e $P(X \geq 2) \simeq 30.06\%$.

279. $X$ = "n° di palline difettose estratte"; (estrazioni con reimmissione) $X \sim \mathcal{B}(8;3/40)$ e $P(X = 0) \simeq 53.60\%$; (estrazioni in blocco) $X \sim \mathcal{I}(400;30;8)$ e $P(X = 0) \simeq 53.29\%$.

280. $X$ = "n° di fusibili difettosi estratti"; (estrazioni con reimmissione) $X \sim \mathcal{B}(5;4/50)$ e $P(X \geq 1) \simeq 34.09\%$; (estrazioni in blocco) $X \sim \mathcal{I}(50;4;5)$ e $P(X \geq 1) \simeq 35.30\%$.

281. Schema ipergeometrico; $X$ = "n° di candele guaste sostituite" $\sim \mathcal{I}(6;2;2)$; $P(A) = P(X = 2) = 1/15$; $P(B) = P(X > 0) = 1 - P(X = 0) = 3/5$.

282. Schema ipergeometrico; $X =$ "n° di lampadine difettose capitate ad Aldo" $\sim \mathcal{I}(24;4;10)$; $P(A) = P(X=4) \simeq 1.98\%$; $P(B) = P(X=4) + P(X=0) \simeq 11.40\%$.

283. Schema ipergeometrico; $X =$ "cinquine formate da numeri pari" $\sim \mathcal{I}(90;45;5)$, $P(X=5) \simeq 2.78\%$; $Y =$ "cinquine contenenti multipli di 10" $\sim \mathcal{I}(90;9;5)$, $P(Y=1) \simeq 34.07\%$.

284. Schema ipergeometrico; $X_n =$ "n° di schede difettose in una confezione di $n$ schede" $\sim \mathcal{I}(200;8;n)$; $P(X_{10}=0) \simeq 65.84\%$; $P(X_{15}=0) \simeq 52.98\%$, quindi $P(X_{15}=0) > P(X_{10} \geq 1) = 1 - P(X_{10}=0)$.

285. Schema ipergeometrico; $p =$ "difettosità del lotto"; $X_p =$ "n° di pezzi difettosi nel campione" $\sim \mathcal{I}(50;50p;5)$; $P(A) = P(X_{0.20}=0) \simeq 31.07\%$; $P(B) = 1 - P(X_{0.04}=0) \simeq 19.18\%$.

286. Schema ipergeometrico; $X =$ "n° di buste estratte contenenti un premio" $\sim \mathcal{I}(10;3;5)$; supporto $x = 0,1,2,3$; $P(X=0) = P(X=3) = 1/12$, $P(X=1) = P(X=2) = 5/12$.

287. Schema ipergeometrico; $X =$ "n° di ragazze estratte" $\sim \mathcal{I}(167;96;4)$; $P(A) = P(X=3) \simeq 32.46\%$; $P(B) = P(X \geq 3) = P(X=3)+P(X=4) \simeq 43.08\%$; $P(C) = P(X \leq 3) = 1 - P(X=4) \simeq 89.37\%$.

288. Schema di Poisson; $X_T =$ "n° di impurità presenti in $T$ cm di cavo" $\sim \mathcal{P}(0.3T)$; $P(A) = P(X_{10} \leq 2) \simeq 42.32\%$; $P(B) = P(X_5 \geq 3) \simeq 19.12\%$.

289. Schema di Poisson; *i)* $Y \sim \mathcal{P}(1.5)$; *ii)* $P(Y > 1 \mid Y \geq 1) \simeq 56.92\%$.

290. Schema di Poisson; $X =$ "n° malfunzionamenti in un giorno" $\sim \mathcal{P}(1.5)$; $Y =$ "perdita giornaliera (in €)"; $S = \sum_{i=1}^{30} Y_i$ con le $Y_i$ tutte distribuite come $Y$. $P(Y=0) = P(X=0) = e^{-1.5} \simeq 22.31\%$; $P(Y=2000) = P(X=1) = 1.5 \times e^{-1.5} \simeq 33.47\%$; $P(Y=4000) = P(X \geq 2) = 1 - 2.5 \times e^{-1.5} \simeq 44.22\%$; $E(Y) = 2000 \times 0.3347 + 4000 \times 0.4422 \simeq 2438$ ; $E(S) = 30 \times E(Y) \simeq 73\,146$ €.

291. Schema di Poisson; $X_T =$ "n° di rifornimenti in $T$ ore" $\sim \mathcal{P}(10T)$; $P(A) = P(X_{0.25}=2) \simeq 25.65\%$; $P(B) = P(X_2 \geq 25) \simeq 15.72\%$. (Si può assumere $\mathcal{P}(10T) \approx \mathcal{N}(10T;10T)$ per $T > 0.5$ ore.)

292. Schema di Poisson; $X_T =$ "n° di guasti in $T$ giorni" $\sim \mathcal{P}(3T/7)$; $P(A) = P(X_1=1) \simeq 27.92\%$; $P(B) = P(X_{10} \leq 3) \simeq 37.97\%$.

293. Schema di Poisson; $X_T =$ "n° di malfunzionamenti entro le prime $T$ ore" $\sim \mathcal{P}(4T)$. *i)* $P(X_1=4) \simeq 19.54\%$; *ii)* $P(X_1 \geq 1) \simeq 98.19\%$; *iii)* $P(X_{0.25}=0) \simeq 36.79\%$.

294. Schema di Poisson; $X_T =$ "n° di impurità in $T$ cm di filo" $\sim \mathcal{P}(0.5T)$. *i)* $P(X_{10}=2) \simeq 8.42\%$; *ii)* $P(X_{10} \geq 2) \simeq 95.96\%$; *iii)* $P(X_{10} \leq 2) \simeq 12.47\%$.

295. Schema di Poisson; $X_T =$ "n° di ritardi in $T$ mesi" $\sim \mathcal{P}(2T)$; $P(A) = P(X_{0.25}=0) \simeq 60.65\%$; $P(B) = P(X_{11} \leq 15) \simeq 8.29\%$. (Si può assumere $\mathcal{P}(2T) \approx \mathcal{N}(2T;2T)$ per $T > 5$ mesi.)

296. Schema di Poisson; $X_n =$ "n° di televisori venduti in $n$ giorni" $\sim \mathcal{P}(2n) \approx \mathcal{N}(2n;2n)$; la condizione $P(X_n \geq 30) > 0.90$ diventa $2n + z_{0.10}\sqrt{2n} - 29.5 > 0$ ed ha soluzione $n > 18.7$. Quindi $n = 19$.

297. Schema di Poisson; $X_T =$ "n° di errori scoperti entro le prime $T$ ore" $\sim \mathcal{P}(0.5T)$; $Y =$ "tempo (in ore) tra la scoperta di un errore e quella del successivo" $\sim \mathcal{E}(0.5)$. *i)* $P(X_3=4) \simeq 4.71\%$; *ii)* $P(X_2 \leq 1) \simeq 73.58\%$; *iii)* $P(Y > 2) \simeq 36.79\%$.

298. Schema di Poisson; $X =$"tempo (in s) tra due telefonate" $\sim \mathcal{E}(1/60)$. *i)* $P(X \geq 30) = e^{-30/60} \simeq 60.65\%$; *ii)* $P(30 \leq X \leq 40) = \left(1 - e^{-40/60}\right) - \left(1 - e^{-30/60}\right) \simeq 9.31\%$; *iii)* $P(X \leq 50|X \geq 30) = P(X \leq 20) = 1 - e^{-20/60} \simeq 28.35\%$.

299. Schema di Poisson; $X =$ "durata (in anni) del transistore" $\sim \mathcal{E}(0.5)$; $P(X < 1) = 1 - e^{-1/2} \simeq 39.35\%$; $P(X > 1.5) = e^{-3/4} \simeq 47.24\%$; $P(1 < X < 2) = e^{-1/2} - e^{-1} \simeq 23.87\%$; $P(X > 5|X > 2) =$ (per l'assenza di memoria) $= P(X > 3) = e^{-3/2} \simeq 22.31\%$.

300. Schema di Poisson; $A =$ "scheda di X"; $B =$ "scheda di Y"; $P(A) = 2/3$; $P(B) = 1/3$. *i)* $X =$ "durata (in mesi) di una scheda di X" $\sim \mathcal{E}(1/36)$; $Y =$ "durata (in mesi) di una scheda di Y" $\sim \mathcal{E}(1/48)$; *ii)* $\alpha = P$ (guasto dopo 40 mesi $|A) = P(X > 40) = e^{-40/36} \simeq 32.92\%$; *iii)* $\beta = P$ (guasto dopo 40 mesi) $= P(X > 40) \times P(A) + P(Y > 40) \times P(B) \simeq 36.43\%$ perché $P(Y > 40) = e^{-40/48}$; *iv)* $\gamma = P(A|$ guasto dopo 40 mesi$) = \alpha \times P(A)/\beta \simeq 60.24\%$.

301. Schema di Poisson; $X =$ "durata (in anni) di una lampadina" $\sim \mathcal{E}(1/4)$; $P(A) = P(X > 3/2) = e^{-3/8} \simeq 68.73\%$; $P(B) = P(A) \times P(A) = e^{-3/4} \simeq 47.24\%$.

302. Schema di Poisson; $X_1 =$ "durata (in anni) del primo transistore" $\sim \mathcal{E}(1/4)$, $p_1 = P(X_1 > 1) = e^{-1/4} \simeq 77.88\%$; $X_2 =$ "durata (in anni) del secondo transistore" $\sim \mathcal{E}(1/5)$, $p_2 = P(X_2 > 1) = e^{-1/5} \simeq 81.87\%$; $p = p_1 p_2 = e^{-9/20} \simeq 63.76\%$.

303. Schema di Poisson; $X =$ "tempo d'attesa (in ore) delle prime 90 telefonate" $\sim \Gamma(90; 100) \approx \mathcal{N}(0.9; 0.009)$; $P(X \leq 1) \simeq \Phi(1.054) = 85.41\%$.

304. Schema di Poisson; $X =$ "n° di difetti in una bobina" $\sim \mathcal{P}(3)$; $P(X = 0) = e^{-3} \simeq 4.98\%$. *ii)* Schema binomiale; $Y =$ "n° di bobine non difettose in un lotto" $\sim \mathcal{B}(5; e^{-3})$; $P(Y \geq 1) = 1 - P(Y = 0) = 1 - (1 - e^{-3})^5 \simeq 22.54\%$.

305. Modello uniforme continuo; $X =$ "numero scelto" $\sim \mathcal{U}(0, 1)$; $P\left(0.3 \leq \sqrt{X} < 0.4\right) = 7\%$.

306. Modello uniforme continuo; $X =$ "numero scelto" $\sim \mathcal{U}(0, 1)$; area $= X(1 - X)$; area media $= \int_0^1 x(1 - x)\,dx = 1/6$; varianza area $= \int_0^1 x^2(1 - x)^2\,dx - (1/6)^2 = 1/30 - 1/36 = 1/180$; dev. st. area $= \sqrt{1/180} \simeq 0.0745$.

307. Modello uniforme continuo; $X \sim \mathcal{U}(0; \pi)$; $P(X > \pi/3) = 2/3$.

308. Modello gaussiano; $X =$ "lunghezza del pezzo" $\sim \mathcal{N}(\mu; \sigma^2)$; % degli scarti di produzione $\simeq P(|X - \mu| > 1.5\sigma) \simeq 13.36\%$.

369. $P(X = 1, Y = 1) = P(Y = 1 \mid X = 1) \times P(X = 1) = 2/4 \times 3/5 = 6/20$, ecc.

| | $y = 1$ | $y = 2$ | $P(X = x)$ |
|---|---|---|---|
| $x = 1$ | 6/20 | 6/20 | 12/20 |
| $x = 2$ | 6/20 | 2/20 | 8/20 |
| $P(Y = y)$ | 12/20 | 8/20 | |

370. $C(X, Y) = -0.12$, $P(Y < X) = 0.55$.

371. $E(X) = 1$; $E(Y) = 1/2$; $E(XY) = 1/3$; $C(X, Y) = -1/6$.

| | $y = 0$ | $y = 1$ | $P(X = x)$ |
|---|---|---|---|
| $x = 0$ | 0 | 1/6 | 1/6 |
| $x = 1$ | 1/3 | 1/3 | 2/3 |
| $x = 2$ | 1/6 | 0 | 1/6 |
| $P(Y = y)$ | 1/2 | 1/2 | |

372. $C(X,Y) = 6a^2 - 3a + 0.24 = 0$ per $a = 0.1$ oppure $a = 0.4$.

373. $b = 1/3 - a$ con $0 \leq a \leq 1/3$; $C(X,Y) = a + b - 1/3 = 0$ sempre.

374. $K = 1/10$; $C(X,Y) = -3/10$.

375. $K = 1/42$; $P(Y \geq 2X) = 19/42$.

376. $E(X) = 0.4$; $E(Y) = 0.7$; $E(XY) = -1.4$; $C(X,Y) = -1.68$.

| | $y=-2$ | $y=1$ | $y=3$ | $P(X=x)$ |
|---|---|---|---|---|
| $x=-2$ | 0.1 | 0.3 | 0.2 | 0.6 |
| $x=4$ | 0.2 | 0.1 | 0.1 | 0.4 |
| $P(Y=y)$ | 0.3 | 0.4 | 0.3 | |

377. $E(X) = 1.3$; $E(Y) = 2.6$; $E(XY) = 3.6$; $C(X,Y) = 0.22$.

| | $y=-1$ | $y=3$ | $y=6$ | $P(X=x)$ |
|---|---|---|---|---|
| $x=1$ | 0.20 | 0.40 | 0.10 | 0.70 |
| $x=2$ | 0.05 | 0.15 | 0.10 | 0.30 |
| $P(Y=y)$ | 0.25 | 0.55 | 0.20 | |

378.

| | $y=-1$ | $y=0$ | $y=10$ | $P(X=x)$ |
|---|---|---|---|---|
| $x=2$ | 0.2 | 0.2 | 0.1 | 0.5 |
| $x=4$ | 0.2 | 0.2 | 0.1 | 0.5 |
| $P(Y=y)$ | 0.4 | 0.4 | 0.2 | |

379.

| | $y=1$ | $y=5$ | $y=10$ | $P(X=x)$ |
|---|---|---|---|---|
| $x=2$ | 0.18 | 0.30 | 0.12 | 0.60 |
| $x=4$ | 0.12 | 0.20 | 0.08 | 0.40 |
| $P(Y=y)$ | 0.30 | 0.50 | 0.20 | |

380. $X \sim \mathcal{B}(2;1/2)$ e $Y \sim \mathcal{B}(3;1/2)$ non sono indipendenti.

| | $y=0$ | $y=1$ | $y=2$ | $y=3$ | $P(X=x)$ |
|---|---|---|---|---|---|
| $x=0$ | 0 | 0 | 1/8 | 1/8 | 2/8 |
| $x=1$ | 0 | 2/8 | 2/8 | 0 | 4/8 |
| $x=2$ | 1/8 | 1/8 | 0 | 0 | 2/8 |
| $P(Y=y)$ | 1/8 | 3/8 | 3/8 | 1/8 | |

381. $X \sim \mathcal{B}(2;1/2)$ e $Y \sim \mathcal{B}(2;1/2)$ non sono indipendenti.

| | $y=0$ | $y=1$ | $y=2$ | $P(X=x)$ |
|---|---|---|---|---|
| $x=0$ | 1/8 | 1/8 | 0 | 2/8 |
| $x=1$ | 1/8 | 2/8 | 1/8 | 4/8 |
| $x=2$ | 0 | 1/8 | 1/8 | 2/8 |
| $P(Y=y)$ | 2/8 | 4/8 | 2/8 | |

382. $C(X,Y) = E(XY) - E(X)E(Y) = 11/2 - (7/4) \times 3 = 1/4$.

| | $y=2$ | $y=3$ | $y=4$ | $P(X=x)$ |
|---|---|---|---|---|
| $x=1$ | $1/4$ | $0$ | $0$ | $1/4$ |
| $x=2$ | $0$ | $1/2$ | $1/4$ | $3/4$ |
| $P(Y=y)$ | $1/4$ | $1/2$ | $1/4$ | |

383. $C(X,Y) = E(XY) - E(X)E(Y) = 4 - (5/4) \times 3 = 1/4$.

| | $y=2$ | $y=3$ | $y=4$ | $P(X=x)$ |
|---|---|---|---|---|
| $x=1$ | $1/4$ | $1/2$ | $0$ | $3/4$ |
| $x=2$ | $0$ | $0$ | $1/4$ | $1/4$ |
| $P(Y=y)$ | $1/4$ | $1/2$ | $1/4$ | |

384. $P(X=x) = 1/3$ per $x = 1,2,3$; $P(Y=y \mid X=x) = 0$ se $y = x$, $P(Y=y \mid X=x) = 1/2$ se $y \neq x$; $E(X) = E(Y) = 2$; $E(XY) = 11/3$; $C(X,Y) = -1/3$.

| | $y=1$ | $y=2$ | $y=3$ | $P(X=x)$ |
|---|---|---|---|---|
| $x=1$ | $0$ | $1/6$ | $1/6$ | $1/3$ |
| $x=2$ | $1/6$ | $0$ | $1/6$ | $1/3$ |
| $x=3$ | $1/6$ | $1/6$ | $0$ | $1/3$ |
| $P(Y=y)$ | $1/3$ | $1/3$ | $1/3$ | |

385. $X \sim \mathcal{B}(2;1/2)$; $P(Y=y \mid X=x) = 0$ se $y < x$ oppure $y > x+1$, $P(Y=0 \mid X=0) = 1/2$ ecc.; $E(X) = 1$; $E(Y) = 3/2$; $E(XY) = 2$; $C(X,Y) = 1/2$.

| | $y=0$ | $y=1$ | $y=2$ | $y=3$ | $P(X=x)$ |
|---|---|---|---|---|---|
| $x=0$ | $1/8$ | $1/8$ | $0$ | $0$ | $1/4$ |
| $x=1$ | $0$ | $1/4$ | $1/4$ | $0$ | $1/2$ |
| $x=2$ | $0$ | $0$ | $1/8$ | $1/8$ | $1/4$ |
| $P(Y=y)$ | $1/8$ | $3/8$ | $3/8$ | $1/8$ | |

386. $X \sim \mathcal{B}(1;p)$; $P(Y=0 \mid X=0) = P(Y=1 \mid X=0) = 1/2$, $P(Y=2 \mid X=0) = 0$ ecc.; $E(X) = p$; $E(Y) = (1+p)/2$; $E(XY) = p$; $C(X,Y) = p(1-p)/2$.

| | $y=0$ | $y=1$ | $y=2$ | $P(X=x)$ |
|---|---|---|---|---|
| $x=0$ | $(1-p)/2$ | $(1-p)/2$ | $0$ | $1-p$ |
| $x=1$ | $p/4$ | $p/2$ | $p/4$ | $p$ |
| $P(Y=y)$ | $(2-p)/4$ | $1/2$ | $p/4$ | |

387. $X \sim \Gamma(2;1)$, $Y \sim \Gamma(4;1)$.

388. $K = 6$; $f_Y(y) = (1+12y)/2$ con $0 \leq y \leq 1/2$; $E(Y) = 5/16$.

389. $K = e(1-e)^{-2}$; $P(X<Y) = (1-e)^{-2}$.

390. $K = 2$; $f_X(x) = 3x^2$ con $0 \leq x \leq 1$; $f_Y(y) = 3y^2$ con $0 \leq y \leq 1$; $E(X) = E(Y) = 3/4$, $E(XY) = 1/3$; $C(X,Y) = -11/48$.

391. $f_X(x) = 3(x-1)^2$ con $0 \leq x \leq 1$; $f_Y(y) = 3y^2$ con $0 \leq y \leq 1$; $C(X,Y) = 1/80$.

392. $X \sim \mathcal{E}(1)$; $Y \sim \mathcal{U}(0,1)$; $X$ ed $Y$ indipendenti perché $f(x,y) = f_X(x)\,f_Y(y)$.

393. $f_X(x) = (3x^2+1)/2$ se $0 \le x \le 1$, $f_X(x) = 0$ altrimenti; $f_Y(y) = (3y^2+1)/2$ se $0 \le y \le 1$, $f_Y(y) = 0$ altrimenti; $P(Y \le X^2) = 13/35 \simeq 37.14\%$.

394. $f_X(x) = 21x^2(1-x^4)/8$ se $-1 \le x \le 1$, $f_X(x) = 0$ altrimenti; $f_Y(y) = 7y^2\sqrt{y}/2$ se $0 \le y \le 1$, $f_Y(y) = 0$ altrimenti; $P(Y \le X) = 3/20 = 15\%$.

395. $f_X(x) = x + 1/2$ per $0 \le x \le 1$; $f_Y(y) = |y|/2 + 1/4$ per $|y| \le 1$, quindi $f(x,y) \neq f_X(x) f_Y(y)$ e $X$ ed $Y$ non sono indipendenti; $E(Y) = E(XY) = 0$, quindi $C(X,Y) = 0$ e $X$ ed $Y$ sono incorrelate.

396. Per $u \ge 0$ e $R_u = \{(x,y) : x \ge 0, y \ge 0, x+y \le u\}$ si ha: $F_U(u) = P(U \le u) = \iint_{R_u} \lambda^2 e^{-\lambda(x+y)} dxdy = 1 - e^{-\lambda u} - \lambda u e^{-\lambda u}$; $f_U(u) = F_U'(u) = \lambda^2 u e^{-\lambda u}$, quindi $U \sim \Gamma(2;\lambda)$.

397. *i)* $P(X < Y) = \lambda_1/(\lambda_1+\lambda_2)$; *ii)* $X$ = "durata della radio (in h)" $\sim \mathcal{E}(1/1000)$, $Y$ = "durata dell'altoparlante (in h)" $\sim \mathcal{E}(1/500)$, $\{X < Y\}$ = "il sistema si rompe per la rottura della radio", $P(X < Y) = 1/3$.

398. $Z \sim \mathcal{B}(1;p^2)$.

399. $X$ = "tempo di svolgimento della prova (in min)" $\sim \mathcal{E}(1/90)$; $X_1$ = "tempo impiegato da Aldo" e $X_2$ = "tempo impiegato da Bruno" iid come $X$; $P(A) = P(X_1 < 60) = 1 - e^{-2/3}$; $P(B) = P(X_1 < 60, X_2 < 60) = \left(1 - e^{-2/3}\right)^2$; $P(C) = P(X_1 < 60, X_2 \ge 60) + P(X_1 \ge 60, X_2 < 60) = 2e^{-2/3}\left(1 - e^{-2/3}\right)$.

400. *i)* $p \le 50\%$; *ii)* $X + Y \sim \mathcal{N}(0;2)$, da cui $p = 2\left(1 - \Phi\left(\sqrt{2}\right)\right) \simeq 15.73\%$.

401. $V(2X - 3Y) = 4a + 9b - 6c$; $C(X - Y, 2X - 3Y) = 2a + 3b - 5c$.

402. Il sistema di equazioni $0 = E(U) = 2a + 4b$, $1 = V(U) = 3a^2 + 2b^2$ ha soluzioni $a = 2/\sqrt{14}$, $b = -1/\sqrt{14}$ oppure $a = -2/\sqrt{14}$, $b = 1/\sqrt{14}$.

403. $P(X + Y = 3) = P(X = 2) \times P(Y = 1) + P(X = 1) \times P(Y = 2) = 15\%$; $X + Y$ è il numero di Teste che escono quando si lancia due volte una coppia di monete di trucchi 0.5 e 0.3, rispettivamente.

404. $P(|U| \le 1 \,|\, X = 0) = P(|Y| \le 1) \simeq 68.27\%$; $P(|U| \le 1 \,|\, X = 1) = P(|Y + 1| \le 1) \simeq 47.72\%$; $P(|U| \le 1) = P(|U| \le 1 \,|\, X = 0) P(X = 0) + P(|U| \le 1 \,|\, X = 1) P(X = 1) \simeq 58.00\%$.

405. $V(3X \pm 2Y) = 9\sigma_X^2 + 4\sigma_Y^2 = 72$; $3X - 2Y \sim \mathcal{N}(1;72)$; $P(3X - 2Y > 2) \simeq 45.31\%$.

406. $X - Y \sim \mathcal{N}(8;20)$; $P(|X - Y| \le 5) \simeq 24.93\%$.

407. $aX + bY \sim \mathcal{N}(a + 3b; 4(a^2 + b^2))$; $a = -3b$, $b = \pm 1/\left(\sqrt{40} z_{0.75}\right) \simeq \pm 0.2344$.

408. $X - Y \sim \mathcal{N}(5, 5^2)$; $P(X - Y > 0) = \Phi(1) \simeq 84.13\%$.

409. Schema di Bernoulli; $X$ = "n° centri di Aldo in 50 tiri" $\sim \mathcal{B}(50;0.8) \approx \mathcal{N}(40;8)$; $Y$ = "n° centri di Bruno in 50 tiri" $\sim \mathcal{B}(50;0.9) \approx \mathcal{N}(45;4.5)$; (per l'indipendenza) $X - Y \approx \mathcal{N}(-5;12.5)$; $P(X > Y) \simeq 7.86\%$.

410. Schema di Bernoulli; $X \sim \mathcal{B}(1500;0.05) \approx \mathcal{N}(75;71.25)$; $Y \sim \mathcal{B}(1000;0.1) \approx \mathcal{N}(100;90)$; (per l'indipendenza) $X - Y \approx \mathcal{N}(-25;161.25)$; $P(X > Y) \simeq 2.45\%$.

411. *i)* $P(X = -1) = 0.01 \times 0.05 = 0.0005$; $P(X = 2) = 0.99 \times 0.95 = 0.9405$; $P(X = 1) = 1 - P(X = -1) - P(X = 2) = 0.0590$; $\mu = 1.9395$; $\sigma^2 = 0.05983975$. *ii)* $Y \approx \mathcal{N}(1000\mu; 1000\sigma^2)$ per il TLC con $n = 1000$; $P(Y > 1930) \simeq 64.35\%$ (con correzione di continuità).

412. $X$ = "peso (in kg) di un pacco"; $S = \sum_{x=1}^{50} X_i$ = "peso (in kg) di una confezione" $\approx \mathcal{N}(100; 50\sigma^2)$ per TLC con $n = 50$, $\mu = E(X) = 2$ e $\sigma^2 = V(X)$ incognita. La condizione $P(|S - 100| \leq 0.2) \geq 0.90$ dà $\sigma \leq \sqrt{2}/(50 z_{0.95}) \simeq 17$ g.

413. $\sum_{i=1}^{50} X_i \approx \mathcal{N}(150; 50)$ per il TLC con $E(X) = 3$; $V(X) = 1$; $n = 50$; $P(2.8 \leq \overline{X} \leq 3.1) = P(140 \leq \sum_{i=1}^{50} X_i \leq 155) \simeq 71.29\%$ (con correzione di continuità).

414. $X$ = "punteggio nel singolo lancio"; $P(X = x) = 1/6$ $(x = 1, ..., 6)$; $\overline{X}$ = "punteggio medio in $n$ lanci" $\approx \mathcal{N}(\mu; \sigma^2/n)$ per TLC con $\mu = E(X) = 7/2$ e $\sigma^2 = V(X) = 35/12$. La condizione $P(\overline{X} > 3.4) > 0.95$ dà $n > 3500 (z_{0.05})^2 / 12 = 789.1\cdots$, quindi $n \geq 790$.

415. $U$ = "punteggio totale" $\approx \mathcal{N}(350; 3500/12)$ per TLC con $n = 100$, $\mu = 3.5$ e $\sigma^2 = 35/12$; $P(U > 360) \simeq 28.90\%$.

416. $\mu = E(X) = 0$, $\sigma^2 = V(X) = 4/5$; $U \approx \mathcal{N}(30\mu; 30\sigma^2) = \mathcal{N}(0; 24)$ per TLC; $P(|U| \leq 2) \simeq 31.69\%$.

417. $\overline{X}$ = "media dei 100 numeri" $\approx \mathcal{N}(1; 1/300)$ per TLC con $n = 100$, $\mu = 1$ e $\sigma^2 = 1/3$; $P(\overline{X} < 1.02) \simeq 63.55\%$.

418. $U$ = "somma dei 30 numeri" $\approx \mathcal{N}(0; 10)$ per TLC con $n = 30$, $\mu = 0$ e $\sigma^2 = 1/3$; $P(-0.1 \leq U \leq 0.2) \simeq 3.78\%$.

419. È $\overline{X} \approx \mathcal{N}(0.5; 1/12n)$ per TLC con $\mu = 0.5$ e $\sigma^2 = 1/12$; si trova $n \simeq \dfrac{100}{3} z_{0.88}^2 \simeq 21.9$. Quindi è $n = 22$.

420. Per il TLC con $\mu = \sigma = \dfrac{1}{1.2}$ si ha $\overline{X} \approx \mathcal{N}\left(\dfrac{1}{1.2}; \dfrac{1}{(1.2)^2 n}\right)$, da cui $P(\overline{X} \leq 1) \simeq \Phi(0.2\sqrt{n})$ e $n \simeq (z_{0.92}/0.2)^2 \simeq 49$.

421. $\overline{X}$ = "media dei 40 numeri" $\approx \mathcal{N}(5.5; 0.20625)$ per TLC con $n = 40$, $\mu = 5.5$ e $\sigma^2 = 8.25$; $P(\overline{X} \leq 5) \simeq 13.55\%$.

422. *i)* $Y = \sum_{x=1}^{60} X_i \approx \mathcal{N}(90; 15)$ per TLC con $n = 60$, $\mu = 1.5$ e $\sigma^2 = 0.25$. *ii)* $P(\text{blocco}) = P(Y > 100) \simeq 1 - \Phi(10/\sqrt{15}) \simeq 0.49\%$; n° medio di blocchi al giorno $= 24 \times 60 \times 0.0049 \simeq 7$.

423. $\sum_{x=1}^{40} X_i \approx \mathcal{N}(20; 18)$ per TLC con $n = 40$, $\mu = E(X) = 0.5$ e $\sigma^2 = V(X) = 0.45$; $P(\sum_{x=1}^{40} X_i < 25) \simeq \Phi(1.1785) \simeq 88.07\%$.

424. $Y \approx \mathcal{N}(-1.35; 49.964)$ per TLC con $n = 50$, $\mu = -1/37$ e $\sigma^2 = 1 - (1/37)^2$; $P(Y \geq 0) \simeq 1 - \Phi(0.1910) \simeq 42.42\%$.

425. $X$ = "n° di caffé bevuti al giorno"; $\sum_{x=1}^{30} X_i$ = "n° di caffé bevuti al mese" $\approx \mathcal{N}(57; 14.7)$ per TLC con $n = 30$, $\mu = E(X) = 1.9$ e $\sigma^2 = V(X) = 0.49$; $P(\sum_{x=1}^{30} X_i > 60) \simeq 1 - \Phi(0.7825) \simeq 21.70\%$.

426. *i)* $\overline{X}$ = "tempo medio di servizio (in min) dei 32 clienti" $\approx \mathcal{N}(4; 1/8)$ per TLC con $n = 32$, $\mu = 4$ e $\sigma^2 = 4$; $P(\overline{X} \leq 3) \simeq 0.23\%$. *ii)* $\sum_{x=1}^{32} X_i = 32\overline{X}$ = "tempo totale di servizio (in min) dei 32 clienti" $\approx \mathcal{N}(128; 128)$; $P(\sum_{x=1}^{32} X_i \geq 120) \simeq 76.03\%$.

427. Schema trinomiale con $p = q = 15/36$, $r = 6/36$; $P(A) = \dfrac{10!}{5!3!2!} p^5 q^3 r^2 \simeq 6.36\%$; $P(B) = \dbinom{10}{5} p^5 (1-p)^5 \simeq 21.38\%$.

428. $P(A) = 12/91$ per l'estrazione in blocco (schema ipergeometrico); $P(A) = 16/125$ per l'estrazione con reimmissione (schema trinomiale).

429. Schema trinomiale; $C(X,Y) = E(XY) - E(X)E(Y) = 0.4 - 0.5 \times 1 = -0.1$; $\rho(X,Y) = C(X,Y)/\sqrt{V(X)V(Y)} = -0.1/\sqrt{0.25 \times 0.4} = -\sqrt{0.1} \simeq -31.62\%$; $P(X = x, Y = y) = \binom{1}{x} \times \binom{2}{y} \times \binom{3}{3-x-y} / \binom{6}{3}$.

| | $y = 0$ | $y = 1$ | $y = 2$ | $P(X = x)$ |
|---|---|---|---|---|
| $x = 0$ | $1/20$ | $6/20$ | $3/20$ | $1/2$ |
| $x = 1$ | $3/20$ | $6/20$ | $1/20$ | $1/2$ |
| $P(Y = y)$ | $1/5$ | $3/5$ | $1/5$ | |

430. $P(Y < 3X) = 5/6$; $P(Y < X \mid Y < 3X) = 3/5$.

431. $R \sim \mathcal{U}(0, 2a)$ e $\Theta \sim \mathcal{U}(0, 2\pi)$ indipendenti; $P(C) = 1/2$; $P(D) = 1/8$; $P(D|C) = 1/4$.

432. $f(x,y) = 1/4$ se $(x,y) \in S$, $f(x,y) = 0$ altrimenti; $P(X \leq 1 \mid Y \geq 1) = 3/4$.

433. $E(Z) = E(X)E(Y) = 4$; $V(Z) = E(X^2)E(Y^2) - E(Z)^2 = 112/9$; $P(Z > 2) = (7 - 3\ln 2)/8 \simeq 61.51\%$.

472. È $\mu = \dfrac{\vartheta}{\vartheta + 1}$, quindi $\widehat{\vartheta} = \dfrac{\overline{X}}{1 - \overline{X}}$.

473. È $\mu = 4\vartheta/3$, quindi $\widehat{\vartheta} = 3\overline{X}/4$.

474. $\mu = \vartheta + 1$, quindi $\widehat{\vartheta} = \overline{X} - 1$; $E\left(\widehat{\vartheta}\right) = E\left(\overline{X}\right) - 1 = \mu - 1 = \vartheta$.

475. $E(\widehat{\mu_1}) = E\left(\overline{X}\right) = \mu$; $E(\widehat{\mu_2}) = \mu/2 + 4\mu/8 = \mu$; $V(\widehat{\mu_1}) = V\left(\overline{X}\right) = \sigma^2/5$; $V(\widehat{\mu_2}) = \sigma^2/4 + 4\sigma^2/64 = 5\sigma^2/16 > \sigma^2/5$. $\widehat{\mu_1}$ è preferibile a $\widehat{\mu_2}$ perché ha errore standard più piccolo.

476. $\widehat{\vartheta} = \dfrac{\overline{X}}{1 - \overline{X}}$; $p = P(X \leq 0.5) = (0.5)^{\vartheta}$; $\overline{x} = \dfrac{8}{15}$; $\vartheta \simeq \dfrac{\overline{x}}{1 - \overline{x}} = \dfrac{8}{7}$; $p \simeq (0.5)^{8/7} \simeq 45.29\%$.

477. $X \sim \mathcal{N}(\mu; \sigma^2)$; $\mu \simeq \overline{x} = 2.72$; $\sigma^2 \simeq s^2 = 0.402$; $P(2 \leq X \leq 3) = \Phi\left(\dfrac{3-\mu}{\sigma}\right) - \Phi\left(\dfrac{2-\mu}{\sigma}\right) \simeq \Phi\left(\dfrac{3-\overline{x}}{s}\right) - \Phi\left(\dfrac{2-\overline{x}}{s}\right) \simeq 54.26\%$.

478. $n = 10$; $\widehat{\lambda} = \dfrac{n-1}{n\overline{X}}$; $\lambda \simeq \dfrac{1}{140}$; $P(X > 100) = e^{-100\lambda} \simeq e^{-100/140} \simeq 48.95\%$.

479. $X =$ "durata (in ore) di una batteria" $\sim \mathcal{E}(\lambda)$; $\widehat{\lambda} = \dfrac{n-1}{n\overline{X}}$. Si ha: $n = 5$; $\overline{x} = 63.8$; $\lambda = 4/319$; $P(X \geq 70) = e^{-70\lambda} \simeq e^{-70 \times 4/319} \simeq 41.57\%$.

480. $X \sim \Gamma(m; \lambda)$; è $\mu = m/\lambda$, quindi $\widehat{\lambda} = m/\overline{X}$.

481. $X =$ "n° di tentativi in una partita per fare centro" $\sim \mathcal{G}(p)$; $\widehat{p} = \dfrac{n-1}{n\overline{X} - 1}$. Si ha: $n = 3$; $\overline{x} = 10/3$; $p \simeq 2/9$.

482. Si ha $E(X) = \frac{3}{2}\vartheta$ e $V(X) = \frac{25}{12}\vartheta^2$. Da $E(X) \simeq \overline{X}$ segue $\widehat{\vartheta} = \frac{2}{3}\overline{X}$. Errore standard: $\sigma_{\widehat{\vartheta}} = \sqrt{V\left(\frac{2}{3}\overline{X}\right)} = \sqrt{\frac{4}{9n}V(X)} = \frac{5\vartheta}{3\sqrt{3n}}$; errore standard stimato: $s_{\widehat{\vartheta}} = \frac{10\overline{X}}{9\sqrt{3n}}$.

483. $X \sim \mathcal{U}(\vartheta - 1, \vartheta + 2)$, $\overline{x} = 5.1$. È $\mu = \vartheta + \frac{1}{2}$, quindi $\widehat{\vartheta} = \overline{X} - \frac{1}{2}$ e $\vartheta \simeq 5.1 - 0.5 = 4.6$.

484. $X$ = "controllo di un circuito"; successo = "circuito difettoso".

| | |
|---|---|
| POPOLAZIONE | $\mathcal{B}(1;p)$ |
| IC PER $p$ | $p = \widehat{p} \pm \sqrt{\widehat{p}(1-\widehat{p})/n}\, z_{1-\alpha/2}$ |
| DIMENSIONE DEL CAMPIONE | $n = 200$ |
| CONFIDENZA | $1 - \alpha = 0.90$ |
| QUANTILI | $z_{0.95} \simeq 1.645$ |
| STATISTICHE CAMPIONARIE | $\widehat{p} = 12/200 = 6\%$ |

$$\Longrightarrow \quad p = 6\% \pm 2.76\%$$

485. $X$ = "scrutinio di una scheda"; successo = "voto a favore del partito A".

| | |
|---|---|
| POPOLAZIONE | $\mathcal{B}(1;p)$ |
| IC PER $p$ | $p > \widehat{p} - \sqrt{\widehat{p}(1-\widehat{p})/n}\, z_{1-\alpha}$ |
| DIMENSIONE DEL CAMPIONE | $n = 140$ |
| CONFIDENZA | $1 - \alpha = 0.95$ |
| QUANTILI | $z_{0.95} \simeq 1.645$ |
| STATISTICHE CAMPIONARIE | $\widehat{p} = 46/140 \simeq 32.86\%$ |

$$\Longrightarrow \quad p > 26.33\%$$

486. $X$ = "un individuo è vaccinato"; successo = "vaccino efficace".

| | |
|---|---|
| POPOLAZIONE | $\mathcal{B}(1;p)$ |
| IC PER $p$ | $p > \widehat{p} - \sqrt{\widehat{p}(1-\widehat{p})/n}\, z_{1-\alpha}$ |
| DIMENSIONE DEL CAMPIONE | $n = 227$ |
| CONFIDENZA | $1 - \alpha = 0.95$ |
| QUANTILI | $z_{0.95} \simeq 1.645$ |
| STATISTICHE CAMPIONARIE | $\widehat{p} = 1 - 31/227 \simeq 86.34\%$ |

$$\Longrightarrow \quad p > 82.59\%$$

487. $X$ = "un lancio della moneta"; successo = "esce Testa".

| | |
|---|---|
| POPOLAZIONE | $\mathcal{B}(1;p)$ |
| IC PER $p$ | $p = \widehat{p} \pm \sqrt{\widehat{p}(1-\widehat{p})/n}\, z_{1-\alpha/2}$ |
| DIMENSIONE DEL CAMPIONE | $n = 250$ |
| CONFIDENZA | $1 - \alpha = 0.95$ |
| QUANTILI | $z_{0.975} \simeq 1.960$ |
| STATISTICHE CAMPIONARIE | $\widehat{p} = 112/250 = 44.8\%$ |

$$\Longrightarrow \quad p = 44.8\% \pm 6.16\%$$

488. $X$ = "n° di telefonate giornaliere".

| | |
|---|---|
| POPOLAZIONE | $\mathcal{P}(\mu)$ |
| IC PER $\mu$ | $\mu = \overline{x} \pm \sqrt{\overline{x}/n}\, z_{1-\alpha/2}$ |
| DIMENSIONE DEL CAMPIONE | $n = 3$ |
| CONFIDENZA | $1 - \alpha = 0.95$ |
| QUANTILI | $z_{0.975} \simeq 1.960$ |
| STATISTICHE CAMPIONARIE | $\overline{x} = 139$ |

$$\Longrightarrow \quad \mu = 139 \pm 13.3 \quad \text{telefonate/giorno}$$

489. $X$ = "n° di sms ricevuti al giorno".

| | |
|---|---|
| POPOLAZIONE | $\mathcal{P}(\lambda)$ |
| IC PER $\lambda$ | $\lambda > \overline{x} - \sqrt{\overline{x}/n}\, z_{1-\alpha}$ |
| DIMENSIONE DEL CAMPIONE | $n = 7$ |
| CONFIDENZA | $1 - \alpha = 0.90$ |
| QUANTILI | $z_{0.90} \simeq 1.282$ |
| STATISTICHE CAMPIONARIE | $\overline{x} = 52/7 \simeq 7.4$ |

$$\Longrightarrow \quad \lambda > 6.1 \quad \text{sms/giorno}$$

490. $X$ = "n° di telefonate settimanali".

| | |
|---|---|
| POPOLAZIONE | $\mathcal{P}(\mu)$ |
| IC PER $\nu = \frac{\mu}{7}$ | $\nu > \frac{1}{7}\left(\overline{x} - \sqrt{\frac{\overline{x}}{n}}\, z_{1-\alpha}\right) \equiv \nu_{\min}$ |
| DIMENSIONE DEL CAMPIONE | $n = 5$ |
| CONFIDENZA | $1 - \alpha = 0.90$ |
| QUANTILI | $z_{0.90} \simeq 1.282$ |
| STATISTICHE CAMPIONARIE | $\overline{x} = 797.8$ |

$$\Longrightarrow \quad \nu_{\min} = 111.7 \quad \text{telefonate/giorno}$$

491.

| | |
|---|---|
| POPOLAZIONE | $\mathcal{E}(\lambda)$ |
| IC PER $\mu = \frac{1}{\lambda}$ | $\frac{2n\overline{X}}{\chi^2_{1-\alpha/2}(2n)} < \mu < \frac{2n\overline{X}}{\chi^2_{\alpha/2}(2n)}$ |
| DIMENSIONE DEL CAMPIONE | $n = 9$ |
| CONFIDENZA | $1 - \alpha = 0.90$ |
| QUANTILI | $\chi^2_{0.05}(18) \simeq 9.390; \quad \chi^2_{0.95}(18) \simeq 28.869$ |
| STATISTICHE CAMPIONARIE | $\overline{x} = 407$ |

$$\Longrightarrow \quad 253.8 < \mu < 780.2$$

492. $X$ = "durata di funzionamento (in giorni)".

| | |
|---|---|
| POPOLAZIONE | $\mathcal{E}(\lambda)$ |
| IC PER $\mu = \frac{1}{\lambda}$ | $\mu > \frac{2n\overline{X}}{\chi^2_{1-\alpha}(2n)} \equiv \mu_{\min}$ |
| DIMENSIONE DEL CAMPIONE | $n = 5$ |
| CONFIDENZA | $1 - \alpha = 0.95$ |
| QUANTILI | $\chi^2_{0.95}(10) \simeq 18.307$ |
| STATISTICHE CAMPIONARIE | $\overline{x} = 703.2$ |

$$\Longrightarrow \quad \mu_{\min} = 384.1 \text{ giorni}$$

493. $X =$ "durata di funzionamento (in ore)".

| | |
|---|---|
| POPOLAZIONE | $\mathcal{E}(\lambda)$ |
| IC PER $\mu = \frac{1}{\lambda}$ | $\mu < \frac{2n\overline{X}}{\chi^2_{\alpha}(2n)} \equiv \mu_{\max}$ |
| DIMENSIONE DEL CAMPIONE | $n = 5$ |
| CONFIDENZA | $1-\alpha = 0.95$ |
| QUANTILI | $\chi^2_{0.05}(10) \simeq 3.940$ |
| STATISTICHE CAMPIONARIE | $\overline{x} = 968.8$ |

$$\Longrightarrow \qquad \mu_{\max} = 2458.7 \text{ ore}$$

494. $X =$ "durata (in mesi) di un fusibile" $\sim \mathcal{E}(\lambda)$; $p = P(X > 18) = e^{-18\lambda}$; IC a due code per $\lambda$: $\left(2n\overline{X}\right)^{-1}\chi^2_{\alpha/2}(2n) \leq \lambda \leq \left(2n\overline{X}\right)^{-1}\chi^2_{1-\alpha/2}(2n)$. Si ha: $n = 4$, $\alpha = 0.10$, $\overline{x} = 67/4$, $\chi^2_{0.05}(8) \simeq 2.733$, $\chi^2_{0.95}(8) \simeq 15.507$, da cui $0.0204 \leq \lambda \leq 0.1157$. Perciò $e^{-18\times0.1157} \leq p \leq e^{-18\times0.0204}$, ovvero $12.46\% \leq p \leq 69.28\%$.

495. Popolazione normale; IC a due code per $\mu$ ($\sigma$ nota); la condizione $\frac{0.1}{\sqrt{n}} z_{0.95} \leq 0.05$ dà $n \geq 11$.

496. Popolazione normale; IC a due code per $\mu$ ($\sigma$ nota); $n = 16$; la condizione $\frac{2\sigma}{\sqrt{n}} z_{1-\alpha/2} = \frac{\sigma}{2}$ dà $1-\alpha = 2\Phi(1) - 1 \simeq 68.27\%$.

497. Popolazione normale; IC a due code per $\mu$ ($\sigma$ nota); il sistema

$$\begin{cases} \overline{x} - \frac{\sqrt{6}}{\sqrt{n}} 1.960 = 11.41 \\ \overline{x} + \frac{\sqrt{6}}{\sqrt{n}} 1.960 = 13.89 \end{cases}$$

dà $n = 15$ e $\overline{x} = 12.65$.

498. Popolazione normale; IC a due code per $\mu$ ($\sigma$ incognita); $\overline{x} = 23$, $s^2 = 5.5$, $t_{0.95}(4) \simeq 2.132$; si ottiene $\mu = 23 \pm 2.2$.

499. Popolazione normale; $U \sim \mathcal{N}(50+\mu; 25+\sigma^2)$; $\mu \simeq \overline{u} - 50 = 7$, $\sigma^2 \simeq s^2 - 25 = 17.25$; IC a due code per $\mu$ ($\sigma$ incognita): $4.57 < \mu < 9.43$.

500. $X \sim \mathcal{N}(\mu; \sigma^2)$; IC a una coda per $\mu$ ($\sigma$ incognita); $n = 15$, $1-\alpha = 0.95$, $\overline{x} = 64$, $s^2 = 36$, $t_{0.95}(14) \simeq 1.761$. Si ottiene $\mu \geq 61.3$ kg.

501. La popolazione $X$ è la misura (in g) della massa incognita $\mu$ e il modello gaussiano dell'errore accidentale afferma che $X \sim \mathcal{N}(\mu; \sigma^2)$. Si ha

| | |
|---|---|
| POPOLAZIONE | $\mathcal{N}(\mu; \sigma^2)$ |
| IC PER $\sigma$ (CON $\mu$ INCOGNITA) | $\sigma \geq \sqrt{\frac{n-1}{\chi^2_{1-\alpha}(n-1)} s^2}$ |
| DIMENSIONE DEL CAMPIONE | $n = 5$ |
| CONFIDENZA | $1-\alpha = 0.95$ |
| QUANTILI | $\chi^2_{0.95}(4) \simeq 9.4877$ |
| STATISTICHE CAMPIONARIE | $s^2 \simeq 0.00213$ |

$$\Longrightarrow \qquad \sigma \geq 0.02997 \text{ g}$$

502. Si assume il modello gaussiano per la popolazione $X =$ "n° di pulsazioni cardiache".

| | |
|---|---|
| POPOLAZIONE | $\mathcal{N}(\mu;\sigma^2)$ |
| IC PER $\mu$ (CON $\sigma$ INCOGNITA) | $\mu = \overline{x} \pm \frac{s}{\sqrt{n}} t_{1-\alpha/2}(n-1)$ |
| DIMENSIONE DEL CAMPIONE | $n = 15$ |
| CONFIDENZA | $1-\alpha = 0.90$ |
| QUANTILI | $t_{0.95}(14) \simeq 1.761$ |
| STATISTICHE CAMPIONARIE | $\overline{x} = 59.1; \quad s^2 \simeq 71.43$ |

$$\Longrightarrow \qquad \mu = 59.1 \pm 3.84$$

503.

| | |
|---|---|
| POPOLAZIONE | $\mathcal{N}(\mu;\sigma^2)$ |
| IC PER $\mu$ (CON $\sigma$ INCOGNITA) | $\mu = \overline{x} \pm \frac{s}{\sqrt{n}} t_{1-\alpha/2}(n-1)$ |
| DIMENSIONE DEL CAMPIONE | $n = 8$ |
| CONFIDENZA | $1-\alpha = 0.95$ |
| QUANTILI | $t_{0.975}(7) \simeq 2.365$ |
| STATISTICHE CAMPIONARIE | $\overline{x} = 36947.5; \quad s \simeq 1339.10$ |

$$\Longrightarrow \qquad \mu = 36947.5 \pm 1120.64$$

504. Popolazione normale; IC a una coda per $\mu$ ($\sigma$ incognita); $n = 5$, $1-\alpha = 0.90$, $\overline{x} = 32.8$, $s^2 = 2.70$, $t_{0.90}(4) \simeq 1.533$; si ottiene $\mu \leq 33.93$ mg/$\ell$.

505. Popolazione normale; IC a due code per $\mu$ ($\sigma$ incognita); $n = 5$, $1-\alpha = 0.95$, $\overline{x} = 2.24$, $s^2 = 0.068$, $t_{0.975}(4) \simeq 2.776$; si ottiene $\mu = 2.24 \pm 0.324$ mg/$\ell$.

506. $X =$ "misura della temperatura (in °C)".

| | |
|---|---|
| POPOLAZIONE | $\mathcal{N}(\mu;\sigma^2)$ |
| IC PER $\sigma^2$ (CON $\mu$ INCOGNITA) | $\frac{n-1}{\chi^2_{1-\alpha/2}(n-1)} s^2 < \sigma^2 < \frac{n-1}{\chi^2_{\alpha/2}(n-1)} s^2$ |
| DIMENSIONE DEL CAMPIONE | $n = 6$ |
| CONFIDENZA | $1-\alpha = 0.95$ |
| QUANTILI | $\chi^2_{0.025}(5) \simeq 0.831; \quad \chi^2_{0.975}(5) \simeq 12.832$ |
| STATISTICHE CAMPIONARIE | $\overline{x} \simeq 310.897; \quad s^2 \simeq 1.5366$ |

$$\Longrightarrow \qquad 0.774\ °\mathrm{C} < \sigma < 3.041\ °\mathrm{C}$$

553. Popolazione bernoulliana; test a una coda per $p =$ "probabilità di malfunzionamento in un tentativo di apertura". Fino a prova contraria il fabbricante dice il vero ($p = 0.01$), ed è invece Aldo che deve provarne l'inaffidabilità ($p > 0.01$). Questa considerazione fissa il sistema di ipotesi.

| | |
|---|---|
| SISTEMA DI IPOTESI | $H_0 : p = 0.01 \equiv p_0$ contro $H_1 : p > 0.01$ |
| STATISTICA-TEST | $U = \frac{\widehat{p} - p_0}{\sqrt{p_0(1-p_0)/n}}$ |
| DIMENSIONE DEL CAMPIONE | $n = 50$ |
| STATISTICHE CAMPIONARIE | $\widehat{p} = 2/50 = 0.04$ |
| VALORE OSSERVATO DI $U$ | $u^* \simeq 2.132$ |
| P-VALUE | $1 - \Phi(u^*) \simeq 1.65\%$ |

Decisione incerta: sopra l'1.65% di confidenza Aldo non compera il telecomando, mentre sotto quel livello lo compera.

554. Popolazione bernoulliana; test a una coda per $p =$ "% di consumatori che preferiscono il dentifricio A". Fino a prova contraria la ditta A ha ragione ($p = 2/3$), mentre se avesse torto vorrebbe dire che la percentuale $p$ è in realtà inferiore a $2/3$ (non superiore né diversa!).

| | |
|---|---|
| SISTEMA DI IPOTESI | $H_0 : p = 2/3 \equiv p_0$ contro $H_1 : p < 0.5$ |
| STATISTICA-TEST | $U = \dfrac{\widehat{p} - p_0}{\sqrt{p_0 (1 - p_0) / n}}$ |
| DIMENSIONE DEL CAMPIONE | $n = 70$ |
| STATISTICHE CAMPIONARIE | $\widehat{p} = 39/70 \simeq 0.5571$ |
| VALORE OSSERVATO DI $U$ | $u^* \simeq -1.944$ |
| P-VALUE | $2\Phi(\lvert u^* \rvert) \simeq 2.60\%$ |

Decisione: all'1% di significatività il Garante dà ragione alla ditta A (si accetta $H_0$) mentre al 5 % la ditta A viene condannata per pubblicità ingannevole.

555. Popolazione bernoulliana; test a una coda per $p =$ "probabilità che un paziente curato con il nuovo farmaco guarisca". Bisogna partire dal presupposto che il farmaco nuovo *non* sia efficace.

| | |
|---|---|
| SISTEMA DI IPOTESI | $H_0 : p \leq 0.80 \equiv p_0$ contro $H_1 : p > 0.80$ |
| STATISTICA-TEST | $U = \dfrac{\widehat{p} - p_0}{\sqrt{p_0 (1 - p_0) / n}}$ |
| DIMENSIONE DEL CAMPIONE | $n = 143$ |
| STATISTICHE CAMPIONARIE | $\widehat{p} = 121/143$ |
| VALORE OSSERVATO DI $U$ | $u^* \simeq 1.53$ |
| P-VALUE | $1 - \Phi(u^*) \simeq 6.30\%$ |

Decisione incerta: ad es., si conclude che il nuovo farmaco è efficace al livello 10%, ma non al 5%.

556. Popolazione bernoulliana; test a due code per $p =$ "trucco della moneta". La moneta è, fino a prova contraria, regolare.

| | |
|---|---|
| SISTEMA DI IPOTESI | $H_0 : p = 0.5 \equiv p_0$ contro $H_1 : p \neq 0.5$ |
| STATISTICA-TEST | $U = \dfrac{\widehat{p} - p_0}{\sqrt{p_0 (1 - p_0) / n}}$ |
| DIMENSIONE DEL CAMPIONE | $n = 30$ |
| STATISTICHE CAMPIONARIE | $\widehat{p} = 12/30 = 0.4$ |
| VALORE OSSERVATO DI $U$ | $u^* \simeq -1.095$ |
| P-VALUE | $2(1 - \Phi(\lvert u^* \rvert)) \simeq 27.33\%$ |

Il P-value è decisamente alto, per cui c'è forte evidenza statistica che la moneta sia regolare (si accetta $H_0$).

557. Popolazione normale; Z-Test a una coda; $X =$ "crescita (in cm) di una pianta" $\sim \mathcal{N}(\mu; \sigma^2)$

con $\sigma^2 = 108$.

| | |
|---|---|
| SISTEMA DI IPOTESI | $H_0 : \mu = 112 \equiv \mu_0$ contro $H_1 : \mu > 112$ |
| STATISTICA-TEST | $U = \dfrac{\overline{X} - \mu_0}{\sigma/\sqrt{n}}$ |
| REGIONE CRITICA | $U \geq z_{1-\alpha}$ |
| DIMENSIONE DEL CAMPIONE | $n = 15$ |
| LIVELLO | $\alpha = 0.05$ |
| STATISTICHE CAMPIONARIE | $\overline{x} = 118$ |
| QUANTILE | $z_{0.95} \simeq 1.645$ |
| VALORE OSSERVATO DI $U$ | $u^* \simeq 2.24$ |

Decisione: al 5% di significatività si rifiuta $H_0$ (pertanto il trattamento chimico del terreno aumenta la crescita media di una pianta), ma non all'1% perché il P-value è $1 - \Phi(2.24) \simeq 1.27\%$.

558. Popolazione normale $X \sim \mathcal{N}(5; \sigma^2)$; la condizione $P(4.8 \leq X \leq 5.2) = 0.95$ dà $\sigma = 0.10$ cm; Z-Test a una coda: $H_0 : \mu \geq 5 \equiv \mu_0$ contro $H_1 : \mu < \mu_0$, $u^* \simeq -3.100 < -z_{0.95}$ e la casa discografica può tranquillamente fare causa alla ditta A.

559. Popolazione $X$ = "lunghezza delle mine (in cm)" $\sim \mathcal{N}(\mu; \sigma^2)$; T-test a due code.

| | |
|---|---|
| SISTEMA DI IPOTESI | $H_0 : \mu = 13 \equiv \mu_0$ contro $H_1 : \mu \neq 13$ |
| STATISTICA-TEST | $U = \dfrac{\overline{X} - \mu_0}{S/\sqrt{n}}$ |
| REGIONE CRITICA | $\lvert U \rvert \geq t_{1-\alpha/2}(n-1)$ |
| DIMENSIONE DEL CAMPIONE | $n = 10$ |
| LIVELLO | $\alpha = 0.05$ |
| STATISTICHE CAMPIONARIE | $\overline{x} \simeq 12.93$; $s^2 \simeq 0.160$ |
| QUANTILE | $t_{0.975}(9) \simeq 2.262$ |
| VALORE OSSERVATO DI $U$ | $u^* \simeq -0.5534$ |

Decisione: al 5% si accetta $H_0$ (pertanto la ditta ha ragione). La decisione è praticamente sicura perché il P-value è molto elevato: $2(1 - P(t(9) \leq 0.5534)) \simeq 59.35\%$. Alla stessa conclusione si perviene anche usando la tavola dei quantili di Student di pag. 292 . Infatti, da $t_{0.90}(9) \simeq 1.3830$ segue $P(t(9) \leq 0.5534) < 0.90$ e quindi P-value $> 20\%$.

560. Popolazione $X$ = "salinità (in %)" $\sim \mathcal{N}(\mu; \sigma^2)$; T-Test a una coda.

| | |
|---|---|
| SISTEMA DI IPOTESI | $H_0 : \mu \geq 2 \equiv \mu_0$ contro $H_1 : \mu < 2$ |
| STATISTICA-TEST | $U = \dfrac{\overline{X} - \mu_0}{S/\sqrt{n}}$ |
| REGIONE CRITICA | $U \leq -t_{1-\alpha}(n-1)$ |
| DIMENSIONE DEL CAMPIONE | $n = 5$ |
| LIVELLO | $\alpha = 0.05$ |
| STATISTICHE CAMPIONARIE | $\overline{x} = 1.74$; $s^2 = 0.083$ |
| QUANTILE | $t_{0.95}(4) \simeq 2.132$ |
| VALORE OSSERVATO DI $U$ | $u^* \simeq -2.018$ |

Decisione: al 5% si accetta $H_0$ (la salinità media è come minimo 2%). Tuttavia la decisione è incerta: infatti il P-value vale $P(t(4) \leq -2.018) \simeq 5.69\%$, sicché al 6% bisognerebbe rifiutare $H_0$!

561. Popolazione $X =$ "concentrazione di alcol nel sangue (in g/$\ell$)" $\sim \mathcal{N}(\mu;\sigma^2)$; T-Test a una coda.

| | |
|---|---|
| SISTEMA DI IPOTESI | $H_0 : \mu < 0.50 \equiv \mu_0$ contro $H_1 : \mu \geq 0.50$ |
| STATISTICA-TEST | $U = \dfrac{\overline{X} - \mu_0}{S/\sqrt{n}}$ |
| REGIONE CRITICA | $U \geq t_{1-\alpha}(n-1)$ |
| DIMENSIONE DEL CAMPIONE | $n = 4$ |
| LIVELLO | $\alpha = 0.10$ |
| STATISTICHE CAMPIONARIE | $\overline{x} = 0.575;\quad s^2 = 0.0108$ |
| QUANTILE | $t_{0.90}(3) \simeq 1.638$ |
| VALORE OSSERVATO DI $U$ | $u^* \simeq 1.443$ |

Decisione: al 10% si accetta $H_0$ (la concentrazione media di alcol è minore di 0.50 g/$\ell$). Il P-value vale $1 - P(t(3) \leq 1.443) \simeq 12.26\%$, per cui $H_0$ si accetta a tutti i livelli usuali.

562. Popolazione $X =$ "ritardo del treno (in min)" $\sim \mathcal{N}(\mu;\sigma^2)$; T-Test a una coda. Si dà per buona l'affermazione dell'Azienda, ossia è il pendolare che deve "dimostrare" che il ritardo medio supera i 5 min.

| | |
|---|---|
| SISTEMA DI IPOTESI | $H_0 : \mu < 5 \equiv \mu_0$ contro $H_1 : \mu \geq 5$ |
| STATISTICA-TEST | $U = \dfrac{\overline{X} - \mu_0}{S/\sqrt{n}}$ |
| DIMENSIONE DEL CAMPIONE | $n = 5$ |
| STATISTICHE CAMPIONARIE | $\overline{x} = 8;\quad s^2 = 13.5$ |
| VALORE OSSERVATO DI $U$ | $u^* \simeq 1.826$ |
| P-VALUE | $1 - P(t(4) \leq u^*) \simeq 7.10\%$ |

La decisione è incerta: a livello 5% si accetta $H_0$ (l'Azienda ha ragione), mentre a livello 10% si rifiuta $H_0$ (l'Azienda ha torto).

563. Popolazione $X =$ "ritardo della metropolitana (in min)" $\sim \mathcal{N}(\mu;\sigma^2)$, dove ritardo è la differenza fra l'ora effettiva e l'ora nominale del passaggio; T-Test a una coda. I dati sono: 2, 1, 3, 1 min.

| | |
|---|---|
| SISTEMA DI IPOTESI | $H_0 : \mu = 0 \equiv \mu_0$ contro $H_1 : \mu > 0$ |
| STATISTICA-TEST | $U = \dfrac{\overline{X} - \mu_0}{S/\sqrt{n}}$ |
| DIMENSIONE DEL CAMPIONE | $n = 4$ |
| STATISTICHE CAMPIONARIE | $\overline{x} = 7/4;\quad s^2 = 11/12$ |
| VALORE OSSERVATO DI $U$ | $u^* \simeq 3.66$ |
| P-VALUE | $1 - P(t(3) \leq u^*) \simeq 1.77\%$ |

Il P-value è piuttosto piccolo, quindi c'è una buona evidenza statistica che porta a rifiutare $H_0$ e quindi a dare ragione a Bruno (la metropolitana è mediamente in ritardo).

564. Popolazione $X =$ "tasso alcolemico (in g/$\ell$) nel sangue" $\sim \mathcal{N}(\mu;\sigma^2)$; T-Test a una coda.

| | |
|---|---|
| SISTEMA DI IPOTESI | $H_0 : \mu \leq 0.60 \equiv \mu_0$ contro $H_1 : \mu > 0.60$ |
| STATISTICA-TEST | $U = \dfrac{\overline{X} - \mu_0}{S/\sqrt{n}}$ |
| DIMENSIONE DEL CAMPIONE | $n = 5$ |
| STATISTICHE CAMPIONARIE | $\overline{x} = 0.626;\quad s^2 = 0.0041$ |
| VALORE OSSERVATO DI $U$ | $u^* \simeq 0.91$ |
| P-VALUE | $P(t(4) > u^*) \simeq 20.7\%$ |

C'è forte evidenza statistica che il tasso alcolemico non sia superiore a 0.60 g/ℓ.

565. Popolazione $X$ = "tempo di funzionamento (in min)" $\sim \mathcal{N}(\mu;\sigma^2)$; T-Test a una coda.

| | |
|---|---|
| SISTEMA DI IPOTESI | $H_0 : \mu \geq 30 \equiv \mu_0$ contro $H_1 : \mu < 30$ |
| STATISTICA-TEST | $U = \dfrac{\overline{X} - \mu_0}{S/\sqrt{n}}$ |
| REGIONE CRITICA | $U \leq -t_{1-\alpha}(n-1)$ |
| DIMENSIONE DEL CAMPIONE | $n = 8$ |
| LIVELLO | $\alpha = 0.05$ |
| STATISTICHE CAMPIONARIE | $\overline{x} = 113/4 = 28.25;\quad s^2 = 79/14 \simeq 5.643$ |
| QUANTILE | $t_{0.95}(7) \simeq 1.833$ |
| VALORE OSSERVATO DI $U$ | $u^* \simeq -2.084$ |

Decisione: al 5% si rifiuta $H_0$ (quindi il fabbricante ha torto). Comunque la decisione è incerta: il P-value vale $P(t(7) \leq -2.084) \simeq 3.78\%$, sicché all'1% bisognerebbe dare ragione al fabbricante.

566. Popolazione $X$ = "peso netto (in g) di un barattolo" $\sim \mathcal{N}(\mu;\sigma^2)$; T-Test a una coda.

| | |
|---|---|
| SISTEMA DI IPOTESI | $H_0 : \mu < 125 \equiv \mu_0$ contro $H_1 : \mu \geq 125$ |
| STATISTICA-TEST | $U = \dfrac{\overline{X} - \mu_0}{S/\sqrt{n}}$ |
| REGIONE CRITICA | $U \geq t_{1-\alpha}(n-1)$ |
| DIMENSIONE DEL CAMPIONE | $n = 10$ |
| LIVELLO | $\alpha = 0.05$ |
| STATISTICHE CAMPIONARIE | $\overline{x} = 123;\quad s^2 = 98.1$ |
| QUANTILE | $t_{0.95}(9) \simeq 1.833$ |
| VALORE OSSERVATO DI $U$ | $u^* \simeq -0.639$ |

Decisione: al 5% si accetta $H_0$ (quindi il peso netto è inferiore a 125 g). Il P-value è $1 - P(t(9) \leq -0.639) \simeq 73\%$, per cui la decisione di accettare $H_0$ è praticamente sicura.

567. Popolazione $X$ = "chilometri percorsi fino alla prima crisi" $\sim \mathcal{N}(\mu;\sigma^2)$; T-Test a una coda.

| | |
|---|---|
| SISTEMA DI IPOTESI | $H_0 : \mu > 25 \equiv \mu_0$ contro $H_1 : \mu \leq 25$ |
| STATISTICA-TEST | $U = \dfrac{\overline{X} - \mu_0}{S/\sqrt{n}}$ |
| REGIONE CRITICA | $U \leq -t_{1-\alpha}(n-1)$ |
| DIMENSIONE DEL CAMPIONE | $n = 8$ |
| LIVELLO | $\alpha = 0.05$ |
| STATISTICHE CAMPIONARIE | $\overline{x} = 24.925;\quad s^2 \simeq 5.759$ |
| QUANTILE | $t_{0.95}(7) \simeq 1.895$ |
| VALORE OSSERVATO DI $U$ | $u^* \simeq -0.088$ |

Decisione: al 5% si accetta $H_0$ (quindi l'allenatore ha ragione). I dati sono assai significativi nel dare ragione all'allenatore perché il P-value è $P(t(7) \leq -0.088) \simeq 46.62\%$.

568. Popolazione $X =$ "n° di interventi mensili" $\sim \mathcal{N}(\mu; \sigma^2)$; T-Test a una coda.

| | |
|---|---|
| SISTEMA DI IPOTESI | $H_0 : \mu = 30 \equiv \mu_0$ contro $H_1 : \mu > 30$ |
| STATISTICA-TEST | $U = \dfrac{\overline{X} - \mu_0}{S/\sqrt{n}}$ |
| REGIONE CRITICA | $U \geq t_{1-\alpha}(n-1)$ |
| DIMENSIONE DEL CAMPIONE | $n = 2$ |
| LIVELLO | $\alpha = 0.05$ |
| STATISTICHE CAMPIONARIE | $\overline{x} = 35; \quad s^2 = 8$ |
| QUANTILE | $t_{0.95}(1) \simeq 6.314$ |
| VALORE OSSERVATO DI $U$ | $u^* = 2.5$ |

Decisione: al 5% si accetta $H_0$ (la media non è aumentata). Il P-value è $1 - P(t(1) \leq 2.5) \simeq 12.14\%$, quindi $H_0$ si accetta a tutti i livelli usuali.

569. Popolazione $X =$ "n° di interventi mensili" $\sim \mathcal{N}(\mu; \sigma^2)$; T-Test a una coda.

| | |
|---|---|
| SISTEMA DI IPOTESI | $H_0 : \mu \geq 20 \equiv \mu_0$ contro $H_1 : \mu < 20$ |
| STATISTICA-TEST | $U = \dfrac{\overline{X} - \mu_0}{S/\sqrt{n}}$ |
| REGIONE CRITICA | $U \leq -t_{1-\alpha}(n-1)$ |
| DIMENSIONE DEL CAMPIONE | $n = 5$ |
| LIVELLO | $\alpha = 0.05$ |
| STATISTICHE CAMPIONARIE | $\overline{x} = 19.0; \quad s^2 = 4.63$ |
| QUANTILE | $t_{0.95}(4) \simeq 2.132$ |
| VALORE OSSERVATO DI $U$ | $u^* \simeq -1.039$ |

Decisione: al 5% si accetta $H_0$ (il fabbricante ha ragione). Il P-value è $P(t(4) \leq -1.039) \simeq 17.87\%$, quindi $H_0$ si accetta a tutti i livelli usuali.

570. Popolazione $X =$ "durata della marmitta (in migliaia di km)" $\sim \mathcal{N}(\mu; \sigma^2)$; T-Test a una coda.

| | |
|---|---|
| SISTEMA DI IPOTESI | $H_0 : \mu \geq 50 \equiv \mu_0$ contro $H_1 : \mu < 50$ |
| STATISTICA-TEST | $U = \dfrac{\overline{X} - \mu_0}{S/\sqrt{n}}$ |
| REGIONE CRITICA | $U \leq -t_{1-\alpha}(n-1)$ |
| DIMENSIONE DEL CAMPIONE | $n = 10$ |
| LIVELLO | $\alpha = 0.05$ |
| STATISTICHE CAMPIONARIE | $\overline{x} \simeq 49.14; \quad s^2 \simeq 46.156$ |
| QUANTILE | $t_{0.95}(9) \simeq 1.833$ |
| VALORE OSSERVATO DI $U$ | $u^* \simeq -0.400$ |

Decisione: a livello del 5% si accetta $H_0$ (il fabbricante ha ragione). La decisione è praticamente sicura perché il P-value è $P(t(9) \leq -0.4) \simeq 34.92\%$.

571. Test a una coda per $\sigma$ ($\mu$ incognita).

| | |
|---|---|
| SISTEMA DI IPOTESI | $H_0 : \sigma^2 = 60 \equiv \sigma_0^2$ contro $H_1 : \sigma^2 > 60$ |
| STATISTICA-TEST | $U = (n-1) S^2/\sigma_0^2$ |
| REGIONE CRITICA | $U \geq \chi^2_{1-\alpha}(n-1)$ |
| DIMENSIONE DEL CAMPIONE | $n = 8$ |
| LIVELLO | $\alpha = 0.10$ |
| STATISTICHE CAMPIONARIE | $s^2 = 90$ |
| QUANTILE | $\chi^2_{0.90}(7) \simeq 12.017$ |
| VALORE OSSERVATO DI $U$ | $u^* = 10.5$ |

Decisione: al 10% si accetta $H_0$. Il P-value è $1 - P(\chi^2(7) \leq 10.5) \simeq 16.20\%$, quindi $H_0$ si accetta a tutti i livelli usuali.

572. Popolazione normale; IC a due code per $\mu$ ($\sigma$ incognita):$\mu = \overline{x} \pm \frac{s}{\sqrt{21}} t_{0.95}(20) \simeq 0.5 \pm 0.15$ mesi; T-Test a due code ($H_0 : \mu = 0$ contro $H_1 : \mu \neq 0$): $\mu = 0$ non cade nell'IC al 90%, quindi l'ipotesi nulla va rifiutata al 10%.

573. Confronto di due popolazioni con campioni accoppiati; popolazione $X$ = "differenza fra il punteggio prima e quello dopo" $\sim \mathcal{N}(\mu; \sigma^2)$; T-Test a una coda con $H_0 : \mu \leq 0 \equiv \mu_0$ ("trattamento inefficace o addirittura dannoso") e $H_1 : \mu > 0$; $n = 6$, $\overline{x} = 7/6$, $s^2 = 137/30$, $u^* \simeq 1.34$, P-value $= 1 - P(t(5) \leq 1.34) \simeq 12\%$. Agli usuali livelli di significatività si può concludere che il trattamento non è efficace (si accetta $H_0$).

574. Confronto di due popolazioni con campioni accoppiati; popolazione normale $X$ = "differenza fra i numeri di lesioni di A meno quelli di B" $\sim \mathcal{N}(\mu; \sigma^2)$; T-Test a due code ($H_0 : \mu = 0 \equiv \mu_0$ contro $H_1 : \mu \neq 0$); $n = 7$, $\overline{x} = 1.1$, $s^2 \simeq 7.81$, $u^* \simeq 1.08$, P-value $= P(|t(6)| \geq 1.08) \simeq 32.16\%$, quindi non c'è differenza significativa fra i due pesticidi.

575. Confronto di due popolazioni con campioni accoppiati; popolazione normale $X$ = "differenza fra il livello d'impurità misurato con il metodo A e quello misurato con il metodo B" $\sim \mathcal{N}(\mu; \sigma^2)$; T-Test a due code ($H_0 : \mu = 0 \equiv \mu_0$ contro $H_1 : \mu \neq 0$); $n = 5$, $\overline{x} = 0.1$, $s^2 = 0.14$, $u^* \simeq 0.598$, P-value $= 2(1 - P(t(4) \leq 0.598)) \simeq 58.23\%$, quindi c'è grande evidenza statistica che l'ipotesi nulla sia vera (cioè che i due metodi diano lo stesso livello medio d'impurità).

576. Confronto di due popolazioni con campioni accoppiati; popolazione normale $X$ = "differenza fra la misura di Aldo e quella di Bruno" $\sim \mathcal{N}(\mu; \sigma^2)$; T-Test a due code ($H_0 : \mu = 0 \equiv \mu_0$ contro $H_1 : \mu \neq 0$); $n = 3$, $\overline{x} = -0.123$, $s^2 = 0.0308$, $u^* \simeq -1.217$, P-value $= 2(1 - P(t(2) \leq 1.217)) \simeq 34.79\%$, quindi c'è forte evidenza statistica che l'ipotesi nulla sia vera (cioè che i due analisti misurino lo stesso valore medio di globuli rossi).

577. Confronto di due popolazioni con campioni accoppiati; popolazione normale $X$ = "differenza fra i litri di latte prima meno quelli dopo"$\sim \mathcal{N}(\mu; \sigma^2)$; T-Test a una coda ($H_0 : \mu \geq 0 \equiv \mu_0$ contro $H_1 : \mu < 0$); $n = 5$, $\overline{x} = -1.54$, $s^2 \simeq 7.363$, $u^* \simeq -1.269$, P-value $= P(t(4) \leq 1.269) \simeq 13.66\%$, quindi agli usuali livelli di significatività bisogna accettare l'ipotesi nulla.

578. Confronto di due popolazioni con campioni disaccoppiati; $X$ = "peso (in g) di un pezzo prodotto dal primo macchinario" $\sim \mathcal{N}(\mu_X; \sigma_X^2)$, $Y$ = "peso (in g) di un pezzo prodotto dal secondo macchinario" $\sim \mathcal{N}(\mu_Y; \sigma_Y^2)$; Z-test a due code ($H_0 : \mu_X = \mu_Y$ contro $H_1 : \mu_X \neq \mu_Y$); prima popolazione: $\sigma_X^2 = 33.33$, $n = 100$, $\overline{x} = 455.51$; seconda popolazione: $\sigma_Y^2 = 25.95$, $m = 125$, $\overline{y} = 454.62$; $u^* \simeq 1.21$, P-value$= 2(1 - \Phi(1.21)) \simeq 22.63\%$. Conclusione: non c'è differenza fra i pesi medi dei pezzi prodotti dai due macchinari.

579. Confronto di due popolazioni con campioni disaccoppiati; $X$ = "diametro di un filo prodotto da A" $\sim \mathcal{N}(\mu; \sigma_X^2)$, $Y$ = "diametro di un filo prodotto da B" $\sim \mathcal{N}(\mu; \sigma_Y^2)$; F-Test a due code: $H_0 : \sigma_X = \sigma_Y$ ("uguali precisioni") contro $H_1 : \sigma_X \neq \sigma_Y$; $s_X^2 = 0.1$, $s_Y^2 = 0.3$, $u^* = 1/3$; regione critica $U \leq F_{\alpha/2}(4; 7)$ oppure $U \geq F_{1-\alpha/2}(4; 7)$. Decisione: le precisioni sono uguali. Infatti, usando le tavole dei quantili di Fisher, si trova $F_{0.10}(4; 7) = 1/F_{0.90}(7; 4) \simeq 1/3.98 \simeq 0.25$ e $F_{0.90}(4; 7) \simeq 2.96$, sicché il valore $u^* = 1/3$ è esterno alla regione critica corrispondente al 20% (e ai livelli inferiori) di significatività.

580. Confronto di due popolazioni con campioni disaccoppiati; $X \sim \mathcal{N}(\mu_X; \sigma_X^2)$ e $Y \sim \mathcal{N}(\mu_Y; \sigma_Y^2)$; F-Test a una coda: $H_0 : \sigma_X < \sigma_Y$ contro $H_1 : \sigma_X \geq \sigma_Y$; $n = 5$, $m = 6$; $s_X^2 = 1.3$, $s_Y^2 = 4.0$. La statistica-test $U = S_X^2/S_Y^2$ assume il valore $u^* = 0.325$. La regione critica è $U \geq F_{1-\alpha}(4; 5)$ e per $\alpha = 0.05$ le Tavole dei quantili di Fisher danno $F_{0.95}(4; 5) \simeq 5.19$, per cui al 5% di significatività si accetta l'ipotesi nulla (la varianza di A è minore di quella di B).

581. Confronto di due popolazioni con campioni disaccoppiati: $X$ = "misura della pressione con l'apparecchio X" $\sim \mathcal{N}(\mu_X; \sigma_X^2)$ e $Y$ = "misura della pressione con l'apparecchio calibrato Y" $\sim \mathcal{N}(\mu_Y; \sigma_Y^2)$ con $\sigma_X = \sigma_Y$ (incognite); T-Test a due code ($H_0 : \mu_X = \mu_Y$ contro $H_1 : \mu_X \neq \mu_Y$): $\overline{x} = 118.75$; $\overline{y} \simeq 120.33$; $s_X^2 \simeq 2.917$; $s_Y^2 \simeq 2.333$; $s_p^2 \simeq 2.683$, $u^* \simeq -1.263$, P-value $= P(|t(5)| \geq |u^*|) = 2(1 - P(t(5) \leq 1.263)) \simeq 26.23\%$, quindi c'è forte evidenza statistica che l'apparecchio X sia ben calibrato (si accetta $H_0$). L'F-Test a due code per l'uguaglianza delle varianze ($H_0 : \sigma_X = \sigma_Y$ contro $H_1 : \sigma_X \neq \sigma_Y$) dà $u^* = s_X^2/s_Y^2 \simeq 1.25$ ed è $F_{0.025}(3; 2) \simeq 0.06$, $F_{0.975}(9; 14) \simeq 39.17$, quindi al 5% di significatività le varianze coincidono.

582. Confronto di due popolazioni con campioni disaccoppiati: $X \sim \mathcal{N}(\mu_X; \sigma_X^2)$ e $Y \sim \mathcal{N}(\mu_Y; \sigma_Y^2)$ con $\sigma_X = \sigma_Y$; T-Test a due code ($H_0 : \mu_X = \mu_Y$ contro $H_1 : \mu_X \neq \mu_Y$): $s_p^2 \simeq 31.70$, $u^* \simeq 2.175 > t_{0.95}(23) \simeq 1.714$, quindi al 10% si rifiuta $H_0$. L'F-Test a due code per l'uguaglianza delle varianze ($H_0 : \sigma_X = \sigma_Y$ contro $H_1 : \sigma_X \neq \sigma_Y$) dà $u^* = s_X^2/s_Y^2 \simeq 0.694$ ed è $F_{0.025}(9; 14) \simeq 0.263$, $F_{0.975}(9; 14) \simeq 3.209$, quindi al 5% di significatività le varianze coincidono.

583. Test chi-quadrato di adattamento; $H_0$ = "dado regolare"; $k = 6$, $h = 0$; frequenze attese $f_i = 70/6 \simeq 11.67$; $q^* \simeq 9.37$. Decisione incerta: P-value $= 1 - P(\chi^2(5) \leq 9.37) \simeq 9.52\%$.

584. Test chi-quadrato di adattamento; $H_0$ = "roulette equilibrata"; poiché la frequenza attesa dello Zero è $100/37 \simeq 2.7 < 5$, occorre aggregare due classi (vedi tabella); $k = 2$, $h = 0$; $q^* \simeq 2.995$. Decisione incerta: P-value $= 1 - P(\chi^2(1) \leq 2.995) \simeq 8.35\%$.

| uscite $(= i)$ | 1 (= Rosso) | 2 (= Nero oppure Zero) |
|---|---|---|
| n° di dati $(= \widehat{f_i})$ | 40 | 60 |
| frequenze attese $(= f_i)$ | 48.65 | 51.35 |

585. Test chi-quadrato di adattamento; $H_0$ = "cifre decimali equidistribuite"; $k = 10$, $h = 0$; frequenze attese $f_i = 800/10 = 80$; $q^* = 41/8 = 5.125$. Decisione: si accetta $H_0$ con altissima evidenza statistica perché P-value $= 1 - P(\chi^2(9) \leq 5.125) \simeq 82.38\%$.

586. Test chi-quadrato di adattamento; $H_0 : X \sim \mathcal{B}(2; 1/2)$; $n = 100$, $k = 3$, $h = 0$; $f_1 = f_3 = 100 \times 0.25 = 25$, $f_2 = 100 \times 0.50 = 50$; $q^* \simeq 3.04$; P-value$= 1 - P(\chi^2(2) \leq 3.04) \simeq 21.87\%$. Decisione: non si può rifiutare l'ipotesi che le monete siano equilibrate.

587. Popolazione $X$ = "n° di biglietti al mese"; $H_0 : X + 1 \sim \mathcal{G}(p)$; $n = 123$; $k = 5$, $h = 1$; $\overline{x} \simeq (0 \times 62 + 1 \times 27 + 2 \times 12 + 3 \times 8 + 5 \times 14)/123 = 145/123$, $p \simeq \dfrac{1}{\overline{x}+1} \simeq 0.5$; $q^* \simeq 6.40$; regione critica: $Q \geq \chi^2_{0.95}(3) \simeq 7.81$. Quindi si accetta l'ipotesi nulla al 5% di significatività.

| classe $(= i)$ | 1 | 2 | 3 | 4 | 5 |
|---|---|---|---|---|---|
| frequenze osservate $(= \widehat{f_i})$ | 62 | 27 | 12 | 8 | 14 |
| frequenze attese $(= f_i)$ | 61.5 | 30.75 | 15.375 | 7.6875 | 7.6875 |

588. Popolazione $X$ = "n° di blocchi all'anno"; $H_0 : X \sim \mathcal{P}(\lambda)$; $n = 30$; $k = 4$, $h = 1$; $\overline{x} \simeq (0 \times 16 + 1 \times 6 + 2 \times 5 + 4 \times 3)/30 = 14/15$, $\lambda \simeq \overline{x} \simeq 1$. Si ottiene:

| classe ($= i$) | 0 | 1 | 2 | $\geq 3$ |
|---|---|---|---|---|
| frequenze osservate ($= \widehat{f_i}$) | 16 | 6 | 5 | 3 |
| frequenze attese ($= f_i$) | 11.0 | 11.0 | 5.5 | 2.5 |

Aggregando le ultime due classi si calcola $q^* = 50/11 \simeq 4.55$. Regione critica: $Q \geq \chi^2_{0.95}(1) \simeq 3.84$. Quindi al livello 5% di significatività si accetta l'ipotesi nulla.

589. Test chi-quadrato di adattamento; $H_0 : X \sim \mathcal{P}(\lambda)$; $k = 6$, $h = 2$; $\lambda \simeq \overline{x} \simeq 1.6$; $f_1 = 284 \times e^{-1.6}$, $f_2 = 284 \times 1.6 \times e^{-1.6}$, $f_3 = 284 \times 1.6^2 \times e^{-1.6}/2$, $f_4 = 284 \times 1.6^3 \times e^{-1.6}/6$, $f_5 = 284 \times 1.6^4 \times e^{-1.6}/24$, $f_6 = 284 \times 1.6^5 \times e^{-1.6}/120$; $q^* \simeq 4.71$; P-value $= 1 - P(\chi^2(4) \leq 4.71) \simeq 31.81\%$. Decisione: si accetta $H_0$ con grande evidenza statistica.

590. Test chi-quadrato di adattamento; $H_0$ = "dati equidistribuiti"; $k = 5$, $h = 0$; frequenze attese $f_i = 100/5 \simeq 20$; $q^* = 44/5 = 8.8$. Decisione incerta: P-value $= 1 - P(\chi^2(4) \leq 8.8) \simeq 6.63\%$.

591. Test chi-quadrato di adattamento; $H_0 : X \sim \mathcal{N}(\mu; \sigma^2)$; $k = 5$, $h = 2$; $\mu \simeq \overline{x} = 2.92$; $\sigma^2 \simeq s^2 = \sum x_i^2/100 - \overline{x}^2 = 4.6636$; $f_1 = 8.82$, $f_2 = 24.69$, $f_3 = 35.64$, $f_4 = 23.16$, $f_5 = 7.69$; $q^* \simeq 0.692$; P-value $= 1 - P(\chi^2(2) \leq 0.692) \simeq 70.74\%$. Si accetta $H_0$ con grande evidenza statistica.

592. Test chi-quadrato di adattamento; $H_0 : X \sim \mathcal{N}(0; 1)$; $k = 3$ (le tre classi sono: $X < 1$, $-1 \leq X \leq 1$, $1 < X$); $h = 0$; $\widehat{f_1} = 57$, $\widehat{f_2} = 179$, $\widehat{f_3} = 64$; $f_1 = 300 \times \Phi(-1) = 47.6$, $f_2 = 300 \times (\Phi(1) - \Phi(-1)) = 204.8$, $f_3 = 300 \times (1 - \Phi(1)) = 47.6$; $q^* \simeq 10.76$; P-value $= 1 - P(\chi^2(2) \leq 10.76) \simeq 0.46\%$. Decisione: si rifiuta $H_0$, cioè i dati non sono normali standard.

593. Test chi-quadrato di indipendenza; $n = 100$, $r = c = 2$; $q^* \simeq 27.47$; P-value $= 1 - P(\chi^2(1) \leq 27.47) \simeq 10^{-7}$. C'è la pratica certezza che le due patologie siano legate.

| $\widehat{f_{ij}}$ | $j = 1$ | $j = 2$ | |
|---|---|---|---|
| $i = 1$ | 45 | 5 | 50 |
| $i = 2$ | 20 | 30 | 50 |
| | 65 | 35 | 100 |

| $f_{ij}$ | $j = 1$ | $j = 2$ |
|---|---|---|
| $i = 1$ | 32.5 | 17.5 |
| $i = 2$ | 32.5 | 17.5 |

594. Test chi-quadrato di indipendenza; $n = 93$, $r = c = 2$; $q^* \simeq 0.402$; P-value $= 1 - P(\chi^2(1) \leq 0.402) \simeq 52.58\%$. Fortissima evidenza statistica di indipendenza fra i due tipi di parassiti.

| $\widehat{f_{ij}}$ | $j = 1$ | $j = 2$ | |
|---|---|---|---|
| $i = 1$ | 27 | 12 | 39 |
| $i = 2$ | 34 | 20 | 54 |
| | 61 | 32 | 93 |

| $f_{ij}$ | $j = 1$ | $j = 2$ |
|---|---|---|
| $i = 1$ | 25.58 | 13.42 |
| $i = 2$ | 35.42 | 18.58 |

595. Test chi-quadrato di indipendenza; $n = 200$, $r = 3$, $c = 2$; $q^* \simeq 1.495$; P-value $= 1 - P(\chi^2(2) \leq 1.495) \simeq 47.36\%$. Fortissima evidenza statistica che la sezione d'appartenenza non abbia influenzato la valutazione finale.

| $\widehat{f_{ij}}$ | $j = 1$ | $j = 2$ | |
|---|---|---|---|
| $i = 1$ | 68 | 72 | 140 |
| $i = 2$ | 6 | 12 | 18 |
| $i = 3$ | 20 | 22 | 42 |
| | 94 | 106 | 200 |

| $f_{ij}$ | $j = 1$ | $j = 2$ |
|---|---|---|
| $i = 1$ | 65.80 | 74.20 |
| $i = 2$ | 8.46 | 9.54 |
| $i = 3$ | 19.74 | 22.26 |

596. Test chi-quadrato di indipendenza; $n = 49861$, $r = c = 3$; $q^* \simeq 282.68$; P-value $= 1 - P(\chi^2(4) \leq 282.68) \simeq 10^{-19}$. Pratica certezza che l'area geografica influenzi il titolo di studio.

| $\widehat{f_{ij}}$ | $j=1$ | $j=2$ | $j=3$ | |
|---|---|---|---|---|
| $i=1$ | 13096 | 7609 | 2108 | 22813 |
| $i=2$ | 5270 | 3341 | 1090 | 9701 |
| $i=3$ | 11033 | 4956 | 1358 | 17347 |
| | 29399 | 15906 | 4556 | 49861 |

| $f_{ij}$ | $j=1$ | $j=2$ | $j=3$ |
|---|---|---|---|
| $i=1$ | 13451.0 | 7277.5 | 2084.5 |
| $i=2$ | 5719.9 | 3094.7 | 886.4 |
| $i=3$ | 10228.1 | 5533.8 | 1585.1 |

597. Test chi-quadrato di indipendenza; $n = 40$, $r = c = 3$; $q^* \simeq 1.15$; P-value $= 1 - P(\chi^2(4) \leq 1.15) \simeq 88.61\%$. Pratica certezza che $X$ ed $Y$ sono indipendenti.

| $\widehat{f_{ij}}$ | $j=1$ | $j=2$ | $j=3$ | |
|---|---|---|---|---|
| $i=1$ | 4 | 6 | 2 | 12 |
| $i=2$ | 6 | 5 | 3 | 14 |
| $i=3$ | 4 | 6 | 4 | 14 |
| | 14 | 17 | 9 | 40 |

| $f_{ij}$ | $j=1$ | $j=2$ | $j=3$ |
|---|---|---|---|
| $i=1$ | 4.2 | 5.1 | 2.7 |
| $i=2$ | 4.9 | 5.95 | 3.15 |
| $i=3$ | 4.9 | 5.95 | 3.15 |

598. Test chi-quadrato di indipendenza; $n = 60$, $r = c = 2$; $q^* \simeq 1.68$; P-value $= 1 - P(\chi^2(1) \leq 1.68) \simeq 19.45\%$. C'è forte evidenza statistica che il farmaco non produca effetti nella cura della depressione.

| $\widehat{f_{ij}}$ | $j=1$ | $j=2$ | |
|---|---|---|---|
| $i=1$ | 19 | 11 | 30 |
| $i=2$ | 14 | 16 | 30 |
| | 33 | 27 | 60 |

| $f_{ij}$ | $j=1$ | $j=2$ |
|---|---|---|
| $i=1$ | 16.5 | 13.5 |
| $i=2$ | 16.5 | 13.5 |

599. Test chi-quadrato di indipendenza; $n = 300$, $r = c = 3$; $q^* \simeq 17.39$; P-value $= 1 - P(\chi^2(4) \leq 17.39) \simeq 0.16\%$. C'è forte evidenza statistica che l'allergia sia legata all'esposizione all'inquinante (si rifiuta l'ipotesi nulla che allergia ed esposizione all'inquinante siano indipendenti).

| $\widehat{f_{ij}}$ | $j=1$ | $j=2$ | $j=3$ | |
|---|---|---|---|---|
| $i=1$ | 80 | 54 | 61 | 195 |
| $i=2$ | 11 | 18 | 9 | 38 |
| $i=3$ | 17 | 15 | 35 | 67 |
| | 108 | 87 | 105 | 300 |

| $f_{ij}$ | $j=1$ | $j=2$ | $j=3$ |
|---|---|---|---|
| $i=1$ | 70.2 | 56.6 | 68.3 |
| $i=2$ | 13.7 | 11.0 | 13.3 |
| $i=3$ | 24.1 | 19.4 | 23.5 |

600. Tabella dei dati:

| | trattamento efficace | trattamento non efficace |
|---|---|---|
| paziente giovane | 36 | 14 |
| paziente anziano | 46 | 24 |

Test chi-quadrato di indipendenza; $n = 120$, $r = c = 1$; $q^* \simeq 0.5135$; P-value $= 1 - P(\chi^2(1) \leq 0.5135) \simeq 47\%$. C'è forte evidenza statistica che l'efficacia del trattamento sia indipendente dall'età del paziente (si accetta l'ipotesi nulla di indipendenza).

| $\widehat{f_{ij}}$ | $j=1$ | $j=2$ | |
|---|---|---|---|
| $i=1$ | 36 | 14 | 50 |
| $i=2$ | 46 | 24 | 70 |
| | 82 | 38 | 120 |

| $f_{ij}$ | $j=1$ | $j=2$ |
|---|---|---|
| $i=1$ | 34.2 | 15.8 |
| $i=2$ | 47.8 | 22.2 |

# Capitolo 7

# Tabelle e Tavole

## 7.1 Distribuzioni discrete

| Nome<br>Simbolo<br>Parametri | Densità discreta<br>$f(x) = P(X = x)$ | Media | Varianza |
|---|---|---|---|
| **Bernoulli**<br>$X \sim \mathcal{B}(1;p)$<br>$0 < p < 1$ | $f(1) = p$<br>$f(0) = 1 - p$ | $p$ | $p(1-p)$ |
| **binomiale**<br>$X \sim \mathcal{B}(n;p)$<br>$n = 1, 2, \ldots; 0 < p < 1$ | $\binom{n}{x} p^x (1-p)^{n-x}$<br>$x = 0, 1, \ldots, n$ | $np$ | $np(1-p)$ |
| **binomiale negativa**<br>$X \sim \overline{\mathcal{B}}(n;p)$<br>$n = 1, 2, \ldots; 0 < p < 1$ | $\binom{x-1}{n-1} (1-p)^{x-n} p^n$<br>$x = n, n+1, \ldots$ | $\frac{n}{p}$ | $\frac{n(1-p)}{p^2}$ |
| **binomiale negativa traslata**<br>$X + n \sim \overline{\mathcal{B}}(n;p)$<br>$n = 1, 2, \ldots; 0 < p < 1$ | $\binom{x+n-1}{n-1} (1-p)^x p^n$<br>$x = 0, 1, \ldots$ | $\frac{n(1-p)}{p}$ | $\frac{n(1-p)}{p^2}$ |
| **geometrica**<br>$X \sim \mathcal{G}(p) = \overline{\mathcal{B}}(1;p)$<br>$0 < p < 1$ | $(1-p)^{x-1}p$<br>$x = 1, 2, \ldots$ | $\frac{1}{p}$ | $\frac{1-p}{p^2}$ |
| **geometrica traslata**<br>$X + 1 \sim \mathcal{G}(p)$<br>$0 < p < 1$ | $(1-p)^x p$<br>$x = 0, 1, \ldots$ | $\frac{1-p}{p}$ | $\frac{1-p}{p^2}$ |
| **ipergeometrica**<br>$X \sim \mathcal{I}(N; M; n)$<br>$M$, $N$, $n$ interi<br>$1 \leq n \leq N$, $1 \leq M \leq N$ | $\frac{\binom{M}{x}\binom{N-M}{n-x}}{\binom{N}{n}}$<br>$x = 0, 1, ..., n$<br>$n - (N - M) \leq x \leq M$ | $n\frac{M}{N}$ | $n\frac{M}{N}\left(1 - \frac{M}{N}\right)\frac{N-n}{N-1}$ |
| **Poisson**<br>$X \sim \mathcal{P}(\lambda)$<br>$\lambda > 0$ | $\frac{\lambda^x}{x!}e^{-\lambda}$<br>$x = 0, 1, 2, \ldots$ | $\lambda$ | $\lambda$ |

## 7.2 Distribuzioni continue

| NOME<br>SIMBOLO<br>PARAMETRI | DENSITÀ CONTINUA<br>$f(x) = \frac{d}{dx} P(X \leq x)$ | MEDIA | VARIANZA |
|---|---|---|---|
| **chi-quadrato**<br>$X \sim \chi^2(n) = \Gamma(n/2; 1/2)$<br>$n = 1, 2, \ldots$ | $f(x) \propto x^{(n/2)-1}\, e^{-x/2}$<br>$x > 0$ | $n$ | $2n$ |
| **Erlang**<br>$X \sim \Gamma(n; \lambda)$<br>$n = 1, 2, \ldots; \lambda > 0$ | $\frac{\lambda^n}{(n-1)!} x^{n-1} e^{-\lambda x}$<br>$x > 0$ | $\frac{n}{\lambda}$ | $\frac{n}{\lambda^2}$ |
| **esponenziale**<br>$X \sim \mathcal{E}(\lambda) = \Gamma(1; \lambda)$<br>$\lambda > 0$ | $\lambda e^{-\lambda x}$<br>$x > 0$ | $\frac{1}{\lambda}$ | $\frac{1}{\lambda^2}$ |
| **F di Fisher**<br>$X \sim \mathcal{F}(m; n)$<br>$m, n = 1, 2, ...$ | $f(x) \propto \frac{x^{(m/2)-1}}{\left(1 + \frac{m}{n} x\right)^{(m+n)/2}}$<br>$x > 0$ | $\frac{n}{n-2}$<br>per<br>$n \geq 3$ | $\frac{2n^2(m+n-2)}{m(n-2)^2(n-4)}$<br>per<br>$n \geq 5$ |
| **log-normale**<br>$\ln X \sim \mathcal{N}(\mu; \sigma^2)$<br>$-\infty < \mu < +\infty; \sigma > 0$ | $\frac{1}{x\sqrt{2\pi\sigma^2}} \exp\left[-\frac{(\ln x - \mu)^2}{2\sigma^2}\right]$<br>$x > 0$ | $e^{\mu + (\sigma^2/2)}$ | $\left(e^{\sigma^2} - 1\right) e^{2\mu + \sigma^2}$ |
| **normale**<br>$X \sim \mathcal{N}(\mu; \sigma^2)$<br>$-\infty < \mu < +\infty; \sigma > 0$ | $\frac{1}{\sqrt{2\pi\sigma^2}} \exp\left[-\frac{(x - \mu)^2}{2\sigma^2}\right]$<br>$-\infty < x < +\infty$ | $\mu$ | $\sigma^2$ |
| **t di Student**<br>$X \sim t(n)$<br>$n = 1, 2, ...$ | $f(x) \propto \left(1 + \frac{x^2}{n}\right)^{-(n+1)/2}$<br>$-\infty < x < +\infty$ | $0$<br>per<br>$n \geq 2$ | $\frac{n}{n-2}$<br>per<br>$n \geq 3$ |
| **uniforme**<br>$X \sim \mathcal{U}(a, b)$<br>$a < b$ | $\frac{1}{b-a}$<br>$a \leq x \leq b$ | $\frac{a+b}{2}$ | $\frac{(b-a)^2}{12}$ |

## 7.3 Approssimazioni di distribuzioni

| DISTRIBUZIONE | APPROSSIMAZIONE | VALIDA SE | REGOLA PRATICA |
|---|---|---|---|
| $\mathcal{B}(n;p)$ | $\mathcal{P}(np)$ | $n$ grande<br>$np$ piccolo | $n > 50$<br>$np < 10$ |
| $\mathcal{B}(n;p)$ | $\mathcal{N}\Big(np; np\,(1-p)\Big)$ | $n$ grande<br>$p$ distante da 0 e da 1 | $np > 5$<br>$n\,(1-p) > 5$ |
| $\overline{\mathcal{B}}(n;p)$ | $\mathcal{N}\Big(\dfrac{n}{p}; \dfrac{n\,(1-p)}{p^2}\Big)$ | $n$ grande | $n > 15$ |
| $\mathcal{I}(N;M;n)$ | $\mathcal{B}\Big(n; \dfrac{M}{N}\Big)$ | $N$ grande<br>$M$ grande | $N > 10n$<br>$M > n$ |
| $\mathcal{P}(\lambda)$ | $\mathcal{N}(\lambda;\lambda)$ | $\lambda$ grande | $\lambda > 5$ |
| $t\,(n)$ | $\mathcal{N}(0;1)$ | $n$ grande | $n > 30$ |
| $\chi^2(n)$ | $\mathcal{N}(n;2n)$ | $n$ grande | $n > 30$ |
| $\Gamma\,(n;\lambda)$ | $\mathcal{N}\Big(\dfrac{n}{\lambda}; \dfrac{n}{\lambda^2}\Big)$ | $n$ grande | $n > 15$ |

## 7.4 Quantili della normale standard

Legenda: $\Phi(z_\beta) = P(\mathcal{N}(0;1) \leq z_\beta) = \beta$; esempio: $\Phi(1.64) \simeq 0.94950$.
Una formula utile:

$$z_{1-\beta} = -z_\beta$$

| | 0.00 | 0.01 | 0.02 | 0.03 | 0.04 | 0.05 | 0.06 | 0.07 | 0.08 | 0.09 |
|---|---|---|---|---|---|---|---|---|---|---|
| 0.0 | 0.50000 | 0.50399 | 0.50798 | 0.51197 | 0.51595 | 0.51994 | 0.52392 | 0.52790 | 0.53188 | 0.53586 |
| 0.1 | 0.53983 | 0.54380 | 0.54776 | 0.55172 | 0.55567 | 0.55962 | 0.56356 | 0.56749 | 0.57142 | 0.57535 |
| 0.2 | 0.57926 | 0.58317 | 0.58706 | 0.59095 | 0.59483 | 0.59871 | 0.60257 | 0.60642 | 0.61026 | 0.61409 |
| 0.3 | 0.61791 | 0.62172 | 0.62552 | 0.62930 | 0.63307 | 0.63683 | 0.64058 | 0.64431 | 0.64803 | 0.65173 |
| 0.4 | 0.65542 | 0.65910 | 0.66276 | 0.66640 | 0.67003 | 0.67364 | 0.67724 | 0.68082 | 0.68439 | 0.68793 |
| 0.5 | 0.69146 | 0.69497 | 0.69847 | 0.70194 | 0.70540 | 0.70884 | 0.71226 | 0.71566 | 0.71904 | 0.72240 |
| 0.6 | 0.72575 | 0.72907 | 0.73237 | 0.73565 | 0.73891 | 0.74215 | 0.74537 | 0.74857 | 0.75175 | 0.75490 |
| 0.7 | 0.75804 | 0.76115 | 0.76424 | 0.76730 | 0.77035 | 0.77337 | 0.77637 | 0.77935 | 0.78230 | 0.78524 |
| 0.8 | 0.78814 | 0.79103 | 0.79389 | 0.79673 | 0.79955 | 0.80234 | 0.80511 | 0.80785 | 0.81057 | 0.81327 |
| 0.9 | 0.81594 | 0.81859 | 0.82121 | 0.82381 | 0.82639 | 0.82894 | 0.83147 | 0.83398 | 0.83646 | 0.83891 |
| 1.0 | 0.84134 | 0.84375 | 0.84614 | 0.84849 | 0.85083 | 0.85314 | 0.85543 | 0.85769 | 0.85993 | 0.86214 |
| 1.1 | 0.86433 | 0.86650 | 0.86864 | 0.87076 | 0.87286 | 0.87493 | 0.87698 | 0.87900 | 0.88100 | 0.88298 |
| 1.2 | 0.88493 | 0.88686 | 0.88877 | 0.89065 | 0.89251 | 0.89435 | 0.89617 | 0.89796 | 0.89973 | 0.90147 |
| 1.3 | 0.90320 | 0.90490 | 0.90658 | 0.90824 | 0.90988 | 0.91149 | 0.91308 | 0.91466 | 0.91621 | 0.91774 |
| 1.4 | 0.91924 | 0.92073 | 0.92220 | 0.92364 | 0.92507 | 0.92647 | 0.92785 | 0.92922 | 0.93056 | 0.93189 |
| 1.5 | 0.93319 | 0.93448 | 0.93574 | 0.93699 | 0.93822 | 0.93943 | 0.94062 | 0.94179 | 0.94295 | 0.94408 |
| 1.6 | 0.94520 | 0.94630 | 0.94738 | 0.94845 | 0.94950 | 0.95053 | 0.95154 | 0.95254 | 0.95352 | 0.95449 |
| 1.7 | 0.95543 | 0.95637 | 0.95728 | 0.95818 | 0.95907 | 0.95994 | 0.96080 | 0.96164 | 0.96246 | 0.96327 |
| 1.8 | 0.96407 | 0.96485 | 0.96562 | 0.96638 | 0.96712 | 0.96784 | 0.96856 | 0.96926 | 0.96995 | 0.97062 |
| 1.9 | 0.97128 | 0.97193 | 0.97257 | 0.97320 | 0.97381 | 0.97441 | 0.97500 | 0.97558 | 0.97615 | 0.97670 |
| 2.0 | 0.97725 | 0.97778 | 0.97831 | 0.97882 | 0.97932 | 0.97982 | 0.98030 | 0.98077 | 0.98124 | 0.98169 |
| 2.1 | 0.98214 | 0.98257 | 0.98300 | 0.98341 | 0.98382 | 0.98422 | 0.98461 | 0.98500 | 0.98537 | 0.98574 |
| 2.2 | 0.98610 | 0.98645 | 0.98679 | 0.98713 | 0.98745 | 0.98778 | 0.98809 | 0.98840 | 0.98870 | 0.98899 |
| 2.3 | 0.98928 | 0.98956 | 0.98983 | 0.99010 | 0.99036 | 0.99061 | 0.99086 | 0.99111 | 0.99134 | 0.99158 |
| 2.4 | 0.99180 | 0.99202 | 0.99224 | 0.99245 | 0.99266 | 0.99286 | 0.99305 | 0.99324 | 0.99343 | 0.99361 |
| 2.5 | 0.99379 | 0.99396 | 0.99413 | 0.99430 | 0.99446 | 0.99461 | 0.99477 | 0.99492 | 0.99506 | 0.99520 |
| 2.6 | 0.99534 | 0.99547 | 0.99560 | 0.99573 | 0.99585 | 0.99598 | 0.99609 | 0.99621 | 0.99632 | 0.99643 |
| 2.7 | 0.99653 | 0.99664 | 0.99674 | 0.99683 | 0.99693 | 0.99702 | 0.99711 | 0.99720 | 0.99728 | 0.99736 |
| 2.8 | 0.99744 | 0.99752 | 0.99760 | 0.99767 | 0.99774 | 0.99781 | 0.99788 | 0.99795 | 0.99801 | 0.99807 |
| 2.9 | 0.99813 | 0.99819 | 0.99825 | 0.99831 | 0.99836 | 0.99841 | 0.99846 | 0.99851 | 0.99856 | 0.99861 |
| 3.0 | 0.99865 | 0.99869 | 0.99874 | 0.99878 | 0.99882 | 0.99886 | 0.99889 | 0.99893 | 0.99896 | 0.99900 |

| | 0.00 | 0.01 | 0.02 | 0.03 | 0.04 | 0.05 | 0.06 | 0.07 | 0.08 | 0.09 |
|---|---|---|---|---|---|---|---|---|---|---|
| 3.1 | 0.99903 | 0.99906 | 0.99910 | 0.99913 | 0.99916 | 0.99918 | 0.99921 | 0.99924 | 0.99926 | 0.99929 |
| 3.2 | 0.99931 | 0.99934 | 0.99936 | 0.99938 | 0.99940 | 0.99942 | 0.99944 | 0.99946 | 0.99948 | 0.99950 |
| 3.3 | 0.99952 | 0.99953 | 0.99955 | 0.99957 | 0.99958 | 0.99960 | 0.99961 | 0.99962 | 0.99964 | 0.99965 |
| 3.4 | 0.99966 | 0.99968 | 0.99969 | 0.99970 | 0.99971 | 0.99972 | 0.99973 | 0.99974 | 0.99975 | 0.99976 |
| 3.5 | 0.99977 | 0.99978 | 0.99978 | 0.99979 | 0.99980 | 0.99981 | 0.99981 | 0.99982 | 0.99983 | 0.99983 |
| 3.6 | 0.99984 | 0.99985 | 0.99985 | 0.99986 | 0.99986 | 0.99987 | 0.99987 | 0.99988 | 0.99988 | 0.99989 |
| 3.7 | 0.99989 | 0.99990 | 0.99990 | 0.99990 | 0.99991 | 0.99991 | 0.99992 | 0.99992 | 0.99992 | 0.99992 |
| 3.8 | 0.99993 | 0.99993 | 0.99993 | 0.99994 | 0.99994 | 0.99994 | 0.99994 | 0.99995 | 0.99995 | 0.99995 |
| 3.9 | 0.99995 | 0.99995 | 0.99996 | 0.99996 | 0.99996 | 0.99996 | 0.99996 | 0.99996 | 0.99997 | 0.99997 |
| 4.0 | 0.99997 | 0.99997 | 0.99997 | 0.99997 | 0.99997 | 0.99997 | 0.99998 | 0.99998 | 0.99998 | 0.99998 |
| 4.1 | 0.99998 | 0.99998 | 0.99998 | 0.99998 | 0.99998 | 0.99998 | 0.99998 | 0.99998 | 0.99999 | 0.99999 |
| 4.2 | 0.99999 | 0.99999 | 0.99999 | 0.99999 | 0.99999 | 0.99999 | 0.99999 | 0.99999 | 0.99999 | 0.99999 |
| 4.3 | 0.99999 | 0.99999 | 0.99999 | 0.99999 | 0.99999 | 0.99999 | 0.99999 | 0.99999 | 0.99999 | 0.99999 |
| 4.4 | 0.99999 | 0.99999 | 1.00000 | 1.00000 | 1.00000 | 1.00000 | 1.00000 | 1.00000 | 1.00000 | 1.00000 |

## 7.5 Quantili della distribuzione di Student

Legenda: $P(t(n) \leq t_\beta(n)) = \beta$; esempio: $P(t(4) \leq 2.1318) \simeq 0.95$.
Una formula utile:

$$t_{1-\beta}(n) = -t_\beta(n)$$

| $n$ | $\beta = 0.90$ | $\beta = 0.95$ | $\beta = 0.975$ | $\beta = 0.99$ | $\beta = 0.995$ |
|---|---|---|---|---|---|
| 1 | 3.0777 | 6.3137 | 12.7062 | 31.8210 | 63.6559 |
| 2 | 1.8856 | 2.9200 | 4.3027 | 6.9645 | 9.9250 |
| 3 | 1.6377 | 2.3534 | 3.1824 | 4.5407 | 5.8408 |
| 4 | 1.5332 | 2.1318 | 2.7765 | 3.7469 | 4.6041 |
| 5 | 1.4759 | 2.0150 | 2.5706 | 3.3649 | 4.0321 |
| 6 | 1.4398 | 1.9432 | 2.4469 | 3.1427 | 3.7074 |
| 7 | 1.4149 | 1.8946 | 2.3646 | 2.9979 | 3.4995 |
| 8 | 1.3968 | 1.8595 | 2.3060 | 2.8965 | 3.3554 |
| 9 | 1.3830 | 1.8331 | 2.2622 | 2.8214 | 3.2498 |
| 10 | 1.3722 | 1.8125 | 2.2281 | 2.7638 | 3.1693 |
| 11 | 1.3634 | 1.7959 | 2.2010 | 2.7181 | 3.1058 |
| 12 | 1.3562 | 1.7823 | 2.1788 | 2.6810 | 3.0545 |
| 13 | 1.3502 | 1.7709 | 2.1604 | 2.6503 | 3.0123 |
| 14 | 1.3450 | 1.7613 | 2.1448 | 2.6245 | 2.9768 |
| 15 | 1.3406 | 1.7531 | 2.1315 | 2.6025 | 2.9467 |
| 16 | 1.3368 | 1.7459 | 2.1199 | 2.5835 | 2.9208 |
| 17 | 1.3334 | 1.7396 | 2.1098 | 2.5669 | 2.8982 |
| 18 | 1.3304 | 1.7341 | 2.1009 | 2.5524 | 2.8784 |
| 19 | 1.3277 | 1.7291 | 2.0930 | 2.5395 | 2.8609 |
| 20 | 1.3253 | 1.7247 | 2.0860 | 2.5280 | 2.8453 |
| 21 | 1.3232 | 1.7207 | 2.0796 | 2.5176 | 2.8314 |
| 22 | 1.3212 | 1.7171 | 2.0739 | 2.5083 | 2.8188 |
| 23 | 1.3195 | 1.7139 | 2.0687 | 2.4999 | 2.8073 |
| 24 | 1.3178 | 1.7109 | 2.0639 | 2.4922 | 2.7970 |
| 25 | 1.3163 | 1.7081 | 2.0595 | 2.4851 | 2.7874 |
| 26 | 1.3150 | 1.7056 | 2.0555 | 2.4786 | 2.7787 |
| 27 | 1.3137 | 1.7033 | 2.0518 | 2.4727 | 2.7707 |
| 28 | 1.3125 | 1.7011 | 2.0484 | 2.4671 | 2.7633 |
| 29 | 1.3114 | 1.6991 | 2.0452 | 2.4620 | 2.7564 |
| 30 | 1.3104 | 1.6973 | 2.0423 | 2.4573 | 2.7500 |
| 40 | 1.3031 | 1.6839 | 2.0211 | 2.4233 | 2.7045 |
| 50 | 1.2987 | 1.6759 | 2.0086 | 2.4033 | 2.6778 |
| 60 | 1.2958 | 1.6706 | 2.0003 | 2.3901 | 2.6603 |
| 70 | 1.2938 | 1.6669 | 1.9944 | 2.3808 | 2.6479 |
| 80 | 1.2922 | 1.6641 | 1.9901 | 2.3739 | 2.6387 |
| 90 | 1.2910 | 1.6620 | 1.9867 | 2.3685 | 2.6316 |
| 100 | 1.2901 | 1.6602 | 1.9840 | 2.3642 | 2.6259 |
| 110 | 1.2893 | 1.6588 | 1.9818 | 2.3607 | 2.6213 |
| 120 | 1.2886 | 1.6576 | 1.9799 | 2.3578 | 2.6174 |

## 7.6 Quantili della distribuzione Chi-quadrato

Legenda: $P\left(\chi^2(n) \leq \chi^2_\beta(n)\right) = \beta$; esempio: $P\left(\chi^2(3) \leq 6.2514\right) \simeq 0.90$.

| $n$ | $\beta = 0.005$ | $\beta = 0.01$ | $\beta = 0.025$ | $\beta = 0.05$ | $\beta = 0.10$ |
|---|---|---|---|---|---|
| 1 | 0.00004 | 0.00016 | 0.00098 | 0.00393 | 0.0158 |
| 2 | 0.0100 | 0.0201 | 0.0506 | 0.1026 | 0.2107 |
| 3 | 0.0717 | 0.1148 | 0.2158 | 0.3518 | 0.5844 |
| 4 | 0.2070 | 0.2971 | 0.4844 | 0.7107 | 1.0636 |
| 5 | 0.4118 | 0.5543 | 0.8312 | 1.1455 | 1.6103 |
| 6 | 0.6757 | 0.8721 | 1.2373 | 1.6354 | 2.2041 |
| 7 | 0.9893 | 1.2390 | 1.6899 | 2.1673 | 2.8331 |
| 8 | 1.3444 | 1.6465 | 2.1797 | 2.7326 | 3.4895 |
| 9 | 1.7349 | 2.0879 | 2.7004 | 3.3251 | 4.1682 |
| 10 | 2.1558 | 2.5582 | 3.2470 | 3.9403 | 4.8652 |
| 11 | 2.6032 | 3.0535 | 3.8157 | 4.5748 | 5.5778 |
| 12 | 3.0738 | 3.5706 | 4.4038 | 5.2260 | 6.3038 |
| 13 | 3.5650 | 4.1069 | 5.0087 | 5.8919 | 7.0415 |
| 14 | 4.0747 | 4.6604 | 5.6287 | 6.5706 | 7.7895 |
| 15 | 4.6009 | 5.2294 | 6.2621 | 7.2609 | 8.5468 |
| 16 | 5.1422 | 5.8122 | 6.9077 | 7.9616 | 9.3122 |
| 17 | 5.6973 | 6.4077 | 7.5642 | 8.6718 | 10.0852 |
| 18 | 6.2648 | 7.0149 | 8.2307 | 9.3904 | 10.8649 |
| 19 | 6.8439 | 7.6327 | 8.9065 | 10.1170 | 11.6509 |
| 20 | 7.4338 | 8.2604 | 9.5908 | 10.8508 | 12.4426 |
| 21 | 8.0336 | 8.8972 | 10.2829 | 11.5913 | 13.2396 |
| 22 | 8.6427 | 9.5425 | 10.9823 | 12.3380 | 14.0415 |
| 23 | 9.2604 | 10.1957 | 11.6885 | 13.0905 | 14.8480 |
| 24 | 9.8862 | 10.8563 | 12.4011 | 13.8484 | 15.6587 |
| 25 | 10.5196 | 11.5240 | 13.1197 | 14.6114 | 16.4734 |
| 26 | 11.1602 | 12.1982 | 13.8439 | 15.3792 | 17.2919 |
| 27 | 11.8077 | 12.8785 | 14.5734 | 16.1514 | 18.1139 |
| 28 | 12.4613 | 13.5647 | 15.3079 | 16.9279 | 18.9392 |
| 29 | 13.1211 | 14.2564 | 16.0471 | 17.7084 | 19.7677 |
| 30 | 13.7867 | 14.9535 | 16.7908 | 18.4927 | 20.5992 |
| 40 | 20.7066 | 22.1642 | 24.4331 | 26.5093 | 29.0505 |
| 50 | 27.9908 | 29.7067 | 32.3574 | 34.7642 | 37.6886 |
| 60 | 35.5344 | 37.4848 | 40.4817 | 43.1880 | 46.4589 |
| 70 | 43.2753 | 45.4417 | 48.7575 | 51.7393 | 55.3289 |
| 80 | 51.1719 | 53.5400 | 57.1532 | 60.3915 | 64.2778 |
| 90 | 59.1963 | 61.7540 | 65.6466 | 69.1260 | 73.2911 |
| 100 | 67.3275 | 70.0650 | 74.2219 | 77.9294 | 82.3581 |
| 110 | 75.5498 | 78.4582 | 82.8671 | 86.7916 | 91.4710 |
| 120 | 83.8517 | 86.9233 | 91.5726 | 95.7046 | 100.6236 |

| $n$ | $\beta = 0.90$ | $\beta = 0.95$ | $\beta = 0.975$ | $\beta = 0.99$ | $\beta = 0.995$ |
|---|---|---|---|---|---|
| 1 | 2.7055 | 3.8415 | 5.0239 | 6.6349 | 7.8794 |
| 2 | 4.6052 | 5.9915 | 7.3778 | 9.2104 | 10.5965 |
| 3 | 6.2514 | 7.8147 | 9.3484 | 11.3449 | 12.8381 |
| 4 | 7.7794 | 9.4877 | 11.1433 | 13.2767 | 14.8602 |
| 5 | 9.2363 | 11.0705 | 12.8325 | 15.0863 | 16.7496 |
| 6 | 10.6446 | 12.5916 | 14.4494 | 16.8119 | 18.5475 |
| 7 | 12.0170 | 14.0671 | 16.0128 | 18.4753 | 20.2777 |
| 8 | 13.3616 | 15.5073 | 17.5345 | 20.0902 | 21.9549 |
| 9 | 14.6837 | 16.9190 | 19.0228 | 21.6660 | 23.5893 |
| 10 | 15.9872 | 18.3070 | 20.4832 | 23.2093 | 25.1881 |
| 11 | 17.2750 | 19.6752 | 21.9200 | 24.7250 | 26.7569 |
| 12 | 18.5493 | 21.0261 | 23.3367 | 26.2170 | 28.2997 |
| 13 | 19.8119 | 22.3620 | 24.7356 | 27.6882 | 29.8193 |
| 14 | 21.0641 | 23.6848 | 26.1189 | 29.1412 | 31.3194 |
| 15 | 22.3071 | 24.9958 | 27.4884 | 30.5780 | 32.8015 |
| 16 | 23.5418 | 26.2962 | 28.8453 | 31.9999 | 34.2671 |
| 17 | 24.7690 | 27.5871 | 30.1910 | 33.4087 | 35.7184 |
| 18 | 25.9894 | 28.8693 | 31.5264 | 34.8052 | 37.1564 |
| 19 | 27.2036 | 30.1435 | 32.8523 | 36.1908 | 38.5821 |
| 20 | 28.4120 | 31.4104 | 34.1696 | 37.5663 | 39.9969 |
| 21 | 29.6151 | 32.6706 | 35.4789 | 38.9322 | 41.4009 |
| 22 | 30.8133 | 33.9245 | 36.7807 | 40.2894 | 42.7957 |
| 23 | 32.0069 | 35.1725 | 38.0756 | 41.6383 | 44.1814 |
| 24 | 33.1962 | 36.4150 | 39.3641 | 42.9798 | 45.5584 |
| 25 | 34.3816 | 37.6525 | 40.6465 | 44.3140 | 46.9280 |
| 26 | 35.5632 | 38.8851 | 41.9231 | 45.6416 | 48.2898 |
| 27 | 36.7412 | 40.1133 | 43.1945 | 46.9628 | 49.6450 |
| 28 | 37.9159 | 41.3372 | 44.4608 | 48.2782 | 50.9936 |
| 29 | 39.0875 | 42.5569 | 45.7223 | 49.5878 | 52.3355 |
| 30 | 40.2560 | 43.7730 | 46.9792 | 50.8922 | 53.6719 |
| 40 | 51.8050 | 55.7585 | 59.3417 | 63.6908 | 66.7660 |
| 50 | 63.1671 | 67.5048 | 71.4202 | 76.1538 | 79.4898 |
| 60 | 74.3970 | 79.0820 | 83.2977 | 88.3794 | 91.9518 |
| 70 | 85.5270 | 90.5313 | 95.0231 | 100.4251 | 104.2148 |
| 80 | 96.5782 | 101.8795 | 106.6285 | 112.3288 | 116.3209 |
| 90 | 107.5650 | 113.1452 | 118.1359 | 124.1162 | 128.2987 |
| 100 | 118.4980 | 124.3421 | 129.5613 | 135.8069 | 140.1697 |
| 110 | 129.3852 | 135.4802 | 140.9165 | 147.4143 | 151.9482 |
| 120 | 140.2326 | 146.5673 | 152.2113 | 158.9500 | 163.6485 |

## 7.7 Quantili della distribuzione di Fisher

Legenda: $P(\mathcal{F}(m;n) \leq F_\beta(m;n)) = \beta$; esempio: $P(\mathcal{F}(3;2) \leq 9.16) \simeq 0.90$.
Una formula utile:

$$F_{1-\beta}(n;m) = \frac{1}{F_\beta(m;n)}$$

$F_{0.90}(m;n)$

| | n 1 | 2 | 3 | 4 | 5 | 6 | 7 | 8 | 9 | 10 |
|---|---|---|---|---|---|---|---|---|---|---|
| m 1 | 39.86 | 8.53 | 5.54 | 4.54 | 4.06 | 3.78 | 3.59 | 3.46 | 3.36 | 3.29 |
| 2 | 49.50 | 9.00 | 5.46 | 4.32 | 3.78 | 3.46 | 3.26 | 3.11 | 3.01 | 2.92 |
| 3 | 53.59 | 9.16 | 5.39 | 4.19 | 3.62 | 3.29 | 3.07 | 2.92 | 2.81 | 2.73 |
| 4 | 55.83 | 9.24 | 5.34 | 4.11 | 3.52 | 3.18 | 2.96 | 2.81 | 2.69 | 2.61 |
| 5 | 57.24 | 9.29 | 5.31 | 4.05 | 3.45 | 3.11 | 2.88 | 2.73 | 2.61 | 2.52 |
| 6 | 58.20 | 9.33 | 5.28 | 4.01 | 3.40 | 3.05 | 2.83 | 2.67 | 2.55 | 2.46 |
| 7 | 58.91 | 9.35 | 5.27 | 3.98 | 3.37 | 3.01 | 2.78 | 2.62 | 2.51 | 2.41 |
| 8 | 59.44 | 9.37 | 5.25 | 3.95 | 3.34 | 2.98 | 2.75 | 2.59 | 2.47 | 2.38 |
| 9 | 59.86 | 9.38 | 5.24 | 3.94 | 3.32 | 2.96 | 2.72 | 2.56 | 2.44 | 2.35 |
| 10 | 60.19 | 9.39 | 5.23 | 3.92 | 3.30 | 2.94 | 2.70 | 2.54 | 2.42 | 2.32 |

$F_{0.95}(m;n)$

| | n 1 | 2 | 3 | 4 | 5 | 6 | 7 | 8 | 9 | 10 |
|---|---|---|---|---|---|---|---|---|---|---|
| m 1 | 161.45 | 18.51 | 10.13 | 7.71 | 6.61 | 5.99 | 5.59 | 5.32 | 5.12 | 4.96 |
| 2 | 199.50 | 19.00 | 9.55 | 6.94 | 5.79 | 5.14 | 4.74 | 4.46 | 4.26 | 4.10 |
| 3 | 215.71 | 19.16 | 9.28 | 6.59 | 5.41 | 4.76 | 4.35 | 4.07 | 3.86 | 3.71 |
| 4 | 224.58 | 19.25 | 9.12 | 6.39 | 5.19 | 4.53 | 4.12 | 3.84 | 3.63 | 3.48 |
| 5 | 230.16 | 19.30 | 9.01 | 6.26 | 5.05 | 4.39 | 3.97 | 3.69 | 3.48 | 3.33 |
| 6 | 233.99 | 19.33 | 8.94 | 6.16 | 4.95 | 4.28 | 3.87 | 3.58 | 3.37 | 3.22 |
| 7 | 236.77 | 19.35 | 8.89 | 6.09 | 4.88 | 4.21 | 3.79 | 3.50 | 3.29 | 3.14 |
| 8 | 238.88 | 19.37 | 8.85 | 6.04 | 4.82 | 4.15 | 3.73 | 3.44 | 3.23 | 3.07 |
| 9 | 240.54 | 19.38 | 8.81 | 6.00 | 4.77 | 4.10 | 3.68 | 3.39 | 3.18 | 3.02 |
| 10 | 241.88 | 19.40 | 8.79 | 5.96 | 4.74 | 4.06 | 3.64 | 3.35 | 3.14 | 2.98 |

$F_{0.975}\,(m;n)$

| | n 1 | 2 | 3 | 4 | 5 | 6 | 7 | 8 | 9 | 10 |
|---|---|---|---|---|---|---|---|---|---|---|
| m 1 | 647.79 | 38.51 | 17.44 | 12.22 | 10.01 | 8.81 | 8.07 | 7.57 | 7.21 | 6.94 |
| 2 | 799.48 | 39.00 | 16.04 | 10.65 | 8.43 | 7.26 | 6.54 | 6.06 | 5.71 | 5.46 |
| 3 | 864.15 | 39.17 | 15.44 | 9.98 | 7.76 | 6.60 | 5.89 | 5.42 | 5.08 | 4.83 |
| 4 | 899.60 | 39.25 | 15.10 | 9.60 | 7.39 | 6.23 | 5.52 | 5.05 | 4.72 | 4.47 |
| 5 | 921.83 | 39.30 | 14.88 | 9.36 | 7.15 | 5.99 | 5.29 | 4.82 | 4.48 | 4.24 |
| 6 | 937.11 | 39.33 | 14.73 | 9.20 | 6.98 | 5.82 | 5.12 | 4.65 | 4.32 | 4.07 |
| 7 | 948.20 | 39.36 | 14.62 | 9.07 | 6.85 | 5.70 | 4.99 | 4.53 | 4.20 | 3.95 |
| 8 | 956.64 | 39.37 | 14.54 | 8.98 | 6.76 | 5.60 | 4.90 | 4.43 | 4.10 | 3.85 |
| 9 | 963.28 | 39.39 | 14.47 | 8.90 | 6.68 | 5.52 | 4.82 | 4.36 | 4.03 | 3.78 |
| 10 | 968.63 | 39.40 | 14.42 | 8.84 | 6.62 | 5.46 | 4.76 | 4.30 | 3.96 | 3.72 |

$F_{0.99}\,(m;n)$

| | n 1 | 2 | 3 | 4 | 5 | 6 | 7 | 8 | 9 | 10 |
|---|---|---|---|---|---|---|---|---|---|---|
| m 1 | 4052.18 | 98.50 | 34.12 | 21.20 | 16.26 | 13.75 | 12.25 | 11.26 | 10.56 | 10.04 |
| 2 | 4999.34 | 99.00 | 30.82 | 18.00 | 13.27 | 10.92 | 9.55 | 8.65 | 8.02 | 7.56 |
| 3 | 5403.53 | 99.16 | 29.46 | 16.69 | 12.06 | 9.78 | 8.45 | 7.59 | 6.99 | 6.55 |
| 4 | 5624.26 | 99.25 | 28.71 | 15.98 | 11.39 | 9.15 | 7.85 | 7.01 | 6.42 | 5.99 |
| 5 | 5763.96 | 99.30 | 28.24 | 15.52 | 10.97 | 8.75 | 7.46 | 6.63 | 6.06 | 5.64 |
| 6 | 5858.95 | 99.33 | 27.91 | 15.21 | 10.67 | 8.47 | 7.19 | 6.37 | 5.80 | 5.39 |
| 7 | 5928.33 | 99.36 | 27.67 | 14.98 | 10.46 | 8.26 | 6.99 | 6.18 | 5.61 | 5.20 |
| 8 | 5980.95 | 99.38 | 27.49 | 14.80 | 10.29 | 8.10 | 6.84 | 6.03 | 5.47 | 5.06 |
| 9 | 6022.40 | 99.39 | 27.34 | 14.66 | 10.16 | 7.98 | 6.72 | 5.91 | 5.35 | 4.94 |
| 10 | 6055.93 | 99.40 | 27.23 | 14.55 | 10.05 | 7.87 | 6.62 | 5.81 | 5.26 | 4.85 |

## 7.8 Intervalli di confidenza

Legenda:

$1-\alpha$ = confidenza

$n$ = numero di dati

$\overline{X} = \frac{1}{n}\sum_{i=1}^{n} X_i$ = media campionaria

$S^2 = \frac{1}{n-1}\sum_{i=1}^{n}\left(X_i - \overline{X}\right)^2$ = varianza campionaria

$S_0^2 = \frac{1}{n}\sum_{i=1}^{n}\left(X_i - \mu\right)^2$ = varianza campionaria se $\mu$ nota

$\widehat{p}$ = proporzione campionaria = % di successi nel campione

| POPOLAZIONE | TIPO | IC |
|---|---|---|
| $\mathcal{B}(1;p)$ | due code | $p = \widehat{p} \pm \sqrt{\frac{\widehat{p}(1-\widehat{p})}{n}}\, z_{1-\alpha/2}$ |
| | coda sinistra | $p > \widehat{p} - \sqrt{\frac{\widehat{p}(1-\widehat{p})}{n}}\, z_{1-\alpha}$ |
| | coda destra | $p < \widehat{p} + \sqrt{\frac{\widehat{p}(1-\widehat{p})}{n}}\, z_{1-\alpha}$ |
| $\mathcal{P}(\lambda)$ | due code | $\lambda = \overline{X} \pm \sqrt{\frac{\overline{X}}{n}}\, z_{1-\alpha/2}$ |
| | coda sinistra | $\lambda > \overline{X} - \sqrt{\frac{\overline{X}}{n}}\, z_{1-\alpha}$ |
| | coda destra | $\lambda < \overline{X} + \sqrt{\frac{\overline{X}}{n}}\, z_{1-\alpha}$ |
| $\mathcal{E}(\lambda)$ | due code | $\frac{1}{2n\overline{X}}\chi^2_{\alpha/2}(2n) < \lambda < \frac{1}{2n\overline{X}}\chi^2_{1-\alpha/2}(2n)$ |
| | coda sinistra | $\lambda > \frac{1}{2n\overline{X}}\chi^2_{\alpha}(2n)$ |
| | coda destra | $\lambda < \frac{1}{2n\overline{X}}\chi^2_{1-\alpha}(2n)$ |

| POPOLAZIONE | TIPO | IC | SE |
|---|---|---|---|
| $\mathcal{N}(\mu;\sigma^2)$ | due code | $\mu = \overline{X} \pm \frac{\sigma}{\sqrt{n}} z_{1-\alpha/2}$ | $\sigma$ nota |
| | | $\mu = \overline{X} \pm \frac{S}{\sqrt{n}} t_{1-\alpha/2}(n-1)$ | $\sigma$ incognita |
| | | $\frac{n}{\chi^2_{1-\alpha/2}(n)} S_0^2 < \sigma^2 < \frac{n}{\chi^2_{\alpha/2}(n)} S_0^2$ | $\mu$ nota |
| | | $\frac{n-1}{\chi^2_{1-\alpha/2}(n-1)} S^2 < \sigma^2 < \frac{n-1}{\chi^2_{\alpha/2}(n-1)} S^2$ | $\mu$ incognita |
| | coda sinistra | $\mu > \overline{X} - \frac{\sigma}{\sqrt{n}} z_{1-\alpha}$ | $\sigma$ nota |
| | | $\mu > \overline{X} - \frac{S}{\sqrt{n}} t_{1-\alpha}(n-1)$ | $\sigma$ incognita |
| | | $\sigma^2 > \frac{n}{\chi^2_{1-\alpha}(n)} S_0^2$ | $\mu$ nota |
| | | $\sigma^2 > \frac{n-1}{\chi^2_{1-\alpha}(n-1)} S^2$ | $\mu$ incognita |
| | coda destra | $\mu < \overline{X} + \frac{\sigma}{\sqrt{n}} z_{1-\alpha}$ | $\sigma$ nota |
| | | $\mu < \overline{X} + \frac{S}{\sqrt{n}} t_{1-\alpha}(n-1)$ | $\sigma$ incognita |
| | | $\sigma^2 < \frac{n}{\chi^2_{\alpha}(n)} S_0^2$ | $\mu$ nota |
| | | $\sigma^2 < \frac{n-1}{\chi^2_{\alpha}(n-1)} S^2$ | $\mu$ incognita |

# 7.9 Test di ipotesi (una popolazione)

Legenda:

$\alpha$ = livello di significatività del Test

$n$ = numero di dati campionari

$H_0$ = ipotesi nulla

$H_1$ = ipotesi alternativa

$RC$ = regione critica

$U$ = statistica-test

$u^*$ = valore osservato di $U$

$\overline{X} = \frac{1}{n} \sum_{i=1}^{n} X_i$ = media campionaria

$S^2 = \frac{1}{n-1} \sum_{i=1}^{n} \left(X_i - \overline{X}\right)^2$ = varianza campionaria

$S_0^2 = \frac{1}{n} \sum_{i=1}^{n} (X_i - \mu)^2$ = varianza campionaria se $\mu$ nota

$\widehat{p}$ = proporzione campionaria = % di successi nel campione

POPOLAZIONE BERNOULLIANA

| $H_0$ | $H_1$ | RC | P-VALUE |
|---|---|---|---|
| $p = p_0$ | $p \neq p_0$ | $\lvert U\rvert \geq z_{1-\alpha/2}$ | $2\left(1 - \Phi\left(\lvert u^*\rvert\right)\right)$ |
| $p = p_0$ | $p > p_0$ | $U \geq z_{1-\alpha}$ | $1 - \Phi(u^*)$ |
| $p \leq p_0$ | $p > p_0$ | | |
| $p < p_0$ | $p \geq p_0$ | | |
| $p = p_0$ | $p < p_0$ | $U \leq -z_{1-\alpha}$ | $\Phi(u^*)$ |
| $p \geq p_0$ | $p < p_0$ | | |
| $p > p_0$ | $p \leq p_0$ | | |

$$U = \frac{\widehat{p} - p_0}{\sqrt{\frac{p_0(1-p_0)}{n}}}$$

POPOLAZIONE NORMALE

| $H_0$ | $H_1$ | RC |  | P-VALUE |  |
|---|---|---|---|---|---|
|  |  | Z-TEST | T-TEST | Z-TEST | T-TEST |
| $\mu = \mu_0$ | $\mu \neq \mu_0$ | $\lvert U\rvert \geq z_{1-\alpha/2}$ | $\lvert U\rvert \geq t_{1-\alpha/2}(n-1)$ | $2(1-\Phi(\lvert u^*\rvert))$ | $2(1-F_{n-1}(\lvert u^*\rvert))$ |
| $\mu = \mu_0$ | $\mu > \mu_0$ | $U \geq z_{1-\alpha}$ | $U \geq t_{1-\alpha}(n-1)$ | $1-\Phi(u^*)$ | $1-F_{n-1}(u^*)$ |
| $\mu \leq \mu_0$ | $\mu > \mu_0$ |  |  |  |  |
| $\mu < \mu_0$ | $\mu \geq \mu_0$ |  |  |  |  |
| $\mu = \mu_0$ | $\mu < \mu_0$ | $U \leq -z_{1-\alpha}$ | $U \leq -t_{1-\alpha}(n-1)$ | $\Phi(u^*)$ | $F_{n-1}(u^*)$ |
| $\mu \geq \mu_0$ | $\mu < \mu_0$ |  |  |  |  |
| $\mu > \mu_0$ | $\mu \leq \mu_0$ |  |  |  |  |

$$U = \begin{cases} \dfrac{\overline{X}-\mu_0}{\sigma/\sqrt{n}} & \text{se varianza nota } (=\sigma^2) \implies \text{Z-TEST} \\ \dfrac{\overline{X}-\mu_0}{S/\sqrt{n}} & \text{se varianza incognita} \implies \text{T-TEST} \end{cases}$$

$F_m(t) =$ funzione di ripartizione della distribuzione di Student $t(m)$

POPOLAZIONE NORMALE

| $H_0$ | $H_1$ | RC |  | P-VALUE |  |
|---|---|---|---|---|---|
|  |  | $\mu$ NOTA | $\mu$ INCOGNITA | $\mu$ NOTA | $\mu$ INCOGNITA |
| $\sigma^2 = \sigma_0^2$ | $\sigma^2 \neq \sigma_0^2$ | $U \leq \chi^2_{\alpha/2}(n)$ oppure $U \geq \chi^2_{1-\alpha/2}(n)$ | $U \leq \chi^2_{\alpha/2}(n-1)$ oppure $U \geq \chi^2_{1-\alpha/2}(n-1)$ | /// | /// |
| $\sigma^2 = \sigma_0^2$ | $\sigma^2 > \sigma_0^2$ | $U \geq \chi^2_{1-\alpha}(n)$ | $U \geq \chi^2_{1-\alpha}(n-1)$ | $1-F_n(u^*)$ | $1-F_{n-1}(u^*)$ |
| $\sigma^2 \leq \sigma_0^2$ | $\sigma^2 > \sigma_0^2$ |  |  |  |  |
| $\sigma^2 < \sigma_0^2$ | $\sigma^2 \geq \sigma_0^2$ |  |  |  |  |
| $\sigma^2 = \sigma_0^2$ | $\sigma^2 < \sigma_0^2$ | $U \leq \chi^2_{\alpha}(n)$ | $U \leq \chi^2_{\alpha}(n-1)$ | $F_n(u^*)$ | $F_{n-1}(u^*)$ |
| $\sigma^2 \geq \sigma_0^2$ | $\sigma^2 < \sigma_0^2$ |  |  |  |  |
| $\sigma^2 > \sigma_0^2$ | $\sigma^2 \leq \sigma_0^2$ |  |  |  |  |

$$U = \begin{cases} \dfrac{nS_0^2}{\sigma_0^2} & \text{se media nota } (=\mu) \\ \dfrac{(n-1)S^2}{\sigma_0^2} & \text{se media incognita} \end{cases}$$

$F_m(t) =$ funzione di ripartizione della distribuzione chi-quadrato $\chi^2(m)$

## 7.10 Test di ipotesi (due popolazioni con campioni disaccoppiati)

Legenda:

$\alpha$ = livello di significatività del Test

$n$ = numero di dati del primo campione

$m$ = numero di dati del secondo campione

$H_0$ = ipotesi nulla

$H_1$ = ipotesi alternativa

$RC$ = regione critica

$U$ = statistica-test

$u^*$ = valore osservato di $U$

$\overline{X} = \frac{1}{n} \sum_{i=1}^{n} X_i$ = prima media campionaria

$\overline{Y} = \frac{1}{m} \sum_{i=1}^{m} Y_i$ = seconda media campionaria

$S_X^2 = \frac{1}{n-1} \sum_{i=1}^{n} \left(X_i - \overline{X}\right)^2$ = prima varianza campionaria

$S_Y^2 = \frac{1}{m-1} \sum_{i=1}^{m} \left(Y_i - \overline{Y}\right)^2$ = seconda varianza campionaria

$S_p^2 = \frac{(n-1)\, S_X^2 + (m-1)\, S_Y^2}{n+m-2}$ = varianza campionaria combinata

DUE POPOLAZIONI NORMALI: Z-TEST

| $H_0$ | $H_1$ | RC | P-VALUE |
|---|---|---|---|
| $\mu_X = \mu_Y$ | $\mu_X \neq \mu_Y$ | $\lvert U \rvert \geq z_{1-\alpha/2}$ | $2\left(1 - \Phi\left(\lvert u^* \rvert\right)\right)$ |
| $\mu_X = \mu_Y$ | $\mu_X > \mu_Y$ | $U \geq z_{1-\alpha}$ | $1 - \Phi(u^*)$ |
| $\mu_X \leq \mu_Y$ | $\mu_X > \mu_Y$ | | |
| $\mu_X < \mu_Y$ | $\mu_X \geq \mu_Y$ | | |
| $\mu_X = \mu_Y$ | $\mu_X < \mu_Y$ | $U \leq -z_{1-\alpha}$ | $\Phi(u^*)$ |
| $\mu_X \geq \mu_Y$ | $\mu_X < \mu_Y$ | | |
| $\mu_X > \mu_Y$ | $\mu_X \leq \mu_Y$ | | |

$$U = \frac{\overline{X} - \overline{Y}}{\sqrt{\frac{\sigma_X^2}{n} + \frac{\sigma_Y^2}{m}}}$$ con varianze note ( $= \sigma_X^2, \sigma_Y^2$)

DUE POPOLAZIONI NORMALI: T-TEST

| $H_0$ | $H_1$ | RC | P-VALUE |
|---|---|---|---|
| $\mu_X = \mu_Y$ | $\mu_X \neq \mu_Y$ | $\lvert U\rvert \geq t_{1-\alpha/2}(n+m-2)$ | $2\left(1 - F_{n+m-2}(\lvert u^*\rvert)\right)$ |
| $\mu_X = \mu_Y$ | $\mu_X > \mu_Y$ | $U \geq t_{1-\alpha}(n+m-2)$ | $1 - F_{n+m-2}(u^*)$ |
| $\mu_X \leq \mu_Y$ | $\mu_X > \mu_Y$ | | |
| $\mu_X < \mu_Y$ | $\mu_X \geq \mu_Y$ | | |
| $\mu_X = \mu_Y$ | $\mu_X < \mu_Y$ | $U \leq -t_{1-\alpha}(n+m-2)$ | $F_{n+m-2}(u^*)$ |
| $\mu_X \geq \mu_Y$ | $\mu_X < \mu_Y$ | | |
| $\mu_X > \mu_Y$ | $\mu_X \leq \mu_Y$ | | |

$$U = \begin{cases} \dfrac{\overline{X} - \overline{Y}}{S_p\sqrt{\dfrac{1}{n} + \dfrac{1}{m}}} & \text{se varianze incognite e uguali} \\ \dfrac{\overline{X} - \overline{Y}}{\sqrt{\dfrac{S_X^2}{n} + \dfrac{S_Y^2}{m}}} & \text{se varianze incognite e diverse } (n, m \gtrsim 10) \end{cases}$$

$F_n(t) =$ funzione di ripartizione della distribuzione di Student $t(n)$

DUE POPOLAZIONI NORMALI: F-TEST

| $H_0$ | $H_1$ | RC | P-VALUE |
|---|---|---|---|
| $\sigma_X = \sigma_Y$ | $\sigma_X \neq \sigma_Y$ | $U \leq F_{\alpha/2}(n-1; m-1)$ oppure $U \geq F_{1-\alpha/2}(n-1; m-1)$ | /// |
| $\sigma_X = \sigma_Y$ | $\sigma_X > \sigma_Y$ | $U \geq F_{1-\alpha}(n-1; m-1)$ | $1 - F_{n-1;m-1}(u^*)$ |
| $\sigma_X \leq \sigma_Y$ | $\sigma_X > \sigma_Y$ | | |
| $\sigma_X < \sigma_Y$ | $\sigma_X \geq \sigma_Y$ | | |
| $\sigma_X = \sigma_Y$ | $\sigma_X < \sigma_Y$ | $U \leq F_{\alpha}(n-1; m-1)$ | $F_{n-1;m-1}(u^*)$ |
| $\sigma_X \geq \sigma_Y$ | $\sigma_X < \sigma_Y$ | | |
| $\sigma_X > \sigma_Y$ | $\sigma_X \leq \sigma_Y$ | | |

$$U = \frac{S_X^2}{S_Y^2} \quad \text{con medie note o incognite}$$

$F_{m;n}(t) =$ funzione di ripartizione della distribuzione di Fisher $\mathcal{F}(m; n)$

Made in United States
Orlando, FL
04 November 2026

90206691R00177